高等学校应用型通信技术系列教材

现代通信技术基础

（第2版）

严晓华 编著

清华大学出版社

北京

内容简介

本书根据高等学校应用型人才培养目标和国家通信职业资格的专业基础知识要求，简述了通信网概念及其基础技术，并按通信工程专业分类与行业发展特点，全面介绍了电信交换、数据通信、无线通信、移动通信、光通信网、宽带网络通信等现代通信技术的基本概念、技术特点、相关业务、典型系统和主要应用。全书内容新颖、宽泛、重应用，叙述清晰，简明易懂。

本书为高等学校通信类专业规划教材，也可作为高校电子信息类与计算机类专业的教学用书以及国家通信职业资格的培训用书，并可供相关专业技术和管理人员参考。

本书封面贴有清华大学出版社防伪标签，无标签者不得销售。
版权所有，侵权必究。侵权举报电话：010-62782989 13701121933

图书在版编目(CIP)数据

现代通信技术基础/严晓华编著. —2版. —北京：清华大学出版社，2010.9 (2017.7 重印)
(高等学校应用型通信技术系列教材)
ISBN 978-7-302-23098-4

Ⅰ. ①现… Ⅱ. ①严… Ⅲ. ①通信技术—高等学校—教材 Ⅳ. ①TN91

中国版本图书馆 CIP 数据核字(2010)第 113965 号

责任编辑：刘 青
责任校对：袁 芳
责任印制：刘祎淼

出版发行：清华大学出版社
网 址：http://www.tup.com.cn，http://www.wqbook.com
地 址：北京清华大学学研大厦 A 座 **邮 编**：100084
社 总 机：010-62770175 **邮 购**：010-62786544
投稿与读者服务：010-62776969，c-service@tup.tsinghua.edu.cn
质 量 反 馈：010-62772015，zhiliang@tup.tsinghua.edu.cn
印 装 者：北京嘉恒彩色印刷有限责任公司
经 销：全国新华书店
开 本：185mm×260mm **印 张**：23.75 **字 数**：529 千字
版 次：2010 年 9 月第 2 版 **印 次**：2017 年 7 月第9次印刷
印 数：16001～17500
定 价：35.00 元

产品编号：034392-01

Publication Elucidation

出版说明

随着我国国民经济的持续增长，信息化的全面推进，通信产业实现了跨越式发展。在未来几年内，通信技术的创新将为通信产业的良性、可持续发展注入新的活力。市场、业务、技术等的持续拉动，法制建设的不断深化，这些也都为通信产业创造了良好的发展环境。

通信产业的持续快速发展，有力地推动了我国信息化水平的不断提高和信息技术的广泛应用，同时刺激了市场需求和人才需求。通信业务量的持续增长和新业务的开通，通信网络融合及下一代网络的应用，新型通信终端设备的市场开发与应用等，对生产制造、技术支持和营销服务等岗位的应用型高技能人才在新技术适应能力上也提出了新的要求。为了培养适应现代通信技术发展的应用型、技术型高级专业人才，高等学校通信技术专业的教学改革和教材建设就显得尤为重要。为此，清华大学出版社组织了国内近 20 所优秀的高职高专院校，在认真分析、讨论国内通信技术的发展现状，从业人员应具备的行业知识体系与实践能力，以及对通信技术人才教育教学的要求等前提下，成立了系列教材编审委员会，研究和规划通信技术系列教材的出版。编审委员会根据教育部最新文件政策，以充分体现应用型人才培养目标为原则，对教材体系进行规划，同时对系列教材选题进行评审，并推荐各院校办学特色鲜明、内容质量优秀的教材选题。本系列教材涵盖了专业基础课、专业课，同时加强实训、实验环节，对部分重点课程将加强教学资源建设，以更贴近教学实际，更好地服务于院校教学。

教材的建设是一项艰巨、复杂的任务，出版高质量的教材一直是我们的宗旨。随着通信技术的不断进步和更新，教学改革的不断深入，新的课程和新的模式也将不断涌现。我们将密切关注技术和教学的发展，及时对教材体系进行完善和补充，吸纳优秀和特色教材，以满足教学需要。欢迎专家、教师对我们的教材出版提出宝贵意见，并积极参与教材的建设。

清华大学出版社

2006 年 6 月

PREFACE 前言

信息技术是当今世界经济社会发展的重要驱动力。电子信息产业是国民经济的战略性、基础性和先导性支柱产业，对于促进社会就业、拉动经济增长、调整产业结构、转变发展方式和维护国家安全具有十分重要的作用。通信业是电子信息产业的重要组成部分。我国《电子信息产业调整和振兴规划》将推进通信业发展作为主要任务之一。

近年来，中国通信业呈现出新的发展特征。随着3G牌照发放，行业转型稳步推进，数据业务的占比迅速提高，移动互联网等新兴业务快速兴起，市场需求正由语音向信息应用转变，并逐渐在各行业中渗透。

加强适应产业发展的应用型人才培养，是高校专业建设与教学改革的一项重要任务。

《现代通信技术基础》第1版自2006年7月出版以来，作为专业教材和国家通信职业资格培训用书，得到了全国高等院校和通信企业同行以及广大读者的关心和支持，迄今已7次印刷近2万册。

《现代通信技术基础》第2版体现了近年来通信专业教学改革与精品课程建设的成果，将通信行业国家职业标准的相关要求融入课程标准，在教学内容设计、教学结构和实践训练环节安排等方面体现以通信职业能力培养为核心。在第1版编排体系结构的基础上，新增了现代通信技术发展的内容(包括第三代移动通信系统、接入网新技术、下一代网络、信息通信网络技术等)，提供了通信行业国家职业标准中的工作内容和工作要求，并依据全国科学技术名词审定委员会公布的《通信科学技术名词》(2007版)规范了专业术语。

《现代通信技术基础》精品课程建设得益于上海市通信与信息技术公共实训基地教学团队的通力合作。课程建设的其他教学资源包括课程标准、电子教案、实训指导、学习指导、职业标准、工作任务库、工程案例库以及其他网络教学资源；由本书作者编著的《通信综合实训》和《现代通信技术基础学习指导》已由清华大学出版社出版。

在精品课程建设和实训基地建设过程中，得到了上海交通大学博士生导师白英彩教授的指导，得到了上海市通信行业协会、中国电信上海公司、中国移动上海公司、东南大学移动通信国家重点实验室等单位的支持和帮助,在此一并致谢。

专业建设与教学改革是不断探索和完善的过程。真诚欢迎广大读者在使用本书的过程中,继续提出宝贵的意见和建议。

作　者

2010年5月于上海

CONTENTS 目录

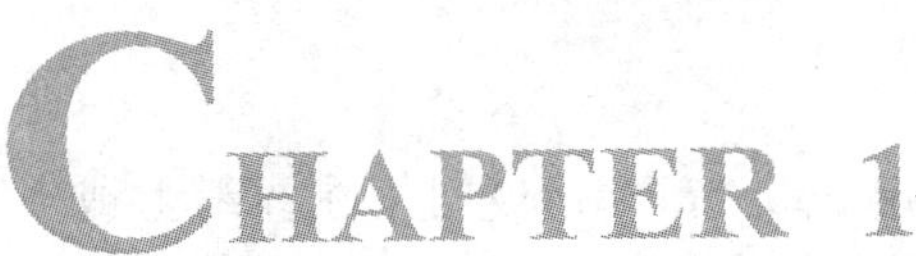

第1章

概论

信息技术是当今世界经济社会发展的重要驱动力,电子信息产业是国民经济的战略性、基础性和先导性支柱产业,对于促进社会就业、拉动经济增长、调整产业结构、转变发展方式和维护国家安全具有十分重要的作用。

现代通信技术是信息技术的一个重要组成部分,是信息化社会的重要支柱。随着信息社会的到来,人们对信息的需求将日益丰富与多样化。现代通信意义上所指的信息已不再局限于电话、电报、传真等单一媒体信息,而是将声音、文字、图像、数据等合为一体的多媒体信息。作为国家信息基础设施的现代通信网,主要包括语音通信领域(固定电话网、移动通信网)、数据多媒体通信领域(基础数据网、IP网络、互联网接入、宽带增值服务)、传输网领域(光通信网)等现代通信技术和业务。通信网络的发展趋势是在数字化、综合化的基础上,向智能化、移动化、宽带化和个人化方向发展。

本章学习目标

- 理解通信的基本概念。
- 理解通信网的概念、分类、构成与组网结构。
- 了解通信信道分类及特性。
- 了解通信职业资格与职业规范知识。
- 了解现代通信技术与网络的应用与发展趋势。

1.1 通信概述

通信技术是伴随着社会信息化水平的提高而发展起来的。通信技术与计算机技术的相互融合,使得通信技术的发展进入了一个新的阶段。现代通信技术的发展,不仅有助于提高通信网络的质量,扩大通信网络的规模,加快信息传播的速度,提高信息传递的质量,而且使得通信的功能不断扩大,从而进一步丰富了通信的概念。通信在本质上是实现信息传递功能的一门科学技术。

1.1.1 通信基本概念

人类社会需要进行信息交互。人们通过听觉、视觉、嗅觉、触觉等感官,感知现实世界而获取信息,并通过通信来传递信息。通信(communication)是指按照达成的协议,信息在人、地点、进程和机器之间进行的传送。电信(telecommunication)则指在线缆上或经由大气,利用电信信号或光学信号发送和接收任何类型信息(数据、图形、图像和声音)的通信方式。

通信作为信息科学的一个重要领域,与人类的社会活动、个人生活与科学活动密切相关,并有其独立的技术体系。

1. 通信的基本形式

通信的基本形式是在信源与信宿之间建立一个传输信息的通道(信道)。现代通信不仅可以无失真、高效率地传递信息,并可在传输过程中抑制无用信息,同时还具有存储、处理、采集及显示等功能。

2. 信息与信号

信息(information):以适合于通信、存储或处理的形式来表示的知识或消息。消息是指通信系统要传送的对象,如语音、图像、文字或某些物理参数等。

信号(signal):可以使它的一个或多个特征量发生变化,用以代表信息的物理量;在通信系统中为传送消息而对其变换后传输的某种物理量,如电信号、声信号、光信号等。信号是消息的载体。

1.1.2 通信系统模型

1. 通信系统的基本模型

通信的任务是完成信息的传递和交换。通信系统(communication system)至少包含发送和接收两大部分,用于可靠地传输/交换信息的系统。

电话、电视、广播、微波通信、卫星通信等系统有着成熟的技术与应用,可用点对点通信的基本模型描述,如图1-1所示。从该模型可以看出,要实现信息从一端向另一端的传递,必须包括5个部分:信息源、发送设备、信道、接收设备、受信者。

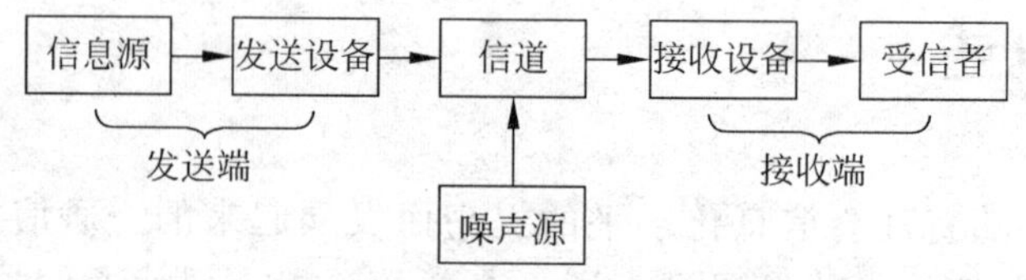

图1-1 通信系统的基本模型

(1) 信息源

信息源简称信源(source),其作用是把待传输的消息转换成原始电信号。在通信中,信源是指向另一部件(信宿)发出信息的部件。

例如,在电话系统中,电话机可看成是信源;信源输出的信号称为基带信号(指未经频率搬移的原始信号),其特点是频率较低。不同的信息源构成不同形式的通信系统,如人与人之间通信的电话通信系统、计算机之间通信的数据通信系统。

(2) 发送设备

发送设备即发送机(transmitter),是产生并送出信号或数据的设备,其作用是将信源发出的信息变换成适合在信道中传输的信号,即对基带信号进行某种变换或处理,使原始信号(基带信号)适应信道传输特性的要求。

发送设备是个总体概念,其包括许多具体电路与系统,对应不同的信源和不同的通信系统,具有不同的组成和变换功能。例如,在数字电话通信系统中,变换器包括送话器和模/数变换器等,后者的作用是将送话器输出的模拟话音信号经过模/数变换、编码及时分复用等处理后,变成适合于在数字信道中传输的信号。

(3) 信道

信道(channel)又称"通路",是在两点之间用于收发的单向或双向通路;在通信中主要是传递信息的通道,又是传递信号的设施。

按传输媒体又称传输媒介(transmission medium)的不同,可分为有线(如双绞线、同轴电缆、光纤)和无线(如微波通信、卫星通信、无线接入)两大类。

(4) 接收设备

接收设备即接收机(receiver),是指工作于通信链路的目的地端,接收信号并加以处理或转换供本地使用的设备。

在接收端,接收设备的功能与发送设备相反,其从收到的信号中恢复出相应的原始信号,即把从信道上接收的信号变换成信息接收者可以接收的信息,起着还原的作用。

(5) 受信者

受信者(收终端)又称为信宿(sink),在通信中是从另一部件(信源)接收信息的部件,是信息的接收者,其将复原的原始信号转换成相应的消息。信宿可以与信源相对应,构成"人-人通信"或"机-机通信",如电话机将对方传来的电信号还原成了声音;也可与信源不一致,构成"人-机通信"或"机-人通信"。

(6) 噪声源

系统的噪声(noise)来自各个部分,从发出和接收信息的周围环境、各种设备的电子器件,到信道所受到的外部电磁场干扰,都会对信号形成噪声影响。为便于分析,一般将系统内所存在的干扰折合于信道中,用噪声源表示。

上述通信系统仅表示了两用户间的单向通信,对于双向通信还需要另一个通信系统完成相反方向的信息传送工作。

2. 现代通信系统的功能模型

通信技术与计算机技术相结合,已经由独立系统向网络化方向发展。随着网络技术的发展,通信技术领域也不断扩展。对于通信的了解,不再局限于单从发送者和接收者的角度,而是从网络角度来分析。

从通信网络的系统组成角度,可将其分为 4 个功能模块,如图 1-2 所示。

(1) 接入功能模块

接入(access)功能模块(有线接入或无线接入)将消息数字化并变换为适于网络传输的信号,即进行信源编码。其发信者和接收者可为人或机器,所接入的消息形式可为语

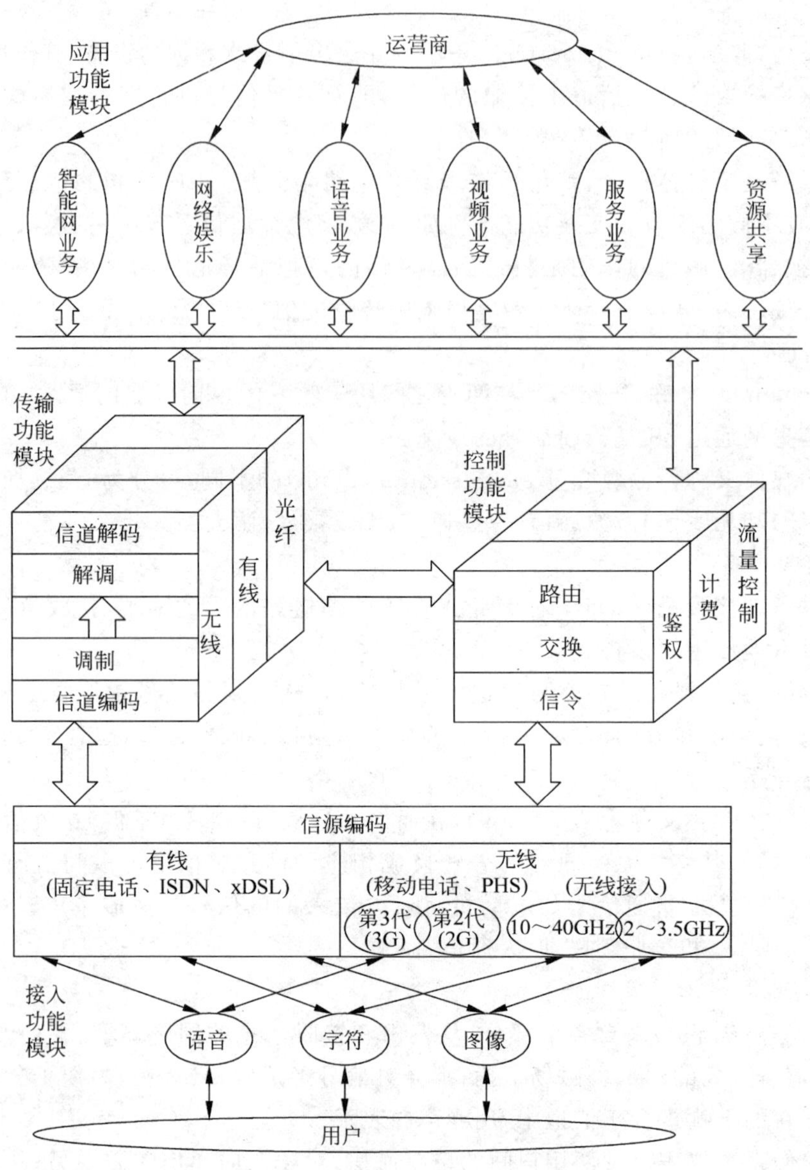

图 1-2 现代通信系统的功能模型

音、图像或数据。

(2) 传输功能模块

传输(transmission)功能模块(有线传输或无线传输)将接入的信号进行信道编码和调制,变为适于传输的信号形式,并满足信号传输要求的可靠性指标。

(3) 控制功能模块

控制(control)功能模块由信令网、交换设备和路由器等组成,完成用户的鉴权、计费与保密,并满足用户对通信的质量指标要求。

(4) 应用功能模块

应用(application)功能模块为网络运营商提供业务经营，包括智能网业务、话音、音视频的各种服务，以及娱乐、游戏、短信、移动计算、定位信息和资源共享等。

1.1.3 通信系统的分类

通信可以从不同的角度来分类。

1. 按通信业务分类

按传输内容：可分为单媒体通信(电话、传真等)与多媒体通信(电视、可视电话、远程教学等)。

按传输方向：可分为单向传输(广播、电视等)与交互传输(电话、视频点播等)。

按传输带宽：可分为窄带通信(电话、电报、低速数据等)与宽带通信(会议电视、高速数据等)。

按传输时间：可分为实时通信(电话、电视等)与非实时通信(数据通信等)。

2. 按传输媒介分类

有线通信：传输媒介为电缆和光缆。

无线通信：借助于电磁波在自由空间的传播来传输信号，根据电磁波的波长不同又可分为中/长波通信、短波通信和微波通信等类型。

3. 按调制方式分类

基带传输：将未经调制的信号直接在线路上传输，如音频市内电话和数字信号的基带传输等。

频带传输(调制传输)：先对信号进行调制后再进行传输。

4. 按信道中传输的信号分类

可分为模拟通信和数字通信。

5. 按收发者是否运动分类

可分为固定通信和移动通信。

6. 按多地址接入方式分类

可分为频分多址通信、时分多址通信、码分多址通信等。

7. 按用户类型分类

可分为公用通信和专用通信。

1.1.4 通信系统的质量评价

评价通信系统的信息传输性能的主要质量指标是有效性和可靠性，两者通常为一对矛盾。实际应用中，常根据通信系统要求，在满足一定的可靠性指标下，尽量提高信息的传输速率,即有效性;或者在维持一定的有效性条件下,尽可能提高系统的可靠性。

1. 有效性指标

有效性是指信道资源的利用效率,即系统中单位频带传输信息的速率问题。

模拟通信系统的有效性指标一般用系统有效带宽来衡量。

数字通信系统的有效性指标主要内容是传输容量,其常用信道的传输速率(单位时间内通过信道的平均信息量)来表示。信息量的单位是比特(bit)。

传输容量一般有以下两种表示方法:

① 信息传输速率。指系统每秒钟传送的比特数,单位为比特/秒(bit/s),又称为比特速率。例如,某数字通信系统每秒钟传送19 200个二进制码元(一个二进制码元是一个"1"或一个"0"),则该系统的信息传输速率(或比特速率)为19 200 bit/s。

② 符号传输速率。又称为信号速率或码元速率,指单位时间内所传送的码元数,单位为波特(baud,简记为Bd),每秒钟传送一个符号的传输速率为1波特。码元可以是多进制或二进制,在给出码元速率时需说明是何进制的码元。符号传输速率和信息传输速率可换算,若是二进制码,符号传输速率则与信息传输速率相等。

信息传输速率与符号传输速率的关系为

$$R_b = N_B \log_2 M$$

其中,R_b 为信息传输速率;N_B 为符号传输速率(码元/秒或波特);M 为码元(或符号)的进制数。

若两个系统的传输速率相同,其信道效率有可能不同。信道效率用单位频带的信息传输速率或符号传输速率来表示,其单位分别为比特/秒/赫(bit/s/Hz)及波特/赫(Bd/Hz)。

2. 可靠性指标

可靠性是指通信系统传输消息的质量,即传输的准确程度问题。

模拟通信的可靠性用输出信噪比来衡量。

数字通信系统的可靠性用传输差错率来衡量。传输差错率常用误码率和误比特率来表示。

误码率:又称码元差错率,是指在传输过程中发生误码的码元个数与传输的总码元数之比;也指平均误码率,即一个统计结果的平均值。

误比特率:又称比特差错率,是指在传输过程中产生差错的比特数与传输的总比特数之比,也指平均误比特率。当采用二进制码时,误码率与误比特率相等。

误码率的大小与传输通路的系统特性和信道质量有关,提高信道信噪比(信号功率/噪声功率)和缩短中继距离,均可使误码率减小。

从通信的有效性和可靠性出发,单位频带的传输速率越高越好,而误码率则越低越好。

1.1.5 通信法规与通信标准

通信行业与其他行业的发展一样,都必须遵循一定的标准、规章、制度等。通信的业务运营、技术研发、企业运作都将受到政策法规与技术标准的指导及制约。

1. 通信行业政策法规

涉及通信的政策法规主要由各国政府部门制定，其对于通信运营最主要的影响是“准入”。在任何国家，电信业务基本上都受到制约，需经过政府部门的批准。

以我国为例，骨干网和接入网的运营资格都被严格控制。未来的发展趋势是业务的运营将逐步放松管制，特别是增值电信业务的运营将放宽；而以话音业务为代表、包括网络基础设施在内的基础电信业务运营仍将受到严格的控制。

2. 通信行业技术标准

通信涉及双方或多方，且超越国界，其中包括点与点、点与端、端与端以及网络间的信息交互。因此，不仅在国内通信中需要规定统一的各种标准，以免造成通信过程中的相互干扰或因接口不同而无法建立通信，而且需要制定各国应共同遵循的国际标准。

通信行业中的技术标准主要由各种技术标准化团体及相关的行业协会负责制定。典型的标准化组织包括国际电信联盟(ITU)、电气和电子工程师协会(IEEE)等。

国际电信联盟简称国际电联，是联合国的下设机构，是政府间的组织，也是国际通信标准制定的官方机构。作为其前身，国际电报电话咨询委员会(CCITT)和国际无线电咨询委员会(CCIR)早期已制定了全球通信业所公认的众多建议。

随着现代通信的发展，国际电信联盟于1993年将其下属的CCITT、CCIR以及IFRB(国际频率注册委员会)等组织重新组合，建立了国际电联-电信标准部(ITU-T)、国际电联-无线电通信部(ITU-R)和国际电联-发展部(ITU-D)等，为新开发领域和新技术不断制定出新的标准。ITU-T制定的标准称为“建议书”，其保证了各国电信网的互连和运营，已被全世界各国广泛采用。

1.2 通信网的组成

1.2.1 通信网的概念

通信网是指由一定数量的节点(包括终端设备和交换设备)以及连接节点的传输链路的组合，以实现两个或多个规定点间信息传输的通信体系。

1. 现代通信网的特点

现代通信网主要建立以城市为中心的固定的等级结构网络，结合区域蜂窝结构的移动通信网络，为用户提供快捷方便的信息服务。通信网的功能是要适应用户呼叫的需要，以用户满意的程度，传输网内任意两个或多个用户之间的信息。

高新技术在通信领域的推广和应用，为通信网的发展提供了强大的物质基础。现代通信网的快速发展，为更多的用户提供了方便、快捷、安全可靠和灵活多样的通信服务功能。

现代通信网具有以下主要特点。

① 使用方便。功能强大的通信终端可为用户提供方便的使用条件。电话机、传真机、计算机等通信终端使用非常便捷,操作者通过按键或者点击鼠标的简单操作,即可向远方传递信息,达到信息交流的目的。

② 安全可靠。现代通信网是信息化社会的神经系统,已成为社会活动的主要机能之一。现代通信网的服务功能充分考虑了用户传递信息的安全和可靠因素,采用了大量的有效措施。例如对传输信息的传输链路加密、网络进入的认证等方式,有效地防止了信息的误传;网络结构所具有的自愈性,有效地解决了因部分设备故障而带来的信息传递延误等。

③ 灵活多样。现代通信网提供了丰富多彩、灵活多样的信息服务。通信双方可以交换和共享数据信息、进行话音交流、文字交流和多媒体信息交流。

④ 覆盖范围广。现代通信网的信息交流服务缩短了人与人之间以及地理空间的距离。

2. 通信网的基本要素

现代通信网一般是由交换设备、用户终端设备、传输系统按某一结构组成。用户终端之间通过一个或多个节点链接,在节点处提供交换、处理网络管理等功能,如图 1-3 所示。传输系统包括用户终端之间、用户终端与节点以及节点之间的各种传输媒介和设备。信号可以通过双绞线、同轴电缆、光纤等有线媒介或通过无线媒介传输。

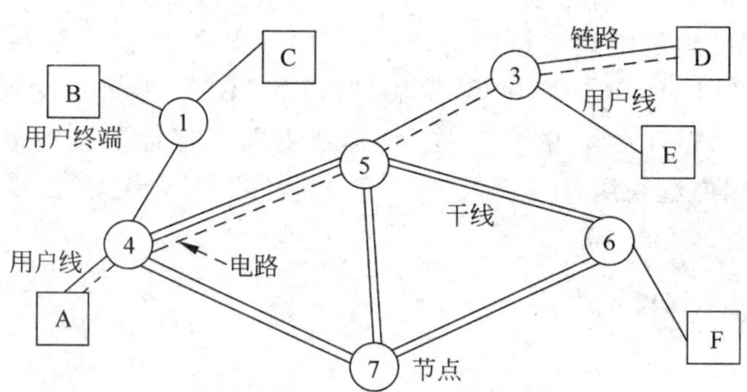

图 1-3 通信网的一般组成

通信网络的基本要素为传输、交换和终端,其中传输与交换部分组成核心网。

(1) 传输

传输系统是指完成信号传输的媒介和设备的总称。其在终端设备与交换设备之间以及交换系统相互之间链接起来形成网络。按传输媒介不同,传输系统分为有线传输系统和无线传输系统。通过提供并行的不同带宽的频分多路复用(FDM)或时分多路复用(TDM),可以获得各种不同数目的复用信道。

现代通信网中常用的传输系统包括光纤传输系统、卫星通信系统、无线传输系统、数字微波传输系统等。

传输是交换设备之间的通信路径(网络的链路),承载着用户信息和网络控制信息。通信网的传输设备主要由用户线(用户终端与交换机之间的连接线路)、中继线(交换机与交换机之间的连接线路)以及相关传输系统设备构成。传输线路中除采用不同的线缆以外，在传输路径上还安装各种设备实现信号放大、波形变换、调制解调、多路复用、发信与收信等功能，以延长用户信息的传输距离。

通信网传输系统的基本结构如图1-4所示。图中的T表示用户终端设备。

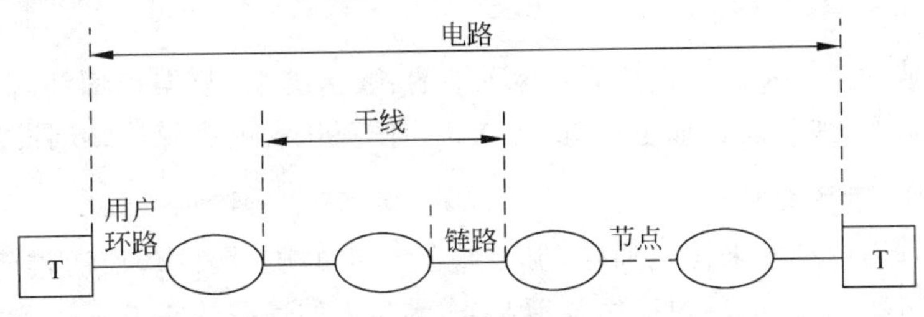

图1-4 通信网传输系统的基本结构

传输系统涉及传输信道、电路、用户环路、链路、干线和节点等概念。

传输信道：简称信道，是通信者两点间单向或双向传输信号的通道，包括传输媒介和中间装置，可用传输信号的性质(如带宽、速率等)来限定。

电路：是实现信号双向传输的两条传输信道的组合，以提供一个完整的通信过程。一条电路通常包括两个延伸到用户设备的双向传输信道。按设备传送信号的形式不同，电路可分为模拟电路和数字电路。

用户环路：又称为用户线，是一个节点和用户设备(或用户分系统)之间简单的固定连接。环路可以是双绞线、同轴电缆或其他任意合适的媒介连接(例如光纤和无线等)。

链路：是传输全链路的简称，指两个相邻节点间或终端设备和节点之间的信道段。通路则是指从出发点到接收点的一串节点和链路，即跨越网络一部分而建立路由的“点-点”连接。链路的主要特征是在两点之间具有规定特性的传输手段，例如无线链路、同轴链路或2 Mbit/s链路等。数据链路是由数据通信协议和设备组成的，能够传输数据信号的链路。

干线：可以由一条或多条串联的链路组成。两个交换中心或节点之间可通过干线进行连接。

节点：是用户环路和链路之间以及链路之间的分配点。

(2) 交换

在通信网中，交换功能是由交换节点(即交换设备)完成的。不同的通信网络由于所支持的业务特性不同，其交换设备所采用的交换方式也各不相同。

交换设备一般由信息传送子系统(包括交换网络和接口)与控制子系统组成。交换设备需要控制的基本接续类型包括本局接续、出局接续、入局接续和转接(汇接)接续。

交换设备以节点的形式与邻接的传输链路一起构成各种拓扑结构的通信网，是现代通信网的核心。交换设备根据寻址信息和网络控制指令，进行链路连接或信号导向，使通信网中的多对用户建立信号通路。

(3) 终端

终端设备是通信网中的源点和终点。除对应于信源和信宿之外，终端设备还包括一部分变换和反变换装置。

终端设备的主要功能是将输入信息变换为易于在信道中传送的信号；用于发送和

接收用户信息，与网络交换控制信息，通过网络实现呼叫和接入服务。发送端将发送的信息转变成适合信道上传送的信号，接收端则从信道上接收信号，并将该信号恢复成能被利用的信息。终端还能产生和识别网内所需的信令信号或规则，以便相互联系和应答。

不同的通信业务有不同的终端，如电话终端、数字终端、数据通信终端、图像通信终端和多媒体终端等，典型设备如电话机、传真机、计算机、智能多媒体终端设备等。

3. 通信网的质量要求

当采用各种通信技术来构建通信网时，应按一定的质量要求，使所构建的网络能够快速、有效、经济、可靠地向用户提供各种业务，满足人们通信的需求。

通信网的质量要求主要包含以下内容。

(1) 网内任意用户间相互通信

对通信网最基本的要求，是保证网内任意用户之间能够快速实现相互通信。网络应能实现任意转接和快速接通，以满足通信的任意性和快捷性。

(2) 满意的通信质量

通信网内信息传输时应保证传输质量的一致性和传输的透明性。

信息传输质量的一致性：是指通信网内任意用户之间通信时，应具有相同或相仿的传输质量，而与用户之间的距离、环境以及所处的地区无关。

传输的透明性：是指在规定业务范围内的信息都可在网内传输，无任何限制。

传输质量主要包括接续质量和信息质量。

接续质量：表示通信接通的难易和使用的优劣程度，具体指标主要有呼损、时延、设备故障率等。

信息质量：是信号经过网络传输后到达接续终端的优劣程度，主要受终端、信道失真和噪声的限制。不同的通信业务具有不同的信息质量标准，如数据通信的比特误码率、话音通信的响度当量等。

(3) 较高的可靠性

通信网应具有较高的可靠性，不因网络出现故障而导致通信发生中断。为此，对交换设备、传输设备以及组网结构，都采取了多种措施来保证其可靠性。对于网络及其网内的关键设备，还制定了相关的可靠性指标。

(4) 投资和维护费用合理

在组建通信网时，除应考虑网络所支持的业务特性、网络应用环境、通信质量要求和网络可靠性等因素之外，还应特别注意网络的建设费用以及日后的维护费用是否具备经济性。

(5) 能适应通信新业务和通信新技术的发展

通信网的组网结构、信令方式、编码计划、计费方式、网管模式等应能灵活适应新业务和新技术的发展。

传统的通信网是为支持单一业务而设计的，不能适应新业务和新技术的发展；面向未来的下一代网络应能适应不断发展的通信技术和新业务应用。

1.2.2 通信网的分类

通信网技术的飞速发展以及支持业务的多样性和复杂性，使得通信网的网络体系结构日趋复杂化。网络传输从模拟窄带发展为数字宽带，所支持的业务也从单一的语音业务发展为语音、数据、图像、视频和多媒体业务。

1. 现代通信网的分类

从不同的角度出发，现代通信网有如下几种分类方法。

按通信的业务类型分类：电话通信网、广播电视网、数据通信网、计算机通信网、多媒体通信网和综合业务数字网等。

按通信网采用传输媒介分类：有线传输网、无线传输网。

按通信的传输手段分类：光传输网、无线通信网、卫星通信网、微波中继网、载波通信网等。

按通信网采用的传送模式分类：电路交换网(公共电话交换网 PSTN、综合业务数字网 ISDN)、分组交换网(分组数据网 PDN、帧中继网 FRN)、异步传送网(ATM)等。

按通信服务的区域分类：市话通信网、长话通信网和国际通信网，以及局域网、城域网和广域网等。

按通信服务的对象分类：公用通信网、专用通信网。

按通信传输处理信号形式分类：模拟通信网和数字通信网。

按通信的活动方式分类：固定通信网和移动通信网。

2. 国内现有通信网络

我国现有的通信网络大致可分为3类。

(1) 电信网

电信网由国家电信部门(原邮电部)建设，由基础网、相应的支撑网和其所支持的各种业务网组成。电信网主要是指利用有线通信或无线通信系统，来传递、发射或者接收各种形式信息的通信网。例如，以语音业务为主的公用电话交换网和移动通信网、基础数据网、基础传输网等。

(2) 计算机通信网

计算机通信网的发展过程是计算机技术与通信技术的融合过程。现代网络技术实际上已把计算机网和电信网相互整合和渗透在一起。

国内的计算机通信网络即中国目前的互联网，由多部门组建及运作，例如，中国公用互联网(由原邮电部组建)、中网(由中国网通组建)、中国教育科研网(CERNET，由清华大学负责运作)等。

(3) 有线电视网

有线电视网的资源优势是已建成相当规模的光缆长途干线和覆盖面很广的宽带分配网络，并拥有垄断性的影视节目信息。其主要问题为虽已具备传输与接入手段，但还完全不具备宽带信息业务节点及相应的交换设施。

有线电视网由传送网络和节目分配网络两部分组成。

① 传送网络(传输干线)。为有线电视台之间传送节目源。类同于电信网的传输网络,除使用卫星信道以外,还利用高质量的SDH光传送网及SDH微波中继网。

② 面向用户的节目分配网络。有线电视网是一种多用户共享的宽带网络,其信息流具有非对称性和分配性的特点。

我国的电信网、计算机通信网和有线电视网这3个不同的运营网络,是根据用户需求所提供的业务类型、支撑业务所采用的技术及其相应的成熟期,以及对各类业务运营商的管理体制不同而客观形成的,且都具有各自的优势和问题。

随着信息化的发展,我国在信息通信领域改革步伐的加快,竞争环境的逐步形成,为实现网络融合(涉及技术融合、网络融合、业务融合、产业融合)提供了更大的可能性。

1.2.3 电信网的组成

现代电信网的各种不同类型,可归纳为业务网和支撑网。

1. 业务网

业务网(用户信息网)是现代电信网的主体,用于向公众提供诸如语音、视频、数据、多媒体等业务的通信网络,包括电话通信网、移动通信网、数据通信网、综合业务数字网、智能网、IP网络等。业务网按其功能可分为传送网和交换网。

(1) 传送网

传送网是指在不同地点的各点之间完成信息传递功能的一种网络,是网络逻辑功能的集合。电信业务网中各类不同的业务信号都将通过传送网进行传输,传输线路和传输设备是电信网中一项重要的基础设施。

传送网由基础传输网和用户接入网组成,用于数字信号的传送,表示支持业务网的各种接入和传送手段的基础设施。基础传输网络(如光通信网)完成用户信息的传输功能。用户接入网负责将通信业务透明地传送到用户,即用户通过接入网的传输,能灵活地接入到不同的通信业务节点上;用户驻地设备(CPE)或用户驻地网(CPN)通过接入网接入到基础传输网。

(2) 交换网

交换设备是交换网的核心,由交换节点和通信链路构成,其基本功能是完成对接入交换节点的传输链路的汇集、转接接续和分配。用户之间的通信要经过交换设备。采用不同交换技术的交换点可构成不同类型的业务网,用于支持不同的业务。根据交换方式的不同,交换网又可分为电路交换网和分组交换网。

2. 支撑网

支撑网包括信令网、数字同步网和电信管理网,支持电信网的应用层、业务层和传送层的工作,提供保证网络正常运行的控制和管理功能。

(1) 信令网

信令的功能是控制电信网中各种通信连接的建立和拆除,并维护通信网的正常运行。信令网实现网络节点间信令的传输和链接，为现代通信网提供高效、可靠的信令服务。

(2) 数字同步网

数字同步网用于保证数字交换局之间、数字交换局与数字传输设备之间的信号时钟同步，并使通信网中所有数字交换系统和数字传输系统工作在同一个时钟频率下。

(3) 电信管理网

电信管理网是一个完整的、独立的管理网络。在该网络中，各种不同应用的管理系统按照标准接口互连，并在有限点上与电信网接口及电信网络互通，从而达到控制和管理整个电信网的目的。

当前，电信网正处于转变的时期，即从基于传统电话结构和标准的网络转向基于 IP 结构的网络。在开展新业务的驱动下，电信网的基础结构正经历着巨大的变革，而科学技术的不断创新使得这种变革得以实现。

1.2.4　通信网的组网结构

通信网的网络拓扑结构是指终端、节点或两者之间的连接与分布形式。网络拓扑结构的基本形式主要有网状网、网孔型网、星型网、复合型网、环型网、总线型网、树型网等，如图 1-5 所示。通信网的实际拓扑结构通常由基本结构形式复合组成。

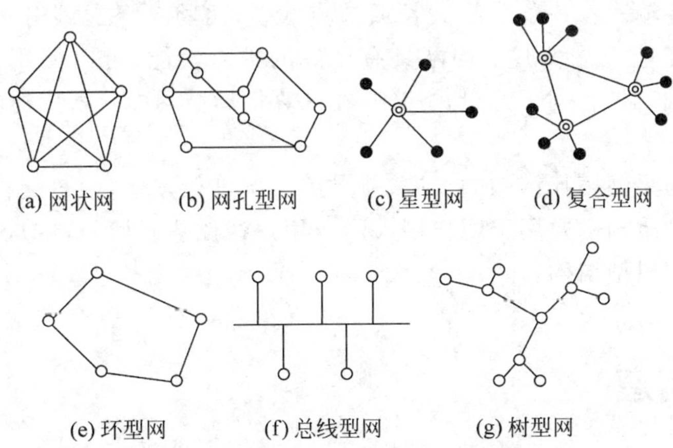

图 1-5　通信网基本拓扑结构示意图

(1) 网状网

多个节点或用户之间互连而成的通信网称为网状网。该结构中网络链路的冗余度高，路由选择的自由度大，网络的可靠性和稳定性较好，但传输链路利用率低。网状网一般用于通信业务量大或需重点保证的部门或系统(如军事通信网)，以保证信息传递的可靠性。

(2) 网孔型网

网孔型网是不完全网状网，其大部分节点间有线路直接相连，一小部分业务量相对较少的节点之间不需直达线路,以提高线路利用率,改善经济性,但稳定性略有降低。

(3) 星型网

星型网是一种以中央节点控制全网工作的辐射式互连结构。各用户间需要通信时,都需通过中央节点转接。与网状网相比,星型网具有传输链路少的优点;但由于中央节点负荷繁重,一旦出现故障,全网将会瘫痪。

(4) 复合型网

复合型网以星型网为基础,并在信息量较大的区域构成网状网结构。复合型网采取由若干节点来分担中央节点的负荷,并能实现本地交换。该网络结构兼取了网状网和星型网的优点,较经济合理并具有一定的可靠性。复合型网络结构在实际通信网中较常见。

(5) 环型网

通信网各节点被连接成闭合的环路称为环型网。网中任何两个节点间都要通过闭合环路才能实现互相通信,环型网中每个节点的地位相同,都可获得并行使用控制权,易实现分布式控制;不需进行路径选择,控制较简单;网中传送信息的延迟时间固定,有利于实时控制;可采用高速数字式传输信息,不需要调制解调器,接口线路及连接结构也较简单。

(6) 总线型网

在总线型网中,所有的节点连接在同一总线上,是一种通路共享的结构,互相通信的总线能实现双向传输。若一条总线太长或节点太多,可将一条总线分成若干段,段与段间再通过中继器互连。总线型结构网具有良好的扩充性能,可以使用多种存取控制方式,不需要中央控制器,有利于分布式控制,在计算机局域网中获得广泛的应用。

(7) 树型网

树型网可视为星型拓扑结构的扩展,节点按层次进行连接,信息交换主要在上、下节点之间进行。树型结构主要用于用户接入网或用户线路中;另外,主从同步网方式中的时钟分配网也采用树型结构。

1.3 通信信道

通信系统中的信道是物理信道,是指信号发送设备与信号接收设备之间传送信号的通道。信道可连接两个终端设备,完成点对点通信。在现代通信网中,信道作为链路可连接网络节点的交换设备,从而构成多个用户连接的网络。信号必须依靠传输媒介传输。传输媒介是指可以传输电信号(或光信号)的物质,分为有线媒介和无线媒介。各种物理传输媒介被定义为狭义信道。另一方面,信号还需经过许多设备(如发送机、接收机、调制器、解调器、放大器等)进行处理。因此,把传输媒介(狭义信道)和信号必须经过的各种通信设备统称为广义信道。

1.3.1 无线信道

在无线信道中，信号的传输是利用电磁波在空间的传播来实现的。无线媒介指可以传播电磁波（包括光波）的空间或大气，主要由无线电波和光波作为传输载体。由于无线电波传输距离远，能够穿过建筑物，既可全方向传播，也可定位传播，因此绝大多数无线通信都采用无线电波作为信号传输的载体。

无线传输信道中的信息主要通过自由空间进行传输，但还必须通过发射机系统、发射天线系统、接收天线系统和接收机系统，才能使携带信息的信号正常传输，从而组成一条无线传输信道。根据该类设备的频率范围，一般可把无线传输信道分为长波信道、中波信道、短波信道、超短波信道和微波信道。

1.3.2 有线传输信道

在有线传输信道中，电磁波沿有线媒介传播并构成直接信息流通的通路。有线媒介包括平衡电缆（双绞线）、同轴电缆、多芯电缆、架空明线（已被替代）和光缆等。在构成有线信道完成长距离的信息传输时，除需具有各种导引线外，还包括再增音和均衡处理。

1. 通信电缆

(1) 平衡电缆

平衡电缆（对称电缆）又称双绞线。平衡电缆中每对信号传输线间的距离比明线小，包于绝缘体内，外界破坏和干扰较小，性能也较稳定。平衡电缆的质量和可靠性比早期的架空明线好，通信容量也相对较大，但其损耗随工作频率的增大而急剧增大。通常每公里的衰减分贝数与频率成正比，因而容量受到限制。这类平衡电缆通常制成多芯电缆，从2对4芯起直到200对，形成多层结构而包成一条电缆，外层保护芯线和绝缘体不易被侵蚀和破坏，并起着屏蔽外界干扰的作用。

双绞线在通信网中应用广泛，广泛使用于用户环路，即从用户终端至复接设备或交换机之间，如电话线、局域网线等，其带宽有限，而且传输距离短。通过数字信号处理技术和各种调制技术，能够提高铜线的传输速率和距离，从而在宽带网络中可以继续使用现有的双绞线。高性能双绞线的短距离数字传输速率可达100 Mbit/s，成为主要的用户环路之一。

(2) 同轴电缆

同轴电缆有粗缆、中同轴和细缆之分，其传输带宽较宽，是容量较大的有线信道。在同轴电缆中，电磁波在外管和内芯之间传播，无发射损耗，也较少受外界干扰，可靠性和传输质量都很好。该类线路每公里衰减的分贝数大致与频率的平方根成正比，在高频端可传输足够的信号能量，带宽和传输容量都较大，其缺点是造价高，施工复杂。

有线电视网络大量采用了同轴电缆，计算机局域网中也部分采用了同轴电缆。在传输容量和传输距离方面，同轴电缆优于双绞线但远不及光纤，故不适于宽带网络的主干线路,可用于从光节点到用户的短距离高速通信。同轴电缆曾作为通信网固定的干线信道,目前逐渐被光缆替代。

2. 光缆

光缆是以光波为载频,以光导纤维(简称光纤)为传输媒介的一种通信信道。光纤的基本结构由纤芯和包层组成。为了使光波在光纤中传输时的衰减最小,以便传输尽量远的距离,一般将光波的波长选择在光纤传输损耗最小的波长上。

光纤通信传输频带宽、通信容量大,传输距离长、损耗低,抗电磁干扰能力强、无串音干扰、保密性强,体积小、重量轻,需要额外的光电转换过程。经过多年的建设与发展,我国现有的基础传输网络主要构建在光通信网上,光缆已取代同轴电缆,成为基础传输网的干线和本地信道。

1.3.3 通信信道特性

从信道的物理形态来分,可分为有线信道和物理信道;而从信道统计的特征划分,又可分为恒参信道和变参信道。

1. 恒参信道与变参信道

(1) 恒参信道

各种有线信道和部分无线信道(包括卫星链路和某些视距传输链路)可视为恒参信道,因其特性变化小,可视其为参量恒定。

恒参信道的主要传输特性常用振幅-频率特性和相位-频率特性来描述。

若信道的振幅-频率特性不理想,将产生频率失真,该失真会使信号波形产生畸变。在传输数字信号时,波形畸变将引起相邻码元波形之间传输部分重叠,造成码间串扰。

若信道的相位-频率特性不理想,将产生相位失真,该失真对于模拟话音通道的影响不大,但会引起数字波形失真而造成码间干扰,使误码率增大。

此外,恒参信道还可能存在非线性失真、频率偏移和相位抖动等导致信号失真的因素。

(2) 变参信道

许多无线信道都是变参信道,例如依靠天波和地波传播的无线电信道、某些视距传输信道和各种散射信道。

各种变参信道所具有的共同特性为:信号的传输衰减随时间而变;信号的传输时延随时间而变;存在对信号传输质量影响很大的多径传播现象,且每条路径的长度(时延)和衰减均随时间而变化。

2. 信道中的传输信号分类

通信传输的信息具有不同的形式,为了便于传递,各种信息需转换成电信号(或光信号)。

(1) 模拟信号与数字信号

模拟信号:凡信号的某一参量(如连续波的振幅、频率、相位,脉冲波的振幅、宽度、位置等)可以取无限多个数值,且直接与信息相对应的信号称为模拟信号,也称连续信号。"连续"是指信号的某一参量可连续变化(即可以取无限多个值),而不一定在时间上也连续。强弱连续变化的语音信号、亮度连续变化的电视图像信号等都是模拟信号。

数字信号:是具有两个状态(高、低电平或正、负电平)的电脉冲序列。凡信号在时间上离散,且表征信号的某一参量(如振幅、频率、相位等)只能取有限个数值,称为数字信号。数字信号是离散信号,但离散信号不一定是数字信号。数字通信系统是利用数字信号传输信息的系统。

(2) 确知信号和随机信号

经过信道传输后的数字信号分为3类。

确知信号:即接收端能够准确知道其码元波形的信号,是一种理想情况。

随机相位信号:该信号的相位由于传输时延的不确定而带有随机性,使接收码元的相位随机变化。

起伏信号:此时接收信号的包络及相位均随机变化,通过多径信道传输的信号具有该特性。

3. 信道中的噪声

信号是搭载或反映信息的载体,而噪声是一种不携带有用信息的电信号,是对有用信号以外的一切信号的统称。

根据噪声在信道中的表现形式,可分为加性噪声和乘性噪声两类。

加性噪声:包括人为噪声(如电火花干扰)、自然噪声(如电磁波辐射和热噪声)。

乘性噪声:包括各种线性畸变、非线性畸变、衰落畸变等。

干扰是一种电信号,是一种由噪声引起的对通信产生不良影响的效应,即来自通信系统内、外部的噪声对接收信号造成的骚扰或破坏。

抗干扰是通信系统需要解决的主要问题之一。

1.4 现代通信技术的应用与发展

通信技术与计算机技术、微电子技术、数字信号处理技术等相结合是现代通信技术的典型标志。通信技术正以前所未有的速度得以发展和应用,在信息化社会中起着非常重要的作用。

1.4.1 现代通信技术的应用

现代通信技术应用领域范围很广,例如移动通信、光纤通信、卫星通信、多媒体通信等。

1. 移动通信

移动通信是无线通信的重要方式,也是现代通信中发展最为迅速的一种通信手段。

移动通信是随着交通工具的发展而同步发展起来的。在过去的十几年间,移动通信技术获得了很大的进步,从传统的单基站大功率系统到蜂窝式移动系统,从模拟移动通信系统到数字移动通信系统,从单纯提供语音业务到提供包括低速数据的综合业务,从本地覆盖到区域、全国覆盖,并实现了国内甚至国际漫游。我国移动通信用户规模为全球之首,我国的手机生产量也居世界第一。

随着第三代移动通信(3G)技术的实现以及移动通信与互联网的结合,无线数据传输速率已达到2 Mbit/s,全球正向着移动信息时代迅速迈进。未来移动通信将为互联网提供全方位的、无缝隙的移动式接入。在此过程中,第二代移动通信(2G)技术正逐步向3G技术推进,从而实现广域覆盖。移动信息时代的发展,改善了人类社会活动的质量,将实现有线与无线融为一体、固定与移动相互连通的全国乃至全球范围的通信系统。

2. 光纤通信

有线传输目前仍是国内长途干线的主要手段。光纤通信具有容量大、成本低等优点,且不受电磁干扰影响;与同轴电缆相比,可以大量节约有色金属和能源。光纤通信系统的快速发展使有线传输以光纤为主导。在长途干线或市内局间已由通信光缆替代通信电缆,新的工程则全部采用光纤通信新技术,我国发达地区长途及市话中继光传输网已具规模。

自1977年世界上第一个光纤通信系统投入运行以来,光纤通信发展极为迅速,新器件、新工艺、新技术不断涌现,性能日趋完善。世界各国广泛采用光纤通信,大洋海底光缆已经开通使用。由于长波长激光器和单模光纤的出现,使每芯光纤通话路数可高达百万路,中继距离可达到100 km,市话中继光纤成本也连续大幅度下降。

光纤通信的主要发展方向是密集波分复用(DWDM)光通信、全光网络和智能光网络。

3. 卫星通信

卫星通信是全球通信的主要手段,具有通信距离远、传输容量大、覆盖面积广、不受地理条件限制、建设周期短、可靠性高等特点。卫星通信的使用范围已遍及全球,仅国际卫星通信组织就拥有数十万条话路。卫星通信的广泛应用,使国际上的重大活动能及时得以实况转播,缩短了世界各国人与人之间的“距离”。

我国幅员辽阔,在高山、沙漠、森林等众多边远地区,卫星通信系统是理想的通信手段之一。我国于1985年开通了国内卫星通信。现已有多颗同步通信卫星,与近200个国家和地区开通了国际卫星通信业务,目前正向着国内通信、移动通信和直播电视等领域发展。

卫星通信早期大量使用的是模拟通信技术。现代卫星通信采用数字通信技术,其集中反映了调制/解调、纠错编码/译码、数字信号处理、通信专用超大规模集成电路等多项新技术的应用成果,并采用多波束卫星和星上处理等新技术,地面系统也趋于小型化。

4. 多媒体通信

多媒体通信将现代通信网络技术、计算机技术、声像技术结合起来,利用单一传输系统就能将所有的信息形式(如声音、文字、数据、图形和影像等)进行传输。

多媒体系统具有集成性、实时性和交互性的显著特点。多媒体通信系统的关键技术包括媒体编码(数据的高效表示和压缩)技术、媒体同步技术、终端技术(多媒体计算机终端、基于专用硬件芯片的智能化多媒体专用设备)、网络技术(宽带IP网)等。

随着互联网的迅速崛起,基于IP的多媒体通信已进入实用阶段。基于IP网络的IP电话、IPTV、多媒体会议系统、网络视频、网络游戏、远程办公、远程教育、远程医疗、多媒体检索等业务已得到了广泛应用。与此同时,对于作为下一代网络承载网的IP网络,多媒体通信业务所带来的带宽需求、服务质量(QoS)等要求将变得更为突出。

1.4.2 现代通信技术的特征

现代通信技术的发展可概括为数字化、综合化、融合化、宽带化、智能化和个人化等基本特征。

1. 通信技术数字化

通信技术数字化是现代通信的基础和最突出的发展趋势。数字通信具有抗干扰能力强、失真不积累、便于纠错、易于加密、适于集成化、利于传输和交换的综合,以及可兼容数字语音和数字图像等多种信息的传输优点。与传统的模拟通信相比,数字通信更加通用和灵活,也为实现通信网的计算机管理创造了条件。

2. 通信业务综合化

通信业务综合化是现代通信的另一显著特点。目前,通信业务种类的需求不断增加,早期的电报、电话业务已远远不能满足这种需求;而传真、电子邮件、交互式可视图文,以及数据多媒体通信的其他各种增值业务等都在迅速发展。若每当一种业务出现就建立一个专用的通信网,将是投资大效益低,并且各个独立网的资源不能共享;另外,多个网络并存也不便于统一管理。若将各种通信业务(包括话音业务和非话音业务等)以数字方式统一并综合到一个网络中进行传输、交换和处理,则可达到“一网多用”的目的。

3. 网络互通融合化

以电话网络为代表的电信网络和以互联网为代表的数据网络,正加快互通与融合进程,传统独立的网络(如固定与移动网、话音和数据网)开始融合。在数据业务成为主导的情况下,现有电信网的业务将融合到下一代数据网中。IP数据网与光网络的融合、无线通信与互联网的融合也是未来通信技术的发展趋势和方向。

4. 通信网络宽带化

通信网络发展的重要目标是为用户提供高速和全方位的信息服务,而网络的宽带化是通信网络发展的现实要求和必然趋势。近年来,高速路由与交换、高速光传输、宽带接入技术等高速技术都取得了重大进展。超高速路由交换、高速互连网关、超高速光传输、高速无线数据通信等新技术已成为新一代信息网络的关键技术。

5. 网络管理智能化

网络管理智能化的设计思想,是将传统电话网中交换机的功能予以分解,让交换机只完成基本的呼叫处理,而把各类业务处理交给具有业务控制功能的计算机系统来完成。在传统电话网中,交换接续(呼叫处理)与业务提供(业务处理)均由交换机完成,新业务的提供也需借助于交换系统(需大量修改交换机软件)。网络管理智能化采用开放式结构和标准接口结构,其灵活性、智能的分布性、对象的个体性、入口的综合性和网络资源利用的有效性等手段,可以解决信息网络在性能、安全、可管理性、可扩展性等方面的诸多问题,对通信网络的发展具有重要影响。

6. 通信服务个人化

个人通信是指任何人在任何地点、任何时间可以实现与任何其他地点的任何个人进行任何业务的通信。个人通信概念的核心,是使通信最终适应个人的移动性,即通信是在人与人之间,而不是在终端与终端之间进行的。通信方式的个人化,可以使用户不论何时何地,不论室内室外,不论高速移动还是静止,也不论是否使用同一终端或使用怎样的终端,都可以通过一个唯一的个人通信号码,发出或接收呼叫,进行所需的通信。

随着网络体系结构的演变和宽带技术的发展,传统网络将向下一代网络(NGN)演进。NGN突出显示了以下典型特征:多业务、宽带化、分组化、开放性;用户接入与业务提供分离、移动性、兼容性、安全性和可管理性等,其商用试验成果已展示出广阔的发展前景。

1.4.3 我国通信业的发展趋势

通信技术的创新为通信业的可持续发展不断注入新的活力。通信技术发展的重要趋势之一,是企业不再单纯追求技术的先进性和完美性,而重点转为如何利用通信技术提升网络的服务能力,更好地为用户提供业务,获得更好的收益。

我国通信业的技术与业务发展趋势主要表现在以下方面。

1. 下一代网络技术日趋成熟

经过多年的发展,我国的通信网正面临技术更新和原有设备退网等问题,下一代网络技术将成为近年我国通信技术发展的一大热点。

下一代网络技术涉及通信网的各方面和各层次,其开放的体系架构将给通信网带来革命性的变化。在业务层面,下一代网络将采用开放式体系架构和标准接口,软交换是其中的核心技术;随着软交换在标准化、设备能力与成熟度、业务支持能力等方面的进展,该技术将逐步在我国通信网中得以应用。在承载层面,传统的电路交换已逐渐被分组交换替代,而目前的主流分组交换技术为IP技术。在传输层面,传输网将向超高速率、智能化的光联网方向发展,全光交换和路由技术、智能光网络技术将成为下一代传输网的核心技术。

2. 移动通信技术面临更新

我国的移动通信市场已经成为全球最大的市场。面对第三代移动通信(3G)发展的国内外形势,将坚持培育市场和支持发展的方针,根据通信业务发展的客观规律,稳步推进3G在我国的应用。3G在移动通信领域中引入了宽带化,未来的移动通信将向更高速率和支持宽带多媒体业务方向发展。

3. 网络接入宽带化趋势明显

固定接入和无线接入均向着宽带化方向发展。数字用户线(DSL)、以太网、光纤/同轴混合接入(HFC)、无线局域网(WLAN)、本地多点分配业务(LMDS)等技术在较长的时间内将共存,光纤接入(FTTx)已是主要发展方向。

以ADSL(非对称数字用户线)为代表的xDSL技术,具有可管理性、低成本等优点,依托国内现有的庞大固定电话用户线资源,已成为现阶段主要的宽带接入方式。WLAN(无线局域网)作为宽带接入的补充,受到各大运营商的关注,并建设于一些热点应用地区(如机场、酒店、会展中心等)。新的无线接入技术如WiMAX(全球互操作性微波接入)等,也将为固定/无线接入方式带来多元化。

4. 通信终端的综合化、智能化、多样化

通信终端将呈现综合化、智能化、多样化的发展趋势。除传统的通信终端外,智能家电等也将成为一种新的通信终端。届时,家庭网络将进入日常生活而构筑"数字家庭"。

5. 通信业务应用将体现"以人为本"

通信业务应用种类更为丰富和个性化,质量更高;以开放式的方式替代传统的封闭式业务开发与提供模式。

6. 网络融合成为通信网未来的发展方向

各类网络(固定和移动网,电信、计算机和广播电视网,语音和数据多媒体网等)继续呈现融合趋势,主要体现于业务应用融合并相互交叉、技术趋于一致(如IP技术)、网络间互连互通等。网络融合将促进下一代网络的形成以及各类网络在技术、业务应用、市场、终端、管制政策等方面的有机融合。

7. 通信运营管理的科学化

随着网络复杂程度的提高以及现代企业管理制度的引入,原通信运营管理方式与发展需求已不相适应。为了适应内外环境的变化,我国主要的通信运营企业将逐步建立并完善适合国情的运营支撑系统,以支持运营企业的生产运营和决策管理的自动化、网络化和智能化。

8. 与其他学科技术的交叉融合为通信的持续发展提供保证

未来各学科的相互交叉与融合将给通信业务与网络带来更大的机遇与挑战。随着传感技术、RFID(射频识别)的发展,以及IPv6(下一版本的互联网协议)的应用,信息通信网络将与传感器、RFID等技术相结合,形成一个沟通现实与虚拟世界,实现人与人、人与物、物与物通信的"无处不在的网络",提供无处不在的通信与信息接入能力与计算能力,监控、定位与跟踪能力,以及传感网络等。网格平台是互联网、传感器网和工作平台网三类网络的优化集成,其发展将带来巨大的带宽需求,网格计算(分布式计算方式)可使不同组织能共享计算资源、仪器、数据、应用和业务流程,并给通信业务和网络的发展带来深远的影响。

1.4.4 我国通信业发展的主要任务

电子信息产业是包括电子制造业、通信业、软件业等产业组成的价值链簇。通信业是电子信息产业的重要组成部分,是整个电子信息产业增长的催化剂和转型升级的润滑剂,在产业链簇中发挥着不可替代的作用。我国于2009年4月发布的《电子信息产业调整和振兴规划》(以下简称《规划》)将推进通信业发展作为主要任务之一,促进通信业发展可以有力地带动电子制造业发展。

1. 通信业发展的近期规划目标及依据

(1) 促增长、保稳定取得显著成效

对于通信业,推进信息化与工业化融合是重点。新型电子信息产品和相关服务培育成为消费热点,信息技术应用有效带动传统产业改造,信息化与工业化进一步融合。

(2) 调结构、谋转型取得明显进展

对于通信业,以应用创新促进竞争力提高。骨干企业国际竞争力显著增强,自主品牌市场影响力大幅提高。核心技术有所突破,新一代移动通信、下一代互联网、数字广播电视等领域的应用创新带动形成一批新的增长点,产业发展模式转型取得明显进展。

2. 通信业发展的近期主要任务

以应用带发展,在新一代通信系统、信息服务、信息技术改造传统产业等三个领域形成新的增长点是三大任务之一。实现电子信息产业的稳定增长必须依靠应用带动,培育新的增长点。第三代移动通信网络、数字电视网络、下一代互联网建设,信息化与工业化的进一步融合给电子产品和技术带来潜在市场需求。要进一步加快技术创新和业务创新,在通信设备、应用电子、信息服务业等领域以新应用带动产业新增长。

我国电子信息产业是外向型产业,约60%的产品出口国外;但是,在今后相当长的时间内电子产品出口形势不容乐观,对产业稳定增长带来严重影响。实现产业调整和振兴必须在稳定出口的同时,努力扩大国内需求,发挥国家网络基础设施升级的带动作用,加快推广应用我国自主产品和技术,创新业务模式,推进信息化与工业化融合,在通信设备、应用电子、信息服务业等领域以新应用和新需求带动产业的新增长,增强产业发展后劲。

新一代网络建设是当前加快我国通信设备制造业发展的重要契机。我国抓紧推进第三代移动通信、下一代互联网和宽带光纤接入网建设,这不仅是推进信息化建设、改善生产和生活条件的需要,也是应对危机、扩大内需、拉动增长的重要措施。信息网络的升级,将有效带动系统设备、信息终端、软件和相关内容服务的大发展。

以通信业为核心的信息服务业已成为我国电子信息产业的重要增长引擎,也是新增就业岗位,特别是安排大学生就业的重要行业之一。《规划》提出加快培育信息服务的新模式和新业态,从政策引导、专项扶持等多个方面鼓励企业的业务创新和服务模式创新,同时积极引导政府和企业的信息服务外包,支持增值电信企业的创业发展;加强公共服务平台建设,建立满足产业国际化发展要求的支撑服务体系。

3. 通信业发展的近期重大工程

《规划》提到的 6 项工程中，其中两项属于通信业或与通信业直接相关的工程。

(1) TD-SCDMA 第三代移动通信产业新跨越工程

在 TD-SCDMA 等网络建设和业务创新带动下，构建完善的 TD-SCDMA 等产业链，重点支持系统、终端、芯片及测试设备产业化，支持相关应用示范、业务创新和检测能力建设，推动 TD-SCDMA 等后续技术研发和产业化。

(2) 计算机提升和下一代互联网应用

支持基于自主 CPU 的计算机产业化，加大在教育、农村信息化等领域推广应用力度。通过宽带光纤接入网建设、下一代互联网商业应用和政务外网向下一代网过渡，带动相关产品研发和产业化。

1.5 国家通信职业资格制度简介

为适应我国社会主义市场经济建设和通信业发展的需要，将人才培养与合理使用有效地结合起来，推进通信专业技术人员认证管理工作与国际接轨，根据国家推行职业资格证书制度的有关规定，我国工业和信息化部(原信息产业部)、人力资源和社会保障部(原人事部、劳动和社会保障部)实行了国家通信职业资格认证，包括通信工程师职业资格、通信行业职业(工种)资格和通信专业技术人员职业水平评价的统一认证制度。

1.5.1 通信工程师职业资格

1. 通信工程师职业资格制度

通信工程师职业资格证书是由工业和信息化部颁发的国家级职业资格证书。

通信工程师职业资格制度的实施范围及对象：各通信运营企业以及其他企事业单位所有从事通信专业的工程技术人员。

通信工程师职业资格分为助理通信工程师、通信工程师、高级通信工程师。

2. 通信工程师、助理通信工程师的专业分类与业务范围

(1) 有线传输工程

从事明线、电缆、载波、光缆等通信传输系统及工程、用户接入网传输系统，以及有线电视传输及相应传输监控系统等方面的科研开发、规划设计、生产建设、运行维护、系统集成、技术支持、电磁兼容和三防(防雷、防蚀、防强电)等工作的工程技术人员。

职业功能：传输网、接入网、有线电视网。

(2) 无线通信工程

从事长波、中波、短波、超短波通信等传输系统工程与微波接力(或中继)通信、卫星通信、散射通信和无线电定位、导航、测定、测向、探测等科研开发、规划设计、生产建设、运行维护、系统集成、技术支持，以及无线电频谱使用、开发、规划管理、电磁兼容等工作

的工程技术人员。

职业功能：无线传输系统、微波传输系统、卫星传输系统、无线接入。

(3) 电信交换工程

从事电话交换、话音信息平台、ATM和IP交换、智能网系统及信令系统等方面的科研开发、规划设计、生产建设、运行维护等工作的工程技术人员。

职业功能：电话交换系统。

(4) 数据通信工程

从事公众电报与用户电报、会议电视系统、可视电话系统、多媒体通信、电视传输系统、数据传输与交换、信息处理系统、计算机通信、数据通信业务等方面的科研开发、规划设计、生产建设、运行维护、系统集成、技术支持等工作的工程技术人员。

职业功能：数据通信网络。

(5) 移动通信工程

从事无线寻呼系统、移动通信系统、集群通信系统、公众无绳电话系统、卫星移动通信系统、移动数据通信等方面的科研开发、规划设计、生产建设、运行维护、系统集成、技术支持、电磁兼容等工作的工程技术人员。

职业功能：GSM/GPRS移动通信系统、CDMA数字移动通信系统、移动数据通信、第三代移动通信系统、其他移动通信系统。

(6) 电信网络工程

从事电信网络(电话网、数据网、接入网、移动通信网、信令网、同步网以及电信管理网等)的技术体制、技术标准的制定，电信网计量测试、网络的规划设计及网络管理(包括计费)与监控、电信网络软科学课题研究等科研开发、规划设计、生产建设、运行维护、系统集成、技术支持、电磁兼容等工作的工程技术人员。

职业功能：电信网络运行维护管理、电信运营支撑系统。

(7) 通信电源工程

从事通信电源系统、自备发电机、通信专用不间断电源(UPS)等电源设备及相应的监控系统等方面的科研开发、规划设计、生产建设、运行维护、系统集成、技术支持等工作的工程技术人员。

职业功能：电源空调设备维护和电源、空调系统设计。

(8) 计算机网络工程

从事计算机网络的技术体制、技术标准的制定，网络的规划设计及网络管理与监控，软科学课题研究等科研开发、规划设计、测试、运行维护、系统集成、技术支持等工作的工程技术人员。

职业功能：信息服务系统维护(Internet应用服务、视频服务、电子商务)、信息服务应用系统开发、信息与网络安全。

(9) 电信营销工程

从事通信市场策划、开拓、销售、市场分析，为客户提供服务和解决方案等工作的工程技术人员。

职业功能：市场营销、服务管理。

3. 高级通信工程师的专业分类与业务范围

(1) 交换技术

从事通信网络交换系统(包括语音、数据等不同平台信息和电路、路由等不同交换方式)及其管理支撑系统(如信令网、智能网、监控系统、计费系统等)的体制标准、科研开发、规划设计、运行维护、测试计量、系统集成、为客户提供解决方案以及为市场提供技术和支撑等工作的专业技术人员。

(2) 传输与接入

从事通信网络传输系统(包括有线、无线不同传输媒介,各种宽带速率,基础数据网,如DDN、X.25、FR和ATM等)和接入网系统(包括移动通信基站系统、固定通信无线延伸系统)、有线电视传输系统、传输监控、同步网系统的体制标准、科研开发、规划设计、运行维护、测试计量、技术支持和网络与资源管理等工作的专业技术人员。

(3) 终端与业务

从事通信网络终端系统、通信业务及其管理支撑系统等方面的科研开发、运行维护、技术支持以及为客户提供通信终端与业务服务等工作的专业技术人员。

(4) 互联网技术

从事互联网络技术体制、标准、网络设计、网络优化、网络监控、计费系统、业务应用、网络信息安全等领域的科研开发、集成、运行维护、管理、互连互通等工作的专业技术人员。

(5) 设备环境

从事通信网络电源系统、通信设备工作环境系统(如温湿度、电磁兼容、三防和安全等)和监控系统的科研开发、运行维护等工作的专业技术人员。

4. 通信工程师职业资格考试

通信工程师职业资格考试包括以下部分。

① 通信工程专业英语。

② 通信工程公共基础知识。

③ 专业基础知识(按专业)。

④ 专业技术知识(按专业及其职业功能)。

1.5.2 通信行业职业(工种)资格

1. 通信行业职业资格制度

通信行业职业技能资格证书是由人力资源和社会保障部、工业和信息化部联合颁发的国家级职业资格证书。作为通信行业就业准入证书,是该职业从业人员求职、任职、开业和通信企业录用劳动者的主要依据,也是境外就业、对外劳务合作人员办理技能水平公证的有效证件。

通信行业职业技能资格根据不同职业(工种)以及对应申报条件,分为国家职业资格五级(初级)、四级(中级)、三级(高级)、二级(技师)、一级(高级技师)。

2. 通信行业主要职业(工种)

(1) 电信机务员

从事短波通信、微波通信、卫星通信、光通信、数据通信、移动通信、无线市话通信、长途电话交换、市内电话交换、电报自动交换、分组交换、传真交换等设备安装、调测、检修、维护以及障碍处理的工作的人员。

包括：电报机务员、电报自动交换机务员、微波机务员、卫星地球站机务员、短波通信机务员、移动通信机务员、光通信机务员、数据通信机务员、数据信息服务机务员、网络通信安全管理员、长途机务员、市话机务员、无线市话机务员。

(2) 线务员

从事长途、市话通信传输线路、交换设备以及短波通信天、馈线架(敷)设、维修和障碍处理等工作的人员。

包括：长途线务员、电缆线务员、市话线务员、机线员、天线线务员、光缆线务员、综合布线管理员、宽带接入管理员。

(3) 用户通信终端维修员

对用户通信终端设备进行障碍测量和维修工作的人员。

包括：固定电话机维修员、移动电话机维修员、用户传真机维修员。

(4) 通信电力机务员

从事通信系统供电设备、空调设备的安装、调测、检修、维护以及障碍处理等工作的人员。

(5) 市话测量员

从事受理用户申告，测量障碍、办理派修、配合工程割接以及装、拆、移机、调整改线等工作的人员。

(6) 通信网络管理员

从事通信网络管理、配置管理、性能管理和故障管理的人员。

(7) 其他电信通信传输业务人员

(8) 电信业务营业员

在电信营业窗口受理各种电信业务及账务处理等工作的人员。

包括：电信测报员、传真值机处理员、电信营业员、国际电信营业员、移动通信营业员、用户通信终端销售员。

(9) 话务员

从事值守长途话务、国际话务、查号、无线寻呼、信息服务、用户交换机等各类话务台，以及处理机上业务查询的人员。

包括：话务员、长途话务员、查号话务员、国际话务员、无线寻呼话务员、信息服务话务员、用户交换机话务员。

(10) 电报业务员

使用电报终端设备，收发国内、国际(地区)电报和译电，处理机上电报业务查询及电报投递的人员。

包括：报务员、国际报务员、电报投递员。

（11）电信业务员

从事电信业务宣传推广、市场调研和开发、营销策划、揽收受理的人员。

包括：电信客户业务经理、电信大客户业务管理员、电信客户服务经理、移动电话业务员、固定电话业务员。

（12）其他电信业务人员

3. 通信行业职业技能鉴定

通信行业职业资格需通过国家通信职业（工种）技能鉴定，包括理论知识考试和技能操作考核。

1.5.3　通信专业技术人员职业水平评价

为加强通信专业技术人才队伍建设，提高通信专业技术人员素质，人力资源和社会保障部、工业和信息化部在通信运营领域建立了通信专业技术人员职业水平评价制度，适用于从事通信工作的专业技术人员，并纳入全国专业技术人员职业资格证书制度统一规划，自 2006 年起实施。

1. 通信专业技术人员职业水平评价级别

通信专业技术人员职业水平评价分初级、中级和高级三个级别层次。参加通信专业技术人员初级、中级职业水平考试，并取得相应级别职业水平证书的人员，表明其已具备相应专业技术岗位工作的水平和能力。初级职业水平考试不分专业；中级职业水平考试分为交换技术、传输与接入、终端与业务、互联网技术、设备环境 5 个专业。

通信专业初级、中级职业水平考试合格，将颁发人力资源和社会保障部统一印制，人力资源和社会保障部、工业和信息化部共同颁发的《中华人民共和国通信专业技术人员职业水平证书》。取得初级水平证书者，可聘任为技术员或助理工程师职务；取得中级水平证书者，可聘任为工程师职务。

2. 通信专业职业水平的职业能力要求

（1）初级职业水平

取得通信专业初级职业水平证书的人员，应具备以下职业能力。

① 了解国家电信管理的法律法规和通信行业管理各项规定。

② 具有一定的通信专业知识和工作能力，掌握本专业一般性操作技术。

③ 能够解决通信专业工作中的一般性技术问题。

④ 掌握计算机应用技术，并熟练使用计算机。

（2）中级职业水平

取得通信专业中级职业水平证书的人员，应具备以下基本能力。

① 熟悉国内外电信管理的法律、法规以及通信行业管理各项规定，有较丰富的通信专业工作经验。

② 了解国内外通信市场本专业的发展趋势，有较强的开拓创新精神，能够独立解决

本专业比较复杂或疑难的技术问题。

③ 具有较强的计算机应用和网络维护能力,能够解决计算机应用和计算机网络维护中的技术故障。

④ 能够指导本专业初级技术人员和协助高级技术人员工作,具有处理与本专业相关的一般性技术问题的能力。

⑤ 具有一定的外语水平。

取得通信专业中级职业水平证书的人员,除具备基本条件外,还应分别具备本专业(交换技术、传输与接入、终端与业务、互联网技术、设备环境5个专业之一)的职业能力。

本章小结

通信是指按照达成的协议,信息在人、地点、进程和机器之间进行的传送。电信则指在线缆上或经由大气,利用电信信号或光学信号发送和接收任何类型信息(数据、图形、图像和声音)的通信方式。

点对点通信的基本模型包括信息源、发送设备、信道、接收设备、受信者。

从通信网络的系统组成角度,可分为接入、传输、控制与应用4个功能模块。

评价通信系统的信息传输性能的主要质量指标是有效性和可靠性。

通信涉及双方或多方,其中包括点与点、点与端、端与端,以及网络间的信息交互,因此在通信中需要规定统一的各种标准或协议。

现代通信网一般由交换设备、用户终端设备、传输系统按某一结构组成,其各种不同类型,可归纳为业务网和支撑网。

信道是信号传输的途径。按传输媒介可分为有线信道和无线信道。

现代通信的技术发展特征可概括为数字化、综合化、融合化、宽带化、智能化和个人化等基本特征。

我国通信行业的技术与业务发展趋势主要表现在以下方面:下一代网络技术日趋成熟;移动通信技术面临更新;网络接入宽带化趋势明显;通信终端的综合化、智能化、多样化;通信业务应用将体现"以人为本";网络融合成为通信网未来的发展方向;通信运营管理的科学化;与其他学科技术的交叉融合为通信的持续发展提供保证。

根据国家推行职业资格证书制度的有关规定,我国工业和信息化部、人力资源和社会保障部实行了通信工程师职业资格和通信行业职业技能资格以及通信专业技术人员职业水平的统一认证制度。

习 题

1.1 试述信息、信号、信源、信道的概念。

1.2 简述点对点通信系统模型中的各组成部分及其功能。

1.3 简述现代通信系统模型功能中的各组成部分及其功能。

1.4 试述通信系统质量评价中有效性指标和可靠性指标的含义。

1.5　试述通信网各基本要素的功能。

1.6　简述电信网的基本组成及其作用。

1.7　通信网的常用拓扑结构有哪些？试分析各种拓扑形式的特点。

1.8　试列出有线信道常用介质的主要应用特点。

1.9　试分析恒参信道与变参信道对传输性能的影响。

1.10　试述通信系统抗干扰的实际意义。

1.11　按传输信道，可将通信分为__________和__________两种。

1.12　衡量通信系统的主要指标是__________和__________。

1.13　数字通信系统的质量指标具体用__________和__________表述。

1.14　根据噪声在信道中的表现形式，可分为__________和__________两类。

1.15　国际电信联盟的英文缩写是__________。

A. IEEE　　B. ISO　　C. ITU　　D. IEC

1.16　下列__________不属于有线通信。

A. 双绞线　　B. 同轴电缆　　C. 红外线　　D. 光纤

1.17　通信网上数字信号传输速率用__________来表示，模拟信号传输速率用__________表示。

A. bit　　B. byte　　C. Hz　　D. dB

E. bit/s　　F. byte/s　　G. volt/s

1.18　光纤通信__________的特点正适应高速率、大容量数字通信的要求。

A. 呼损率低　　B. 覆盖能力强　　C. 传输频带宽　　D. 天线增益高

1.19　试从个人通信的角度阐述现代通信技术的发展与应用。

1.20　列举并分析与社会生活相关的通信设备与通信业务(各举 5 例)。

1.21　试述对国家通信职业资格制度的认识。

1.22　试分别归纳现代通信系统和现代通信网的分类。

CHAPTER 2

第2章

通信网基础技术

现代通信是计算机技术和通信技术的相互渗透与结合。通信的数字化使其能与计算机技术和数字信号处理技术相结合，数字通信系统是构成现代通信网的基础。通信网在实现了数字化并引入了计算机软硬件新技术后，已趋向综合化和智能化。

本章学习目标

- 理解数字通信系统的基本概念。
- 理解信源编码中的信号处理过程。
- 了解信道编码中多路复用、复接与同步等技术应用。
- 了解数字信号传输的主要技术内容。
- 了解数字调制技术的基本类型及应用。
- 了解差错控制编码技术的应用。

2.1 概述

通信系统是构成各种通信网的基础。数字通信已成为现代通信技术的主流。数字通信系统中融合了计算机软硬件技术，是构成现代通信网的基础。

2.1.1 通信系统研究的主要问题

按照信道中所传信号的不同，通信可分为模拟通信和数字通信。数字通信系统的部分基本问题与模拟通信系统相同，但也有许多需解决的特殊问题。

1. 模拟通信系统研究的基本问题

对于模拟通信系统，需要包含两种重要变换。

① 发送端的连续信息要变换成原始信号，接收端的原始信号要变换成连续信息。原始信号具有频率较低的频谱分量，一般不能直接作为传输信号，否则将使发送效率很低，而传输损耗很大。

② 将原始信号转换成其频带适合信道传输的信号，并在接收端进行相反变换，这些变换分别称为调制和解调。经调制后的信号称为已调信号，其携带信息，并适于在信道中传输。

通常，将发送端调制前和接收端解调后的信号称为基带信号。所以，原始信号是一种基带信号，而已调信号则不属于基带信号。从信息的发送到信息的恢复，除上述两个变换外，系统中还可能有滤波、放大、天线辐射与接收等过程。

以上述两个变换为基础，模拟通信系统研究的主要问题如下：

① 收发两端的变换过程以及基带信号的特性。

② 调制与解调原理。

③ 信道与噪声的特性及其对信号传输的影响。

④ 噪声存在条件下的系统性能。

2. 数字通信系统研究的主要问题

模拟通信中的上述基本问题在数字通信中同样存在。但数字通信中的信息或信号具有“离散”或“数字”的特性，从而带来许多特殊的问题。以调制与解调的信号变换为例，在模拟通信中强调变换的线性特性(已调参量与信息之间的成比例性)，而在数字通信中则强调其开关特性(已调参量与信息之间的对应性)。此外，数字通信还具有差错控制、加密与保密、同步等突出的问题。

在点对点数字通信系统中，所研究的主要问题归纳如下：

① 收发信端的变换过程、模拟信号数字化以及数字基带信号的特性。

② 数字调制与解调原理。

③ 信道与噪声的特性及其对信号传输的影响。

④ 抗干扰编码与解码，即差错控制编码问题。

⑤ 保密通信问题。

⑥ 同步问题。

2.1.2　数字通信系统的基本概念

数字通信系统是利用数字信号传输信息的系统，是构成现代通信网的基础。

1. 数字通信的特点

(1) 传输质量高、抗噪声性能强

数字通信系统中传输的是数字信号。数字信号的可能取值数目有限，在失真未超过给定值时，将不会影响接收端的正确判决；即使波形有失真也不会影响再生后的信号波形。因而数字通信的质量不会随数字中继站的数量而受到影响。而在模拟通信中，若模拟信号叠加上噪声后，即使噪声很小也很难被消除。模拟通信中继只能增加信号能量(对信号放大)，而不能消除噪声积累。

(2) 抗干扰能力强

数字信号在传输过程中出现的差错，可通过系统中的纠错编码技术来控制，从而提高系统的抗干扰性。

(3) 保密性好

与模拟信号相比，数字信号容易加密和解密，可采用保密性极高的保密技术，从而提高系统的保密度。

(4) 易于与现代技术相结合

由于计算机技术、数字存储技术、数字交换技术以及数字处理技术的迅速发展,许多设备与终端接口均为数字信号。数字通信系统可以综合传输各种模拟和数字输入消息,包括语音、图像、文字、信令等,并便于存储和处理(如编码、变换等)。

(5) 数字信号可压缩

数字基带信号占用的频带比模拟信号宽,但可通过信源编码进行压缩以减小冗余度,并采用数字调制技术,来提高信道利用率。

(6) 设备体积小、重量轻

与模拟通信设备相比,数字通信设备的设计和制造将更容易,体积更小,重量更轻。

数字通信的上述诸多优点,使其得到日益广泛的应用。目前,电话、电视、计算机数据等信号的远距离传输几乎无例外地采用了数字传输技术。

由于历史原因,目前仅在有线电话用户环路、无线电广播和电视广播等少数领域还在使用模拟传输技术,但也将逐步数字化。

2. 数字通信系统模型

数字通信系统有多种类型,例如数字电话系统、数字电视信号传输系统、数字广播系统等,可将其归纳为图2-1所示的数字通信系统模型。

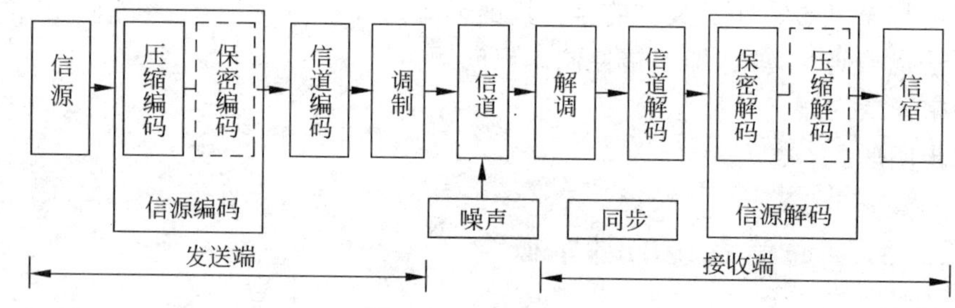

图2-1 数字通信系统模型

(1) 信源

信源是指把消息转换成电信号的设备,例如话筒、键盘等。

(2) 信源编码

信源编码的基本部分是压缩编码,用以减小数字信号的冗余度,提高数字信号的有效性。若是模拟信源(如话筒),还包括模/数转换功能,把模拟输入信号转变成数字信号。在某些系统中,信源编码还包含加密功能,即在压缩后再进行保密编码。

(3) 信道编码

信道编码在经过信源编码的信号中增加一些多余的字符,以求自动发现或纠正传输中发生的错误,目的是提高信号传输的可靠性。其增加了信号的冗余度,但所增加的字符可根据特定规律来用于纠错。

(4) 调制

调制的主要目的是使经过编码的信号特性与信道的特性相适应,使信号经过调制后能顺利通过信道传输。来自信源(以及经过编码)的信号所占用的频带称为基本频带(简称基带),该信号称为基带信号。由信源产生的文字、语音、图像、数据等信号都是基带信号。

基带信号通常都包含较低频率的分量,甚至包括直流分量。在许多信道中(例如无线电信道),不能传输低的频率分量或直流分量。所以,基带信号需用一个载波进行调制,将基带信号的频率范围搬移到足够高的频段,使之能在信道中传输。

经过载波调制后的信号称为带通信号。在另外一些情况下,基带信号不需用载波调制,只要对其波形作适当改变,使之适于在基带信道中传输,对基带信号的这种处理,称为基带调制。

基带调制的功能是改变信号的波形,调制后的信号仍然是基带信号;而带通调制后的信号则是一个带通信号。

广义的调制分为基带调制和带通调制。与此对应,信道也可分为基带信道和带通信道。但一般将调制仅作狭义的理解,即常将带通调制简称为调制。

带通调制通常需要用一个正弦波作为载波,把编码后的信号调制到该载波上,使该载波的一个或几个参量(振幅、频率和相位)上载有编码信号的信息,并且使已调信号的频谱和带通信道的特性相适应。此外,调制的目的不仅使信号特性与信道特性相适应,为了把来自多个独立信号源的信号合并在一起经过同一信道传输,还采用调制的方法区分各个信号。

(5) 多路复用

若多路信号重复使用一条信道,称为多路复用,其复用方法有多种。例如,可利用调制来划分各路信号,解决多路信号复用问题。此时,多路信号分别采用互相正交的载波进行调制,在接收端则利用此正交性来区分各路信号,这是调制的又一功能。

(6) 信道与噪声

通信系统中的信道有多种,例如双绞线、同轴电缆、无线电波、光缆等。按照信道的传输频带区分,各种信道都可以归入基带信道和带通信道两类。前者可以传输频率很低的信号,而后者则不能。例如双绞线是基带信道,而无线电信道则是带通信道。

数字信号经过信道传输时,信道的传输特性以及进入信道的外部加性噪声都将对数字信号产生影响。

信道传输特性包括振幅-频率特性、相位-频率特性、频率偏移、频率扩展和多径时延等。

外部加性噪声包括起伏噪声、脉冲干扰和人为的其他信号干扰等,也包括系统内部各个元器件产生的噪声。由于叠加原理适用于线性系统,可认为该噪声等效于和外来干扰线性叠加,共同叠加在有用信号上,故称为加性噪声。

(7) 同步

同步通常是数字通信系统中不可缺少的组成部分。发送端和接收端之间需要有共同的时间标准,使接收端获知所收数字信号中每个符号(码元)的准确起止时刻,从而同步地进行接收。为此,接收端必须有同步电路,从发送信号中提取此码元同步信息。该同步称为位同步(或称码元同步)。

同理,为了获知由若干码元组成的一个码组(或称"字")的起始时刻,接收端还必须提取字同步信息。上述位同步和字同步信息,可能已包含在经过编码和调制的信号中,或由发送端加入独立的位同步和字同步信号。若发送端和接收端之间没有同步或失去同步,接收端将无法正确辨认接收信号中包含的信息。

2.2 信源编码

实现通信数字化的前提为信源所提供的各种用于传递的消息(例如语音、图像、数据、文字等),都必须以数字化形式表示。模拟信号数字化之后,一般会导致传输信号的带宽明显增加,这将占用更多的信道资源。为了提高传输效率,需要采用压缩编码技术,在保证一定信号质量的前提下,尽可能地去除或降低信号中的冗余信息,从而减小传输所用带宽。针对信源发送信息所进行的压缩编码,一般称为信源编码。

2.2.1 模拟信号的数字化处理

模拟信号的数字化是信源编码处理的前提。对于时间连续和取值连续的原始语音和图像等模拟信号,若以数字方式进行传输,在发送端必须首先进行模/数(A/D)变换,将原始信号转换为时间离散和取值离散的数字信号。

模拟信号的数字化过程可以分为抽样(取样)、量化和编码等阶段。

抽样:是指用时间间隔确定的信号样值序列来代替原来在时间上连续的信号,即在时间上将模拟信号离散化。

量化:是用有限个幅度值来近似原来连续变化的幅度值,把模拟信号的连续幅度变为有限数量且有一定间隔的离散值。

编码:是按照一定的规律,把量化后的信号编码形成一个二进制数字码组输出。

经以上过程得到的数字信号可以通过电缆、微波干线、卫星通道等数字线路传输。在接收端与上述模拟信号数字化过程相反,经过后置滤波后又恢复成原来的模拟信号。上述数字化的过程即为脉冲编码调制(PCM)。

以语音信号处理为例,以下分析模拟信号的数字化过程。

1. 抽样

抽样是将在时间和幅度上都是连续的语音信号在时间上离散化的过程,目的是实现语音信号的时分多路复用。

信源发出的语音信号是模拟信号,其在幅度取值上和时间上都是连续的。实现数字化以及时分多路复用的前提,是先对语音信号在时间上进行离散化处理,该过程称为抽样。

抽样是指每隔一定的时间间隔 T,抽取语音信号的一个瞬时幅度值(即抽样值),抽样后所得到的一系列在时间上离散的抽样值称为样值序列,如图 2-2 所示。

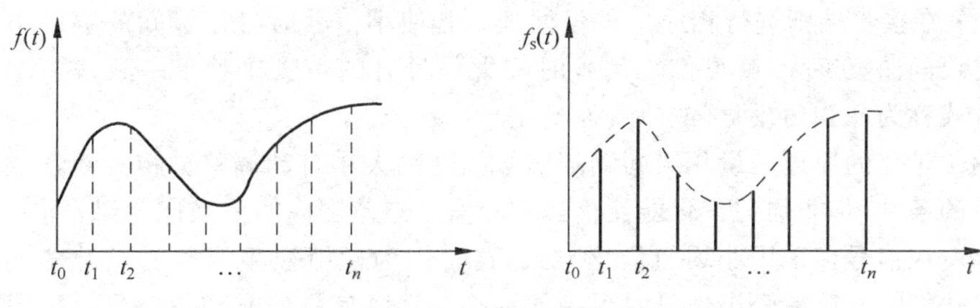

图 2-2　模拟信号与其对应的样值序列

抽样后的样值序列在时间上是离散的，可进行时分多路复用，也可将各个抽样值经过量化、编码变换成二进制数字信号。理论和实践证明，只要抽样脉冲的间隔 $T<1/2f_{\mathrm{m}}$（f_{m} 是语音信号的最高频率），则抽样后的样值序列可不失真地还原成原来的语音信号，该推理称为抽样定理。

【例 2-1】 话音信号的抽样频率。

一路电话信号的频带为 300～3400 Hz，$f_{\mathrm{m}}=3400$ Hz，则抽样频率≥2×3400 Hz=6800 Hz。若以 6800 Hz 的抽样频率对 300～3400 Hz 的电话信号抽样，则抽样后的样值序列可不失真地还原成原来的语音信号。话音信号的抽样频率通常取 8000 Hz。

2. 量化

抽样把模拟信号变成了时间上离散的脉冲信号，但脉冲的幅度仍是连续的，还需进行离散化处理，即对幅值进行化零取整的处理，才能最终用数字来表示。该过程称为量化。

量化的方法是把样值的最大变化范围划分成若干个相邻的间隔。当某样值落在某一间隔内，其输出数值就用此间隔内的某一固定值来表示。

(1) 均匀量化

均匀量化(又称线性量化)采用相等的量化间隔对采样得到的信号作量化。任何一个量化器都有一定的量化范围，通常取 $-u\sim+u$。实际信号可看成量化输出信号与量化误差之和，因此只用量化输出信号来代替原信号将会有失真。量化误差的幅度概率分布一般可视为在 $-1/2\sim+1/2$ 之间的均匀分布。

量化失真率与最小量化间隔的平方成正比。最小量化间隔越小，失真就越小，用来表示一定幅度的模拟信号时所需的量化级数就越多，因而处理和传输就越复杂。一般用一个二进制数来表示某一量化级数，经传输后在接收端再按照该二进制数来恢复原信号的幅值。

量化误差与噪声有本质上的区别。任一时刻的量化误差都可从输入信号求出，而噪声与信号之间就没有这种关系。量化失真在信号中的表现类似于噪声，也有很宽的频谱，所以称为量化噪声，并用信噪比来衡量。

均匀量化方式会造成大信号时的信噪比有余而小信号时的信噪比不足，且编码位数多(语音信号需编 11 位码)，加大了编码的复杂性，并对传输信道有更高的要求。

(2) 非均匀量化

实现非均匀量化是采用压缩、扩张的方法。即在发送端对输入信号先进行压缩，再均匀量化；在接收端则进行相应的扩张处理。若使小信号时量化级间的宽度小，而大信号时量化级间的宽度大，就可使小信号时和大信号时的信噪比趋于一致，这种非均匀量化级的方式称为非均匀量化(或非线性量化)。

非均匀量化的原理是量化级间隔随信号幅度的大小自动调整。相对而言，在不增大量化级数的条件下，非均匀量化能使信号在较宽动态范围内的信噪比达到要求。

数字电视信号多采用非均匀量化方式，这是因为模拟视频信号要经过校正(类似于非线性量化特性)，以减轻小信号时误差的影响。音频信号的非均匀量化也采用压缩、扩张的方法，即在发送端对输入的信号进行压缩处理再均匀量化，在接收端则进行相应的扩张处理。

目前国际上有两种标准化的非均匀量化特性，一种是 μ 律 15 折线压缩特性，另一种是我国采用的 A 律 13 折线压缩特性。采用 A 律压缩特性后，小信号时量化信噪比的改善量可达 24 dB，但同时亏损大信号量化信噪比约 12 dB。A 律 13 折线压缩特性如图 2-3 所示。

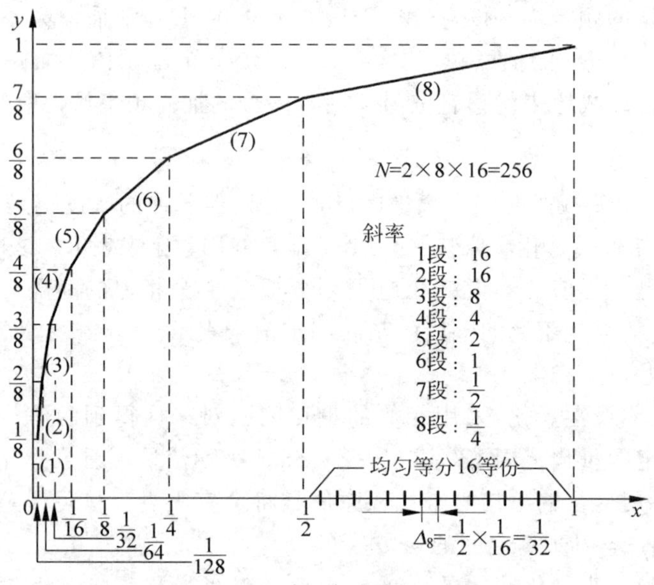

图 2-3 典型非均匀量化特性(A 律 13 折线压缩特性)

3. 编码

抽样、量化后的信号还不是数字信号，需将此信号转换成数字编码脉冲，该过程称为编码。解码是把数字信号变为模拟信号的过程，是编码的逆过程，即把一个 8 位码字恢复为一个样值信号的过程。

最简单的编码方式是二进制编码，即用 N 比特二进制码来表示已经量化了的样值，每个二进制数对应一个量化值，再将其排列，得到由二值脉冲组成的数字信息流。该信息流在接收端可以按所收到的信息重新组成原来的样值，再经过低通滤波器恢复原信号。该信息流脉冲串的频率等于抽样频率与量化比特数的积，称为所传输数字信号的数码率。显然，抽样频率越高，量化比特数越大，数码率就越高，而所需的传输带宽就越宽。

除了上述的自然二进制码，还有其他形式的二进制码，如抗误码能力较强的折叠码等。

编码的基本形式为线性编码和非线性编码两类。

① 线性编码：与均匀量化特性对应的编码。在码组中，各码位的权值固定，不随输入信号的幅度变化。

② 非线性编码：具有非均匀量化特性的编码。在码组中，各码位的权值不固定，而是随着输入信号的幅度变化。

4. 脉冲编码调制

模拟信号经过抽样、量化、编码完成A/D变换，称为脉冲编码调制(PCM)，简称脉码调制。

标准化的PCM码组(电话语音)由8位码组代表一个抽样值。语音模拟信号在发送端经过抽样、量化和编码以后得到了PCM信号，该信号经过数字信道传输。在接收端，将收到的PCM码(二进制码组)通过滤波器滤去大量的高频分量，还原成模拟语音信号。

前述的抽样定理以及为了降低量化噪声所采用的技术措施，目的是使解码后还原的波形尽可能与原始波形一致，该技术已集中应用在固定电话通信系统中。

PCM原理框图如图2-4所示。

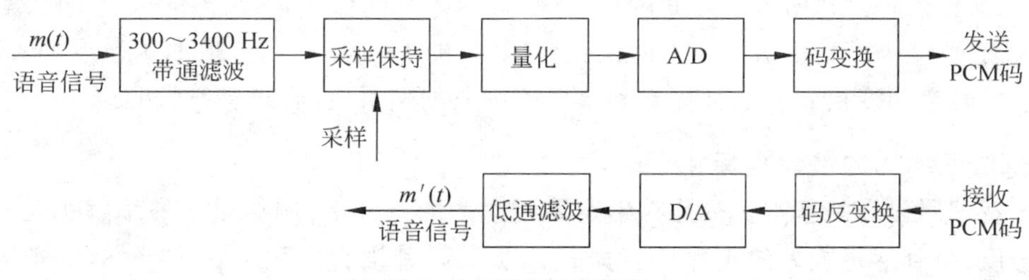

图2-4　PCM原理框图

PCM是数字程控电话交换机系统中广泛采用的语音编码方案。PCM包括了对语音信号波形的压扩处理和对经A/D变换后的语音自然二进制数码的变换，是语音数字化的一套完整方案。随着数字信号处理技术和微电子技术的发展，PCM技术已经历了多代发展，并由集成PCM编解码芯片实现。

2.2.2　语音编码技术

进行语音编码的目的是在保持一定算法复杂度和通信延时的前提下，利用尽可能少的信道容量，传送质量尽可能高的语音。较优化的语音编码方法是在算法复杂度和时延之间找到平衡点，并向更低比特率方向移动该平衡点。

1. 信源编码的基本概念

信源编码是为提高数字通信传输的有效性而采取的一种技术措施，其将信号源中的多余信息去除，形成一个适合于传输的信号。

为了提高数字通信传输效率，一方面需要采用各种方式的压缩编码技术，在保证一定信号质量的前提下，尽可能地去除信号中的冗余信息，从而降低传输速率和减小传输所用的带宽；另一方面，即使是原本就以数字形式存在的数据和文字信息，也同样需要通过压缩编码降低信息冗余，来提高传输效率。

语音压缩编码和图像压缩编码都是针对信源发送信息所进行的压缩编码，一般称为信源编码。但语音和图像信息的结构不同，显示方式和要求也各不相同，其发展有其各自的规律。

【例 2-2】 语音信号的信道传输带宽。

语音信号在模拟形式下的带宽一般低于 4 kHz，经调制后所需的传输带宽不超过 8 kHz；当以 8 kHz 速率抽样且用 8 个比特表示每个样值时，实际的编码速率将是 64 kbit/s，若采用二进制基带传输，信道传输的最小带宽则不能低于 32 kHz。

从理论上分析，语音、图像等信号都包含大量的冗余，而传输这些信号的速率是完全可以压缩的。信源编码技术的核心就是研究压缩编码算法，用尽可能低的信息传输速率来获得尽可能好的语音和图像质量。

按照处理方式的不同，常用的信源压缩编码方法如下：

① 概率匹配编码。根据编码对象出现的概率，分配不同长度的代码，以保证总的代码长度最短。

② 预测编码。利用信号之间的相关性，预测未来的信号，对预测的误差进行编码。

③ 变换编码。利用信号在不同函数空间分布的不同，选择合适的函数变换，将信号从一种信号空间变换到另一种更有利于压缩编码的信号空间，再进行编码。

2. 语音编码的性能指标

语音编码研究的基本目标是在给定编码速率的条件下，用尽量小的编解码延时和算法复杂度，得到尽可能好的重建语音质量。衡量一种语音编码方法的好坏，一般要考虑语音质量、编码速率、信号延时和算法复杂度等多个方面。在不同的应用场合，对性能要求的侧重点将会有所区别。

(1) 语音质量

语音质量在数字通信中通常可以分为广播级质量、长途通信质量、通信质量与合成语音质量四级。

广播级质量是高质量的宽带(8 kHz)广播解说语音。长途电话质量指与传统的模拟电话带宽(300～3400 Hz)语音信号相当的质量。通信质量是指语音质量有所下降时仍可保证足够高的自然度和可懂度，可以满足大多数专用通信系统的要求。合成语音质量是指语音保持足够高的可懂度，但自然度及保留讲话人语音个性等方面不够好。

如何评价语音编码质量是一个较困难的问题，评价方法一般分为主观评定和客观评定。

① 主观评定：以人在听话时对语音质量的感觉来评定，主观性较强，评定的可靠度不高。

② 客观评定：对反映语音性能的某些特性参数做定量分析，计算简单，但不能完全反映人对语音质量的感觉。目前，更加符合主观评定的客观评定方法还在不断改进之中。

(2) 编码速率

编码速率通常用模拟信号经过抽样、量化和编码之后产生的数字信号的信息传输速率来度量，单位为比特/秒(bit/s)；也可以用“比特/样值”度量，其表示平均每个样值用多少比特编码。平均每样值的比特数越高，量化就越细，语音质量也越容易提高，相应地对传输带宽或存储容量的要求也越高。

(3) 编解码延时

对语音信号的分帧处理以及复杂的算法实现将会产生比较明显的编解码延时，该延时与传输延时一起构成了系统的主要延时。在实时语音通信系统中，若总延时过长，将会影响双方的正常交谈。如果系统中有回声，话音质量还会明显恶化。一般要求语音编解码的延时低于 100 ms。

(4) 算法复杂度

若从性能而言，一般较复杂的语音编解码算法可获得较好的语音质量或较低的编码速率。但考虑到硬件实现的可能性、复杂度和成本，实用的算法应在保持一定性能前提下尽可能将运算复杂度降到最低。

3. 语音编码方法的分类

语音是通信系统处理和传输的一种主要信息形式。自脉冲编码调制(PCM)技术出现以来，语音编码方法层出不穷，目前仍是通信领域内的一个重要研究课题。

根据编码器的实现机理，语音编码方法大致可分为两类。

(1) 波形编码

波形编码从语音信号波形出发，对波形的采样值、预测值或预测误差值进行编码。其以重建语音波形为目的，力图使重建波形接近原信号波形。该方式具有适应能力强，重建语音质量好的优点，但编码速率较高。波形编码方式能在 64～16 kbit/s 的速率上获得较为满意的语音质量。

常用的波形编码类型如下：

① 脉冲编码调制(PCM)。目前最常用的模拟信号数字化方法之一。其将模拟信号变换为数字信号。变换过程有抽样、量化和编码。由于量化过程中不可避免地会引入一定误差，因此会带来量化噪声。为了减小量化噪声，提高小信号的信噪比，扩大信号的动态范围，通常采用压扩技术，即非均匀量化。PCM 技术已成熟，是固定电话、长途中继和光纤传输的标准码型。PCM 速率为 64 kbit/s。

② 增量调制(DM)。是用一位编码反映信号的增量是正或负的一种脉冲编码调制。增量调制同样存在量化噪声，而且发生过载现象时会出现较大的过载量化噪声。为了防止过载现象，增量调制必须用比 PCM 调制高得多的抽样频率。简单增量调制存在动态范围小和平均信噪比小的问题，为了克服这些缺点，出现了总和增量调制、数字音节压扩增量调制和差分脉码调制等改进方法。

③ 自适应差分编码调制(ADPCM)。综合了脉冲编码调制和增量调制的特点，依据相邻样值的差值编码的方式，有效地消除了语音信号中的冗余度，提高了编码的有效性。利用自适应量化和自适应预测技术，大大压缩了传输数码率(可降到 32 kbit/s)和传输带

宽,从而增加了信道的容量。ADPCM 速率为 32 kbit/s。

④ 子带编码(SBC)。是对输入模拟信号进行频域分割的一种编码方式,其优点是各子带可选择不同的量化参数以分别控制它们的量化噪声。子带编码目前已广泛应用于语音和声频编码中。

⑤ 自适应变换编码(ATC)。将语音在时间上分段,每段取样后经数字正交变换转至频域(时域-频域变换),取相应各组频域系数,然后对系数进行量化、编码和传输,对接收端则进行相反处理,以恢复时域信号,再将各时段信号连成语音。ATC 速率为 12～16 kbit/s。

(2) 参量编码

语音的参量编码是数字信号处理(DSP)技术、编码理论、自适应差分编码调制(ADPCM)技术和软件技术的综合应用。

参量编码是在语音信号的某一特征空间抽取特征参量,构造语音信号模型,然后利用参量量化过程生成码字进行传输,在接收端利用码字重建语音信号的一种编码方式。

参量编码不以重建语音波形为目的,而是根据从语音段中提取的参数,在接收端合成一个新的声音相似(但波形不尽相同)的语音信号,实现这一过程的系统称为声码器。

在参量编码中,线性预测编码器是最常用的语音编译码器,近年来对声码器的研究和改进,出现了许多高质量的语声编码技术。例如,混合激励线性预测编码(MELP)、正弦变换编码(STC)和多带激励编码(MBE)技术在参量编码的基础上,结合了原有波形编码器质量好和声码器速率低的特点,以达到改善声音自然度的目的。线性预测编码器能在 4～16 kbit/s 的中速率上得到高质量的合成语音。最典型的算法是利用线性预测,采用分析合成的方法构成。

语音的参量编码主要用于移动通信系统等利用无线信道的通信设备中。例如,用于 GSM 移动通信的 RPE-LTP(规则脉冲激励长时预测编码)、用于 IS-95 CDMA 的 CELP(码本激励线性预测编码)等。其中,CELP 是利用码本作为激励源的方法,其编码特点为:运用线性预测技术,简洁而有效地描述声道特性;以矢量量化技术高效实现残差激励;利用分析综合方法,准确(符合听觉特性)搜索最佳激励线性矢量。

2.2.3 图像编码技术

近年来,随着数字图像压缩编码理论与方案的不断创新、数字通信与计算机技术的高速发展、超大规模集成电路(VLSI)的多次更新换代和成本的降低,图像通信的发展速度越来越快,主要表现为图像通信的普及程度和图像通信质量的提高。

图像编码是信源编码的一个重要方面。图像编码种类很多,图像数据压缩算法也很多,根据应用的不同而产生了众多的编码方法。图像是二维的,表述的数学方法多种多样。以存储为目的和以传输为目的图像编码方法不同,静止图像与运动图像的编码方法也不同。

1. 图像通信的特点

图像是人类获得外界信息的主要形式之一。图像通信是传递和接收逼真度高的图像信号的通信。融合计算机技术的多媒体通信，赋予图像通信更丰富的内容。图像通信的特点为：通信效率高；形象逼真；便于记录；功能齐全；信息量大，占用频带宽。

由于图像包含的信息量大而所需传输带宽和存储空间过多，使得图像通信的实际应用尚不如语音通信和数据通信普及。例如，在模拟方式下，传输一路电话信号只需要带宽为 4 kHz 的一条模拟话路；而一路标准电视信号的带宽是 6 MHz，需要 1000 条以上的模拟话路。若采用数字方式，传输一路电话信号只需要 64 kbit/s 的一条数字话路，而采用 8 位线性码的一路数字电视信号的编码速率为 $2\times6\times10^6\times8=96$ Mbit/s，同样需要 1000 条以上的数字话路。因此，压缩数字图像信号的编码速率成为图像处理领域的首要任务。

最常见的图像传输系统是电视，模拟电视系统传送模拟图像，数字电视系统传送数字图像。模拟图像以能分辨多少条线作为其质量评价标准，数字图像以能分辨多少个像素点来衡量。高清晰度数字电视一般能分辨 768×576 个像素点。假设每个像素的灰度用 8 bit 量化，考虑到每秒 25 帧，再加上彩色，其数据率将在 100 Mbit/s 左右。如此巨大的数据量，使得对图像数据压缩的研究一直是一个热点。

图像要比语音复杂得多，静止图像是二维的，活动图像则是三维的。由于要考虑帧之间的相关性，需从三维空间去研究图像压缩算法，其难度远大于对一维语音的研究。在图像压缩算法中，矢量量化适合于空间运算，差分脉冲编码(DPCM)数据量较低，运算简便，因而得到了广泛应用。

信息网络化对传送图像提出了多样化需求。随着数字通信技术的发展和 PCM 原理的提出，图像通信也正逐步从模拟通信方式过渡到以数字通信为主的方式。移动通信系统及无线接入系统也一直在寻找适合于无线信道的图像传送模式。数字电视在近几年将在我国普及，这些都预示着图像通信将有新的发展。

今后，不仅是数字电视、视频会议和可视电话，信息通信网络对视频应用的其他需求也会高速增长。

(1) 模拟图像通信的特点

① 占用的频带宽。

② 需采用相位均衡器解决模拟信道中传输时的线性相位特性问题。

③ 图像信号在相邻帧的对应位置间及在同一帧的相邻位置间，具有很强的相关性。

④ 图像信息量大，而模拟信号压缩方法的压缩率很小，且对图像质量的影响较大。

⑤ 模拟图像信号传输有噪声积累效应，使图像传输劣化。

(2) 数字图像通信的特点

① 可多次中继而不致引起噪声的严重积累。适于多次中继的远距离图像通信，也适于在存储中的多次复制。

② 有利于采用压缩编码技术。可在一定的信道频带条件下，获得比模拟传输更高的通信质量；可采用数字通信中的抗干扰编码技术，以提高抗干扰性能；易于实现保密通信。

③ 体积小，功耗低。

④ 易于联网，便于综合业务的应用。

⑤ 存在占用信道频带较宽等缺点。

2. 图像信号及其数字化

一幅平面运动图像所包括的信息首先表现为光的强度或灰度,其随着平面坐标、光的波长和时间而变化。根据具体情况不同,可以把图像分为各种不同的类型。

若只考虑光的能量而不考虑光的波长,在视觉效果上只有黑白深浅之分而无色彩变化,此时的图像称为黑白活动图像;对于彩色活动图像,就要考虑光的波长。根据三基色原理,任何一种彩色都可以分解成红、绿、蓝(即RGB)3种基色。

当图像内容不随时间变化时,称为静止图像。为便于对图像进行处理、传输和存储,在处理图像前,需先将代表图像的连续信号转变为离散信号,该过程称为图像信号的数字化。

图像信号的数字化主要包括抽样和量化这两个处理过程。

(1) 图像信号的抽样

图像在空间上的离散化称为抽样,即用空间上部分点(抽样点)的灰度值代表图像,把空间上连续变化的图像离散化。对图像信号的抽样要求在原理上和语音信号相同,经过抽样后的图像应包含原始图像信号的所有信息,以便能通过某种变换无失真地恢复原信号。

图像信号是二维的,必须在两个方向上同时满足抽样定理。为了对其进行抽样,需先将二维信号变成一维信号,再对一维信号进行抽样。对图像信号的抽样通常采用等间隔的点阵抽样方式,就是直接对表示图像的二维图像函数 $f(x,y)$进行抽样,在 x 方向上取 M 点,在 y 方向上取 N 点,读取整个图像函数空间内 $M\times N$ 个离散点的灰度值,所得结果即为一个用样点值所表示的阵列。

(2) 图像信号的量化

模拟图像经过抽样后,在时间和空间上离散化为像素。但抽样只是完成了图像空间位置的离散化,这时所得的信号还不是数字信号,还需要用离散的量化值代替连续变化的样点灰度值。

图像量化的基本要求为:在量化噪声对图像质量的影响可以忽略的前提下,用最少的量化电平进行量化。常用的图像量化方式是均匀(等间隔)量化。

数字图像数据量大、占用频带较宽,且数字图像中的各个像素不是独立的,彼此之间的相关性很大。例如,在电视画面中,同一行中相邻两个像素或相邻两行间的像素,其相关系数可以达到0.9;相邻两帧之间的相关性则比帧内的相关性还要大一些。因此,进行图像压缩的潜力非常大。

3. 图像压缩编码原理

图像中存在信息冗余,是可以对其进行压缩的前提条件。图像虽含有大量的数据,但这些数据是高度相关的。大量的冗余信息存在于一幅图像内部以及视频序列中相邻图像之间。

空间冗余:空间某区域上具有的相关性;

时间冗余:图像在前后时间上的相关性;

结构冗余:图像各部分间具有某种相似关系。

还有信息熵冗余(编码冗余)、知识冗余、视觉冗余等。

上述冗余信息为图像压缩编码提供了依据。若能够去除这些冗余信息，使用尽量少的比特数来表示和重建图像，就可以实现图像的压缩。

评价图像压缩算法的优劣主要有算法的编码效率、编码图像的质量、算法的适用范围和算法的复杂度等。

典型的图像压缩编码系统的原理框图如图 2-5 所示。信源输出的可以是各种模拟图像信号，经过 PCM 编码器后变为数字图像信号。压缩编码器对数字图像信号进行各种目的的压缩编码处理。若不需要通过信道传输，即为一般的数字图像处理系统。若再经过信道编码后在信道上传输，则为数字图像通信。

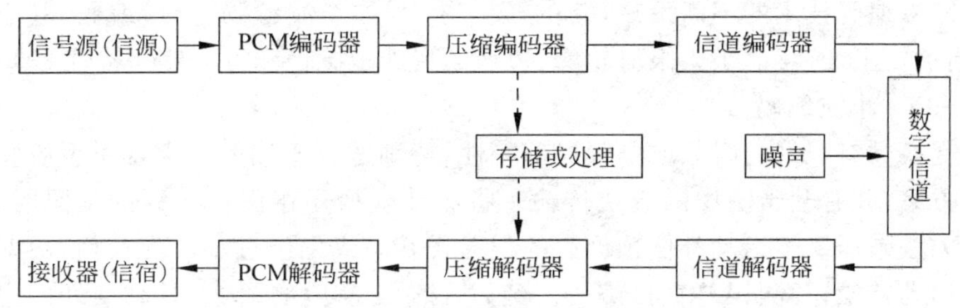

图 2-5 图像压缩编码系统的原理框图

图像压缩编码采用的主要技术集中体现在于 ITU 制定的图像编码的标准中，其核心思想一是消除像素点间数据的相关性，二是利用人眼的视觉生理特征和图像的概率统计模型进行自适应量化编码。图像压缩编码采用的主要技术措施如下：

① 利用离散余弦变换(DCT)去除各像素点数据在空间域中的相关性。

② 通过帧间预测差分编码去除活动图像的时域相关性。

③ 采用熵编码技术使编码与信源的概率模型相匹配，其中熵是指信源的平均信息量，图像熵则表示像素灰度级集合的平均比特数。

④ 利用人眼的视觉特性(对边缘和轮廓信息特别敏感)进行自适应量化编码，如运动补偿等。

⑤ 通过缓冲存储器实现变长码输入与定长码输出之间的匹配。

上述措施在活动图像的编码中都需采用，而在静止图像的编码中有的则无须采用。

4. 数字图像压缩编码的分类

数字图像通信技术要求提供最佳的压缩编码效果，主要指以下几个方面。

① 压缩效率。或称压缩比，即压缩前后编码速率的比值。

② 压缩质量。指恢复图像的质量。

③ 编解码算法的复杂度。

④ 编解码延时。针对实时系统而提出。

实现图像压缩的编码方法很多，根据编码过程中是否存在信息损耗，可将图像分为有损压缩和无损压缩。图像压缩编码方法有多种类型。

(1) 根据恢复图像的准确度分类

① 信息保持编码。应用于图像的数字存储，属无失真编码。

② 保真度编码。应用于数字电视技术和多媒体通信领域,属于有失真编码。

③ 特征提取编码。应用于图像识别、分析和分类,属于有失真编码。

(2) 根据图像压缩的实现方式分类

① 变换编码。图像通信中主要的编码方式,属于有损编码。例如帧内和帧间的预测变换,去除空间和时间上的相关性;函数变换也能将图像间的相关性大量地去掉,其压缩效率很高。

② 概率匹配编码。

③ 识别编码。

随着图像编码技术的不断发展,新的压缩方法(如小波编码、分形编码、基于模型编码等)不断被提出,其考虑了人眼对轮廓、边缘的特殊敏感性和方向感知特性等。

【例 2-3】 小波编码。

小波变换具有很好的时频或空频局部特性,特别适合于按照人类视觉系统特性设计图像压缩方案,并有利于图像的分层传输。将小波变换用于图像序列的编码时,采用小波变换的方法来压缩经运动补偿预测后的误差图像;或先经过小波变换后,再对各个频带分别作运动补偿,预测误差直接编码。经过小波变换后的图像,具有良好的空间方向选择性,且为多分辨率,可保持原图像在各种分辨率下的精细结构,与人的视觉特性十分吻合。小波编码在图像的压缩比和编码质量方面都优于传统的函数变换。

5. 数字图像压缩编码的主要国际标准

数字图像压缩编码的主要国际标准包括静止图像编码的国际标准(JPEG 和 JPEG-2000)、活动图像编码的国际标准(MPEG-1、MPEG-2、MPEG-4、MPEG-7 等)和多媒体会议标准(H.261、H.263 等)。

2.3 信道复用

通信技术的发展和通信系统的广泛应用,使得通信网的规模和需求越来越大。而系统容量则成为一个非常重要的问题。一方面,原来只传输一路信号的链路上,现在可能要求传输多路信号;另一方面,一条链路的频带通常很宽,足以容纳多路信号传输。所以,多路通信(多路独立信号在一条链路上传输)则应运而生。

2.3.1 信道复用概述

信道复用是指多个用户同时使用同一条信道进行通信。为了区分在一条链路上的多个用户的信号,理论上可以采用正交划分的方法,即凡是在理论上正交的多个信号,在同一条链路上传输到接收端后,都可能利用其正交性完全区分开。

1. 多路复用

通信设备体制不同,信道的复用方式也不同。常用的正交划分体制主要有:

① 频分复用(FDM)。在频域中划分的频分制。

② 时分复用(TDM)。在时域中划分的时分制。

③ 码分复用(CDM)。利用正交编码划分的码分制。

④ 空分复用(SDM)。是指利用窄波束天线在不同方向上重复使用同一频带,即将频谱按空间划分复用,用于无线通信。

⑤ 极化复用。是利用两种极化(垂直和水平)的电磁波分别传输两个用户的信号,即按极化重复使用同一频谱,用于无线通信。

⑥ 波分复用(WDM)。用于光通信,是按波长划分的复用方法。其实质上也是一种频分复用。由于载波在光波波段,其频率很高,通常用波长代替频率来讨论,故称为波分复用。

2. 多路复接

随着通信网的进一步发展,通信网的规模越来越大,路数越来越多,网际关系也越来越密切,出现了几个多路传输的网或链路间需要互连,这称为复接。复接技术是为了解决来自若干条链路的多路信号的合并和区分。目前大容量链路的复接几乎都是时分复用(TDM)信号的复接。此时,多路 TDM 信号时钟的统一和定时即成为关键技术问题。

现代通信网是一个覆盖全球的网,为了解决各国各个网和链路之间的互连互通问题,必须有国际统一的接口标准。例如,国际电信联盟(ITU)所制定的有关复用和复接的一系列标准的建议,已为各国所采用。

一个通信网需占用一定的频带和时间资源。为了使这些资源得到充分利用,发展出了各种多路复用技术,将每条链路的多个信道分配给不同用户使用,从而提高了链路的利用率。但在多路复用和复接时,并不是每路用户在每一时刻都占用着信道。为了充分利用频带和时间,希望每条信道为多个用户所共享。于是在多路复用和复接技术发展的同时,逐渐发展出了多址接入技术。

3. 多址接入

“多路复用(复接)”和“多址接入”都是为了共享通信网,这两种技术有许多相同之处,但也有区别。在多路复用(复接)中,用户是固定接入的,或者是半固定接入的,因此网络资源是预先分配给各用户共享的。然而,多址接入时网络资源通常是动态分配的,且可由用户在远端随时提出共享要求。

例如,在卫星通信系统中,为了使卫星转发器得到充分利用,按照用户需求,将每个信道动态地分配,使得大量用户可以在不同时间以不同速率(带宽)共享网络资源。在计算机通信网中,以太网(Ethernet)也是多址接入的实例。故多址接入网络必须按照用户对网络资源的需求,随时动态地改变网络资源的分配。

多址技术也有多种,例如频分多址、时分多址、码分多址、空分多址、极化多址,以及其他利用信号统计特性复用的多址技术等。

2.3.2 多路复用技术

在现代通信网传输系统中,一条信道所提供的带宽通常比所传送的某种信号带宽要宽得多。若一条信道只传送一种信号则将浪费资源。多路复用技术用于实现在同一信道中传递多路信号而互相不干扰,以提高信道利用率。

多路复用技术的理论基础是信号分割原理,根据信号在频率、时间、码型等参量上的不同,将各路信号复用在同一信道中进行传输。多路复用技术包括复用、传输和分离三个过程。多个复用系统的再复用和解复用称为复接和分解。

常用的多路复用技术有频分复用(FDM)、时分复用(TDM)和码分复用(CDM)等。

1. 频分复用

频分复用(FDM)适用于模拟信号的传输,主要用于长途载波电话、立体声调频、电视广播和空间遥测等方面。频分复用将传输媒介的频带资源划分为多个子频带,分别分配给不同的用户形成各自的传输子通路,各用户只能使用被分配的子通路传送信息。频分多路复用设备复杂,成本较高,目前应用已不多,正在逐步被时分多路复用所替代。

2. 时分复用

时分复用(TDM)是在固定电话网中被广泛采用的一种标准体制。

时分复用技术按规定的间隔在时间上相互错开,在一条公共通道上传输多路信号,其理论基础是抽样定理,其必要条件是定时与同步。

频分复用和时分复用示意图如图 2-6 所示。

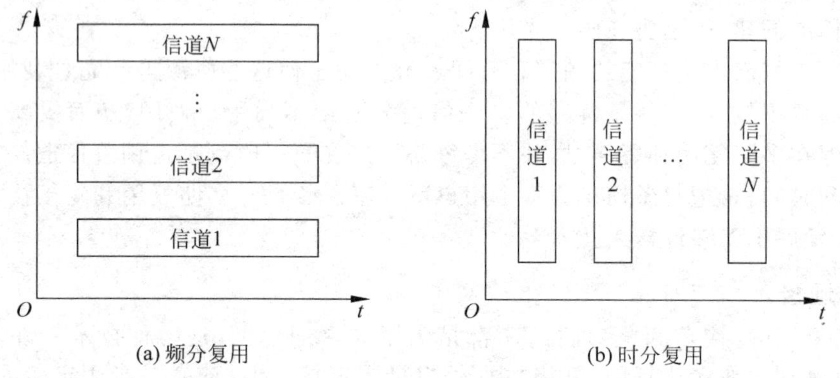

图 2-6 频分复用和时分复用示意图

(1) 同步时分复用(TDM)

同步时分复用将传输媒介的使用时间轮流分配给不同的用户,各用户只有在被分配的时间段(时隙)使用传输媒介传送信息,即使某个用户在所分配的时隙内不传送信息,其他用户也不能使用传输通路。同步时分复用技术是按时隙来发送和接收信息,因此收发两端的时分复用器应保持严格的同步。

在数字通信系统中,帧是指传输一段具有固定数据格式的数据所占用的时间。各种信号(包括加入的定时、同步等信号)都严格按时间关系进行,该时间关系称为帧结构。

时分复用的基本条件是:各路信号必须组成帧;一帧应分为若干时隙;在帧结构中必须有帧同步码;允许各路输入信号的抽样速率(时钟)有少许误差。

对于时分制多路电话系统的标准,ITU 制定了准同步数字同步体系(PDH)和同步数字同步体系(SDH),并对 PDH 和 SDH 都制定了 E 体系(中国、欧洲等采用)和 T 体系

(北美、日本等采用)。

脉冲编码调制(PCM)通信是典型的时分复用多路通信系统,其基本原理如图 2-7 所示。

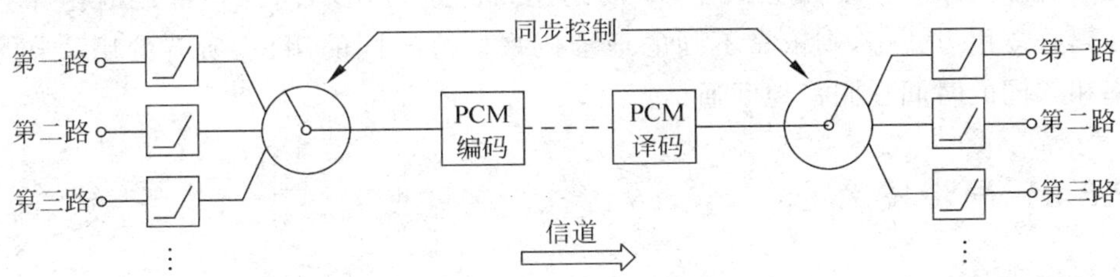

图 2-7 PCM 通信的基本原理

【例 2-4】 PCM 30/32 路系统的帧结构。

从语音模拟信号转换成数字信号的过程可知,为确保接收端能够将离散的数字信号还原成连续的模拟信号,取样频率需采用 8000 Hz,即每隔 125 μs 取样一次,该时间间隔称为一帧。对于 PCM 的时分通信,是把 125 μs 时间分成许多小段落,每一路占一段时间,该时间称为时隙。路数越多,每路的时隙就越小。通常安排有 24 路、32 路等。

PCM 30/32 的含意是整个系统共分为 32 个路时隙,其中 30 个路时隙分别用来传送 30 路话音信号,1 个路时隙用来传送帧同步码,1 个路时隙用来传送信令码。

(2) 统计时分复用(STDM)

同步时分复用以及频分复用都属于预分配资源的方式,即根据用户要求预先为各用户分配传输容量。当用户不传送数据时,信道资源便得不到充分的利用,不适用于突发性业务的需要。

采用动态分配或按需分配资源的方式可以克服预分配资源方式的缺点,即当用户有数据需要传输时才分配线路资源,而当该用户没有数据传输时,信道资源可以为其他用户所用,该方式称为统计时分复用(STDM)。

在统计时分复用方式中,各用户数据在通信信道上随机地互相交织传输。为了便于接收端能识别来自不同用户终端的数据,发送端需要在用户数据之前加上终端号或子信道号,通常称之为标记。

同步时分复用信号和统计时分复用信号的示意图分别如图 2-8(a)、(b)所示。

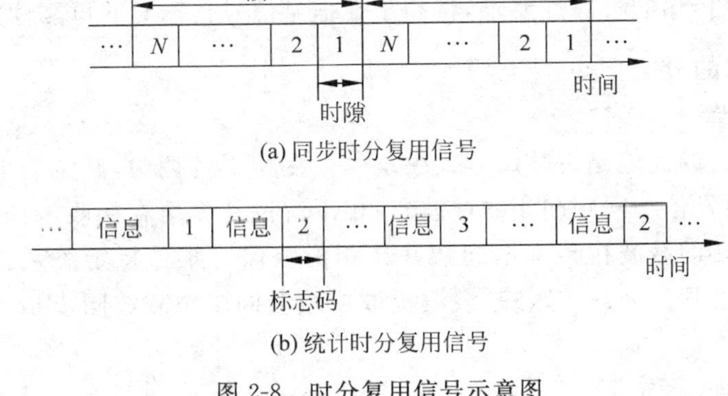

图 2-8 时分复用信号示意图

3. 码分复用

在频分复用或时分复用方式中，不同的用户分别占用不同的频带或时隙来进行通信。在码分复用方式中，则依靠不同的地址码来区分不同的用户，所有的用户使用相同的频率和相同的时间在同一地区通信。

2.3.3 同步技术

同步是数字通信系统的基本组成部分。数字通信的特点之一是通过时间分割来实现多路复用，即时分多路复用。

通信过程中的信号处理和传输都在规定的时隙内进行，帧同步是实现时分多路通信必不可少的条件之一。为了使整个通信系统准确、有序、可靠地工作，收发双方必须有一个统一的时间标准，该时间标准依靠定时系统去完成收、发双方时间的一致性，即实现了时间上的同步。

1. 同步的基本概念

同步是使系统的收、发两端在时间上和频率上保持步调一致。同步技术可以使通信系统的收、发两端或整个通信网络以精度很高的时钟提供定时，以便系统(或网络)的数据流能同步、有序而准确地传送信息达到收发信端。

同步准确性对通信质量有很大影响；多媒体信息传输则对同步有更进一步的要求，应达到各信息媒体之间的同步显示。同步系统性能的好坏，直接影响着通信系统性能的优劣。

2. 同步系统的基本要求

同步系统是使收、发定时系统同步工作，以保证在接收端能正确地接收每一个码元，并正确分出每一路信息码和信令码。

由于信息码元的传输只在收发之间建立同步后才能开始进行，因而对同步系统提出了下述基本要求：同步误差小、相位抖动小，以及同步建立时间短、保持时间长等。

同步是系统正常工作的前提。若同步性能不好将使数字通信设备的抗干扰性能下降，误码增加；若同步丢失(或失步)将会使整个系统无法工作。因此，在数字通信同步系统中，对同步信息传输的可靠性要求，将高于在信息信号传输时的可靠性指标。

3. 同步技术的分类

(1) 载波同步

数字调制系统的性能是由解调方式决定的。在相干解调中，其解调电路需要同步载波(收信端产生与发信端同频同相的载波)。相干解调首先要在接收端恢复出相干载波，该载波应与发送端的载波在频率上同频并在相位上保持某种特定关系。在接收端获得这一相干载波的过程称为载波跟踪、载波提取或载波同步。载波同步是实现相干解调的先决条件。

(2) 位同步(码元同步)

在基带传输或频带传输中，都需要位同步。因为在数字通信系统中，消息是由一连串码元序列传递的，这些码元一般具有相同的持续时间。

由于传输信道的不理想，以一定速率传输到接收端的数字信号，其波形混有噪声和干扰而产生失真。为了从该波形中恢复出原始的基带数字信号，就要对波形进行取样判决，因而需要在接收端产生一个码元同步脉冲或位同步脉冲。该码元定时脉冲序列的重复频率和相位(位置)应与接收码元一致，以保证接收端的定时脉冲重复频率和发送端码元速率相同，并使取样判决时刻对准最佳位置。

通常，把位同步脉冲与接收码元的重复频率和相位的一致，称为码元同步或位同步；而把同步脉冲的取得称为位同步提取。

(3) 帧同步(群同步)

对于数字信号传输，若有载波同步，可利用相干解调方式解调出含有载波成分的基带信号包络；若有位同步，则可从不规则的基带信号中判决出每一个码元信号，形成原始的基带数字信号。上述数字信号都是按照一定数据格式传送的，一定数目的信息码元通过字的组合构成一帧(群)，从而形成群的数字信号序列。

在接收端，若要正确地恢复消息，就必须识别帧的起始时刻。

在数字时分多路通信系统中，各路信息码元被安排在指定的时隙内传送，形成一定的帧结构。在接收端，为了正确分离各路信号，必须识别出每帧的起始时刻，找出各路时隙的位置，即接收端必须产生与帧的起止时间相一致的定时信号，获得该定时序列称为帧同步。

(4) 网同步

当通信在点对点之间进行，并且完成了载波同步、位同步、帧同步之后，即可进行可靠的通信。但通信网中往往需要在多点之间相互连接，需要把各个方向传来的信息码元按其不同目的进行分路、合路和交换。为了有效地完成这些功能，必须实现网同步。

4. 同步方式

同步也是一种信息，若按传输同步信息方式的不同，可分为外同步法和自同步法。

(1) 外同步法

外同步法由发送端发送专门的同步信息，接收端检测出该信息作为同步信号。该方法需要传输独立的同步信号，因此要付出额外的功率和频带。帧同步一般采用外同步法。

(2) 自同步法

在自同步法中，发送端不发送专门的同步信息，接收端设法从所收的信号中提取同步信息。在载波同步中多采用自同步法。

2.3.4　数字复接技术

在数字传输系统中，为了扩大传输容量和提高传输效率，常需要将若干个低速数字信号合并成一个高速数字信号流，以便在高速信道中传输；在到达接收端后，再把这个高速数字信号流分解还原成为相应的各个低速数字信号。该技术称为数字复接技术。

1. 数字复接系统

数字复接系统的组成框图如图2-9所示。

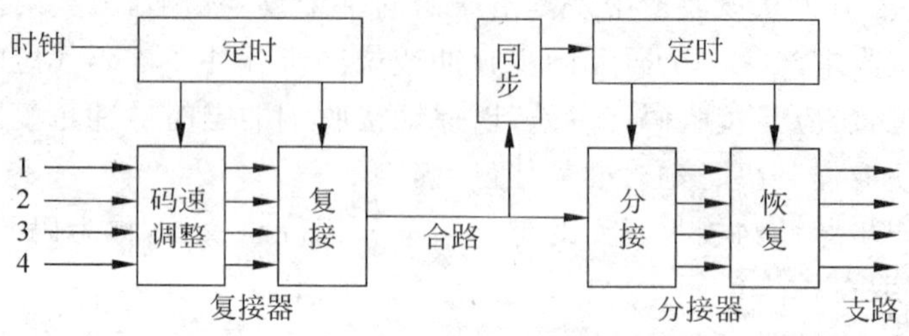

图2-9 数字复接系统的组成

数字复接系统由数字复接器和数字分接器两部分组成。其可使一条高速数字信道用作多条低速数字通道,从而大大提高数字传输系统的传输效率。

(1) 数字复接器

数字复接器位于发送端,把两个或多个低速数字支路信号(低次群)按时分复用方式合并成为一个高速数字信号(高次群)的设备。其由定时、码速调整和复接单元组成。

定时单元:提供统一的基准时钟,产生复接所需的各种定时控制信号。

码速调整单元:受定时单元控制,把速率不同的各支路信号进行调整,使之适合进行复接。

复接单元:也受定时单元控制,对已调整的各支路信号实施复接,形成一个高速的合路数字流(高次群);同时复接单元还必须插入帧同步信号和其他监控信号,以便接收端正确接收各支路信号。

(2) 数字分接器

数字分接器位于收信端,由同步、定时、分接和码速恢复等单元组成。

同步单元:控制分接器的基准时钟,使之和复接器的基准时钟保持正确的相位关系,即保持收发同步,并从高速数字信号中提取定位信号送给定时单元。

定时单元:通过接收信号序列产生各种控制信号,并分送给各支路进行分接。

分接单元:将各路数字信号进行时间上的分离,以形成同步的支路数字信号。

码速恢复单元:还原出与发端一致的低速支路数字信号。

2. 数字复接方法

同步复接是数字复接的基础。根据复接器输入端各支路信号与本机定时信号的关系,数字复接方法可分为同步复接与异步复接。

(1) 同步复接

若复接器各输入支路数字信号相对于本机定时信号是同步的,称为同步复接,只需相位调整(或无须调整)即可实施复接。同源信号的复接为同步复接,同源信号是指各个信号由同一主时钟产生。

(2) 异步复接

若复接器各输入支路数字信号相对于本机定时信号是异步的,称为异步复接。需要对各个支路进行频率和相位调整，使之成为同步的数字信号，然后实施同步复接。异源信号的复接即为异步复接，异源信号是指信号由不同的时钟源产生。

在异源信号中，若各信号的对应生效瞬间为同一标称速，而速率的任何变化都限制在规定的范围之内，则称为准同步信号。绝大多数异步复接都属于准同步信号的复接。而在异步复接中，若解决将非同步信号变成同步信号的问题，经码速调整即可实施同步复接。

码速调整分为正码速调整(调整后的速率高于调整前的速率)、负码速调整和正负码速调整。我国采用正码速调整。

3. 数字信号的复接方式

数字信号的复接要解决两个问题，即同步和复接。

同步是把若干数码率不同的支路数字信号速率按一定规则，调整到一致且保持固定的相位关系。

复接是把已同步的数字信号按时分复用方式，合并为一个高速数字信号序列。

根据参与复接的各支路信号每次交织插入的码元结构，复接可分为以下方式。

(1) 按位复接

按位复接的方式每次复接一位码。若要复接4个基群信号，则依次先取第一、第二、第三、第四基群的第1位码，然后取各自基群的第2位码，以此类推，循环往复。复接后每位码宽度只有原来的1/4。按位复接示意图如图2-10所示。由图中可以看出，各支路信号是源源而来的，当尚未轮到复接时，需将信息存储起来等待复接，所以数字复接中需要缓冲存储器。按位复接方法设备简单，存储器所需容量小，应用较广；其缺点是不利于信号交换。

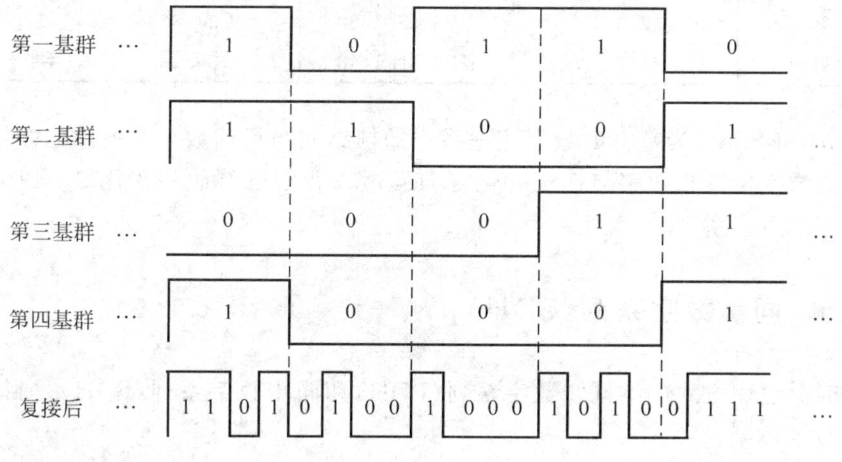

图2-10 按位复接方式

(2) 按字复接

按字复接方式每次复接取一个支路的8位码，各个支路的码轮流被复接。在其他三个支路复接期间，必须把另一个支路的8位码存储起来。该方式有利于多路合成处理和交换，但需要容量较大的缓冲存储器。

(3) 按帧复接

按帧复接方式以帧为单位进行复接,即依次复接每个基群的一帧码。其优点是不破坏原来各个基群的帧结构,有利于交换,但需要容量更大的缓冲存储器。

4. 数字复接系列

数字复接是按照一定的规定速率,从低速到高速分级进行的,其中某一级的复接是把一定数目的具有较低规定速率的数字信号,合并成为一个具有较高规定速率的数字信号。该数字信号在更高一级的数字复接中,与具有同样速率的其他数字信号作进一步的合并,成为更高规定速率的数字信号。

例如,在扩大数字通信系统容量时,若在一条通路上传送120路电话,可将4个30路PCM系统的基群信号再进行时分复用,合成一个码速为8.448 Mbit/s的120路数字信号系统,称为二次群;若用4个120路的二次群信号,又可合成为一个480路的数字信号系统,称为三次群……这些由低次群合成为高次群的方法,都是通过数字复接技术来实现的。

国际电信联盟(ITU)推荐了两类数字速率系列和数字复接等级,即北美和日本采用的1.544 Mbit/s(即24路PCM)和中国、欧洲采用的2.048 Mbit/s(即30/32路PCM)作基群(即一次群)的数字速率系列。两类数字速率系列如表2-1所示。

表2-1 两类数字速率系列

类　别	T体系(美国、日本)		E体系(欧洲、中国)	
	码速率/(Mbit/s)	话路数	码速率/(Mbit/s)	话路数
基群	1.544	24	2.048	30
二次群	6.312	24×4=96	8.448	30×4=120
三次群	32.064	95×5=480	34.368	120×4=480
四次群	97.728	480×3=1440	139.264	480×4=1920

以2.048 Mbit/s为基群的数字速率系列的帧结构与目前数字交换用的帧结构统一,因此便于向数字传输和数字交换统一化方向发展。我国已经统一采用2.048 Mbit/s为基群码速率的数字系列。

2.3.5 同步数字系列(SDH)

采用时分复用方式的准同步数字系列(PDH)和同步数字系列(SDH)是目前传输网上的主要技术体制。

1. 准同步数字系列(PDH)

脉冲编码调制(PCM)技术在复接成一次群时,采用同步复接。但在复接成二、三、四次群时采用准同步(异步)复接。为复接方便,对各支路比特流之间的异步范围(即各支路时钟之间允许的偏差标称值范围)做了规定,这种对传输速率偏差的约束即为准同步工作。相应的传输速率称为准同步数字系列(PDH)。

在以往的电信网中，多使用 PDH 设备，其对传统的点到点通信有较好的适应性。随着数字通信的迅速发展，点到点的直接传输越来越少，大部分数字传输都需经过转接，准同步数字体系(PDH)已不能满足现代通信网络的传输要求，因而产生了同步数字系列(SDH)。

2. 同步数字系列(SDH)

SDH 是一套可进行同步信息传输、复用、分插和交叉连接的标准化数字信号结构等级。其不仅适于光纤通信，也适于微波通信和卫星通信传输的技术体制。在传送网中，SDH 大大提高了网络资源利用率，并显著降低了管理和维护费用，实现了灵活、可靠和高效的网络运行与维护。SDH 方式能够提供高速率的传输通道，兼容两种不同的 PDH 标准，采用统一的速率标准，易于网络的互连互通。在 SDH 帧结构中，具有丰富的监控和管理比特，使其网络管理功能大大增强。SDH 技术具备了优良的性能，已取代 PDH 而成为传送网的发展主流。

2.4 数字信号的基带传输

基带是由消息转换而来的原始信号所固有的频带，不搬移基带信号的频谱而直接进行传输的方式称为基带传输。基带传输系统所涉及的技术问题包括信号类型(传输码型)、码间串扰、实现无串扰传输的理想条件以及如何克服和减少码间串扰的具体措施等，例如对单路的或经过复用的基带信号进行加密、编/解码、扰码与解扰、时域均衡、回波抵消等处理技术。

2.4.1 数字信号传输的基本概念

数字信号传输的基本内容是波形设计以及传输波形的改善技术，而所有改善技术则是为了减少接收端恢复发送信号时可能发生的差错率。

1. 基带传输

数字信号从源传到目的地，需要有数字传输设备和传输媒介，以及某些信号转换设备。从数字通信终端送出的数字信号(其频谱范围一般从零开始)，称为基带信号；用基带信号直接进行传输，则称为基带传输。

基带信号频率较低，很难实现远距离传输；基带信号包含的频谱成分很宽，而能用于基带传输的信道是有限的。因此，常采用将信号的带宽限制在某一范围内。通常的市内电话线路或专用的实线电路，可以进行基带传输。

数字信号的基带传输技术研究的主要问题如下：

① 信号的频谱特性。指信号所包含的全部频率范围在传输中所受的影响。数字信号最常用的波形是二进制矩形脉冲序列，该波形的频谱范围无限宽，但能量比较集中。

② 信道的传输特性。矩形脉冲序列信号在实际系统中传输时，信号的一部分频谱就

被截除，再加上在传输中的衰减、干扰等因素，信号波形将产生失真。信号所受的衰减和干扰越大，其在接收端出现误判决的几率也越大。

③ 经过信号传输后的数字信号波形。为了减少误判，数字传输系统普遍采用再生中继技术，即对数字信号进行整形，使"0"或"1"信号在接收点进行判决时不致被误判。

2. 数字基带传输系统组成

数字信号基带传输系统的基本构成如图 2-11 所示。

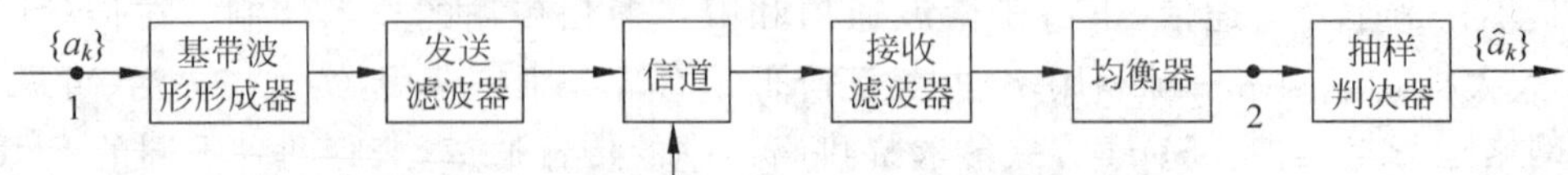

图 2-11 数字信号基带传输系统方框图

图示系统中各单元功能如下：

基带波形形成器：将二进制数据序列变换成以矩形脉冲为基础，较适合于信道传输的各种码型(一般低频分量较大，占用频带较宽)。

发送滤波器：把以矩形脉冲为基础的各种码型，变换为更加适合于信道传输的信号，即形成变化比较平滑的信号波形。

信道：一般为有线信道(如电缆)，信道中会引入噪声。

接收滤波器：发送滤波器和接收滤波器共同形成所需要的波形，当波形由发送滤波器一次形成时，接收滤波器的作用仅是限制带外噪声进入接收系统，以提高判决点的信噪比。

均衡器：信道畸变的均衡，即对失真的波形进行均衡。

抽样判决器：在最佳时刻对信号进行抽样，并判定信号码元的值。

3. 数字信号传输的主要技术内容

在数字信号传输中，要实现两地之间的通信，除了两地的数字终端外，还需要有相应的传输设备(如脉码调制设备、再生中继设备等)和信道。其设备和信道状况都将直接影响到通信的容量和质量。数字信号传输中所涉及的主要技术内容为：

① 采用数字复接技术，以扩大传输容量，提高传输效率；选用合适的线路传输码型，以实现无失真传输。

② 采用再生中继技术解决衰减、杂音、畸变、串音等问题，增长传输距离。

③ 扩大频带宽度，提高通信容量。

2.4.2 再生中继与均衡技术

再生中继的作用是对基带信号进行均衡和放大，对已失真信号进行判决，再生出与发送信号相同的标准波形。对传输系统中的线性失真进行补偿或者校正的过程称为均衡。再生中继与均衡技术是数字传输系统中的主要技术之一。

1. 再生中继技术

数字信号在信道中传输时，其功率会逐渐衰减；由于各种干扰的存在，信号波形也会产生失真。传输的距离越长，信号衰减和失真也就越严重，从而使误码增加、通信质量下降。

为了延长通信距离，需在传输通路的适当地点设置再生中继器，使信号在传输过程中的衰减得到补偿，并消除干扰的影响。再生后的信号将与未受干扰的信号一样，一站接一站地往前传，向更远的距离传输。“再生中继”因此得名。

再生中继器由均衡放大电路、定时提取电路、判决及码形成电路等部分组成。

均衡放大电路：对接收到的失真波形进行放大和均衡。

定时提取电路：在收到的信码流中提取定时时钟，以得到与发端相同的主时钟脉冲，实现收发同步。

判决及码形成电路：对已被放大和均衡的信号波形进行抽样、判决，并根据判决结果形成新的(与发送端相同的)脉冲。

目前，再生中继器已实现集成化，并具有体积小、工作稳定和便于批量生产等优点。

2. 均衡技术

为了补偿或者校正实际的传输系统中的线性失真，可在接收滤波器和取样判决电路之间加一均衡滤波器(简称均衡器)，使得合成的总特性满足数据传输的要求。

在基带传输系统中，常用的均衡器有频域均衡器和时域均衡器两大类。

(1) 频域均衡

频域均衡是使整个传输系统(包括均衡器在内)满足无失真传输的条件。其基本思想是分别校正幅频特性和群时延特性，利用可调滤波器的频率特性去补偿基带系统的频率特性。频域均衡是按信号波形无失真传输条件而设计的，其不仅是为了消除码间干扰而用于数字脉冲信号的传输，也适用于模拟信号传输。

(2) 时域均衡

时域均衡以传输信号的时域脉冲响应为出发点，力求传输系统(包括其本身在内)所形成的接收波形接近于无失真信号波形，目的是消除取样点上的码间干扰(而不要求整个信号波形无失真)。时域均衡关注取样点的瞬时值，使该点上的码间干扰和噪声对判决的影响达到最小，从而提高取样判决的正确率。现代数字通信系统中的时域均衡器常采用自适应均衡滤波器，其在规定的准则下，可实现最佳接收。

2.4.3 基带传输的常用码型

数字信号在传输过程中受到干扰的影响将会产生失真，从而可能引起接收端的错误接收。若使接收端能够以最小的差错率恢复出原发送的数字信号(而并不要求信号波形无失真地传输)，则需要设计一种适合于在给定信道上传输的信号波形。适合在有线信道中传输的数字基带信号码型称之为线路传输码型。

1. 对传输码型的要求

数字传输中对码型的基本要求如下:

① 传输信号的频谱中不应有直流分量。

② 码型中应包含定时信息(以利于定时信息的提取)。

③ 码型变换设备要简单可靠。

④ 码型应具有一定的检错能力。

⑤ 编码方案对发送消息类型不应有任何限制(与信源统计特性无关的该特性称为对信源具有透明性)。

2. 常用传输码型

常用的两电平传输码如图 2-12 所示。

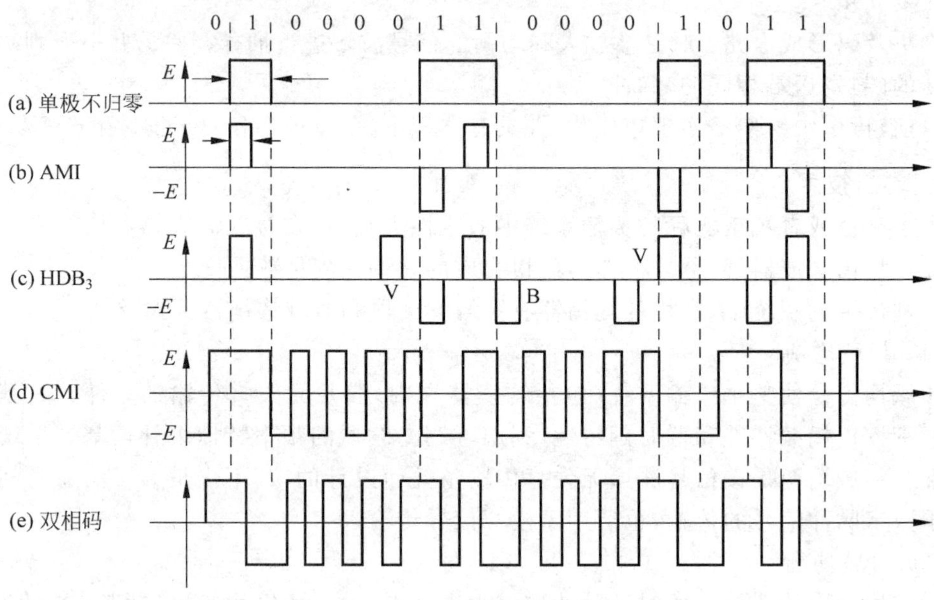

图 2-12 常用的两电平传输码

(1) 交替极性码(AMI)

AMI 码又称双极方式码、平衡对称码、传号交替反转码等。其编码方法是把单极性方式中的“0”码仍与零电平对应,而“1”码则对应发送极性交替的正、负电平。

(2) 三阶高密度双极性码(HDB_3 码)

HDB_3 码是在 AMI 码基础上,为克服一串长连“0”码(难以提取定时信息)而改进的一种码型。其基本思想为:不使 AMI 码的连“0”码太多,当连续出现 4 个“0”码时,则人为添加脉冲(称为破坏脉冲),用 V 表示;为保证无直流,V 脉冲应正负交替插入;同时人为添加的破坏脉冲还应与信码严格区别,以便接收端能够正确恢复原信息。

(3) 传号反转码(CMI)

CMI 码的编码规则是:当出现“0”码时,用“01”表示,当出现“1”码时,交替用“00”和“11”表示。其优点是无直流分量,且频繁出现波形跳变,便于定时信息提取,并具有误码监测能力。

(4) 双相码

双相码又称为分相码或曼彻斯特码。其特点是每个码元用两个连续极性相反的码来表示。如“1”码用正、负脉冲表示，“0”码用负、正脉冲表示。该码的优点是无直流分量，最长的连“0”、连“1”数为 2，定时信息丰富，编译码电路简单。

(5) mBnB 码

mBnB 码又称分组码，是把输入的信息码流以 m 比特(mB)分为一组，再按一定规则变换成 n 比特(nB)一组的码组输出。要求 $n>m$，使变换后的码流产生多余比特，用来传送与误码检测等相关的信息。

以上介绍的双相码和 CMI 码属于分组码中的 1B2B 码。适用于较高速率的分组码包括 3B4B 码、5B6B 码、6B8B 码等。

【例 2-5】 高速光纤数字传输系统中的线路传输码型——5B6B 码。

当码速低于 200 Mbit/s 时，双相码在低次群光纤数字传输系统中具有较佳的系统性能。但在三次群或四次群以上速率时，1B2B 类的双相码已不再适用，其主要原因是频带利用率太低。5B6B 码综合考虑了频带利用率和设备复杂性，增加了 20% 的码速，但换取了便于提取定时、低频分量小、可实时监测和迅速同步等优点。

在 5B6B 码型中，每 5 位二元输入信息被编码成一个 6 位二元输出码组。5 位二进制码共有 32 种码组、6 位二进制码共有 64 种码组。为此，要从 64 种 6B 码中选出适宜的码组去代表 5B 码的 32 种码组，其具体编码方案有多种。5B6B 码表如表 2-2 所示。

表 2-2　5B6B 码表

输入码组(5 位/组)	输出码组(6 位/组)		输入码组(5 位/组)	输出码组(6 位/组)	
	正模式	负模式		正模式	负模式
00000	000111	同正模式	10000	001010	同正模式
00001	011100	同正模式	10001	011101	100010
00010	110001	同正模式	10010	011011	001010
00011	101001	同正模式	10011	110101	001010
00100	011010	同正模式	10100	110110	001001
00101	010011	同正模式	10101	111010	000101
00110	101100	同正模式	10110	101010	同正模式
00111	111001	000110	10111	011001	同正模式
01000	100110	同正模式	11000	101101	010010
01001	010101	同正模式	11001	001101	同正模式
01010	010111	101000	11010	110010	同正模式
01011	100111	011000	11011	010110	同正模式
01100	101011	010100	11100	100101	同正模式
01101	011110	100001	11101	100011	同正模式
01110	101110	010001	11110	001110	同正模式
01111	110100	同正模式	11111	111000	同正模式

在6B码中,“1”的个数与“0”的个数相等的(例如001011)称为平衡码,共有20种,可以代表20个5B码组。6B码中有4个“1”码、2个“0”码的(例如111010)称为正不平衡码,有4个“0”码、2个“1”码的(如000101)称为负不平衡码。正、负不平衡码各有12种,交替使用代表另外12种5B码组,以便信息码流中“1”和“0”的概率相同,从而保持直流分量稳定。

在这44种码组之外的20种6B码组为禁码,其“1”、“0”的个数相差悬殊,不利于稳定信息码流的直流分量,故不予选用。

当接收端出现禁码时,表示信息传输过程中产生了误码,由此可以实现不中断业务的误码监测。

2.5 调制技术

调制是对信号源的编码信息进行处理,使其变为适合于信道传输形式的过程。调制的目的是将基带信号的频谱搬移到适合传输的频带上,并提高信号的抗干扰能力。调制是各类通信系统的主要技术之一。

2.5.1 调制的基本概念

调制是将基带信号的频谱搬移到某个载频频带再进行传输的方式。这种适合于信道传输的信号频谱搬移过程,以及在接收端将被搬移的信号频谱恢复为原始基带信号的过程,称为信号的调制和解调。

1. 调制的作用

在通信技术中,载波是一个用来搭载原始信号(信息)的信号,不含任何有用信息。调制是使载波的某参数随调制信号(原始信号)的改变而变化的过程。

调制的一般过程如图2-13所示。

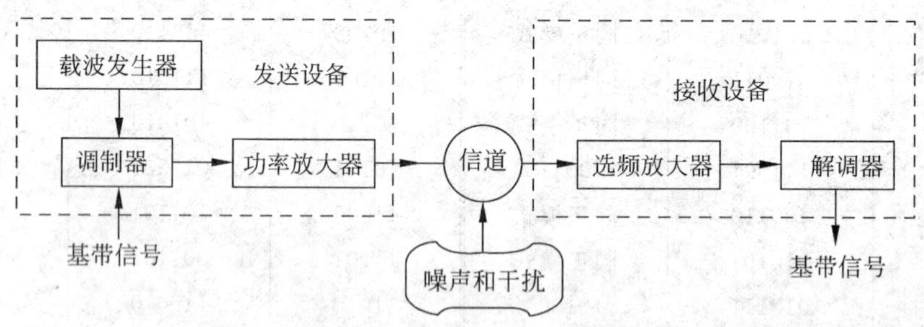

图2-13 调制的一般过程

调制的实质是进行频谱变换。

调制是在发送端把基带信号的频谱搬移到传输信道通带内的过程。解调是在接收端把已调制信号还原成基带信号的过程,解调是调制的逆过程。

调制有两方面的目的：

① 将基带信号变为带通信号。把基带调制信号的频谱搬移到载波频率附近，选择不同的载波频率（载频）可将信号的频谱搬移到希望的频段上，以适应信道传输的要求，或将多个信号合并起来用以多路传输。

② 提高信道传输时的抗干扰能力。不同调制方式产生的已调信号的带宽不同，因此影响传输带宽的利用率。

随着大容量与远距离数字通信的发展，特别是在移动通信、卫星通信和数字微波中继通信中，以充分节省频谱和高效利用可用频带为目标，频谱资源的高效率利用就更为重要。

2. 调制的种类

在调制过程中，频谱搬移需要借助一个正弦波作为载波，基带信号则调制到载波上。通常，载波的频率远高于调制信号的频率。载波是一个确知的周期性波形，有振幅、载波角频率和初始相位等参量。载波的三个参量都可以被独立地调制，所以最基本的调制体制有调幅、调频和调相。

若基带信号是连续变化的模拟量，上述处理过程称为模拟调制。若用数字基带信号对载波进行调制，使基带信号的频谱搬移到较高的载波频率上，该信号处理方式称为数字调制。

数字调制的作用是将输入的数字信号（基带数字信号）变换为适合于信道传输的频带信号。与模拟调制中的幅度调制（AM）、频率调制（FM）和相位调制（PM）相对应，基本数字调制方式有幅度键控（ASK）、频移键控（FSK）、绝对相移键控（PSK）、相对（差分）相移键控（DPSK）等。用多进制的数字基带信号调制载波，可以得到多进制数字调制信号，并可在不提高波特率的前提下提高比特率。

表2-3列出了常用调制技术及其用途。

表2-3 常用调制技术及其用途

<table>
<tr><th colspan="3">调制方式</th><th>主要用途</th></tr>
<tr><td rowspan="15">载波调制</td><td rowspan="4">线性调制</td><td>常规双边带调制 AM</td><td>广播</td></tr>
<tr><td>双边带调制 DSB</td><td>立体声广播</td></tr>
<tr><td>单边带调制 SSB</td><td>载波通信、短波无线电话通信</td></tr>
<tr><td>残留边带调制 VSB</td><td>电视广播、传真</td></tr>
<tr><td rowspan="2">非线性调制</td><td>频率调制 FM</td><td>微波中继、卫星通信、立体声广播</td></tr>
<tr><td>相位调制 PM</td><td>中间调制方式</td></tr>
<tr><td rowspan="8">数字调制</td><td>幅度键控 ASK</td><td rowspan="5">数据传输</td></tr>
<tr><td>频移键控 FSK</td></tr>
<tr><td>相移键控 PSK、DPSK</td></tr>
<tr><td>偏置正交相移键控 OQPSK</td></tr>
<tr><td>正交差分相移键控 π/4DQPSK</td></tr>
<tr><td>其他高效数字调制 QAM、MSK</td><td>数字微波、空间通信</td></tr>
<tr><td>最小频移键控 MSK</td><td>移动通信</td></tr>
<tr><td>高斯最小频移键控 GMSK</td><td>移动通信</td></tr>
<tr><td>多载波调制</td><td>正交频分复用 OFDM</td><td>非对称数字用户环路、无线局域网高清电视、数字视频广播</td></tr>
</table>

续表

调制方式			主要用途
脉冲调制	脉冲模拟调制	脉幅调制 PAM	中间调制方式、遥测
		脉宽调制 PDM	中间调制方式
		脉位调制 PPM	遥测、光纤传输
	脉冲数字调制	脉码调制 PCM	市话中继线、卫星、空间通信
		增量调制 DM (ΔM)	军用、民用数字电话
		差分脉码调制 DPCM	电视电话、图像编码
		其他编码方式 ADPCM	中继数字电话
编码调制		网格编码调制 TCM	高速数据传输、数字电视传输
扩频调制		直接序列扩频调制 DSSS	军事通信、CDMA 移动通信、导航、雷达
		跳频扩频调制 FHSS	

3. 解调方式

解调方式可分为非相干解调和相干解调。

非相干解调不需要同步载波。

相干解调误码率比非相干解调低,需要在接收端从信号中提取出相干载波(与发送端同频同相的载波),故设备相对较复杂。

在衰落信道中,若接收信号存在相位起伏,不利于提取相干载波,则不宜采用相干解调。

2.5.2 模拟调制技术

模拟调制是指用来自信源的基带模拟信号去调制某个载波。在模拟调制中,通常利用正弦高频信号作为传送消息的载体,称为载波信号。

模拟调制系统分为幅度调制和角度调制。

若载波信号的幅度随基带信号成比例地变化,称为振幅调制(或幅度调制),简称为调幅。

若载波信号的频率或相位随基带信号成比例地变化,则为角度调制。频率调制或相位调制均属角度调制,分别简称为调频和调相。

模拟调制是一种基本的调制方式,分为线性调制和非线性调制两大类。

1. 线性调制

线性调制的已调信号的频谱结构是调制信号频谱的平移,或平移后再经过滤波除去不需要的频谱分量。线性调制主要包括标准调幅(AM)、单边带(SSB)调幅、双边带(DSB)调幅和残留边带(VSB)调幅等体制。

(1) 标准调幅(AM)

在调幅体制中,基带调制信号电压峰值和被调载波峰值之比称为调幅度。调幅度最大为100%。

标准调幅信号的包络和其基带调制信号的波形相同,故可用包络检波法解调调幅信号。标准调幅信号中的载波分量不携带基带信号的信息，但占用了信号中的大部分功率，故传输效率低。

(2) 双边带(DSB)调幅

若抑制调幅信号中的载波，已调信号频谱中含上、下两个边带(无载波分量)，即得到双边带信号。双边带信号和调幅信号相比，可以节省大部分发送功率，但在接收端必须恢复载频。这样就增大了接收设备的复杂性。

(3) 单边带(SSB)调幅

在双边带信号中，上下两个边带携带相同的基带信息，形成重复传输。所以，可以只传输上边带或下边带。这样就得到单边带信号。单边带信号虽然在功率和频带利用率方面具有优越性，但是在接收端解调时仍需要恢复载频，另外在发送端为了滤出单边带信号，要求滤波器的边缘很陡峭，有时较难实现。

(4) 残留边带(VSB)调幅

残留边带调制信号的频谱介于双边带和单边带信号之间，并且含有载波分量。所以它能避免上述单边带调制的缺点，特别适合用于包含直流分量和很低频率分量的基带信号。

图 2-14 是振幅调制的示意图。

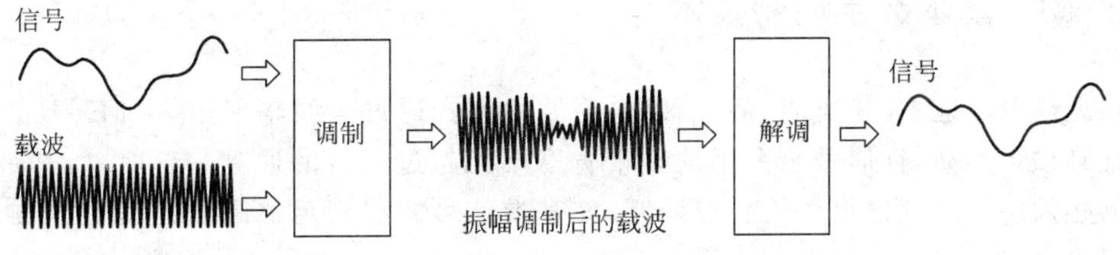

图 2-14 振幅调制示意图

【例 2-6】 无线电广播。

普通中波段收音机的接收频段是 535～1605 kHz，该频段可以看成是一个物理传输信道。各地广播电台将各自的广播节目(音频信号)以调幅(AM)方式调制到不同频率的载波(频分复用)上发射出去供公众接收。听众可通过调整调谐按钮，来改变收音机内的带通滤波器中心频率，使得滤波曲线在 535～1605 kHz 范围内来回移动，当带通滤波器的中心频率与听众欲接收的广播节目的载频相同时，可将该节目信号选择出来，再通过电压放大、解调、功率放大等处理，即可还原成音频信号并由扬声器播放。

2. 非线性调制

非线性调制又称为角度调制。在角度调制中，高频载波的振幅保持不变，而载波信号的角度随基带信号而变化。非线性调制的已调信号的频谱结构和调制信号的有很大不同。该已调信号的频谱中增加了许多新的频率分量，其信号的频带宽度也可能大大增加。

角度调制也是频谱的搬移过程，但与幅度调制有所区别。首先，角度调制是一种非线性调制，基带信号频谱与已调信号频谱不是线性关系，因而对信号的运算不能应用叠加原理。第二,已调信号的带宽比基带信号的带宽大得多,至少是基带信号的两倍。第三,角度调制的抗噪声性能比幅度调制强。在给定信号发送功率前提下,可用增加带宽的方法来换取输出信噪比的提高,这是角度调制的优点。

在非线性调制过程中,主要包括调频(FM)和调相(PM)两种体制,两者在实质上并没有区别,单从已调信号波形来看亦不能区分,只是调制信号和已调信号之间的关系不同。

(1) 频率调制(调频)

调频让瞬时频率偏移或随调制信号而变化,即把调制信号调制到载波的瞬时频率上。

(2) 相位调制(调相)

调相让瞬时相位偏移 $\varphi(t)$ 随调制信号而变化,即把调制信号调制到载波的瞬时相位上。

一般而言,角度调制信号占用较宽的频带。由于这种信号的振幅并不包含调制信号的信息,因此,尽管接收信号的振幅因传输而随机起伏,但信号中的信息不会受到损失。故其抗干扰能力较强,特别适合在衰落信号中传输。调频的主要优点是抗干扰能力强,宽带调频解调后输出信号的信噪比远高于调幅信号(但以增加频带宽度为代价),应用于高质量通信或信道噪声较大的场合,如调频广播、电视伴音等。

2.5.3 基本数字调制技术

在无线电信道中,若要使信号能以电磁波的方式通过天线辐射出去,信号所占的频带位置必须足够高,且信号所占用的频带宽度不能超过天线的通频带。所以,基带信号的频谱必须用一个频率很高的载波调制,使基带信号搬移到足够高的频率上,才能从天线发射出去。

数字调制是用数字基带信号去改变高频载波的参数,实现基带信号变换为频带信号的过程。在该过程中,信号频谱由原来的低频信号搬移到高频段。数字解调是把数字频带信号恢复成原来数字基带信号的过程,该信号中的频谱由高频段恢复到原来的基带信号的低频段。

1. 数字调制的基本概念

数字调制又称为“键控”,其将数字信息码元的脉冲序列视为“电键”对载波的参数进行控制。与模拟调制相似,数字调制所用的载波一般也是连续的正弦型信号,但调制信号则为数字基带信号。

数字调制利用数字信号本身的规律性(时间离散、幅度离散等)去控制一定形式的载波而实现调制。利用矩形的基带脉冲序列去控制正弦波的振幅、频率和相位,即可获得幅度键控(ASK)、频移键控(FSK)、相移键控(PSK)以及正交幅度调制(QAM)等。

2. 二进制数字调制

由于二进制数字调制系统的抗干扰能力强,多用于产生信号弱、信道不太拥挤的场合,如卫星通信等。

二进制数字调制包括二进制振幅键控(2ASK)、二进制频移键控(2FSK)和二进制相移键控(2PSK 和 2DPSK)。

图 2-15 示出了 2ASK、2FSK、2PSK 信号的基本波形。

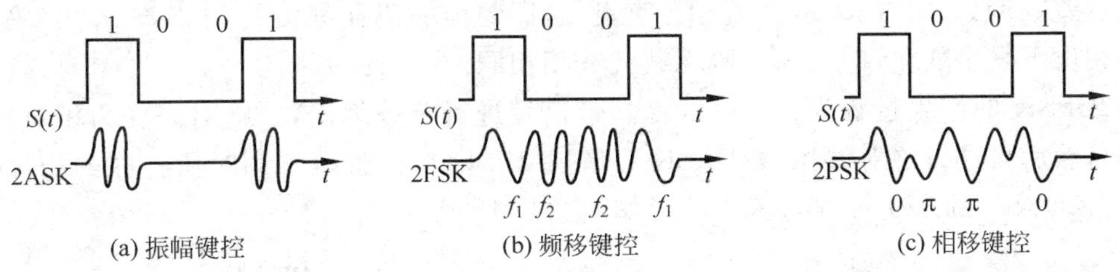

图 2-15　二进制数字调制信号的基本波形

(1) 二进制振幅键控(2ASK)

以基带数据信号控制一个载波的振幅,称为幅度键控(或振幅键控),又称数字调幅,简写为 ASK。

2ASK 是指载波幅度受二进制单极不归零(NRZ)信号控制。与二进制数“1”或“0”对应,载波传输相应为时通时断,故二进制幅度键控(2ASK)也称为通-断键控(OOK)。

2ASK 信号类似于 AM 信号,是一种双边带信号。幅度键控的作用是将基带信号的频谱搬移到以载频频率 f_c 为中心的频带内,调幅后产生上、下两个边带,每个边带都是基带频谱的线性搬移。2ASK 属于线性调制。2ASK 信号解调方法有两种:非相干解调和相干解调。

(2) 二进制频移键控(2FSK)

2FSK 信号的典型波形如图 2-16 所示。

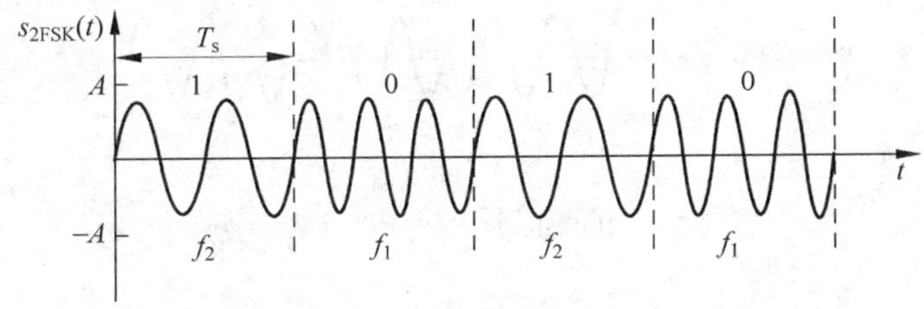

图 2-16　2FSK 信号的典型波形

2FSK 利用载波的频率变换来传递数字信号。在二进制情况下,“1”对应于载波频率 f_1,“0”对应于载波频率 f_2。

2FSK 信号在形式上如同两个不同频率交替发送的 ASK 信号相叠加。2FSK 信号的解调主要有非相干解调法、相干解调法及过零检测法等。

(3) 二进制相移键控(2PSK 和 2DPSK)

相移键控是利用载波振荡的相位变化来传递信息,其分为绝对调相(PSK)和相对调相(DPSK)两种方式。

2PSK 用二进制数字信号控制载波的两个相位,即利用载波相位(指初相)的绝对值来表示数字信号。例如,“1”码用载波的 0 相位表示,“0”码用载波的 π 相位表示。2PSK 解调必须采用相干解调的方式(以得到同频同相的本地载波)。

2DPSK 是二进制相对调相(又称二进制差分相移键控)的简写,是利用相邻码元载波相位的相对变化来表示数字信号。相对相位指本码元载波初相与前一码元载波终相的相位差。例如,“1”码表示载波相位变化 π,即与前一码元载波终相相差 π,“0”码表示载波相位不发生变化,即与前一码元载波终相相同。

2DPSK 的产生过程为:先对数字基带信号进行差分编码,由绝对码变为相对码(差分码),然后再进行绝对调相。2DPSK 可解决 2PSK 在接收端解调时所存在的相位模糊问题。2DPSK 的产生过程与基本波形如图 2-17 所示。

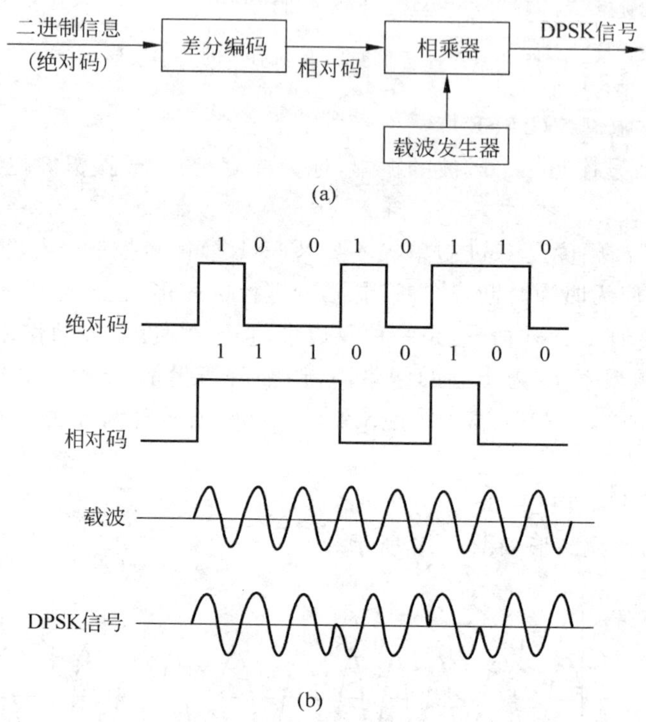

图 2-17 2DPSK 的产生过程与基本波形

在二进制数字调制系统中,不同调制方式性能比较如下:在同一类调制方式中,相干解调的误码率性能和抗噪声性能优于非相干解调,但相干解调的设备成本比非相干解调高;2PSK 的抗噪声性能要优于 2FSK 和 2ASK;在相同信噪比条件下,2PSK 和 2ASK 信号具有相同的传输带宽,而 2FSK 要求占用比较宽的传输带宽;2FSK 在性能稳定性和可靠性方面性能最佳。

3. 多进制数字调制

多进制数字调制是提高传输效率的有效方法。在多进制数字调制体制中,每个码元能携带更多的信息量,从而能提高传输效率。与此同时,为了得到相同的误码率,需要有更高的信噪比为代价,即需要用更大的信号功率或者更宽的频带。

(1) 多进制数字调制的特点

用多进制的数字基带信号调制载波,可以得到多进制或多电平数字调制信号(进制

数 M 是信号电平数的平方)。多进制数字已调信号的被调参数有多个可能取值。

当携带信息的参数分别为载波的幅度、频率和相位时,数字调制信号称为 M 进制幅度键控(MASK)、M 进制频移键控(MFSK)和 M 进制相移键控(MPSK)。

与二进制数字调制相比,多进制数字调制具有如下特点。

① 在码元速率(传码率)相同条件下,可提高信息速率(传信率)。

② 在信息速率相同条件下,可降低码元速率,以提高传输的可靠性。

③ 在接收机输入信噪比相同条件下,多进制系统的误码率比相应的二进制系统要高;设备复杂。

在信噪比相同的情况下,多相调制的相数越多,误码率越高。在不同的调制方式中,当已调波相量点数相同时,正交幅度调制(M-QAM)、相移键控(M-PSK)、幅度键控(M-ASK)的误码率依次增高。

(2) 多进制数字相位调制

在无线通信系统中,为了提高信息传输速率,常采用多进制的调相技术,利用载波的多种不同相位(或相位差)来表征数字信息的调制方式。

多进制数字相位调制又称多相制,相数愈多,传输速率愈高,但相邻载波之间的相位差愈小,还将使得接收时的误码率增加,且增加了设备的复杂性。

图 2-18 示出了数字相位调制的矢量图。

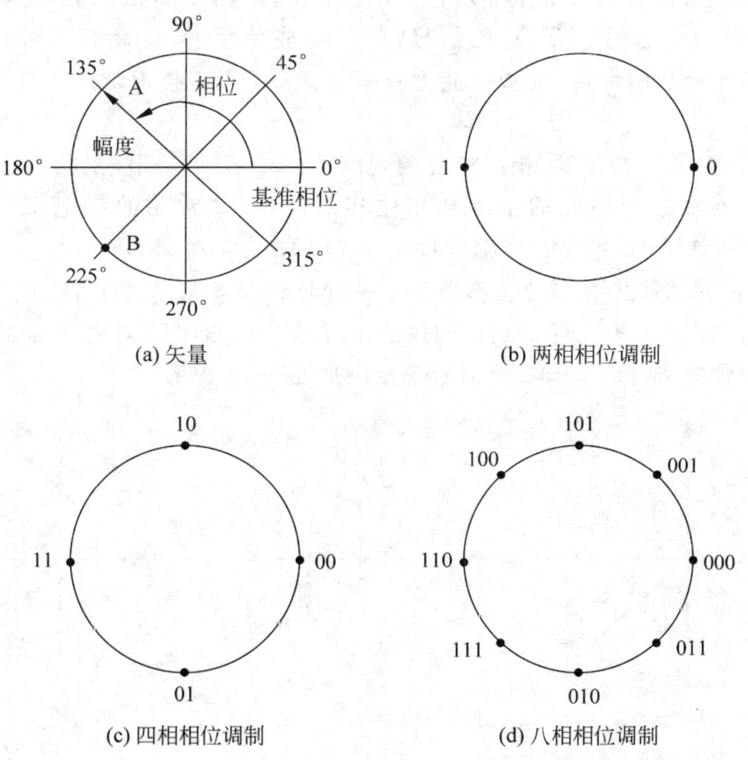

图 2-18 数字相位调制的矢量图

目前,在多相调制方式中常采用四相制相移键控(记为4PSK或QPSK)、偏置正交相移键控(OQPSK)等。当信号通过非线性设备时,OQPSK比QPSK的幅度波动要小得多。

对于正交幅度调制,在提高频谱利用率方面与多进制相移键控具有相同的效果。高的频谱利用率则要求已调信号所占的带宽窄,辐射到邻信道的功率小。频谱利用率常用单位频带内所能传输的比特率(bit/s/Hz)来表征。

2.5.4 现代数字调制技术

应用于无线通信的现代数字调制技术,有不同的分类方法。

按信号相位是否连续,可分为相位连续的调制和相位不连续的调制。

按信号包络是否恒定,可分为恒定包络和非恒定包络。

若采用恒定包络调制,可工作于线性放大区,具有较高的功率效率,但会引起大的带外辐射。为了获得高的频谱利用率,可选用多电平调制,该方式已调波的包络变化大;由于要求线性放大,将使功率效率降低。

1. 正交幅度调制(QAM)

正交幅度调制是利用多进制幅度键控(MASK)和正交载波调制相结合产生的调制方法。由两路独立的两个载波调制合成而得到,即利用同相载波传送一路ASK信号,利用正交载波传送另一路ASK信号,然后合成信号,来提高频带利用率。这种调制方法具有能充分利用带宽、抗噪声能力强等优点。QAM技术常用于数字微波通信等系统。

MQAM信号是一种幅度、相位复合调制信号。M表示已调波的状态数(是信号电平数的平方),不同状态与不同的幅度和相位相对应,例如常用的4电平正交幅度调制(4-QAM或16QAM)、8电平正交幅度调制(8-QAM或64QAM)。

16QAM信号的产生有两种基本方法:一种是正交调幅法,用两路正交的4电平幅度调制信号叠加而成;另一种是复合相移法,用两路独立的四相相移调制信号叠加而成。

采用四相叠加法合成16QAM信号矢量图如图2-19所示。

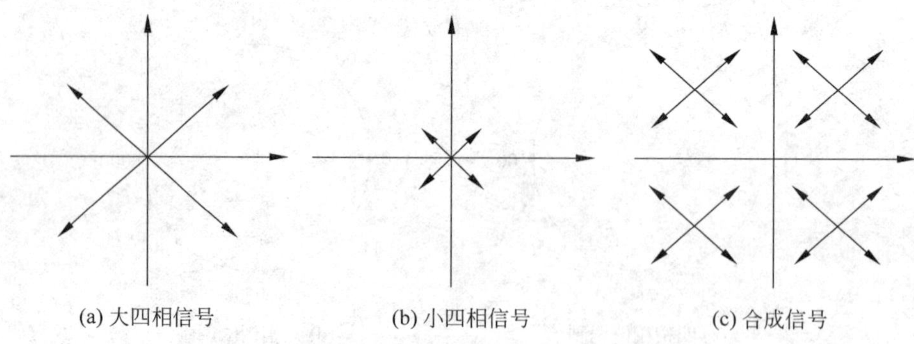

图2-19 采用四相叠加法合成16QAM信号矢量图

为获得较理想的工作特性,QAM 接收端需要一个和发送端具有相同频谱及相位特性的载频信号用于解调(即相干解调)。QAM 接收器还需利用自适应均衡技术来补偿传输过程中信号产生的失真,从而增加了 QAM 解调器设计的复杂性。

2. 高斯最小频移键控(GMSK)调制

最小频移键控(MSK)实际上是相位连续的二进制频移键控(2FSK)的一个改进。2FSK 虽然性能优良并易实现,但其频带利用率较低。另外,若二进制信号的码元互相正交,则其误码性能将更好。

随着二进制码元极性改变,FSK 已调波的频率相应改变。一般而言,在相邻码元交界处相位是不连续的,此时 2FSK 信号的带宽较宽,降低了频带利用率。为了克服上述缺点,对于 2FSK 信号做了改进,得到了 MSK 信号。

MSK 具有正交信号的最小频差,调制指数 $h=0.5$,相邻码元交界处的相位保持连续。MSK 的频带利用率高,带外功率很小,抗噪声性能相当于 2PSK,因而得到了广泛的应用。

MSK 调制方式的突出优点为信号具有恒定的包络,信号的功率谱在带外衰减很快。

在某些通信场合中,对信号带外辐射功率的限制非常严格,例如移动通信中必须衰减 70～80 dB 以上。MSK 信号仍不能满足这样苛刻的要求。GMSK 调制就是针对上述要求而提出的。

GMSK 是在 MSK 调制器之前加入一个高斯低通滤波器作为 MSK 调制的前置滤波器。该滤波器需满足窄的带宽且尖锐截止等要求,以满足抑制高频成分、防止过量的瞬时频率偏移,以及进行相干检测的需要。

图 2-20 是 MSK 调制信号的示意图。

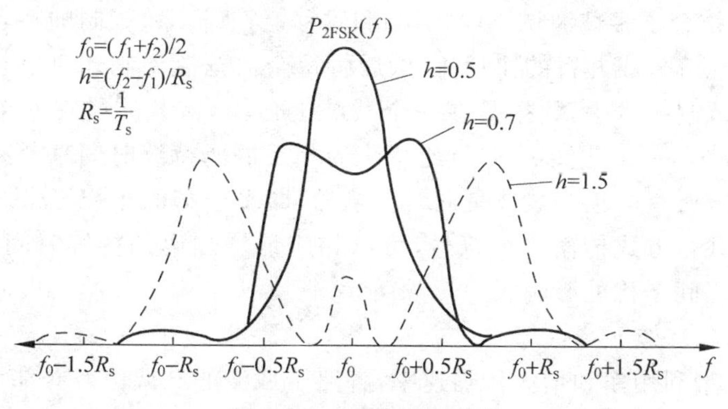

图 2-20　MSK 调制信号

图中,$P_{2FSK}(f)$为不同调制指数时的 2FSK 功率谱特性。

在 GMSK 调制过程中,基带信号首先经过高斯滤波器形成高斯脉冲,然后再进行 MSK 调制。由于滤波形成的高斯脉冲包络无陡峭的边沿且无拐点,因此经调制后的已调波相位路径在 MSK 的基础上进一步得到平滑,GMSK 信号的频谱特性也优于 MSK。但是,GMSK 信号频谱特性的改善是通过降低误比特率性能换来的;前置滤波器的带宽越窄,输出功率谱就越紧凑,误比特率性能变得越差。

GMSK 信号的解调可采用与 MSK 信号相同的正交相干解调方式，该方式已确定为 GSM 移动通信的标准解调方式。

3. 正交频分复用(OFDM)

正交频分复用是一种采用多进制、多载波、并行传输的频分复用调制体制，具有优良的抗多径传输能力，以及对信道变化的自适应能力，适用于衰落严重的无线信道中。在有线通信(如 ADSL 接入)中，该技术通常称为离散多音频调制(DMT)。

(1) OFDM 的基本概念

OFDM 技术实际上是多载波调制(MCM)的一种。其基本思想是：将一段串行的数据流变成 N 组低速并行的数据流，将其分别调制到不同的载频上并行传输，即把一个宽带信道上的整个频带分成 N 个子频带，每个数据流占用一个子带。每个子带有一个载波，各个子带完全独立，所有子带都可以独立调制。OFDM 根据信道性能(如信噪比、噪声、衰减等)，通过自适应地分配各子带的比特率，可达到最佳的信道利用率。

OFDM 将信道分成若干正交子信道，将高速数据信号转换成并行的低速子数据流，调制到在每个子信道上进行传输。正交信号可以通过在接收端采用相关技术来分开，这样可以减少子信道之间的相互干扰(ICI)。每个子信道上的信号带宽小于信道的相关带宽，因此每个子信道上的频率选择性可以看成平坦性衰落，从而可以消除符号间干扰。而且由于每个子信道的带宽仅仅是原信道带宽的一小部分，信道均衡变得相对容易。

OFDM 的工作原理为：输入数据信元的速率为 R，经过串并转换后，分成 M 个并行的子数据流，每个子数据流的速率为 R/M，在每个子数据流中的若干个比特分成一组，每组的数目取决于对应子载波上的调制方式，如 PSK、QAM 等。

(2) OFDM 的主要特点

OFDM 技术结合了多载波调制(MCM)和频移键控(FSK)调制的特点。多载波调制的原理是先将信息流分成并行的比特流，然后将每个数据流调制到单个载体流或子载波上。在频移键控调制技术中，数据是在一个载波上传输，该载波是在一个码持续时间内一系列正交的载波之一，采用多个并行比特流的相反的码持续时间来分离这些载波。采用 OFDM 技术时，所有的正交载波是同时传输的，即多个窄的正交子带之和占据了整个分配的信道。用并行方式传输多个符号，可以相应地增加码的持续时间，减少了多径衰落造成的色散对码间干扰的影响。

OFDM 技术具有如下特点。

① 为提高频带利用率和增大传输速率，各路子载波的已调信号有部分重叠。

② 各路已调信号严格正交，以便接收端能完全分离出各路信号；每路子载波的调制为多进制调制。

③ 每路子载波的调制体制可不同，并可为适应信道的变化而自适应地改变。

目前，OFDM 已广泛应用于非对称数字用户线(ADSL)、高清晰度电视(HDTV)信号传输、数字视频广播(DVB)、无线局域网(WLAN)等，并将可能作为无线广域网(WWAN)和下一代移动通信系统中的关键技术之一。

2.6 差错控制技术

通信系统的主要质量指标是通信的有效性和可靠性。由于信道传输特性不理想以及加性噪声的影响，所接收到的信息不可避免地会发生错误，从而影响传输系统的可靠性。在数字通信系统中，编码器分为信源编码（解决通信的有效性问题）和信道编码（解决通信的可靠性问题）。不同的通信业务对系统的误码率有不同的要求，大容量高速传输的数据传输对误码率有更高的要求。信道编码也称为差错控制编码，是提高数字传输可靠性的一种措施。

2.6.1 差错控制的概念

信道编码是在经过信源编码的码元序列中增加一些多余的比特，利用该特殊的多余信息可发现或纠正传输中发生的错误，其目的是提高信号传输的可靠性。

当信道编码只有发现错码能力而不具备纠正错码能力时，必须结合其他措施来纠正错码，否则只能将被发现为错码的码元删除，以避免错码引起的负面影响。上述手段统称为差错控制。

差错控制编码是针对传输信道不理想而采取的提高数字传输可靠性的一种措施。为了抑制信道噪声对信号的干扰，往往还需要对信号进行再编码，编码成在接收端不易为干扰所弄错的形式。所以，差错控制编码有时又称为纠错编码。

1. 差错的分类

数字信号在传输的过程中，由于信道传输特性不理想以及加性噪声的影响，导致信号波形失真，接收端将不可避免地会产生错误判决，即产生差错（错码）。

传输错码的原因可分为两类：第一类，由乘性干扰引起的码间串扰会造成错码，可采用均衡的方法以减少或消除错码。第二类，加性干扰将使信噪比降低从而造成错码，用提高发送功率和选用性能优良的调制体制，是提高信噪比的基本手段。但是，信道编码等差错控制技术在降低误码率方面仍是一种重要的手段。

差错可分为随机差错和突发差错。

随机差错：由随机噪声导致，表现为独立的、稀疏的和互不相关发生的差错。

突发差错：相对集中出现，即在短时段内有很多错码出现，而在其间有较长的无错码时间段，例如由脉冲干扰引起的错码。

2. 差错控制的概念

在进行数据传输时，应采用一定的方法发现差错并纠正差错，该过程称为差错控制。

为了在已知信噪比的情况下满足一定的误比特率指标，首先应合理地设计基带信号,选择调制和解调方式,采用时域和频域均衡,或增加发送功率,以尽量减小干扰的影响。若采取上述措施仍然难以满足要求,就必须采用差错控制编码技术。

在差错控制编码技术中,编码器根据输入信息码元产生相应的监督码元,实现对差错进行控制,而译码器主要是进行检错与纠错。

差错控制编码具备检错和纠错能力,是因为在被传输的信息中附加了一些冗余码(即监督码元),在两者之间建立了某种校验关系。该校验关系若因传输错误而受到破坏,则可被发现并予以纠正。这种检错和纠错能力是用信息量的冗余度来换取的,实际上是通过牺牲信息传输的有效性来换取可靠性的提高。

对于一个真正实用的通信系统,信源编码和信道编码通常都是不可缺少的处理环节,其分别为各自目的服务,使系统最终达到有效性和可靠性的性能平衡。

3. 差错控制方式

常用的差错控制方式主要有4种,即前向纠错(FEC)、检错重发(ARQ)、反馈校验(IRQ)和混合纠错(HEC)。

(1) 前向纠错(FEC)方式

发送端对信息码元进行编码处理,使发送的码组具备纠错能力。接收端收到该码组后,通过译码能自动发现并纠正传输中出现的错误。FEC方式不需要反向信道,特别适合于只能提供单向信道的场合。由于接收端能够自动纠错,不会因发送端反复重发而延误时间,故系统实时性好。在FEC方式中,纠错码的纠错能力越强,纠错后的误码率就越低,译码设备则越复杂。

(2) 检错重发(ARQ)方式

发送端经过编码后发出能够检错的码组,接收端收到后,若检测出错误,则通过反向信道通知发送端重发,发送端将前面的信息再重发一次,直至接收端确认收到正确信息为止。若检测出错误,是指发现某个或某些接收码元有错,但不确定错码的准确位置。该方式也需要使用反向信道,而且实时性较差;但是,检错译码器的成本和复杂性均明显地低于前向纠错方式。

常用的检错重发系统有三种,即停止-等待重发、返回重发和选择重发。

(3) 反馈校验(IRQ)

接收端将收到的信息码元原封不动地转发回发送端,并与发送的码元相比较。若发现错误,发送端再进行重发。该方法原理和设备较简单,无须检错和纠错编译系统,但需使用反向信道。由于每个信息码元至少要被传送两次,故传输效率低、实时性差。

(4) 混合纠错(HEC)方式

HEC是前向纠错和检错重发方式的结合。在HEC方式中,发送端不但具有纠错能力,而且对超出纠错范围的错误也具有检测能力。

上述差错控制方式的系统构成如图2-21所示。

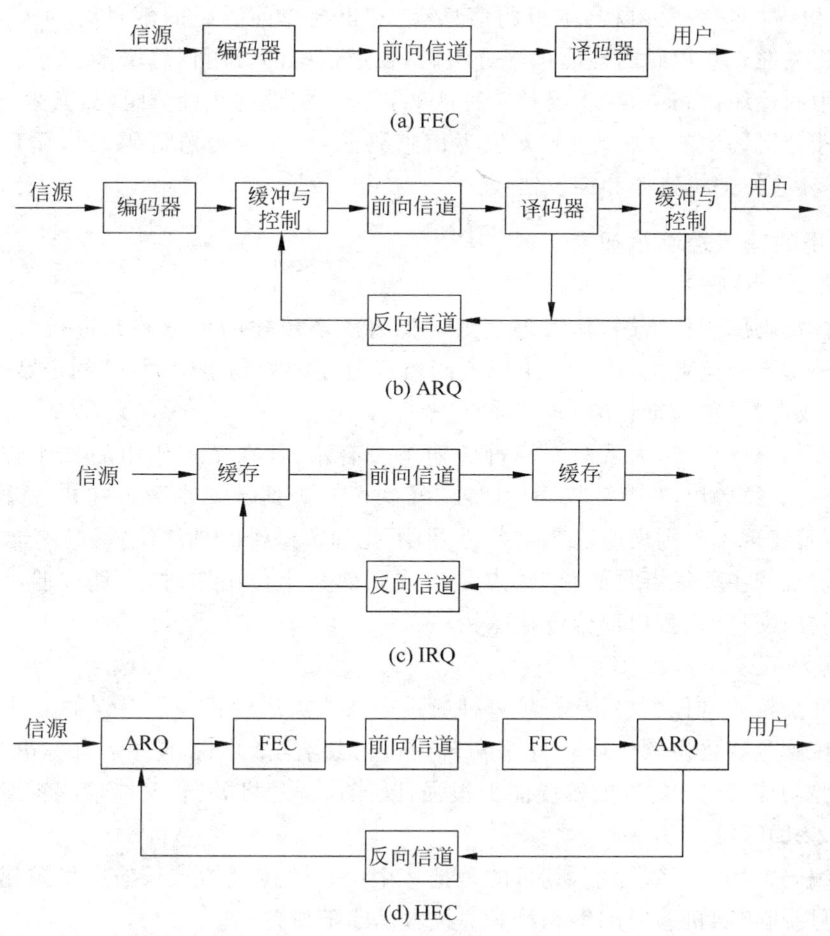

图 2-21　常用的差错控制方式

2.6.2　差错控制编码

1. 差错控制编码分类

差错控制编码可按如下方法进行分类。

(1) 按照编码的不同功能分类

① 检错码：能发现错误，但仅能检错。

② 纠错码：在检错的同时还能纠正误码。

③ 纠删码：不仅具有纠错的功能，还能对不可纠正的码元进行简单的删除。

(2) 按照信息码元和附加监督码元间的检验关系分类

① 线性码：信息码元与监督码元之间的关系为线性关系(即满足一组线性方程组)。

② 非线性码：信息码元与监督码元之间的关系为非线性关系。

(3) 按照信息码元和附加的监督码元之间的约束关系分类

① 分组码：监督码元仅与本组的信息有关。

② 卷积码：监督码元既与本组的信息有关，也与以前码组的信息有约束关系，各组之间具有相关性。卷积码的性能优于分组码，在通信中的应用日趋增多。

在常用的检纠错码中，汉明码是一种能纠正单个错误的线性分组码，其效率高；循环码属于线性分组码中的系统码(前 k 位为信息码元，后 r 位为监督码元)，循环码易于实现，能纠正独立的随机错误和突发错误。

2. 常用的差错控制编码

(1) 奇偶校验码

奇偶校验码属于检错码，其编码规则是先将所要传输的数据码元进行分组，在分组数据后面附加一位监督位，使得该组码连同监督位在内的码组中的“1”的个数为偶数(称为偶校验)或奇数(称为奇校验)。

在许多编码标准中，为了检查字符传输是否有错，常在7位码组后加1位作为奇偶校验位，使得8位码组(1个字节)中“1”或“0”的个数为偶数或奇数。在接收端按同样的规律检查，若发现不符则说明已产生差错，但不能确定差错的具体位置，尚不能纠错。

奇偶校验的主要优点是简单，缺点是当收到偶数个位出错时，奇偶校验将无法检测出来，奇偶校验只能检测出部分传输差错。

(2) 循环冗余校验(CRC)

循环冗余校验常作为检错码，是一种通过多项式除法运算检测错误的方法。CRC 码的生成与校验过程可用软件或硬件来实现(许多通信集成电路本身带有标准的 CRC 码生成与校验功能)。CRC 码的校验能力很强，既能检测随机差错，又能检测突发差错。

(3) 交织编码

交织编码常用于无线通信，其目的是把一个由衰落造成的较长的突发差错离散成随机差错，再用纠正随机差错的编码(FEC)技术消除随机差错。

交织编码的设计思路是通过交织与去交织，将一个有记忆的突发差错信道，改造为基本上是无记忆的随机独立差错的信道，把成片误码变为独立分散的误码，然后再用纠错码(纠随机独立差错)来纠错。常用的交织结构是分组交织和卷积交织。

【例 2-7】 分组交织编码方式。

在移动通信中应用的分组交织编码方式，是把待发送数据序列按行排成一个 $m\times n$ 的矩阵，然后按列顺序传送。接收端按接收的列顺序重新恢复出原来矩阵，再按行顺序进行译码。若每行编码只能纠正单个随机错误，交织后就能纠正长度为 m 的突发错误；若原来每行能纠正 t 个随机错误，交织后则能纠正 t 个长度为 m 的突发错误；若原来每行编码能纠正长度为不大于 k 的突发错误，交织后就能纠正长度不大于 k 的突发错误。

显然，利用交织方式将码长扩大了 m 倍，故把长度为 k 的突发错误分散到了 m 个 n 长码组中，使每行码组只有长度为 k 的突发错误，从而大大提高了系统抗突发干扰的能力。

3. 差错控制编码技术进展

随着超大规模集成电路技术的发展，很多复杂的纠错编码已进入实用领域，如网格编码调制和 Turbo 码等。

(1) 网格编码调制

纠错编码需要增加冗余度。实时通信系统采用纠错编码时，是以增加额外的传输带宽为代价来获得性能的提高。网格编码调制(TCM)作为纠错编码技术与调制解调技术相结合的方式，可在带限信道以不扩展带宽的情况下提高性能。其基本思想为：在带限信道中，通信系统被设计成采用频带效率高的多电平多相位的调制方法；当编码用于带限信道时，通过增加符号数(相对于不编码系统)提供编码所需的冗余度，来达到不扩展带宽而取得编码增益的目标。

(2) Turbo码

Turbo码是一种采用重复迭代译码方式的并行级联码。级联码是由短码构造长码的一种特殊有效方法。Turbo码采用软输入/软输出译码器，其编码(特别是解码)方法非常复杂。Turbo码在加性白噪声无记忆信道上及特定参数条件下，可达到接近误码率为零的极限传输性能。Turbo码的优良性能，受到移动通信领域的高度重视，已被确定为第三代移动通信中高质量、高速率传输业务的编码方案。

本章小结

通信网在实现了数字化并引入了计算机软硬件新技术后，已趋向综合化和智能化。数字通信系统是构成现代通信网的基础。

数字通信系统具有抗干扰、抗噪声性能好，差错控制可消除噪声积累，易加密，易于与现代技术相结合等特点。

对于数字通信，系统的有效性和可靠性则分别用传输容量(信息速率、码元速率)和传输差错率(误码率、误信率)来衡量。

信源编码是为提高数字通信传输的有效性而采取的一种技术措施。模拟信号经过抽样、量化、编码完成模/数转换，称为脉冲编码调制(PCM)。语音压缩编码与图像压缩编码都是针对信源发送信息所进行的压缩编码。

信道复用是指多个用户同时使用同一信道进行通信，常用体制主要有频分复用(FDM)、时分复用(TDM)、码分复用(CDM)等。若干多路传输的网或链路间的互连称为复接。在多路复用(复接)中，用户是固定或半固定接入的，网络资源预先分配给各用户共享。多址接入技术也是为了共享通信网，但网络资源通常是动态分配的。

同步是使系统的收发两端在时间上和频率上保持步调一致。

数字复接是按照一定的规定速率，从低速到高速分级进行的，其中某一级的复接是把一定数目的具有较低规定速率的数字信号，合并成为一个具有较高规定速率的数字信号。采用时分复用方式的准同步数字系列(PDH)和同步数字系列(SDH)是目前传输网上的主要技术体制。

基带传输和频带传输是通信系统中信号传送的两种基本方式。基带是由消息转换而来的原始信号所固有的频带，不搬移基带信号的频谱直接进行传输的方式称为基带传输。频带传输是将基带信号的频谱搬移到某个载频频带再进行传输的方式。

数字信号在传输过程中受到干扰的影响将会产生失真，从而可能引起接收端的错误接收。适合在有线信道中传输的数字基带信号码型称之为线路传输码型,其使接收端能以尽量小的差错率恢复出原发送的数字信号。

调制是对信号源的编码信息进行处理,使其变为适合于信道传输的形式的过程。在发送端,把基带信号的频谱搬移到传输信道通带内的过程称为调制;在接收端,把已调制信号还原成基带信号的过程称为解调。

数字调制利用时间离散或幅度离散等特性去控制一定形式的载波而实现调制,如振幅键控、频移键控和相移键控。用多进制的数字基带信号调制载波,可得到多进制或多电平数字调制信号。常用的现代数字调制技术包括正交幅度调制(QAM)、高斯最小频移键控(GMSK)调制、正交频分复用(OFDM)等。

差错控制编码是针对传输信道不理想而采取的提高数字传输可靠性的一种措施。在该技术中,编码器根据输入信息码元产生相应的监督码元,实现对差错进行控制,而译码器主要是进行检错与纠错。常用差错控制方式有检错重发、前向纠错和混合纠错等。

差错控制编码所具备的检错和纠错能力,是因为在被传输的信息中附加了一些冗余码(即监督码元),在两者之间建立了某种校验关系。该校验关系若因传输错误而受到破坏,则可被发现并予以纠正。该检错和纠错能力是用信息量的冗余度来换取的,是通过降低信息传输的有效性来换取可靠性的提高。

习 题

2.1 模拟通信系统所涉及的基本问题有哪些?

2.2 点对点数字通信系统所研究的主要问题有哪些?

2.3 试述数字通信的主要特点。

2.4 绘出数字通信系统模型,并分析模型框图中各部分的作用。

2.5 简述模拟信号的数字化过程。

2.6 试述脉冲编码调制(PCM)的概念。

2.7 试述信源编码的基本概念和语音编码的目的。

2.8 常用的语音编码方法有哪些?试分类说明。

2.9 数字图像编码有何特点?

2.10 复用技术与复接技术有何区别?其网络资源分配有何特点?

2.11 试述时分复用的基本应用条件以及典型应用。

2.12 试述同步的概念及其对通信质量的影响。

2.13 什么是数字复接?ITU推荐的数字速率系列有哪两类?

2.14 什么是基带传输?数字信号传输的主要技术内容有哪些?

2.15 试述数字传输中对传输码型的基本要求。

2.16 什么是调制?什么是解调?简述调制的作用和分类。

2.17 简述多进制数字调制的特点。

2.18 试述QAM、GMSK、OFDM等现代调制技术的主要特点及应用场合。

2.19 信道中的差错包括哪两类?常用的差错控制方式有哪些?

2.20 简述差错控制编码的分类及特点。

2.21 PCM 30/32 基群方式属于__________。

A. FDM　　B. TDM　　C. WDM　　D. SDM

2.22 在30/32路PCM中，一复帧有__________帧，一帧有__________路时隙，其中话路时隙有__________路。

A. 30　　B. 32　　C. 18　　D. 16

E. 14　　F. 12

2.23 在30/32路PCM中，每帧的时间为__________ μs，每个路时隙的时间为__________ μs，每个位时隙为__________ μs。

A. 100　　B. 125　　C. 3.9　　D. 3.125

E. 0.488　　F. 0.39

2.24 在时分复用通信中，在接收端产生与接收码元的时钟频率和相位一致的时钟脉冲序列的过程称为__________。

A. 位同步　　B. 载波同步　　C. 帧同步　　D. 群同步

2.25 在正交调幅(QAM)中，载波信号的__________和相位被改变。

A. 振幅　　B. 频率　　C. 比特率　　D. 波特率

2.26 在检错法中，为了检验多位差错，最精确、最常用的检错技术码是__________。

A. 奇偶校验码　　B. 方阵码　　C. 恒比码　　D. 循环冗余校验码

2.27 在数字信号的传输过程中，信号也会受噪声干扰，当信噪比恶化到一定程度时，应在适当的距离采用__________的方法除去噪声，从而实现长距离高质量传输。

2.28 采用均匀量化存在一些缺点：如编码位数多，加大了编码复杂性，且使速率提高，对信道有更高的要求，此外还会造成__________信噪比有余，而__________信噪比不足。

2.29 试归纳总结数字通信涉及的技术问题及其相关概念。

2.30 试列举通信网基础技术的各类典型应用。

第3章 CHAPTER 3

电信交换

交换技术是通信网的核心技术。在通信网中,信息的交换是在通信的源和目的终端之间建立通信信道,实现信息传送的过程。为实现多个终端之间的相互通信,通信网往往是由多个交换节点构成的,交换节点通过多种组网形式,构成了覆盖区域广泛的通信网络。不同的通信网络由于所支持的业务的特性不同,其交换设备所采用的交换方式也各不相同。

本章学习目标

- 理解电信业务网的分类与电话通信网结构。
- 理解电路交换、分组交换的原理。
- 了解数字程控交换机的基本组成。
- 了解电话接续信令流程和信令类型。
- 了解综合业务数字网的主要特点。
- 了解智能网及其业务的概念。

3.1 电信业务网概述

电信业务网是向用户提供诸如电话、电报、传真、数据、图像等各种业务的网络,包括电话网、数据网、智能网、移动网、IP网等。其中交换设备是构成业务网的核心要素,其基本功能是完成接入交换节点链路的汇集、转接接续和分配,实现一个呼叫终端(用户)与其所要求的另一个或多个用户终端之间的路由选择的连接。

3.1.1 电信业务网分类

电话业务长期以来是电信网中的基本业务,使用最为广泛,因而电话网也一直是电信业务网的主体。随着计算机技术的出现和发展,人们对数据通信业务的需求不断增长。特别是近年来互联网技术的广泛应用,移动通信技术的飞速发展,人们对宽带、智能业务等需求都促进了其他各种类型业务网的发展。

1. 电话网

为公众提供电话业务而建立和运营的电信网称为公用电话交换网(PSTN)。PSTN

包括本地电话网、长途电话网和国际电话网。电话通信网是我国覆盖范围最广、用户数量最多、应用最广泛的一种通信网络。

截至2005年上半年,我国电话用户总数已达7.1亿户,其中固定电话3.4亿户,移动电话3.7亿户,均居世界首位。

2. 移动通信网

移动通信是指移动中的用户利用无线频段与静止或移动中的用户实时交换信息的通信方式。移动通信系统种类很多,并有不同的分类方式。

(1) 按使用环境分类

可分为陆地移动通信、海上移动通信和航空移动通信系统。

(2) 按服务对象分类

可分为公众移动通信系统、专用移动通信系统和军用移动通信系统。

(3) 按通信设备分类

可分为无绳电话系统、无线寻呼系统、集群移动通信系统、蜂窝移动通信系统。

近年来,移动通信得到了迅速的发展,蜂窝移动通信在经历了模拟系统(第一代)、数字系统(第二代)以后,正在向第三代移动通信系统发展。

3. 数据通信网

数据通信是指在终端以编码方式表示信息,在信道上以脉冲形式传送信息的通信。现代数据通信指计算机之间、计算机和各种终端之间进行信息的交互,因此,数据通信有时也称为计算机通信。而计算机通信网也被归入数据通信网。

数据通信的历史短于电话通信,但对数据业务的广泛需求使其得到了飞速的发展。在基础数据业务网中广泛采用的有X.25网(分组交换网)、DDN(数字数据网)、FR(帧中继网)、ATM(异步传送模式)等。

互联网(IP)技术是一种采用TCP/IP协议的分组交换,采用无连接的传送方式,网络中各个节点独立地处理数据分组,根据分组头中的目的地址选路、传送数据,是目前业务量发展最快的数据多媒体通信网络。

数据通信网的发展方向是建设宽带IP网络。

4. 智能网

智能网(IN)实际上是一个以计算机和数据库为核心的平台,目的是为所有的通信网提供服务。

在传统的通信网络中,当需要提供新的电信业务时,每增加一种新业务就需要在交换机中增加新软件,不仅工作量大、成本高、投入运行时间长,而且软件繁杂、难以互通和维护、易引起错误。采用智能平台方式提供新的电信业务,可以将业务交换、业务控制、语音处理等功能都集中于一个平台之上,各功能块之间采用平台设计自定义的内部协议,无标准接口,实施速度快,但难以实现不同系统之间的互连。

5. 窄带综合业务数字网

综合业务数字网(ISDN)的概念是在电话综合数字网的基础上演变而来,于20世纪

70年代提出。ISDN充分利用了已有电话网的网络资源,把数字化延伸到用户环路,从而实现在一个单一的网络中提供语音、数据、图像等综合的业务;但ISDN的标准及其技术体系使其只能支持用户线接入速率低于2 Mbit/s的业务。

用户线接口速率低于2 Mbit/s的网络定义为窄带综合业务数字网(N-ISDN)。

6. 宽带综合业务数字网

随着人们对业务需求的不断提高,要求网络能够传送高速数据、高清晰度图像等高速业务。ITU-T定义了支持各种高速信息传送业务的网络——宽带综合业务数字网(B-ISDN),用户线接口速率可达数百Mbit/s。

B-ISDN由于技术复杂等原因尚未获得预期的进展。

3.1.2 电话通信网

电话通信是人们使用最普遍的一种通信方式,电话通信网的核心是电话交换局,电话交换采用适于实时、恒定速率业务的电路交换方式。

1. 电话通信过程

电话通信传递的信息是语音。其基本工作过程为:通话人发出的语音通过话机送话器变成电信号,然后通过线路传输至对方,对方话机受话器将电信号还原为语音,受话者能听到。在电话传输中,语音所产生的电信号(具有一定幅度和频带宽度的交流信号)是传输对象。

对于彼此之间都可能有通话需求的众多用户话机,若全部采用直接连线的方法,所需要的线对数将会很多。为解决该问题,可在用户分布区域的中心设置一个交换机(常称为总机)。每个用户只需一对线路和交换机相连,当任意两个用户需要通话时,交换机就将其接通;通话完毕,再拆除连线。这就是电路交换的基本思想,既保证了较可靠的通信联络,又可以使线路费用大为减少。

从完成一次通话的连续过程来看,交换机应具备的最基本的功能如下:

① 在用户呼出阶段,电话机发送呼叫信号,交换机应能及时发现。

② 在数字接收及分析阶段,能辨识被叫用户。

③ 在通话建立阶段,能发出信号将被叫用户呼出。

④ 在通话阶段,能够把主叫用户和被叫用户连接起来,使其进行通话。

⑤ 在呼叫释放阶段,当电话机发出中止话音信号时,交换机能随时发现并拆除连线。

2. 电话通信网基本构成

根据电话通信的需要,电话通信网通常由用户终端(电话机)、交换机、通信信道、路由器及附属设备等构成。

(1) 用户终端(电话机)

用户终端是电话通信网构成的基本要素,用户终端为通信用户所拥有。电话机的送话器和受话器主要完成通信过程中电/声和声/电转换任务，二/四转换是指完成二线和四线转换的混合电路，消侧音电路用于消除回声改善话音质量，按键和振铃器用于发送通信地址（被叫号码）和呼叫被叫。电话机按其功能的不同，可分为扬声电话机、免提电话机、无绳电话机、录音电话机、可视电话机、投币电话机、磁卡电话机等，并有数字电话机、多媒体用户终端、IP电话机等新型电话机相继出现。

(2) 交换机

交换机为电话通信网构成的核心部件，完成语音信息的交换功能，给用户提供自由选择通信对象的方便。交换机为通信服务部门所拥有。

(3) 通信信道

通信信道是电话通信网构成的主要部分，为信息的流通提供合适的通路。通信信道为通信服务部门所拥有。

(4) 路由器及附属设备

路由器等设备是为了电话通信网功能扩充或性能提高而配置。

3. 电话通信网结构

若需要在两部话机之间进行通话，只需用一对线将两部话机直接相连即可。若有成千上万部话机需要互相通话，则需要把每一部话机通过用户线连到电话交换机上。交换机根据用户信号（摘机、挂机、拨号等）自动进行话路的接通与拆除。

若一个城市只装一台交换机，称为单局制，大城市往往需要建立多个电话分局，分局间使用局间中继线互连。与用户线不同，中继线由各用户共用。分局数量太多时，需要建立汇接局，汇接局与所属分局以星型连接，汇接局间是全互连的。分局间通话需经过汇接局转接。

为了使不同城市用户能互相通话，还需建立长话局，长话局与市话分局或市话汇接局间以长（话）市（话）中继线相连。不同城市的长话局、长话汇接局间用长途中继线相连。

电话通信网常采用等级结构。等级结构是将全部交换局划分成两个以上的等级，低等级交换局与高等级的交换局（管辖局）相连，各等级交换局将本区域的通信流量逐级汇集。

在长途电话网中，一般根据地理条件、行政区域、通信流量的分布情况等设立各级汇接中心。汇接中心是指下级交换中心间的通信需通过汇接中心转接来实现，在汇接交换机中只接入中继线。每一个汇接中心负责汇接一定区域的通信流量，逐级形成辐射的星型网或网状网。一般是低等级的交换局与高等级的交换局（管辖局）相连，形成多级汇接辐射网，最高级的交换局则采用直接互连，组成网状网。

在电话通信网中，由本地接入网、多级汇接网组成的网络结构称为等级制网络结构。等级结构的电话网一般是复合型网，电话网采用该结构可将各区域的话务流量逐级汇集，达到保证通信质量和充分利用电路的目的。电话通信网的等级制结构如图3-1所示。

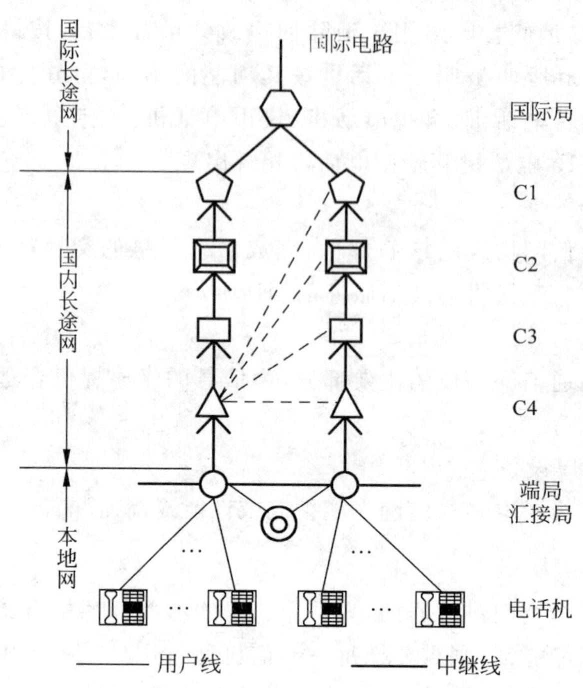

图 3-1 电话通信网的等级制结构

(1) 本地电话网

本地电话网简称本地网,是在同一编号地区范围内,由若干个端局(或由若干个端局和汇接局)及局间中继线、用户线和话机终端等组成的电话网。本地网用来疏通本长途编号地区范围内任何两个用户间的电话呼叫以及长途发话、来话业务。

本地电话网的构成示意图如图 3-2 所示。

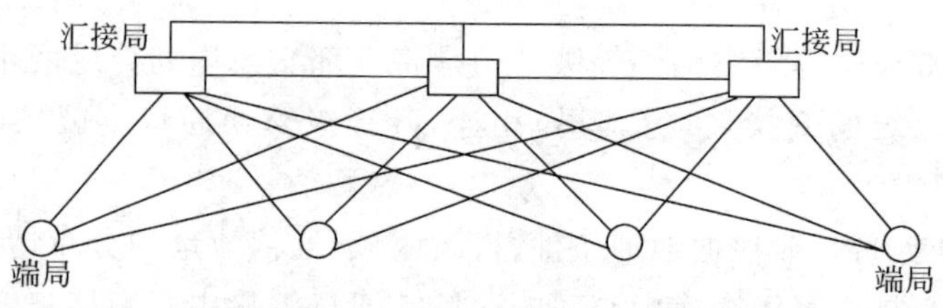

图 3-2 本地电话网的构成示意图

(2) 长途电话网

长途电话网简称长途网。为有利于全网的网络管理和维护运行,目前我国长途网已由四级向二级逐渐转变。在二级长途网中,省级(含直辖市)交换中心的职能主要是汇接所在省的省际长途话务,以及所在本地网的长途终端话务;地(市)级交换中心的职能是汇接本地网的长途终端话务。

(3) 用户接入网

用户接入网是本地交换机与用户终端设备之间所实施的系统。用户接入网全部(或部分)取代传统的用户本地线路网,可以包含复用、交叉连接和传输功能。接入网可以采用星型、总线型、环型或复合型等网络结构形式,并实现光纤化和宽带化,以支持宽带多种业务的综合接入。

我国的电话通信网将进一步发展,形成由一级长途网和本地网组成的二级网络,实现长途无级网,届时我国的电话网将由长途电话网、本地电话网和用户接入网三个层面组成。

4. 电话通信网的性能指标

除了对一般通信网的性能要求外,电话通信网的主要性能指标有话务量和呼损率。

(1) 话务量

话务量是电信业务流量的简称,表示电信设备承受的负载量,也表示用户对电信需求的程度。

话务量的大小与用户数量、用户通信的频繁程度、每次通信占用的时间长度,以及观测的时间长度(例如1分钟、1小时或是1天等)有关。单位时间内通信的次数越多,每次通信占用的时间越长,观测的时间越长,则话务量就越大。由于通信次数以及每次通信所占用时间等都在变化,所以话务量也是一个随时间变化的量。

话务量可以分为流入话务量和成功话务量。流入话务量的定义为单位时间(1小时)内平均呼叫次数和每次呼叫平均持续(占用线路)时间之积,表示每小时中平均线路占用的时间。成功话务量的定义为单位时间(1小时)内呼叫成功次数和每次呼叫平均持续(占用线路)时间之积。

国际通用的话务量单位是原CCITT建议使用的单位,称为“爱尔兰(Erl)”。1 Erl就是一条电路可能处理的最大话务量。若对某条电路观测1个小时,该电路被连续不断地占用了1小时,话务量就是1 Erl(也可称作“1小时呼”)。若有100条电路,在1小时内平均每条电路的占用时间为0.7小时,则其话务量为0.7 Erl(或0.7小时呼)。

(2) 呼损率

由于一般的通信网并不能保证所有呼叫都能够成功地被转接到对方用户,所以必然会有少量的呼叫失败,即发生“呼损”。呼损率是指损失的话务量与流入话务量之比。呼损率越小,成功话务量越大。

一个电话网的流入话务量取决于客观需求,在设计电话网时应将流入话务量作为给定条件之一。呼损率和电话网的设计能力有关,例如交换机和中继线等设备的容量都直接和呼损率有关。设备容量越大,呼损率越小,网络的性能当然越好,但是投资和运行费用也大。所以,在网络性能和经济性之间需综合考虑。

5. 电话通信系统

在固定电话系统中,主要应用的技术包括PCM编码、时分复用、交换、复接、数字信号的基带传输、信令与同步等。固定电话系统框图如图3-3所示。

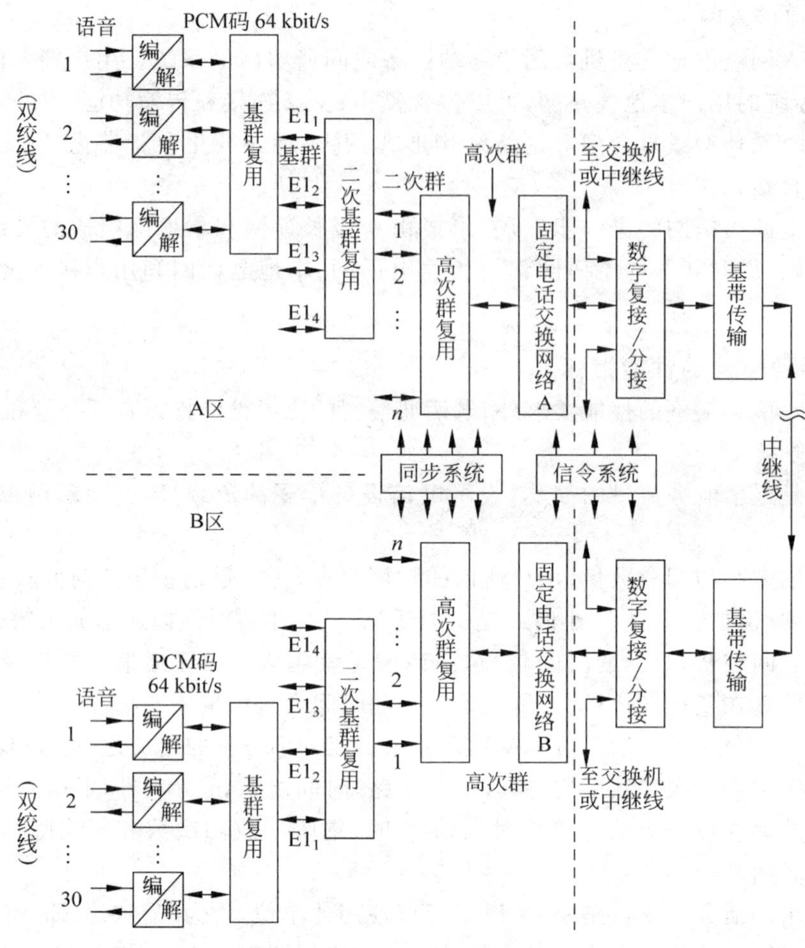

图 3-3 固定电话系统框图

3.2 交换技术基础

交换技术是伴随着通信网的演进而发展的,即交换技术必须与终端业务、传输技术相适应。作为通信网中心节点的交换设备,或称交换系统,在通信网中占有重要地位。

3.2.1 电信交换的作用

通信的目的是实现任意时间、任意地点和任意用户之间信息的传递。当用户数量增加,用户分布范围较广时,需要在用户分布密集的中心安装一个交换设备,该设备应能完成任意两个用户之间交换信息的任务。

1. 交换的引入

在仅涉及两个终端的单向或交互通信的点对点通信系统中,若信息以电信号的形式传输，系统至少由终端和通信电缆组成。终端将话音、图像、数据等信息转换为电信号形式，同时将来自通信电缆的电信号还原；通信电缆则把电信号从一个地点传送至另一个地点。

当存在多个终端，并希望其中的任何两个都可以进行点对点通信时，最直接的方法是把所有终端两两相连，该连接方式称为全互连式。在实际应用中，全互连式仅仅适合于终端数目较少、地理位置相对集中且可靠性要求很高的场合。

引入交换设备后，交换设备与所连接的用户终端设备以及其间的传输线路一起，构成了最简单的通信网。每个用户终端设备都用各自专用的线路连接在交换设备上。当任意两个用户之间需要交换信息时或通信完毕，交换设备就把连接这两用户的相应开关接点合上或者断开。引入了交换设备，对 N 个用户只需要 N 对线即可满足要求，线路的投资费用大大降低。多个交换设备可构成实用的大型通信网。

例如，在由多个交换节点组成的电话通信网中，直接与电话机或终端连接的交换机称为本地交换机或市话交换机，相应的交换局称为端局或市话局；仅与各交换机连接的交换机称为汇接交换机。当连接距离很远时，汇接交换机也称为长途交换机。用户终端与交换机之间的线路称为用户线，其接口称为用户网络接口，交换机之间的线路称为中继线，其接口称为网络接口。

2. 交换的基本功能

由电话交换推广到一般电信交换系统，接口功能、连接功能、控制功能和信令功能是电信交换系统必须具有的4项基本功能，如图3-4所示。

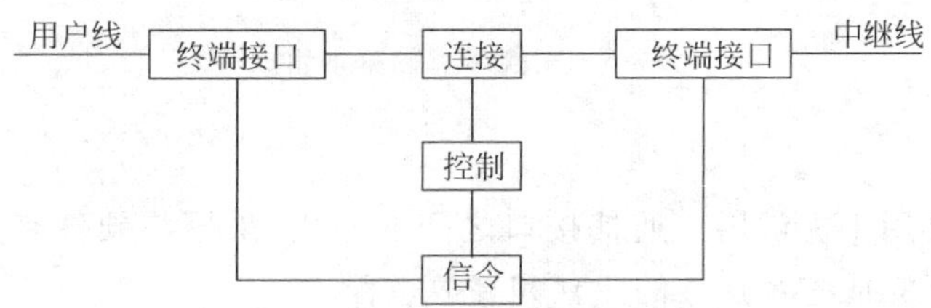

图3-4 通信交换系统的基本功能

(1) 接口功能

接口分为用户接口和中继接口，分别将用户线和中继线终接到交换网络。采用不同交换技术的设备具有不同的接口。例如，程控数字电话交换设备要具有适配模拟用户线、模拟中继线和数字中继线的接口电路；ATM交换设备则要求具有适于不同码速率、不同业务的各种物理媒介接口。

(2) 连接功能

通过交换网络可实现任意入线和任意出线之间的连接，连接可以是物理的也可以是虚拟连接。网络的拓扑结构以及选路原则将直接影响交换网络的服务质量。无阻塞的交换网络和配置双套冗余结构的设计，将增强交换网络的故障防卫能力。

(3) 控制功能

有效的控制功能是交换系统实现信息自动交换的保障。控制功能的基本方式有集中控制和分散控制两种。现代电信交换系统多采用分散控制方式,且控制功能多以软件实现。

(4) 信令功能

信令是电信网中的接续控制指令,通过信令可以使不同类型的终端设备、交换节点设备和传输设备协同运行。信令的传递需要通过规范化的一系列信令协议实现,由于交换技术的不断发展,信令协议和信令方式也因不同的应用而有所差别。

3.2.2 基本交换原理

交换节点中所传送的信号,与节点交换技术密切相关。不同的信号对交换有不同的要求,其交换与传送需选用最适合的交换技术,如光信号的传送需经过光交换,而电信号的传送则需经过电交换。

1. 交换节点的基本组成

交换节点指通信网中的各类交换机,主要包括交换网络、通信接口、信令单元和控制单元,如图 3-5 所示。

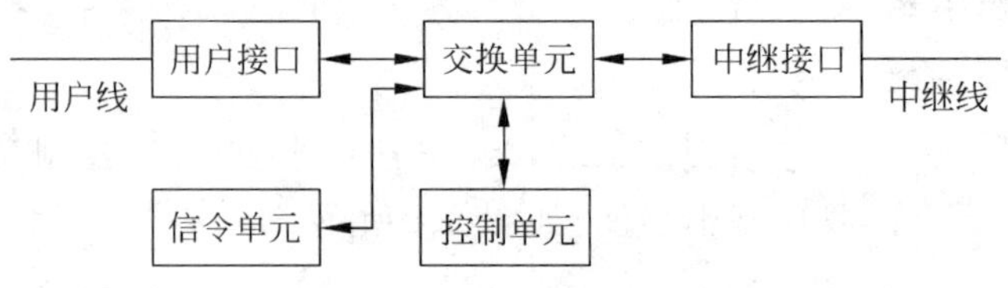

图 3-5 交换节点的基本组成

(1) 交换网络

交换网络主要用于提供用户通信接口之间的连接,采用与硬件有关的交换结构,在控制单元的控制下完成整个连接的建立和释放过程。

在不同的交换方式中,可有物理连接或逻辑连接。

物理连接:指用户通信过程中,无论用户有无信息传送,交换网络始终按照预先分配的物理带宽资源保持其专用的接续通路。

逻辑连接:只有在用户有信息传送时,才按需分配物理带宽资源,提供接续通路,因此逻辑连接也称为虚连接。

(2) 通信接口

交换系统的通信接口一般分为用户接口和中继接口两类,通信接口技术主要由硬件来实现,不同类型的交换系统具有不同的通信接口。终端用户通过用户线连接到交换系统的用户接口,交换机之间通过中继线连接到中继接口。

(3) 信令单元

电信交换必须利用信令实现任意用户之间的呼叫接续,完成交换功能。信令处理过程必须采用一系列规范化的标准协议来实现,不同的交换系统可以采用不同的信令方式,信令方式也在不断发展。

(4) 控制单元

交换系统在控制单元的控制下完成各种接续连接,目前控制系统主要采用计算机存储程序控制。控制技术的实现与处理机控制结构有关,它将直接影响交换系统的性能和质量。

2. 交换节点中传送的信号

目前使用较多的是采用时分多路复用技术的数字信号。该数字信号主要有两种,即同步时分复用信号和统计时分复用信号。

(1) 同步时分复用信号

时分复用采用时间分割的方法,把一条高速数字信道分成若干低速数字信道,构成同时传输多个低速信号的子信道。

同步时分复用是指将时间划分为基本时间单位,1 帧占用时长为 125 μs。每帧分成若干个时隙,并按顺序编号,所有帧中编号相同的时隙将成为一个恒定速率的子信道,传递一个话路的信息。该信道也称为位置化信道,根据它在时间轴上的位置,可以区分不同的话路。

对同步时分复用信号的交换,是话路所在位置上的交换,即时隙内容在时间轴上的移动。同步时分复用的基本原理如图 3-6 所示。

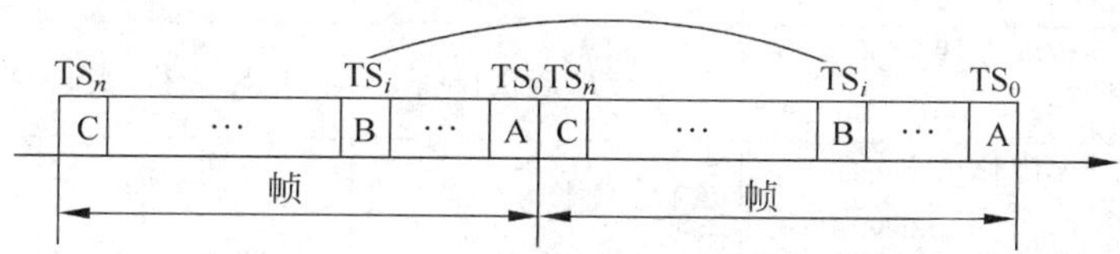

图 3-6 同步时分复用的基本原理

(2) 统计时分复用信号

统计时分复用(异步时分复用)信号涉及分组、路由标记和统计复用的概念。

分组是把需要传送的信息分成很多小段。每个分组前附加标志码(路由标记),标志所分发的输出端。各个分组在输入时使用不同的时隙,可将它所占的信道容量视为一个子信道(该子信道可以是任何时隙)。此时,一个信道被划分成了若干子信道,称为标志化信道。

统计复用器是将上述子信道合成一个信道的复用器,它有一个存储器把接收到的信息按先后顺序分组发送,称为统计复用。

对统计时分复用信号的交换,实际上就是按照每个分组信息前的路由标记,将其分发到出线上。统计时分复用的基本原理如图 3-7 所示,其中 X、Y、Z 为标志。

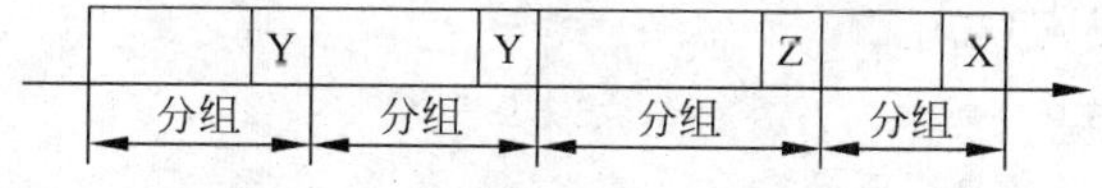

图 3-7 统计时分复用的基本原理

分组交换中的统计复用信号使用的分组长度不相等,所以各个子信道速率不固定,不适于采用硬件交换单元。

在宽带交换的ATM交换技术中,所用统计时分复用信号的分组长度相等,用于传输各子信道的时间小段的长度相等,故适合于硬件交换。

3.2.3 电信业务网的节点交换技术

不同类型电信业务网的形成,关键在于该业务网使用的节点交换技术。各种业务网所提供的主要业务、使用的节点交换设备及节点交换技术列于表3-1中。

表3-1 电信业务网的种类及其节点交换技术

业务网	通信业务	业务节点	交换方式	应用特点
电话交换网	模拟电话	数字程控电话交换机	电路交换	应用广泛
分组交换网	中低速数据(≤64 kbit/s)	分组交换机	分组交换	应用广泛 可靠性高
窄带综合业务数字网	数字电话、传真、数据等(64～2048 kbit/s)	ISDN交换机	电路交换 分组交换	灵活方便 节省开支
帧中继网	永久虚电路(64～2048 kbit/s)	帧中继交换机	帧中继	速率高 灵活、价格低
数字数据网(DDN)	数据专线业务(64～2048 kbit/s)	数字交叉连接设备	电路交换	应用广泛 速率高、价格高
宽带综合业务数字网	多媒体业务(≥155.52 Mbit/s)	ATM交换机	ATM交换	高速宽带
IP网	数据、IP电话	路由器	分组交换	应用广泛 灵活简便
智能网	智能业务	业务交换点(SSP) 业务控制点(SCP)等		快速提供 新业务
数字移动通信网	电话、低速数据(8～16 kbit/s)(GSM,CDMA) 电话、中速数据(<100 kbit/s)(GPRS) 多媒体2 Mbit/s(3G)	移动交换机	电路交换 分组交换	应用广泛 移动通信

3.3 常用交换方式

不同的通信网络由于所支持业务的特性不同,其交换设备所采用的交换方式也各不相同。交换技术通常分为窄带交换和宽带交换。窄带交换指传输速率低于2 Mbit/s的交换,如电路交换和低速分组交换;宽带交换指传输速率高于2 Mbit/s的交换,如快速分组交换和ATM交换,以及在宽带IP网络中应用的IP交换、标记交换和光交换等新技术。

3.3.1　电路交换

电路交换是通信网中最早出现的一种交换方式，也是一种应用最广泛的交换方式，主要应用于电话通信网中。

1. 电路交换的基本过程

在电话通信网中，对于彼此之间都可能有通话需求的众多用户话机，若全部采用直接连线的方法，所需要的线对数将会很多。为解决该问题，可在用户分布区域的中心设置一个交换机(常称为总机)。每个用户只需一对线路和交换机相连，当任意两个用户需要通话时，交换机就将其接通；通话完毕，再拆除连线。这就是电路交换的基本思想，既保证了较可靠的通信联络，又可以使线路费用大为减少。从完成一次通话的连续过程来看，电话通信分为 3 个阶段：呼叫建立、通话、呼叫拆除。

电路交换的基本过程与电话通信的过程相同，也包括连接建立、信息传送和连接拆除 3 个阶段，如图 3-8 所示。

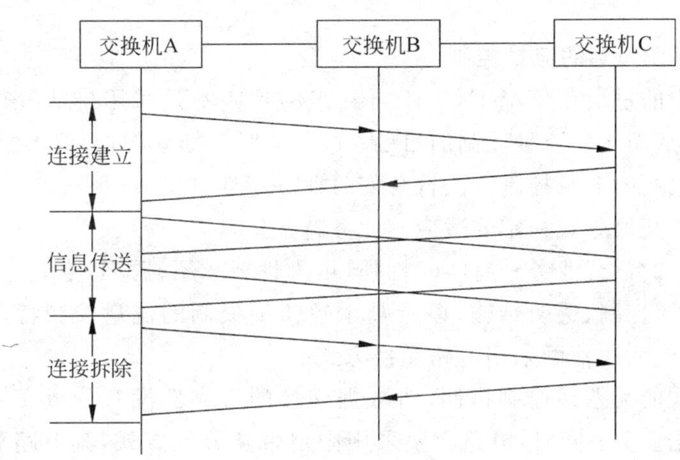

图 3-8　电路交换的基本过程

2. 电路交换的特点

(1) 面向连接的工作方式(物理连接)

电路交换是一种面向连接的技术，即必须利用信令在信息传送以前建立连接(即信息传送的通路)，而且电路交换所建立的连接为物理连接通路，只要通信即刻就可传送信息。

(2) 同步时分复用(固定分配带宽)

同步时分复用是把时间划分为等长的基本单位，一般称为帧；每个帧再划分为更小的单位即时隙，时隙依据它在帧中的位置编号。对于一条同步时分复用的高速数字信道，采用该时间分割方法，可把不同帧中各个编号相同的时隙组成一个恒定速率的数字子信道，则数字信道上就存在多条子信道。这些子信道有一共同特征，即依据数字信号在每一帧中的时间位置来确定是第几路子信道。因此,这些子信道又称为位置化信道,即通过时间位置来识别每路通信。而每路通信所分配的带宽是固定的。在信息传送阶段无论有无信息传送,都占用这个时隙子信道,直到通信结束。

(3) 时隙是信息传送的最小单位

电路交换基于PCM传输系统中的时隙,在PCM 30/32路传输系统中,每秒传送8000帧,每帧32个时隙,每路通信的信道为一个时隙,每个时隙为8位,每路通信为64 kbit/s恒定速率。时隙是电路交换方式传输、复用和交换的最小单位,且长度固定。

(4) 信息传送无差错控制

电路交换是专门为电话通信网设计的交换方式。语音业务的特点是实时性要求高,对可靠性要求没有数据通信高。因此,为减少语音信息的时延,在电路交换中没有循环冗余校验(CRC)、重发等差错控制机制,以满足业务特性的需求。

(5) 信息具有透明性

为满足语音业务的实时性要求,快速传送语音信息,电路交换对所传送的语音信息不作任何处理,而是原封不动地传送(即透明传送);用于低速数据传送时也不进行速率、码型的变换。

(6) 基于呼叫损失制的流量控制

在电路交换中的过负荷情况下,对于再到来的呼叫不是采用排队等待的方式,而是将其直接呼损掉,从而达到流量控制的目的;过负荷时呼损率增加,但不影响已建立的呼叫。基于呼叫损失制的流量控制方法符合实时业务特性。

通信网采用的交换方式一定要适应其业务特性。

电话通信网中的话音业务具有实时性强、可靠性要求不高的特点。电路交换的面向连接、对信息无差错控制、透明传输,以及基于呼叫损失制的流量控制特点,都符合语音业务的特性,所以电话通信网采用电路交换方式。

电路交换方式的无差错控制机制,对数据交换的可靠性没有分组交换方式高,不适合差错敏感的数据业务;同时,电路交换采用固定带宽分配方式,其电路利用率低,也不适合突发业务。此外,电路交换所建立的连接通常只提供固定的传送速率,故难以满足各种不同业务的带宽需求。

3.3.2 分组交换

分组交换是数据通信网广泛应用的交换方式,它采用存储-转发的处理方式。分组交换将用户信息分成若干个小的数据单元进行传送,数据单元称为分组(packet)或包。为了保证分组能够正确地传送到目的地,每个分组必须携带一个用于路由选择、流量控制、拥塞控制等地址和控制信息的分组头。

1. 分组交换的基本过程

分组交换的本质是存储转发,它将所接收的分组暂时存储下来,在目的方向路由上排队,当可以发送信息时,再将信息发送到相应的路由上而完成转发。该存储转发的过程就是分组交换的过程。

分组交换的思想来源于报文交换。两种交换过程的本质都是存储转发，但最小信息单位有所不同：分组交换为分组，而报文交换则是一个报文。由于以较小的分组为单位进行传输和交换，所以分组交换比报文交换的速度快。报文交换主要应用于公用电报网中。

分组交换的基本过程如图 3-9 所示。

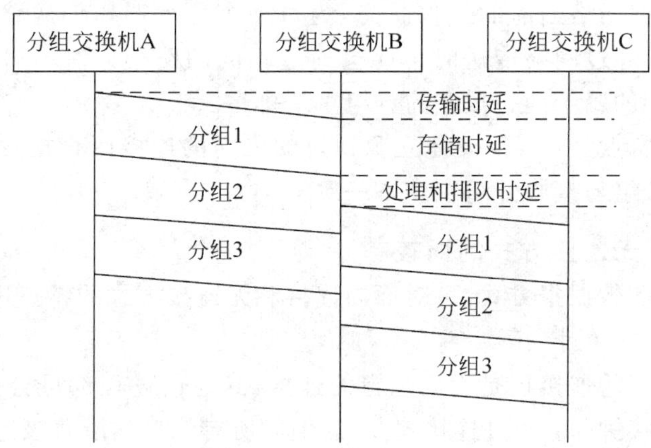

图 3-9 分组交换的基本过程

2. 分组交换工作方式

分组交换可提供虚电路和数据报两种工作方式。

(1) 虚电路方式

虚电路采用面向连接的工作方式，其通信过程与电路交换相似，具有连接建立、数据传送和连接拆除 3 个阶段。在用户数据传送前先建立端到端的虚连接；一旦虚连接建立，属于同一呼叫的数据分组均沿着这一虚连接传送；通信结束时拆除该虚连接。虚连接也称为虚电路，即逻辑连接，它不同于电路交换中实际的物理连接，而是通过通信连接上的所有交换节点保存选路结果和路由连接关系来实现连接，因此是逻辑的连接。

虚电路为双向连接，一条虚呼叫建立临时连接的电路可跨越若干个节点，各段由逻辑信道相连。逻辑信道都分配一个逻辑信道号，一条物理线路可以有 4096 个逻辑信道编号，所以在该线路上可实现多路通信。此时多台终端并不是在同一瞬间利用该线路，而是采用统计时分复用，依靠分组头和控制信息实现的。此时，在一条线路上似有多条通路，故称其为虚电路。

虚电路分为交换虚电路(SVC)和永久虚电路(PVC)。

交换虚电路(SVC)：数据终端通信设备之间具有呼叫建立、数据传输和呼叫连接释放 3 个阶段的虚电路。

永久虚电路(PVC)：由用户向电信管理部门申请，维护管理人员通过操作平台设置；在数据终端设备之间没有呼叫建立和释放两个阶段，可直接进入数据传输阶段，其效果如同网络向用户提供了一条专线。

虚电路方式的特点为：传送分组前先建立逻辑连接，分组沿相同路径传送，发送分组顺序与接收分组顺序相同。

(2) 数据报方式

数据报的处理过程与报文处理类似，采用无连接工作方式，在呼叫前不需要事先建立连接，而是边传送信息边选路，并且各个分组依据分组头中的目的地址独立地进行选路，每一个分组都当作独立的报文来处理。

分组交换机根据网络当前的工作状态，为每一个分组选择传送路径，所以一份报文被分成若干分组后，经过网络传送时可能会通过不同的路径，且以不同的次序到达目的地，收端必须对收到的属于同一报文的分组重新排序。

数据报方式的特点为：不需要建立源到目的之间的连接而直接发送分组，分组沿不同路径传送，发送分组与接收分组顺序不一致。

3. 面向连接和无连接方式的比较

从虚电路方式和数据报方式，可对面向连接和无连接方式的特点进行比较。

(1) 面向连接方式的特点

无论是面向物理的连接还是面向逻辑的连接，其通信过程都可分为3个阶段：连接建立、传送信息、连接拆除；一旦连接建立，通信的所有信息均沿着该连接路径传送，且保证信息的有序性(发送信息顺序与接收信息顺序一致)；信息传送的时延比无连接工作方式的时延小；对网络故障敏感，一旦建立的连接出现故障，信息传送就会中断，必须重新建立连接。

(2) 无连接方式的特点

无连接方式中同时选路与传送信息，没有连接建立过程；属于同一个通信的信息沿不同路径到达目的地，该路径无法预知，无法保证信息的有序性(信息发送与接收顺序不一致)；采用存储-转发方式，引入了较大时延，信息传送的时延比面向连接方式大；对网络故障不敏感。

4. 分组交换的特点

① 分组是信息传送的最小单位。分组由分组头和用户信息组成，分组头含有选路和控制信息。

② 面向连接(逻辑连接)和无连接两种工作方式。虚电路采用面向连接的工作方式，数据报是无连接工作方式。

③ 采用动态统计时分复用，按需动态分配带宽。只有在传送数据分组时才占用传输媒介带宽资源，提高了资源利用率。

④ 信息传送有差错控制。数据分组传输时，在网络中的每一段链路上都独立地进行差错控制和流量控制，因此数据传输质量高、可靠性高。分组交换是专门为数据通信网设计的交换方式，数据业务的特点是可靠性要求高，对实时性要求不如电话通信高，因而在分组交换中为保证数据信息的可靠性，设有循环冗余校验(CRC)、重发等机制。

⑤ 信息传送不具有透明性。分组交换对所传送的数据信息要进行处理，如拆分、重组信息等。

⑥ 基于呼叫延迟制的流量控制。在分组交换中，当数据流量较大时，分组排队等待处理，而不像电路交换那样立即呼损掉，因此其流量控制基于呼叫延迟。

分组交换的技术特点决定了它不适合对实时性要求较高的语音业务，而适合突发以及对差错敏感的数据业务。

分组交换可支持中低速率的数据通信，但无法支持高速的数据通信，主要是由复杂的协议处理所导致。

分组交换使用的最典型的通信协议是 CCITT 的 X.25 协议，该协议包含了物理层（一层）、数据链路层（二层）和分组层（三层），分别对应于 OSI 参考模型的低三层。

分组交换为保证数据传送的高可靠性，在各段链路（数据链路层）以及每个逻辑信道上（分组层）都进行差错控制和流量控制，使信息通过交换节点的时间增加，从而在整个分组交换网中无法实现高速的数据通信。

3.3.3 帧中继

随着数据业务的发展，需要更快速而可靠的数据通信。为满足高速数据通信的需要，产生了帧中继（frame relay，FR）。

帧中继是一种新型的传送网络，它采用动态分配传输带宽和可变长度帧的快速分组技术，可以处理突发性信息和可变长度帧的信息，非常适用于局域网互连。

由于数据信号在网络上的传输或交换都是基于 OSI 网络模型的第二层（即数据链路层或帧层），所以称为帧中继。与分组交换不同，帧中继的信息传送最小单位为帧，信息与信令传送信息则是分离的。

在帧中继通信中，局域网（LAN）分组通过路由器接入公共通信网。帧中继通过分组节点间的重发、流量控制来纠正差错和防止拥塞，将 X.25 分组交换网内的处理移到网外端系统中来实现，从而简化了节点的处理过程，缩短了处理时间，并且有效地利用了高速数字传输信道。同时，帧中继采用虚电路技术，能充分利用网络资源，因而帧中继具有吞吐量高、延迟低和适于突发性业务等特点。

帧中继和帧交换对协议的简化是基于以下两个条件：一是具有高带宽、高质量的传输线路的大量使用（如光纤系统），使简化差错控制和流量控制成为可能；二是终端系统日益智能化，将纠错功能放在终端来完成，网络只完成公共的核心功能，从而提高了网络的效率，增加了应用的灵活性。

3.3.4 ATM 交换

异步传送模式（ATM）是一种用于宽带综合业务数字网内传输、复用和交换信元的技术，它采用异步时分复用方式，是以固定信元长度为单位、面向连接的信息传送模式。

1. ATM 的基本概念

电路传送模式 CTM（如电路交换）的技术特点：固定分配带宽，面向物理连接，同步时分复用,适应实时语音业务,具有较好的时间透明性。

分组传送模式PTM(如分组交换)的技术特点:动态分配带宽,面向无连接或逻辑连接,统计时分复用,适应可靠性要求较高、有突发特性的数据通信业务,具有较好的语义透明性。对于宽带多媒体业务,传统的电路传送模式和分组传送模式都不能满足需求。

为宽带综合业务数字网(B-ISDN)专门研究的ATM交换技术,以分组传送模式为基础,并融合了电路传送模式的优点发展而来,是一种简化的面向连接的、在光纤大容量传输媒介环境下开发的新的高速分组传送模式。

ATM将语音、数据及图像等所有的数字信息分解成长度固定(48 B)的数据块,并在各数据块前装配地址、流量控制、差错控制(HEC)信息等构成的信元头(5 B),形成53 B的完整信元。

ATM交换具有综合电路交换和分组交换的优势。

ATM采用异步时分复用方式,实现了动态分配带宽,可适应任意速率的业务;固定长度的信元和简化的信头,使快速交换和简化协议处理成为可能,极大地提高了网络的传输处理能力,使实时业务应用成为可能。ATM可以实现高速、高吞吐量和高服务质量的信息交换,提供灵活的带宽分配,适应从低速率到高速率的宽带业务的交换要求,具有高效的网络运营效率的交换和复用技术。

当通信网络中的节点采用ATM交换技术时,可以构成ATM传送网和B-ISDN网。

2. ATM交换的技术特点

(1) 固定长度的信元和简化的信头

在ATM中,信息传送的最小单位是信元(cell),信元有53 B,其中前5 B是信头,其余48 B为信息域(也称为净荷)。信元的长度固定,使基于硬件的高速交换成为可能。

ATM信元的信头简化主要针对虚连接标志、优先级标志、净荷类型标志、信头差错检验等字段。信头的简化减少了交换节点的处理开销,加快了交换的速度。此外,ATM仅对重要的信头做差错检验,并未对整个信元做差错检验,从而简化了操作,提高了信息处理能力。

(2) 采用了异步时分复用方式

异步时分复用与统计时分复用相似,也是动态分配带宽,即不固定分配时间片,各路通信按需使用。所不同的是异步时分复用将时间划分为等长的时间片,用于传送固定长度的信元,它依据信头中的标志来区分是哪一路通信的信元,而不是靠时间位置来识别,这一点与统计时分复用相似。

图3-10示出了异步时分复用与同步时分复用的区别。

(3) 采用了面向连接的工作方式

ATM采用面向连接的工作方式,与分组交换的虚电路相似,它不是物理连接,而是逻辑连接,称为虚连接(VC)。为便于管理和应用,ATM的虚连接分为两级:虚通道连接(VPC)和虚信道连接(VCC)。

(4) 技术复杂

ATM技术的缺点是其技术过于复杂,协议的复杂性造成了ATM系统研制、配置、

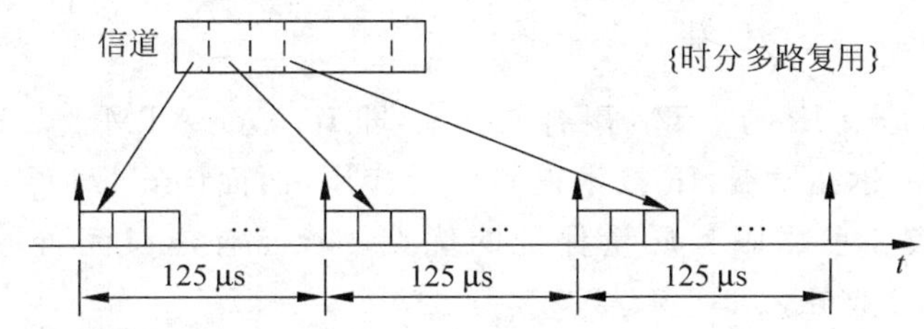

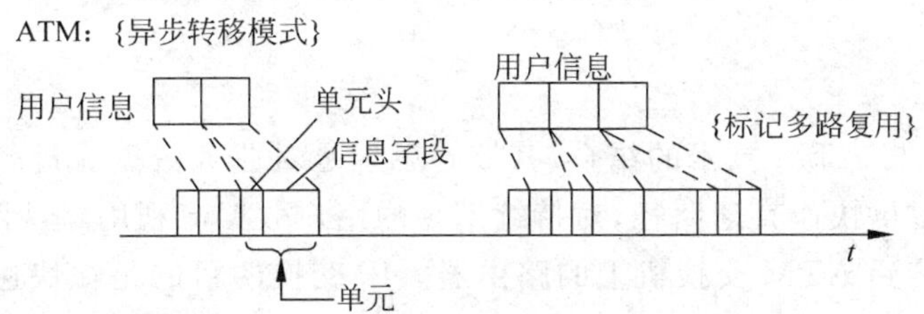

图 3-10　异步时分复用与同步时分复用的区别

管理、故障定位的难度，使其推广受到极大的限制。

ATM 至今尚未成为语音、数据、图像等综合业务的一个平台。目前 ATM 主要用于数据通信。

表 3-2 列出了常用交换技术的比较。

表 3-2　常用交换技术的比较

项　　目	电路交换	分组交换	帧中继	ATM 交换
用户速率	4 kHz 带宽速率	2.4～64 kbit/s	64 kbit/s～ 2 Mbit/s	N×64 kbit/s～ 622 Mbit/s
时延可变性	很短 不变	较长 可变性较大	较短 可变	短 可变/不可变
动态分布带宽	固定时隙 不支持	统计复用 有限	统计复用 支持较强	统计复用 支持强
突发适应性	差	一般	较强	强
电路利用率	差	一般	较好	好
数据可靠性	一般	高	依靠高质量 信道和终端	较高/可变
媒体支持	语音、数据	语音、数据	多媒体	高速多媒体
业务互连性	差	好	好	好，待标准化
服务类型	面向连接	面向连接	面向连接	面向连接
成本	低	一般	较高	高

3.3.5　交换技术的发展

现有的通信网络技术正处于巨大的变化之中，将从传统的采用时分复用和电路交换的电信网演变为采用分组交换的 IP 宽带网络。IP 交换、光交换、软交换等技术是应用于宽带网络通信中的新一代交换技术。

1. IP交换

IP交换技术是指IP与ATM融合的技术,即IP over ATM。

随着互联网的迅猛发展,IP技术得到广泛应用,而面向宽带应用的ATM技术具有高带宽、快速交换和可靠服务质量保证的优点。若已有建设完善的ATM网,即可在ATM网上传送IP业务。

IP over ATM中常采用IP交换、标记交换和多协议标记交换(MPLS)等来实现两种技术的融合。

(1) IP交换

IP交换是IP与ATM技术的结合,其核心思想是对业务数据流进行分类,对持续期长的用户数据流提供快速直通路径,对持续期短的用户数据流利用默认路径转发。IP交换机本质上是连接到ATM交换机上的路由器。IP交换的目的是在快速交换硬件上(标准的ATM交换加上IP交换软件控制器)获得最有效的IP实现,实现非连接的IP和面向连接的ATM的优点互补。

(2) 标记交换

标记交换是基于传统路由器的ATM承载IP技术。标记交换将交换技术和选路技术相结合,但未脱离路由器技术,而是在一定程度上将数据传递从路由变为交换,提高了传输的效率。用标记替换IP地址可使长度缩短。标记的创建和分发与特定业务流的到达无关,而是依据反映网络拓扑变化的选路控制协议的更新信息。标记交换技术可以在不同的低层协议上使用,不受限于使用ATM技术;它支持多种上层协议,也不受限于转发IP业务。

(3) 多协议标记交换

多协议标记交换(MPLS)是一种在开放的通信网上利用标记引导数据高速、高效传输的新技术。MPLS是一种交换和路由的综合体,其基本思想是采用标记交换。MPLS技术在网络时代发展迅速,并且已经成为宽带骨干网中的重要技术。MPLS标准化工作正在进行中。在已有的ATM与IP融合技术中,多协议标记交换(MPLS)是较佳方案。

2. 光交换

通信网的干线传输越来越广泛地使用光纤,光纤目前已成为主要的传输媒介。

目前,通信网中大量传送的是光信号,若信息在交换节点上仍以电信号的形式进行交换,当光信号进入交换机时,则需将光信号转变成电信号,才能在交换机中交换;而经过交换后的电信号从交换机出来后,仍需转变成光信号,才能在光的传输网上传输。

光—电—光的转换过程不仅效率低,而且由于涉及电信号的处理,要受到电子器件速率“瓶颈”的制约。

光交换是基于光信号的交换。在整个光交换过程中,信号始终以光的形式存在,在进、出交换机时不需要进行光/电转换或者电/光转换,从而大大地提高了网络信息的传送和处理能力。

3. 软交换

以互联网为代表的新技术正深刻影响着传统电信网络的概念和体系，下一代网络(NGN)代表了信息网络的发展方向。

广义的 NGN 泛指大量采用新技术，不同于目前的支持语音、数据和多媒体业务的融合网络。

狭义的 NGN 特指以软交换为核心、光传送网为基础，多网融合的开放体系架构。现阶段所述的 NGN 通常是指狭义的基于软交换的 NGN。

NGN 实现了传统的以电路交换为主的电话交换网(PSTN)网络向以分组交换为主的 IP 电信网络的转变，从而使在 IP 网络上发展语音、视频、数据等多媒体综合业务成为可能。NGN 的出现标志着新一代电信网络时代的到来。

软交换是下一代网络的控制功能实体，它独立于传送网络，主要完成呼叫控制、资源分配、协议处理、路由、认证、计费等主要功能，同时可以向用户提供现有电路交换机所能提供的所有业务，并向第三方提供可编程能力，是下一代网络呼叫与控制的核心。

软交换的核心思想是业务/控制与传送/接入相分离，其主要技术特点如下：

① 应用层、控制层与核心网络完全分开，以利于快速方便地引进新业务。

② 传统交换机的功能模块被分离为独立的网络部件，各部件功能可独立发展。

③ 部件间的协议接口标准化，使异构网络的互通变得方便灵活。

④ 具有标准的全开放应用平台，可定制各种新业务和综合业务，满足用户需求。

3.4 数字程控交换

3.4.1 数字交换网络

电话通信网中的电路交换系统从人工交换系统发展为自动交换系统，而自动交换系统又从模拟交换系统进入到数字交换系统。采用计算机软件控制交换的交换机，即存储程序控制的交换机称为程控交换机。我国的程控交换技术和产业已经跻身于世界先进的行列。

程控数字交换机是最常用的电路交换系统，其直接交换数字化的语音信号，只有正反两个方向的交换被同时建立，才能完成数字语音信号交换。实现该功能需依靠数字交换设备。

1. 数字交换功能

在程控数字交换机中，为便于传输与处理，常将多条话路信号复用在一起，然后再送入交换网络。此时，在一条物理电路上顺序传送着多路语音信号，每路信号占用一个时隙。在数字交换网络中对语音电路的交换，实际上是对时隙的交换。

因此，数字交换也称为时隙交换，其实质是把 PCM 系统有关的时隙内容在时间位置上进行搬移。

当进入数字交换设备而只有一套 PCM 系统时，交换仅在这条总线的 30 个话路时隙之间进行。为了扩大数字信号的交换范围,要求数字交换设备还应具有在不同 PCM 总线之间进行交换的功能。

数字交换设备应该具有以下交换功能。

① 在同一条 PCM 复用总线的不同时隙之间进行交换。

② 在不同 PCM 复用总线的同一时隙之间进行交换。

③ 在不同 PCM 复用总线的不同时隙之间进行交换。

2. 程控电话交换的接续过程

电话交换是电路交换技术的典型应用。从建立一次电话接续来看,电路交换过程可分为3个阶段。

第一阶段:呼叫建立。根据主叫用户拨出的被叫用户地址信号,在通信进行之前需在双方用户终端之间建立起专用的物理连接通路,使主叫被叫用户线、节点交换系统以及相应局间中继线保持连通状态。

第二阶段:信息传送。在已建的通路中传送信息,且通信进行中连接通路必须始终保持(即使语音信息暂时停顿也要保持)。

第三阶段:连接释放。通信结束当用户发出“话终”信号后,系统要及时释放连接通路,以便其他用户使用。

程控电话交换的接续过程为:

① 主叫摘机,识别主叫、向主叫送拨号音。

② 接收主叫拨号脉冲。

③ 分析号码,确定是局内接续还是出局接续。

④ 测试被叫状态。若闲,向被叫送振铃并向主叫送回铃音;若忙,则向主叫送忙音。

⑤ 被叫应答,完成通话接续。

⑥ 话终拆线。

3. 数字交换单元

数字交换单元是构成交换网络的最基本的部件。若干个交换单元按照一定的拓扑结构连接起来,可构成各种各样的交换网络。交换网络由一组入线、一组出线、控制端口及状态端口4部分组成。交换单元最基本的特性是连接特性,反映出交换单元从入线到出线的连接能力,其外部特性可用容量、接口、功能、质量等指标来描述。

交换单元可分为空间(空分)交换单元和时分交换单元。时分接线器是构成数字交换网络的基本部件。

数字交换的过程可分为时分交换和空分交换。

时分交换是在一条电路的任意两个时隙之间进行的交换,由时间(T)型接线器或数字交换单元(DSE)完成。

空分交换是在两条电路上的相同时隙之间进行的交换,由开关阵列或空间(S)型接线器完成。

(1) 空分交换单元

空分交换单元主要有开关阵列和空间(S)型接线器。

① 开关阵列。控制简单，容易实现同发与广播，信息在开关阵列中具有均匀的三维延迟时间，适合于构成较小规模的大交换单元。其性能取决于所使用的开关，开关阵列的交叉点数反映了开关阵列的复杂度。实际的开关阵列主要有继电器、模拟电子开关和数字电子开关。

② 空间型接线器。又称 S 型接线器，其功能是完成不同 PCM 复用线之间同一时隙内容的交换。对于容量不大的交换机，其数字交换网络可以只用 T 型接线器构成。适当提高接线器输入/输出复用线的复用度，可以有限地增加交换容量。对于大容量的数字交换网络，需要同时实现时隙交换和复用线之间交换，因而还需采用 S 型接线器。

S 型接线器由 $M \times N$ 型电子接点矩阵和 M 个（或 N 个）控制存储器组成，M 表示接线器的输入复用线数，N 表示输出复用线数。电子接点采用多路数据选择器构成，各接点的“闭合”时刻由控制存储器（CM）控制。S 型接线器按接点的受控性不同也有两种类型：输出控制型和输入控制型。S 型接线器的结构如图 3-11 所示。

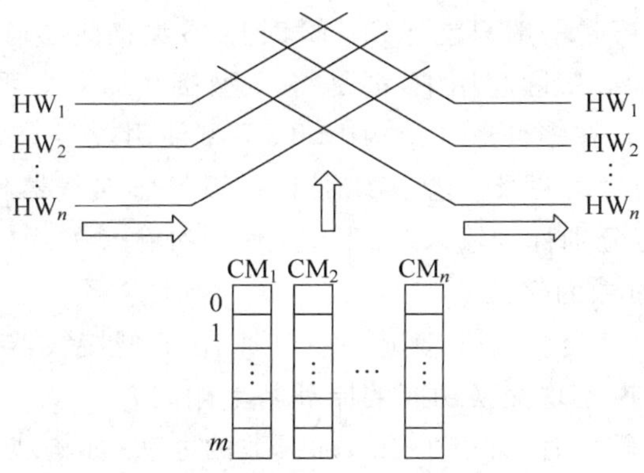

图 3-11　S 型接线器的结构

(2) 时分交换单元

时分交换单元主要有共享存储器型交换单元和共享总线型交换单元。

① 时间型接线器（T 型接线器），典型的共享存储器型交换单元。其功能是完成同一条 PCM 总线上不同时隙内容的交换。T 型接线器由话音存储器（SM）和控制存储器（CM）组成，SM、CM 都采用随机存储器（RAM）来实现。SM 用于存储输入复用线上各个话路时隙的 8 位编码数字话音信号；CM 用于存储 SM 的读出或写入地址，其作用是控制 SM 各单元内容的读出或写入顺序。依照 SM 读写的受控性不同，时间接线器又分为顺序写入控制读出（顺入控出）型和控制写入顺序读出（控入顺出）型两种。

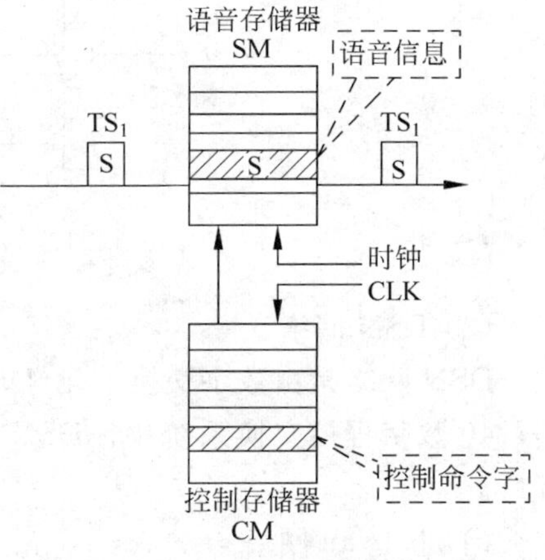

图 3-12　T 型接线器的结构

T 型接线器的结构如图 3-12 所示。

② 数字交换单元(DSE),典型的共享总线型交换单元。DSE主要由输入部件、输出部件和总线构成,可完成16条32路双向PCM信号的交换,同时具有空间交换和时间交换功能,故又被称为时空交换单元。S-1240数字程控交换系统采用DSE组成了多级多平面的交换网络。

4. 交换网络

交换网络由交换单元构成,其分类包括:单级交换网络和多级交换网络,有阻塞交换网络和无阻塞交换网络,单通路交换网络和多通路交换网络,空分交换网络和时分交换网络等。

(1) CLOS网络

CLOS网络是多级多通路的交换网络,3级CLOS网络属无阻塞交换网络,广泛应用于大型电话交换系统中。

(2) TST网络

T型接线器的交换容量一般只能达到512时隙,S型接线器通常不能单独使用(它仅能完成复用线之间交换)。实际应用中,都是将T型接线器和S型接线器按不同方式组合成多级数字交换网络。在多种形式结构中,TST型使用较多。

TST型数字交换网络由两级T型接线器和一级S型接线器构成;T型接线器位于S型接线器的左右两侧,分别称为输入T级(初级T)和输出T级(次级T)。TST网络可以完成不同总线、不同时隙的交换。

另一类是STS型数字交换网络,其中间一级采用T型接线器,左右两侧为S型接线器,该交换网络与TST网实现交换功能的原理基本相同。

当数字交换机容量较大时,可以采用增加级数的办法,如构成TSST或TSSST等更多级的网络。

典型的TST交换网络的结构如图3-13所示。

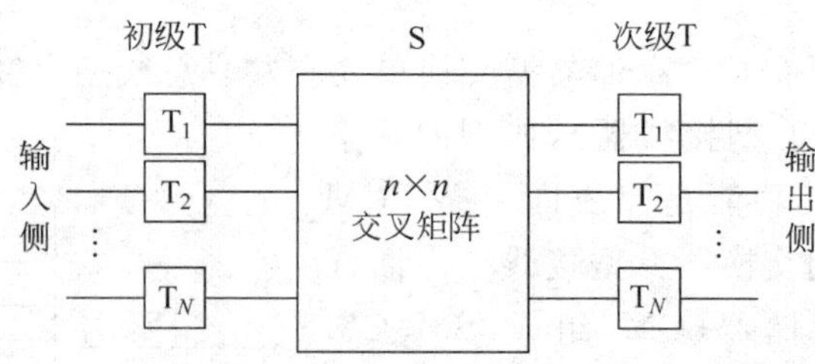

图3-13 典型的TST交换网络的结构

(3) DSN网络

DSN网络是由数字交换单元(DSE)构成的多级多平面时空结合的交换网络,应用于S-1240数字程控交换系统中。DSN具有自选路由功能,网络扩充方便,能承受较大话务量。

(4) banyan网络

banyan网络常由若干个2×2交换单元构成,是多级空分单通路交换网络,在ATM交换机中得到广泛应用,适用于统计时分复用信号和异步时分复用信号的交换。

3.4.2 数字程控交换机的组成

数字程控交换机硬件的基本结构如图 3-14 所示。

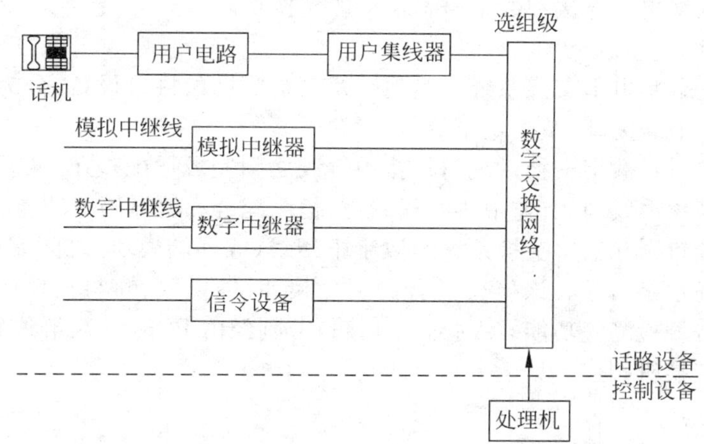

图 3-14 数字程控交换机硬件的基本结构

数字程控交换机包括硬件和软件两大部分。

程控交换机的硬件结构又可分为话路系统和控制系统两部分,软件部分主要是指存放在存储器中的数据和程序。

话路系统包括用户电路、用户集线器、远端用户集线器,以及数字交换网络构成的数字选组级和各种中继接口。

控制系统由各个微处理机和交换软件模块组成。

此外还有产生各种信令,辅助建立接续通路的信令设备。

1. 话路系统

(1) 用户电路

程控交换机必须将电话机发出的模拟信号转换成数字信号,并对电话机进行馈电、振铃和测试等,其功能由用户电路来完成。

用户电路的具体功能可简称为"BORSCHT"(每项功能的首位字母)。

B(用户话机馈电):馈电电压在我国规定为−60 V、国外设备多为−48 V。

O(过压保护):防止高压进入数字交换网络,使用户内线电压保持规定数值。

R(振铃控制):在用户电路配置振铃继电器,由软件控制铃流回路的通断。

S(监视):通过监视用户线回路的通/断状态检测用户摘挂机、拨号等状态。

C(编译码和滤波):语音信号的模/数转换,并滤除语音频带以外的频率成分。

H(二线/四线转换):模拟用户线为二线,收发共用;模拟语音信号经过用户电路转换为数字信号,发送方向为二线,接收方向也为二线,使数字信号发送/接收分开。

T(测试):提供一组测试开关,供测试用户内线和用户外线使用。

(2) 用户集线器

电话交换系统的用户数量很大,但每个用户话务量不高,通过用户集线器可将一群用户的话务集中,通过较少的链路接到数字交换网络,以提高链路利用率。

(3) 数字交换网络

数字交换网络提供连接和数字语音信号的交换功能。

(4) 中继接口

中继接口是数字电话交换系统与其他交换系统联网的接口设备,分为模拟中继接口(C接口)和数字中继接口(A接口和B接口)两类。

模拟中继接口在数字交换系统与模拟中继线之间完成适配作用,两端分别连接数字交换网络和模拟中继线,具有监视中继线状态、信令配合和编译码等功能。

数字中继接口则在数字交换系统与数字中继线(或远端模块)之间完成适配作用,其输入和输出都是数字信号。该接口具有码型变换、时钟提取、帧与复帧同步、帧定位、信令提取/插入、告警检测等功能。A接口、B接口分别经由PCM一次群线路和PCM二次群线路与其他交换机相连。

2. 控制系统

控制系统对话路系统施加控制,以便完成通话接续。控制软件一般采用分层模块化结构,从功能角度划分为操作系统、呼叫处理和维护管理3部分。

由微处理机组成的控制结构一般采用多机分散控制(分级分散控制或分布式分散控制)。为了安全可靠,微处理机及程序模块都需要一定方式的备份,微处理机的数量及分工取决于备用的配置方式。

3. 软件系统

数字程控交换机是存储程序控制的交换机,即通过运行处理器中的程序来控制整个话路的接续。其软件系统从总体上可分为运行软件和支持软件两大部分。

运行软件系统是指运行呼叫处理、管理和维护等工作所需的程序和数据,是在线运行的。在线程序是交换机中运行使用的、对交换系统各种业务进行处理的软件总和。

支持软件(即支援软件)系统是在编写和调试程序时为提高效率而使用的程序,是脱机运行的,指编译程序、模拟程序和连接编辑程序等软件。

除了上述功能要求外,对程控交换机软件系统还有如下特殊要求:运行快、占存储空间小,以多道程序运行的方式工作,保证系统不中断,通用性能好。

数字程控交换机的软件系统结构如图3-15所示。

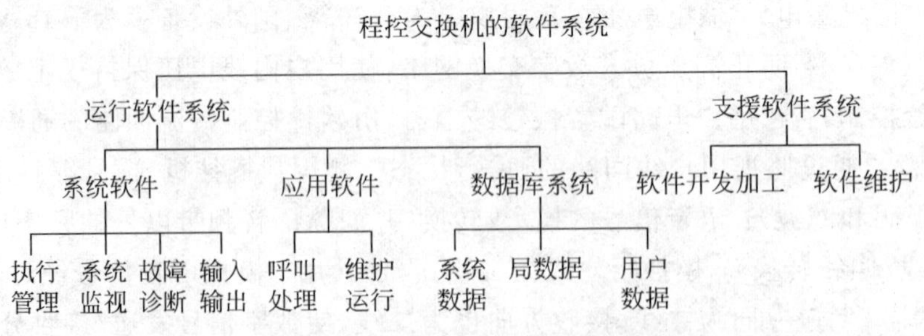

图3-15 数字程控交换机的软件系统结构

3.4.3 信令系统

信令是指通信系统中的控制指令，信令系统在通信网中起着指挥、联络、协调的作用。

1. 电话接续基本信令流程

图 3-16 示出了两个用户通过两个端局进行电话接续的基本信令流程。

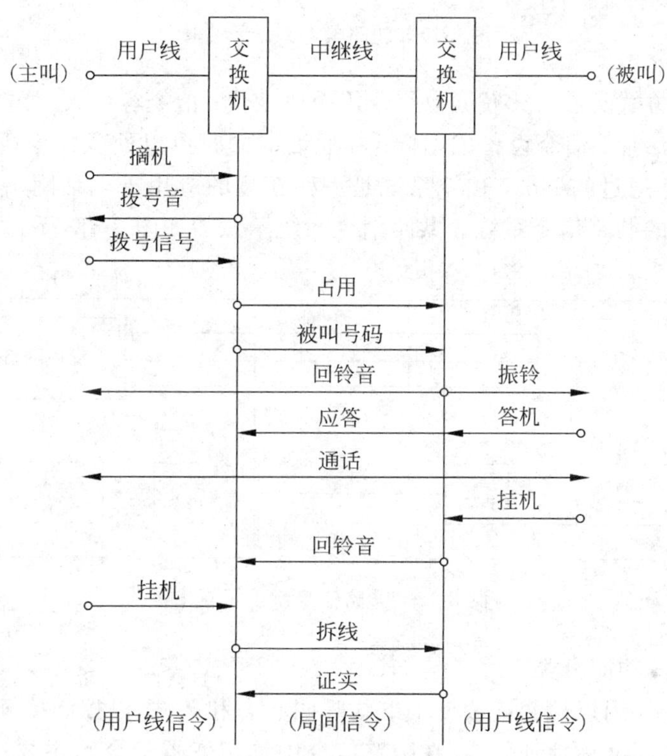

图 3-16 电话接续的基本信令流程

2. 信令的基本类型

信令可以指导终端设备、交换系统及传输系统协同运行，在指定的终端之间建立临时的通信信道，并维护网络本身正常运行。信令的传送要遵守一定的规约。信令方式包括信令的结构形式、信令在多段路由上的传送方式、控制方式。信令的分类方法如下：

(1) 按信令传输方式分类

局间信令按传输方式(即信令信道与语音信道的关系)可分为两类。

① 随路信令。指使用语音信道传送各种信令，即信令和语音在同一条通路中传送。随路信令系统示意图如图 3-17 所示。

② 公共信道信令(共路信令)。指传送信令的通道和传送语音的通道在逻辑上或物理上完全分开，有单独传送信令的通道，在一条双向信令通道上，可传送上千条电路信令

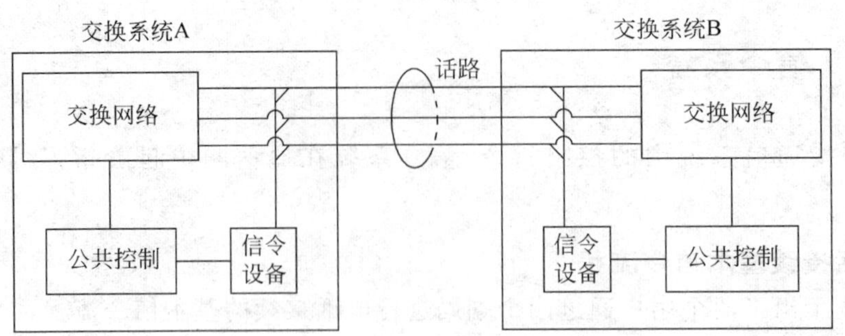

图 3-17 随路信令系统示意图

消息。共路信令方式具有许多优点：信令传送速度快；信令容量大，可靠性高；具有改变和增加信令的灵活性；信令设备成本低；在通话的同时可以处理信令；可提供多种新业务等。原 CCITT 通过的 No.7 信令系统是一种新型的应用于电话网、移动网、综合业务数字网和智能网的共路信令系统。共路信令系统示意图如图 3-18 所示。

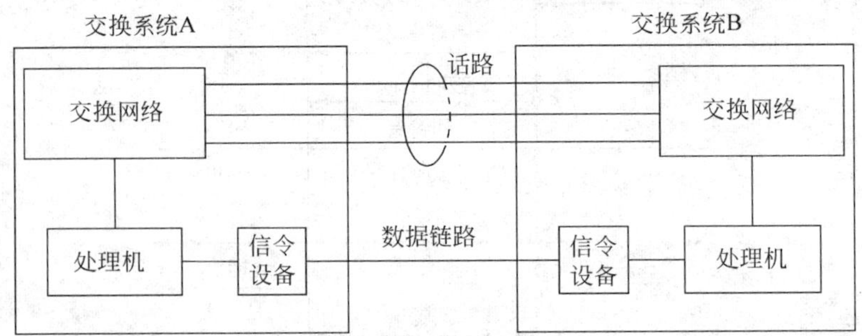

图 3-18 共路信令系统示意图

(2) 按信令的功能分类

① 监视信令。用以检测或改变中继线呼叫状态和条件，以控制接续的进行。

② 选择信令。又称地址信令(在随路信令中称记发器信令)，主要用以传送被叫(或主叫)的电话号码，供交换机选择路由以及选择被叫用户。

话机(根据其类型不同)发出的选择信令的波形分为直流脉冲型和双音多频型(DTMF)。目前多用双音多频型，用户拨一位号码沿着用户线送出两个不同频率的正弦信号，以频率的不同组合代表号码数值。

③ 音信令。交换机通过用户线发给用户的各种可闻信令称为音信令，包括拨号音、忙音、振铃信号、回铃音、催挂音等。

④ 维护管理信令。仅在局间中继线上传送，在通信网的运行中起着维护和管理作用。

(3) 按信令的传送区域分类

① 用户线信令。用户话机和交换机间传送的信令，包括监视信令、选择信令、音信令。

② 局间信令。交换机之间(或交换机与网管中心)、数据库之间传送的信令，包括监

视信令、选择信令、维护管理信令。

(4) 按信令的传送方向分类

① 前向信令。指信令沿着从主叫端局到被叫端局的方向传送。

② 后向信令。指信令沿着从被叫端局到主叫端局的方向传送。

3. No.7 信令系统

No. 7 信令系统是国际标准化的公共信道信令系统，是目前通信网中使用的主流信令。它适于由数字程控交换机和数字传输设备所组成的综合数字网，并广泛应用于多种业务网中。

No. 7 信令系统能满足传送呼叫控制、遥控、维护管理信令及处理机之间事务处理信息的要求，并提供可靠方法，使信令按正确的顺序传送又不致丢失或重复。

(1) No. 7 信令系统结构

No. 7 信令系统属于局间计算机的数据通信系统。计算机间数据通信系统采用开放系统互连(OSI)参考模型描述，故 No. 7 系统功能结构描述也参照 OSI 参考模型，采用分层格式。No. 7 信令系统从功能上可以划分为两部分：公用的消息传递部分，适用于不同用户而各自独立的用户部分。

消息传递部分作为一个公共传送系统，在相应的两个用户部分之间可靠地传递信令消息。其功能分为信令数据链路功能级、信令链路功能级和信令网功能级三个功能级。

用户部分是使用消息传递部分传送能力的功能实体，每个用户部分具有各自特有的功能，包括电话用户部分、数据用户部分、综合业务数字网用户部分、移动通信用户部分、信令连接控制部分、事务处理能力应用部分、操作维护应用部分和信令网维护管理部分等。

No. 7 信令系统结构如图 3-19 所示。

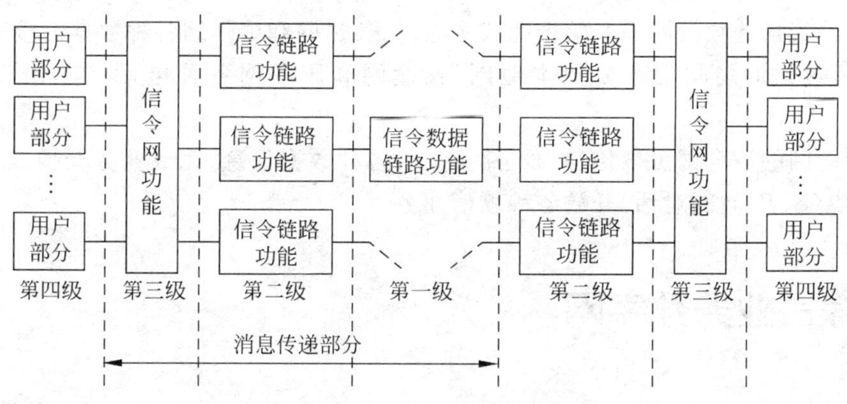

图 3-19　No. 7 信令系统结构

(2) No. 7 信令系统的主要应用

在通信网中，No. 7 信令系统的主要应用范围如下：

① 传送电话网的局间信令。

② 传送电路交换数据网的局间信令。

③ 传送综合业务数字网的局间信令。

④ 在各种运行、管理和维护中心传递有关信息。

⑤ 传送移动通信网中与用户移动有关的控制信息。

⑥ 在业务交换点和业务控制点间传送各种数据信息。

⑦ 支持各种类型的智能业务。

4. No.7 信令网

信令网实际上是一个载送各种信息的数据传送系统，是一个专用的数据通信网。No.7 信令网是现代通信网的三大支撑网(数字同步网、No.7 信令网、电信管理网)之一，是通信网向综合化、智能化发展的基础。

(1) No.7 信令网组成

当电话网采用共路信令方式后，信令和语音分开传送，除原有电话网外，还要有一个独立的数据通信网，即信令网。信令网除传送呼叫控制等电话信令以外，还要传送网络管理与维护等信息。

信令网由信令点(SP)、信令转接点(STP)和连接它们的信令链路组成，是专门用于传送信令消息的数字网。

信令点(SP)：在信令网内能提供共路信令消息的节点。

信令转接点(STP)：把一条信令链路收到的消息，转发到另一条信令链路。

信令链路：是连接各个信令点以传送信令消息的物理链路，可以是数字通路或高质量的模拟通路，可以是有线的或无线的传输媒介。

信令网结构分为无级信令网和分级信令网。

(2) No.7 信令网的功能

① 电话网的局间信令完成本地网、长途网和国际网的自动、半自动电话接续。

② 电路交换的数据网局间信令完成本地网、长途网和国际网各种数据的接续。

③ ISDN 网的局间信令完成本地网、长途网和国际网各种电话和非语音业务的接续。

④ 智能网的信令网可以传递与电路无关的各种数据信息，完成业务交换点(SSP)和业务控制点(SCP)间的对话，开放各种增值业务。

3.5 综合业务数字网

社会的发展对通信服务不断提出新的需求。但是，网络类型多、接口种类多、设备多、规范多等问题给电信运营商和用户带来了诸多不便。利用原有网络开发新业务的方案可解决上述问题，但往往受限于旧网络体制；开发新的网络可有所突破，新的电信业务网则应运而生，如传真网、用户电报网、各种速率的电路交换数据网、分组数据网以及各类专用网等。若建立一个提供多种综合业务的网络，则可有效地解决问题。综合业务数字网(ISDN)的设计目标是逐步替代公众交换电话网(PSTN)，在提供电话服务的同时提供数据等综合的公众网络服务。

3.5.1 窄带综合业务数字网

信息社会的发展使得各种非语音新业务的需求急剧增长，要求电信网直接提供端到端的数字连接；另一方面，各专用网的互连则需要有效的通信手段，来建立多点之间的远程连接。窄带综合业务数字网(N-ISDN)是由电话综合数字网(IDN)演变而成的通信网，能够提供端到端的数字连接，能够支持包括语音与非语音在内的多种用途的电信业务，为用户接入网内提供一组有限的、标准化的、多用途的用户网络接口。

1. N-ISDN 的组成

ISDN 的主要组成部分是用户-网络接口、原有的电话用户环路和交换终端(ET)。

ISDN 的组成与功能如图 3-20 所示。

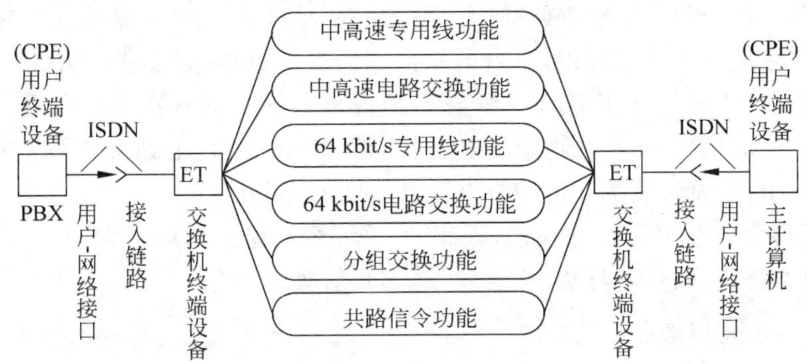

图 3-20 ISDN 的组成与功能

ISDN 包含 7 个主要的功能：本地连接功能、64 kbit/s 电路交换功能、64 kbit/s 专线功能、中高速电路交换功能、中高速专线功能、分组交换功能、公共信道信令功能。

ISDN 是以程控交换机为基础发展起来的，ISDN 中的综合是指对各种不同业务的综合。例如，数字电话、用户电报、智能用户电报、可视图文、用户传真、电视电话、电子邮件及电视会议等业务，均可以数字信号的形式通过 ISDN 传送。另外，ISDN 把数字化延伸到用户环路，提供端到端的数字连接。

普通程控交换机若增加以下功能：提供数字接口、扩展信令处理功能、提供不同类型的连接、具有分组处理功能、扩展呼叫处理功能，则可形成以程控交换机为核心的 N-ISDN。

ISDN 协议包括基于 OSI 模型的用户-网络接口通信协议和网络内部通信协议。

2. N-ISDN 的接口

N-ISDN 的接口标准有两种。

(1) 基本速率接口 2B+D

基本速率接口是在一对电话线上同时提供两个 64 kbit/s 的 B 通道和一个 16 kbit/s 的 D 通道。B 通道是用户信道，一个 B 信道可包含同一目的地的多个低速用户信息，提供数字电话、数据传送、传真、电视电话会议等附加业务。D信道的用途一是传送公共信道信令,以控制同一接口的B信道上的呼叫;二是传送分组数据或低速的遥控遥测数据。

(2) 基群速率接口

基群速率接口为1.544 Mbit/s(23 B+D)和2.048 Mbit/s(30 B+D)接口,主要用于连接用户交换机(PBX)与局域网(LAN)的办公室用户。

N-ISDN的网络接口速率限制在2 Mbit/s或1.544 Mbit/s之内。

3. ISDN业务

ISDN业务是指管理或运营部门为了满足特殊的通信要求而向用户提供的服务,包括基本业务和补充业务两部分。

ISDN的基本业务由承载业务和用户终端业务两大类业务组成。承载业务在ISDN用户-网络接口处提供,用户终端业务则在终端设备的人-机界面上提供,是面向用户的业务。

补充业务是在ISDN基本业务基础上附加的一种业务。它不能单独存在,总是和承载业务或用户终端业务一起提供,其目的是向用户提供更多、更方便的服务。

ISDN目前已广泛用于语音和非语音通信业务。其中的热点之一便是“一线通”业务。申请该业务的用户只需一条普通电话线,即可同时进行电话和数据(含传真、上网等)业务,互不干扰,总带宽为128 kbit/s(2 B=2×64 kbit/s)。

ISDN还可为信息提供商、产品制造商、宾馆等企业建立功能强大的语音呼叫中心系统,开展智能语音应答、自动订货、广告发布、客户管理等业务。

4. N-ISDN的局限性

N-ISDN只能为用户提供144 kbit/s(2 B+D)的带宽,且对分组处理能力不够,难以综合各种业务。它不能提供更新业务的原因是信息的传送速率受到限制。受当时技术条件的限制,N-ISDN在用户入网接口处的速率不能高于PCM一次群的速率,该速率不能用来传送电视信号,也不能提供相应的视频业务。

N-ISDN是在数字电话网的基础上演变而成的,因此,其主要业务仍是64 kbit/s电路交换业务,该业务对技术发展的适应性很差。N-ISDN虽然也综合了分组交换业务,但是这种综合仅在用户接入接口上实现,在网络内部仍由分开的电路交换和分组交换实体来提供不同的业务,因而是不完全的综合。

3.5.2 宽带综合业务数字网

为了克服N-ISDN的局限性,通信领域在寻求一种更新的网络,ITU-T将该网络命名为宽带综合业务数字网(B-ISDN)。B-ISDN网络的目标为:能提供高于PCM一次群速率(64 kbit/s)的传输信道,能适应全部现有的和将来可能的业务,从速率最低的遥控、遥测到高清晰度电视HDTV(100~150 Mbit/s),都以同样的方式在网络中传送和交换,共享网络资源;该网络灵活、高效、经济,能适应新技术和新业务的需要,使其资源得到充分有效的利用。

B-ISDN 与 N-ISDN 在提供综合业务服务的基本思想上是一致的。不同点为：N-ISDN支持速率低于 2 Mbit/s 的业务，传递方式和传输媒介以准同步数字系列(PDH)和双绞线为基础；而 B-ISDN 支持速率高于 1.5 Mbit/s 的业务，传送方式以异步传送模式(ATM)、同步数字系列(SDH)通过光缆媒介传输为基础。

ITU 在 B-ISDN 的标准化上曾做了大量工作，但由于 ATM 技术实现复杂，实现成本高，B-ISDN 至今并未被广泛使用。

3.6 智能网

信息社会的发展使得电信市场的竞争日益激烈，网络运营者需要更快地推出新业务，并减少新业务对交换机生产厂家的依赖，更加经济有效地利用对网络的投资。智能网是能快速、方便、经济、有效地提供多种信息业务服务的通信网络。

3.6.1 智能网概述

采用智能网方式提供电信新业务，交换机仅完成基本接续，全部业务提供由智能网完成，交换与控制相分离，可实现快速、经济地引入新业务，缩短了开发新业务的时间，降低了新业务的投入成本，提高了可维护性和可靠性。

1. 智能网的基本概念

随着经济的发展，通信业务日益多样化。人们要求电话网、数据网和 ISDN 网不仅能传送电话、数据、传真及图像等，还要求电信网能够提供新的通信业务。例如，交换设备采用数字程控交换机以后，具备了一定的“智能”，可为用户提供“三方通话”、“呼叫转移”、“遇忙回叫”等新功能。

在电话网上提供新功能曾采用过增加或变更交换机软件的方式，但有些业务用该方式提供比较困难，特别是那些需要集中的数据库和业务控制的业务。欲实现这类业务，若没有集中的数据库和业务控制，则每增加一种新业务，网中全部交换机就需要增加一部分软件，有时还要增加一部分硬件设备。

由于我国交换机的数量庞大，型号各异，使得开办一种新业务的工作量极大，而且异种交换机间新业务互通经常会出现各种问题。因此，传统的办法成本过高，可靠性差，费时长。为适应日益增多的新业务发展的需要，产生了智能网。

智能网仅仅是一种“业务网”(并无一般的“智能”含义)，它在原有的通信网的基础上，为快速提供新的业务而设置一些网络功能部件；原有的交换机只完成基本的接续功能；将网络的业务呼叫交换功能与业务控制功能从信息传输与交换网中分离出来，实行集中业务控制。智能网的目的是提高通信网开发业务的能力。

智能网从根本上改变了电信网提供业务的方式。智能网在 No.7 信令网和大型集中式数据库支持下，能方便、灵活地引入新业务，并能安全加载到原有通信网络上运行，达到了集中、快速提供业务的目标。

2. 智能网的特点

智能网本质上就是通过网络的各功能部件，把交换功能和业务提供功能分开，以实现集中的业务控制的一种新型业务网络。

智能网具有以下特点。

① 业务交换与业务控制相分离。交换系统只负责交换和业务接入功能，改变了由交换系统提供附加增值业务的传统方式，不再为新业务的引入做任何改动，从而实现了业务由智能网集中提供。

② 业务生成独立于业务运行环境。开放的业务平台为业务的快速提供奠定了基础，使得业务的提供不依赖于智能网系统供应商。

③ 网络功能模块化。智能网采用模块化的设计思想，对业务的提供采用与业务无关的构件来实现。

④ 接口独立于业务。该特性使功能部件之间实现标准通信，这是实现不同厂家设备互连的基础。

⑤ 与现有网络兼容。可以有效地利用现有网络资源，完成智能网功能。

⑥ 多方参与业务生成。业务提供者、电信部门及用户都可以参与修改和制定新业务。

⑦ 业务直接提供给用户。用户持有信用卡、呼叫卡、个人身份号码和用户号码，即可在网络的任一部电话机上通话，不受时间、地点和终端的限制。

3. 智能网的结构

智能网的基本组成包括：业务交换点(SSP)、业务控制点(SCP)、信令转接点(STP)、智能外设(IP)、业务扩展系统(SMS)、业务生成环境(SCE)等。

智能网的总体结构如图3-21所示。

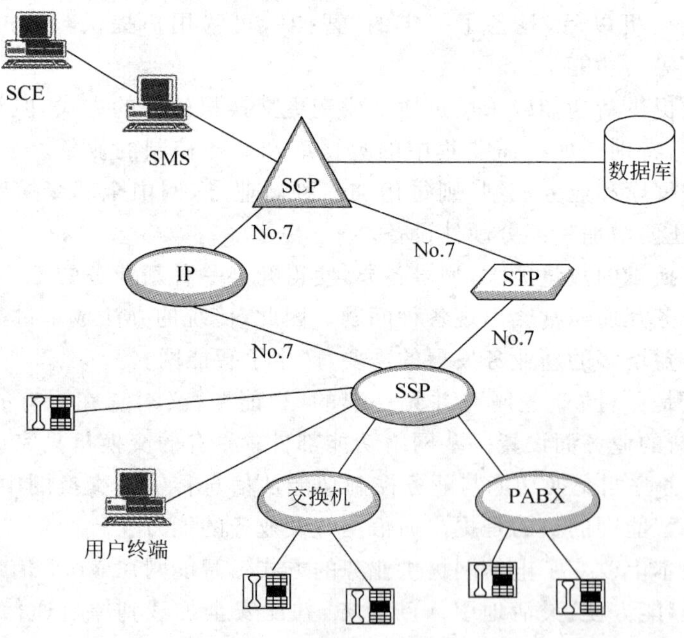

图3-21 智能网的总体结构

4. 智能网的发展

近年来，以 PSTN 为代表的传统电路交换网与 IP 网的融合已成为世界潮流；而智能网技术与分布计算技术的结合，以及智能网与互联网的互连，也成为网络融合的关键之一。我国智能网的建设分阶段进行，逐步实现网络业务交换点(SSP)的升级。近年来，在移动通信网中，智能网业务得到了很大的发展。随着 IP 网络、宽带网络，以及移动通信应用的进一步拓宽，智能网业务将面临一个更为广泛的发展空间。

3.6.2 智能网业务

为便于智能网提供、生成和管理业务，国际电信联盟(ITU-T)颁布并定义了不同阶段的智能网能力集。

(1) 智能网能力集 1(IN CS-1)

IN CS-1 业务范围主要是在公用电话交换网(PSTN)、窄带综合数字业务网(N-ISDN)和移动网上提供各种增值智能业务，主要是在一个网内提供智能业务。

在 IN CS-1 中，定义了包括呼叫前转、会议呼叫、大众呼叫、联网应急业务、通用个人通信、虚拟专用网、来电转移和限制来话的被叫付费业务等 25 种业务。

(2) 智能网能力集 2(IN CS-2)

IN CS-2 标准业务有电信业务、业务管理和业务生成 3 类。在电信业务中，除了 CS-1 阶段的业务外，主要类型有网间业务、个人移动业务和呼叫方处理业务；增加了智能网的网间互连及网间业务功能、呼叫无关的辅助控制功能、呼叫过程中的呼叫方控制功能和增强的独立智能外设等。IN CS-2 定义了 16 种基本业务。

(3) 智能网能力集 3(IN CS-3)

IN CS-3 目标业务除支持 CS-2 业务外，还支持 3 类业务：移动业务、宽带综合业务数字网(B-ISDN)业务和多网络支撑的智能网业务。

(4) 智能网能力集 4(IN CS-4)

IN CS-4 主要内容包括智能网与 B-ISDN 综合(提供各种宽带多媒体业务)、智能网支持移动的二期目标等。

IN CS-4 的主要特点是呼叫控制与承载控制分离，提供真正的多点间连接的宽带多媒体业务，与业务有关的控制功能和与业务无关的控制功能分离，业务控制功能与网络资源管理功能分离。

【例 3-1】 用智能网实现电话呼叫卡业务。

电话呼叫卡智能网业务连接如图 3-22 所示。

在“电话呼叫卡”业务(又称 300 号业务)中，利用电话卡可在任一部电话机上打电话(特别是打长途电话和国际电话)。购买 300 电话卡的每个用户拥有一个唯一的账号，打电话时只要拨接入码“300”，再根据录音通知引导输入自己的账号及密码，经过集中数据库确认后即可拨打国内、国际长途电话，并将费用记在用户自己的账号上。

用智能网实现电话呼叫卡业务的连接过程如下：

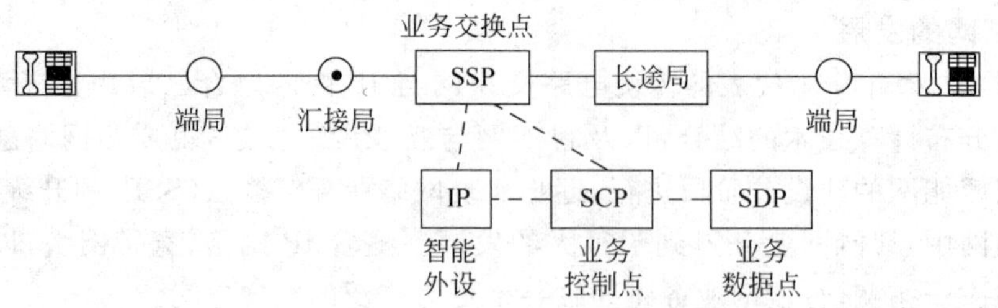

图 3-22 智能网实现电话呼叫卡业务的连接

① 用户拨电话呼叫卡的接入码“300 K N1 N2”(300 K N1 N2 是我国电话呼叫卡的接入码),电话网将自动把呼叫接到智能网业务交换点 SSP。

② 业务交换点(SSP)收到电话呼叫卡的呼叫,将通知业务控制点 SCP,并请求 SCP 的指令。

③ 智能外设(IP)收到账号和密码后送给 SCP 进行核对,若核对正确,将给用户再发录音通知,请用户拨打被叫号码。

④ 业务控制点(SCP)把所收被叫号码通知业务交换点(SSP),SSP 按此号码进行接续。

本章小结

电信业务网包括电话网、数据网、智能网、移动网、IP 网等,可分别提供不同的业务。其中交换设备是构成业务网的核心要素,其基本功能是完成接入交换节点链路的汇集、转接接续和分配,实现一个呼叫终端(用户)与它所要求的另一个或多个用户终端之间的路由选择的连接。

电信交换系统具有的基本功能为接口功能、连接功能、信令功能和控制功能。交换节点指通信网中的各类交换机,主要包括交换网络、通信接口、控制单元和信令单元。

交换节点中所传送的信号,与节点交换技术密切相关。目前使用较多的数字信号有同步时分复用信号和统计时分复用信号。

交换技术通常分为窄带交换和宽带交换。窄带交换指传输速率低于 2 Mbit/s 的交换,宽带交换指传输速率高于 2 Mbit/s 的交换。常用的交换技术包括电路交换、分组交换、帧中继、ATM 交换及 IP 交换等。

电话通信网的核心是电话交换局,电话网通常由用户终端(电话机)、通信信道、交换机、路由器及附属设备等构成。

在电话通信网中,由本地接入网、多级汇接网组成的网络结构称为等级制网络结构。等级结构的电话网一般是复合型网,电话网采用该结构可将各区域的话务流量逐级汇集,达到保证通信质量和充分利用电路的目的。

电话交换采用适用于实时、恒定速率业务的电路交换方式。数字程控交换机是最常用的电路交换系统,其硬件结构可分为话路系统和控制系统两部分,软件包括数据和程序。电路交换过程可分为 3 个阶段：呼叫建立、信息传送、连接释放。

信令是指通信系统中的控制指令。信令可以指导终端设备、交换系统及传输系统协同运行,在指定的终端之间建立临时的通信信道,并维护网络本身正常运行。No.7信令系统是国际标准化的公共信道信令系统,是目前通信网中使用的主流信令。信令网是一个专用的数据通信网。No.7信令网是现代通信网的三大支撑网(数字同步网、No.7信令网、电信管理网)之一,是通信网向综合化、智能化发展的基础。

综合业务数字网(N-ISDN)是由电话综合数字网(IDN)演变而成的通信网,能够提供端到端的数字连接,能够支持包括语音与非语音在内的多种用途的电信业务,为用户接入网内提供一组有限的、标准化的、多用途的用户网络接口。

智能网是在原有网络基础上,为快速、方便、灵活、经济地生成和实现各种电信新业务而建立的附加网络结构。智能网本质上是通过网络的各功能部件,把交换功能和业务提供功能分开,以实现集中的业务控制的一种新型业务网络。

习 题

3.1 简述电信业务网的基本分类情况。

3.2 试述电话通信的一般过程及电话通信网的构成。

3.3 试述电话通信网的等级制结构。

3.4 简述电信网中话务量的概念。

3.5 试述交换的基本功能及交换节点的基本组成。

3.6 分析电路交换和分组交换的基本过程。

3.7 试比较虚电路方式和数据报方式的优缺点。

3.8 数字交换功能包含哪几层含义?

3.9 试比较面向连接和面向无连接方式的特点。

3.10 简述帧中继的基本概念。

3.11 简述ATM交换的基本概念。

3.12 试分析程控电话交换的接续过程。

3.13 分别简述T型接线器和S型接线器的工作原理。

3.14 试分析程控数字交换机的系统组成。

3.15 简述信令系统中的信令基本类型。

3.16 简述No.7信令系统的结构及其主要应用。

3.17 N-ISDN的用户-网络接口结构有哪些?其对应速率为多少?应用对象有何不同?

3.18 什么是智能网?它有哪些特点?

3.19 电话网采用的是________交换方式。

A. 电路 B. 报文 C. 分组 D. 信元

3.20 在数字交换网中,任一输入线和任一输出线之间的交换是________。

A. 时分交换 B. 空分交换 C. 频分交换 D. 波分交换

3.21 在话路设备中,________完成话务量集中的任务。

A. 用户电路 B. 用户集线器 C. 数字用户电路 D. 信号设备

3.22 智能网的基本思想是__________。

A. 实现标准通信　　B. 网络功能模块化

C. 业务控制和交换分离　　D. 有效利用现有网络资源

3.23 用ATM构成的网络,采用__________的形式。

A. 电传输,电交换　　B. 光传输,电交换

C. 电传输,光交换　　D. 光传输,光交换

3.24 本地电话网的端局与长途出口局之间,一般以__________网结构连接。而不同地区的长途局之间,以__________网结构连接。

3.25 ATM传递方式以__________为单位,采用__________复用方式。

3.26 ATM交换结构应具有__________、__________和排队3项基本功能。

3.27 试归纳电话交换系统中的各类基础技术及其作用。

CHAPTER 4

第4章 数据通信

数据通信是通信技术和计算机技术相互渗透和结合的一种通信形式，作为一种新的通信业务而迅速发展，数据通信网已成为发展最迅速、应用最广泛的通信领域之一。数据通信业务涉及的范围包括数据传输与交换、信息处理系统、计算机通信、基础数据通信业务、视频传输业务、多媒体通信业务等。

本章学习目标

- 理解数据通信网的基本概念。
- 理解数据通信网络体系结构。
- 理解网络通信协议与服务以及信息安全的基本概念。
- 了解基础数据网的技术特点及业务。
- 理解 IP 网络基本原理。
- 了解互联网的结构与接入方式。
- 了解 IP 电话的技术特点。

4.1 数据通信概述

数据通信是用通信线路(包括通信设备)将远地的数据终端设备与主计算机连接起来进行信息处理，以实现硬件、软件和信息资源共享。数据通信是以传输和交换数据为业务的一种通信方式，是为了实现计算机与计算机或终端与计算机之间信息交互而产生的一种通信技术，是计算机与通信相结合的产物。

4.1.1 数据通信的概念

按现代通信的概念，凡是在终端以编码方式表示的信息，且以在信道上传送该数据为主的通信系统或网络，都称为数据通信。

数据通信通常是指计算机之间或计算机与终端之间在通信信道上进行信息传输和交换的通信方式。数据通信侧重研究数据信息的可靠及有效传输，其主要任务是数据信息的传送。

计算机通信则常指计算机之间或计算机与终端之间为共享硬件、软件和数据资源而协同工作，以实现数据信息传送的通信方式。计算机通信除了完成数据传送外，还要在数据传输的每一阶段分析所传数据信息的含义并作出相应处理，其主要任务是实现信息交换，以达到资源共享、分布处理、高速数据传送、通信与信息处理等目标。

随着技术的进步，数据通信与计算机通信的功能相互渗透而难以严格区分；计算机通信和数据通信、数据通信和网络通信、计算机通信网和数据通信网的术语也经常相互混用。

1. 基本概念

在数据通信中涉及关于数据、数据信号、数据通信和协议的基本概念。

数据：是指能够由计算机或数字终端设备进行处理，并以某种方式编制成二进制码的数字、字母和符号的集合。

数据信号：是携带数据信息(以编码方式表示)、具有两个状态(高、低电平或正、负电平)的电脉冲序列。

数据通信：指通信双方(或多方)按照一定协议(或规程)，以数字信号(也可是模拟信号)为载体，完成数据传输的过程或方式。

协议(规程)：是指为了能有效可靠地进行通信而制定的通信双方必须共同遵守的一组规则，包括相互交换信息的格式、含义，以及过程间的连接和信息交换的节拍等。

2. 数据通信的特点

数据通信具有以下主要特点。

① 数据通信是“人-机”或“机-机”之间的通信，通信过程不需人的直接参与，为了保证通信的顺利进行，必须采用严格统一的传输控制规程(通信协议)。

② 数据通信的传输速率极高，可以同时处理大量数据。

③ 数据通信要求误码率不大于 $10^{-7}\sim10^{-9}$，而语音及视频业务仅要求误码率不大于 10^{-4}，即数据通信可靠性要求高，因此必须采用严格的差错控制技术。

④ 数据呼叫(一次完整的通信过程)具有突发度高和持续时间短的特点。其中突发度是指数据通信的峰值速率与平均速率之比。

⑤ 数据通信业务的实时性要求比音视频业务低，可采用存储-转发方式传输信号。

3. 数据传输方式

(1) 异步传输与同步传输

异步传输方式：一般以字符为单位传输，在发送每一个字符代码时，都在前面加上一个起始位，长度为一个码元长度，若极性为“0”，表示一个字符的开始；后面加上一个终止位，若极性为“1”，表示一个字符的结束。

同步传输方式：又称独立同步方式。同步传输以固定的时钟节拍来发送数据信号，因此在一个串行数据流中，各信号码元之间的相对位置是固定的(即同步)。该方式收发双方要保证比特同步。字符同步通过同步字符(SYN)来实现。

(2) 并行传输与串行传输

并行传输：数据(一定信息的数字信号序列)按其码元数可分成 n 路(通常 n 为一个字长，如8路、16路、32路等)，同时在 n 路并行信道中传输，信源可将 n 位数据一次传送到信宿。并行通信的特点是需多条信道、通信线路复杂、成本较高，但传输速率快且不需要外加同步措施，就可实现通信双方的码组或字符同步，其多用于短距离通信(例如计算机与打印机之间的通信)。

串行传输:数字流以串行方式在一条信道上传输,即数字信号序列按信号变化的时间顺序,逐位从信源经过信道传输到信宿。

(3) 单工传输、半双工传输与全双工传输

若通信仅在两个设备之间进行,按信息流向与时间关系的不同,传输方式则可分为单工传输、半双工传输与全双工传输。

单工传输:指信息只能向一个方向传输的方式。一条链路的两个站点中,只有一个可进行发送,另一个只能接收。例如,广播、电视即为单工传输模式。

半双工传输:两个站点都可发送和接收数据,但同一时刻仅限于一个方向传输。

全双工传输:能同时进行双向通信,双方可同时发送和接收数据。两个方向的信号使用两条独立的物理链路或者共享一条链路进行传输,每个方向的信号平分信道的带宽。

4.1.2 数据通信系统

数据通信系统由终端、数据电路和计算机系统三种类型的设备组成。

1. 数据通信系统的组成

在数据通信系统中,远端的数据终端设备(DTE)通过由数据电路终接设备(DCE)和传输信道组成的数据电路,与计算机系统实现连接,如图 4-1 所示。

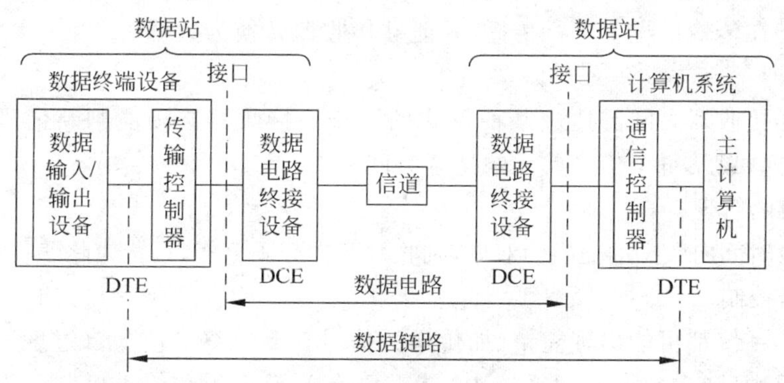

图 4-1 数据通信系统的构成

(1) 数据终端设备(DTE)

DTE 是数据通信网中用于处理用户数据的设备,从简单的数据终端、I/O 设备到复杂的中心计算机均称为 DTE。

(2) 数据电路终接设备(DCE)

DCE 属于网络终接设备,调制解调器(Modem)、线路接续控制设备及与线路连接的其他数据传输设备称为 DCE。

若数据通信网由电话交换网构成,此时传输信道(电话用户线)是模拟信道,数据传输采用语音频带数据传输方式,DCE 主要起(频带)调制解调器的作用,即把 DTE 所传

送的数字信号变换为模拟信号再送往信道,或把信道所传送的模拟信号变换为数字信号再送往 DTE。此外,调制解调器还有同步、双工方式、自动拨号/自动应答等功能。

若信道是数字信道,DCE 由数据服务单元(DSU)和信道服务单元(CSU)组成。DSU 的功能是把面向 DTE 的数字信道上的数据信号变化为双极性的数字信号、包封的形成/还原、定时信号的传输与提取;CSU 完成信道的均衡、信号整形、环路检测等。

(3) 传输信道

传输信道有不同的分类方法,可分为模拟信道和数字信道、专用线路和交换网线路、有线信道和无线信道,并可分为频分信道、时分信道、码分信道等。

(4) 数据链路

数据电路终接设备(DCE)与信道一起构成数据电路。数据电路加上传输控制规程以及两端的执行规程的传输控制器和通信控制器构成数据链路。链路是一条无源的点到点的物理线路段,中间没有任何的交换节点。在传输质量上,数据链路优于数据电路。

2. 数据通信系统的功能

(1) 传输系统的充分利用

传输设施通常会被多个正在通信的设备所共享。信道复用技术可在若干用户间分配传输系统的总传输能力。为保证系统不会因过量的传输服务请求而超载,需引入拥塞控制技术。

(2) 接口

建立设备与传输系统之间的接口并产生信号是进行通信的必要条件,其信号格式及信号强度应能在传输系统上进行传播,并能被接收器转换为数据。

(3) 同步

发送器和接收器之间需达成某种形式的同步。接收器必须能判断信号的开始到达时间、结束时间,以及每个信号单元的持续时间。

(4) 交换的管理

若在一段时间内数据的交换为双向,则收发双方必须合作,系统为此需收集其他信息。

(5) 差错控制

任何通信系统都可能出现差错(如传送的信号在到达终点前失真过度),在不允许出现差错的环节中(如在数据处理系统中)就需要有差错检测和纠正机制。为了保证目的站设备不致超载,还需进行流量控制以防源站设备将数据发送得过快。

(6) 寻址和路由选择

寻址是指传输系统必须保证只有目的站系统才能收到数据。路由选择是指在多路径网络的传输系统中选择某条特定的路径。

(7) 恢复

当信息正在交换时,若因系统某处故障而导致传输中断,则需使用恢复技术,其任务是从中断处开始继续工作,或恢复到数据交换前的状态。

(8) 报文的格式化

在数据交换或传输的格式上,收发双方须达成一致的协议(如使用相同的编码格式)。

(9) 安全措施

数据通信系统中必须采取若干安全措施,以保证数据准确无误地从发送方传送到接收方。

(10) 网络管理

数据通信系统需要各种网络管理功能来设置系统、监视系统状态,在发生故障和过载时进行处理。

3. 数据通信系统的性能评价

(1) 带宽

带宽有信道带宽和信号带宽之分,一个信道(广义信道)能够传送电磁波的有效频率范围称为该信道的带宽;对信号而言,信号所占据的频率范围就是信号的带宽。

(2) 信号传播速度

信号传播速度是指信号在信道上每秒传送的距离(单位为 m/s)。通信信号通常是以电磁波的形式出现,因此信号传播速度一般为常量,约为 300 000 km/s,其略低于光在真空中的速度。

(3) 数据传输速率(比特率)

数据传输速率即信息传输速率,指每秒能够传输多少位数据,单位为 bit/s。

(4) 最大传输速率

每个信道传输数据的速率有一上限,该速率上限称为信道的最大传输速率,即信道容量。

(5) 码元传输速率(波特率)

波特率(Baud)为单位时间内传输的码元个数。

(6) 吞吐量

吞吐量是信道在单位时间内成功传输的信息量,单位一般为 bit/s。

(7) 利用率

利用率是吞吐量和最大数据传输速率之比。

(8) 延迟

延迟指从发送者发送第一位数据开始,到接收者成功地收到最后一位数据为止所经历的时间,可分为传输延迟和传播延迟。传输延迟与数据传输速率、发送机/接收机及中继和交换设备的处理速度有关,传播延迟与传播距离有关。

(9) 抖动

延迟的实时变化称为抖动。抖动往往与设备处理能力和信道拥挤程度等有关,某些应用对延迟敏感,如电话;某些应用则对抖动敏感,如实时图像传输。

(10) 差错率

差错率是衡量通信信道可靠性的重要指标,在数据通信中常用的是比特差错率、码元差错率和分组差错率。

比特差错率是二进制比特位在传输过程中被误传的概率。在样本足够多的情况下,错传的位数与传输总位数之比近似地等于比特差错率的理论值。

码元差错率对应于波特率,指码元被误传的概率。

分组差错率是指数据分组被误传的概率。

【例 4-1】 数据通信系统的信道特性描述。

某数据通信系统的信道特性为:带宽 3000 kHz,最大传输速率为 30 kbit/s,实际使用的数据传输速率为 28.8 kbit/s,传输信号的波特率为 2400 bit/s,其吞吐量为 14 kbit/s。该信道的利用率约为 50%,延迟约为 100 ms;由于环境稳定,故抖动很小,可忽略不计。

4.1.3 数据通信网

数据通信网一般指计算机通信网中的通信子网,即由电信部门组建的公共数据通信网。

1. 数据通信网的组成

数据通信网是数据通信系统的扩充,即为若干个数据通信系统的归并和互连。其基本组成部件和数据通信系统相同,所增加的主要设备为数据交换机(一般为分组交换机)。数据通信网按传输技术分类,有交换网和广播网两种形式。

(1) 交换网

数据交换设备是数据交换网的核心,其基本功能是完成对接入交换节点的数据传输链路的汇集、转接接续和分配。交换网由交换节点和通信链路构成,用户之间的通信要经过交换设备。根据交换方式的不同,交换网又可分为电路交换网、分组交换网、帧中继网、ATM 网,以及采用数字交叉连接设备(DXC)作为数据传输链路转接设备的数字数据网(DDN)。

(2) 广播网

每个数据站的收发信机共享同一传输媒介。通过不同的媒介访问控制方式,产生了各种类型的广播式网络。在广播网中,没有中间交换节点,其采用多路访问技术来共享传输媒介。从任一数据站发出的信号可被所有其他数据站接收。局域网中绝大多数属于广播网。

2. 数据通信网与计算机通信网

数据通信是计算机通信的基础,数据通信网可视为计算机通信网的一个组成部分。

计算机通信网由通信子网和本地网(用户资源子网)以及通信协议组成。在大多数场合中,数据通信网是指计算机通信网中的通信子网。

(1) 通信子网

通信子网是由电信部门组建的公共数据通信网,由若干专用的通信处理机和连接这些节点的通信链路所组成,承担全网的数据传输、转接、加工和变换等通信信息处理功能。通信子网具备传输和交换功能,其在原有通信网传输链路上加装了专用于数据交换(或连接)的节点交换机,从而构成了专门处理数据信息的数据通信网,并随着通信业务及网络的不断变化而变更,进一步发展成为能够处理各种通信业务的综合通信网。

(2) 本地网

本地网(用户资源子网)是由若干计算机和终端设备、数据通信专用设备(如集线器、复用器、通信控制器、前置处理机等),以及设备与各类通信网的专用接口、各种软件资源和数据库等构成,负责全网数据处理业务,并向网上用户提供各种网络资源和网络服务。本地网的数据通信业务一般经由主机送往各节点交换机。除上述情况外,通信运营部门也可根据租用电路的要求,把若干个用户终端之间的电路在交换局的配线架上进行固定连接,组成一个固定通路的专用数据通信网(即数字数据网 DDN)。

4.1.4 计算机通信网

1. 计算机通信网的特点

① 数据快速传送。通过该功能实现了计算机与计算机、计算机与数据终端之间的信息传送,从而实现对地理位置分散的计算机进行集中管理和控制。

② 资源的共享。通过网络互连,使得网内的硬件、软件及数据得以共用。计算机通信网的引入大大提高了整个计算机系统的数据处理能力,有效降低了信息的平均处理费用。

③ 可靠性高。网中的计算机可互为备用,当某台计算机出现故障时,可将其任务交由其他(备用)计算机去完成,而不会使整个系统瘫痪;又如某数据库的处理机发生故障而使数据受到破坏时,计算机通信网可从另一台计算机的备份数据库中调入数据进行处理,并及时恢复遭破坏的数据库,从而提高系统的可靠性。

④ 均衡负载。若网中某台计算机负担过重时,可将部分任务转交给系统中较空闲的计算机去完成。通过对网中计算机的均衡负载与相互协作,来提高每台计算机的可用性。

⑤ 分布式处理方式。对于较大型的综合性处理任务,当单台计算机不能完成时,可将问题进行分解,并按一定的算法交由不同的计算机协作完成,达到均衡使用网络资源和分布处理的目的。利用网络技术,可将多台计算机连接成具有高性能的计算机通信网,使用该网去解决大型设计及较为复杂的问题,其费用远低于采用高性能的计算机系统机器及设备。

⑥ 机动灵活的工作环境。在计算机通信网中,用户不再局限于固定工作场所办公,可以通过网络实现流动工作环境(如家庭办公)。

⑦ 方便用户,易于扩充。随着各种网络软件的日益丰富和完善,用户可通过终端设备获取各种有用的信息和良好的网络服务,可把整个网络看做是自己的系统。当需要扩充网络规模时,只需将新设备挂于原网络上即可实现。

⑧ 性能价格比高。网络设计者可以全面规划,根据系统总要求和各站点实际情况,确定各工作站点的具体配置,达到用最少投资获得最佳效果的目的。

2. 计算机通信网的基本类型

计算机通信网由于构成的方式、信息处理的形式、连接的手段等的不同而存在一定的差异,因此可从不同的角度进行分类。

若按传输距离来分类,计算机通信网可分为局域网、城域网和广域网。

(1) 局域网

局域网是在有限距离内联网的通信网。其支持所有通信设备的互连,以同轴电缆或双绞线构成通信信道,并能提供宽频带通信及信息资源的共享能力。局域网的传输距离一般在数千米以内,速率在10 Mbit/s以上,数据传输采用共享媒介的访问方式,采用IEEE 802协议标准。局域网可分为3类:局部区域网、高速局部网和计算机化分支交换网。

① 局部区域网(LAN):是一种通用局域网,主要支持工作站、微型机和用户终端等设备。其使用分组交换技术,既可传送数据,也可传输语音和视频图像信号,特别适合于自动化办公室。LAN普遍采用同轴线组成总线型或树型拓扑结构,或由同轴线、双绞线和光纤组成环型拓扑结构。

② 高速局部网(HSLN):用于主机与大容量存储设备之间的连接与通信,具有很高的数据传输速率(可达50 Mbit/s)和高速物理接口,可为文件的传输、大批量数据的传送和后援装入提供I/O通道。HSLN采用分布式访问控制方式以及分组交换技术,从而提高了通信的可靠性和有效性。

③ 计算机化分支交换网(CBX):是数字交换、电话交换与计算机技术相结合的综合技术,专门用于处理语音数据的数字化和终端-终端、终端-主机的数据传送。CBX通常采用星型拓扑结构,利用双绞线将节点与交换网相连接,也可利用光纤等高速传输媒介将转接单元连接到中央交换单元上。CBX使用电路交换技术,虽然数据传输率低,但带宽可以保证;通信中一旦建立通路连接,传输则几乎不存在时延。

(2) 城域网

城域网(MAN)的传输距离一般在50～100 km之内,是能够覆盖整个城区和城郊范围的计算机通信网(实质上是能覆盖一个城市的规模很大的局域网)。城域网作为一个骨干网,可将位于同一城市不同地点的主机、数据库及多个局域网互连起来。城域网具有自恢复机制,以保证数据传输的安全。

城域网以光纤为传输媒介进行数据传输,可提供45～150 Mbit/s的高速率,能支持数据、语音、图像的综合业务。其拓扑结构采用与局域网类似的总线型或环型,所有联网的设备均通过专门的连接装置与传输媒介相连。

城域网的主要应用为:局域网的互连、专用小交换机(PBX)的互连、主机到主机的互连、电视图像传输,以及与广域网互连。

(3) 广域网

广域网(WAN)是在一个广泛的地理范围内所建立的计算机通信网,也称为远程网。其作用范围通常为数十到数千千米。互联网(Internet)即为广域网,基础数据网中的X.25网、帧中继网及ATM网也为广域网。

广域网作为核心网,对通信的要求较高,必须采取适当的措施来提高通信效率和通信资源利用率,以降低通信成本,保证一定的通信质量。同时,还需提高网络控制、维护及管理能力。

广域网由通信子网与资源子网两部分构成。通信子网提供面向连接或者面向无连接的服务，实际上是一个数据网（如专用网或公用网）；资源子网由连在网上的计算机、终端设备及数据库构成，包括硬件、软件和数据资源。

广域网是按照一定的网络体系结构和相应的协议实现的。开放系统互连（OSI）参考模型及相应的一系列标准协议（如 TCP/IP），对广域网的建立、实现和应用有其重要作用。

互联网是一个特定的计算机网络，其通过 IP 协议把各个具体的数据通信子网互连在一起，形成一个逻辑上的互连网络。子网之间的互连设备称为路由器，能实现 IP 分组的选路和转发，并通过各子网传送 IP 分组。在互联网的资源子网上有许多服务器，提供 Web、电子邮件、文件共享、语音聊天等服务。互联网普及的关键因素在于其简单易通的 IP 协议以及丰富而价廉的业务。

若按网络服务对象分类，计算机通信网还可分为公用网和专用网。

（1）公用网

公用网是对全社会开放并提供服务的网络，如 CHINANET 是中国电信经营管理的中国公用计算机互联网，是中国的互联网骨干网，其向国内外所有用户提供互联网接入服务。

（2）专用网

专用网是某个部门因某特殊需要而建设的网络设施，如军队、铁路、公安、银行等系统所设有的专用网络。

4.2　网络通信技术基础

4.2.1　网络体系结构

计算机通信网络是由多种计算机和各类终端设备通过通信线路连接起来的复杂系统，涉及路由选择、流量控制、差错控制、接口与通信等技术。网络体系结构是抽象的，是对构成网络各组成部分以及实现功能的一组精确定义，具体实现则需由硬件和软件来完成。

1. 网络互连

通信网络互连是由各种网络参照一定的规范标准，使用一定的连接设备而构成新的更大的网络，实现最大限度的互连。

在数据通信中，由于计算机型号不同，终端类型各异，加之线路类型（固定线路或交换线路）、连接方式（点对点或多点）、同步方式（同步或异步）、通信方式（单工、半双工、全双工）的不同，就需要实施国际标准（或国家标准），力争实现统一性，包括硬件接口、信息编码制度、报文格式、传输命令、差错控制和通信过程等的统一性。

为使不同厂商的网络产品能够互连，简化通信过程，需要一套标准化的体系结构。

2. 网络互连模型

国际标准化组织（ISO）制定了开放系统互连（OSI）参考模型，OSI 是实现各个网络之间互通的一个标准化理想模型，是网络互连的理论基础。

OSI参考模型(OSI/RM)把网络协议从逻辑上分为7个功能层,如图4-2所示。

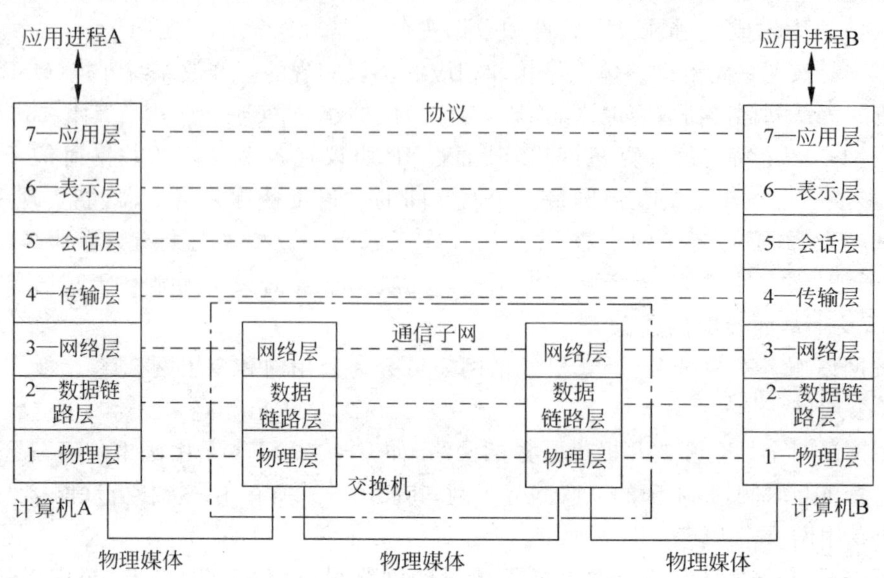

图4-2 OSI参考模型

OSI/RM自下而上分别为物理层、数据链路层、网络层、传输层、会话层、表示层和应用层。OSI规定了各层的功能及不同层如何协作完成网络通信,以达到用户要求的总目标。数据发送时在垂直层次中自上而下地逐层传递直至物理层,在物理层的两个端点进行通信,数据接收时则自下而上,过程相反。

(1) 物理层

物理层对物理线路进行数字化,以便透明地传送比特流。"透明"是指上层交给的数据流不会被过滤掉或屏蔽掉,能够原样传到对方。如在模拟电话线路上进行计算机通信,需要使用调制解调器。发方的调制解调器对数字信号进行调制后发送到模拟线路上,收方的调制解调器对模拟信号进行解调后恢复出数字信号。调制解调器属于物理层,其对计算机的接口通常为典型的物理层接口标准,即RS-232标准。

(2) 数据链路层

数据链路层在相邻节点之间无差错地传送以帧为单位的数据。帧包含控制信息和上层数据。帧中有地址、序号、校验等控制信息,可以进行差错控制、流量控制等。收方若查出帧有错误,将通知发方重发该帧。

(3) 网络层

网络层在网络"端-端"之间传送分组。网络层需要选择合适的路由,使分组通过数据链路传到网络另一端。对大型网络,路由选择和流量控制较复杂。网络层服务可分为面向连接服务和无连接服务。

面向连接服务也可称为虚电路服务,是一种可靠的、保证顺序的、无丢失的服务。无连接服务也常称为数据报服务,不保证顺序,可能有丢失,但简单易于实现。网络层提供的服务使其上层不需处理网络中的数据传输和交换问题。

(4) 传输层

传输层在网络层提供的"端-端"服务基础上,为用户提供可靠的通信服务。传输层只是存在于用户计算机中,网络交换机中没有运输层。若网络层服务质量较高(如虚电路服务),传输层协议就较简单;若网络层服务质量不高(如数据报服务),传输层协议就较复杂。

(5) 会话层

会话层管理和协调两个计算机之间的信息交互,提供建立和使用连接的方法。在会话层中,一个连接称为一个"会话"。会话层的管理和协调包括单工/双工选择、进行通信任务的分解(以便于重传)、同步(当运输层连接出现故障时,只需从同步点进行重传而不必从头开始)等。

(6) 表示层

表示层解决用户信息的语法表示问题,如用户的许可数据类型(整数、实数、字符等)和各种类型的编码方式等。各种计算机内部对各种数据类型的表示方法不同,需要由表示层加以转换。表示层还有加密和解密、数据压缩等功能。

(7) 应用层

应用层是 OSI 参考模型的最高层,为应用进程提供通信接口,直接为网络用户或应用程序提供各类网络服务。其仅保留应用层中与进程间交互有关的部分,为网络用户之间的通信提供专门的服务。应用层协议则提供完成特定网络服务功能所需的各种应用协议。

表 4-1 归纳了 OSI 参考模型各层的主要功能。

表 4-1　OSI 参考模型各层的主要功能

层　次	功　　能
应用层	为应用进程提供网络应用的接口服务,如电子邮件、文件传输等
表示层	完成数据的公共表示、加密和解密等任务
会话层	进行会话管理、会话同步和错误的恢复
传输层	为上层提供可靠透明的传输服务
网络层	进行通信子网中的路由选择、拥塞控制、计费信息管理等
数据链路层	完成流量控制和差错控制等
物理层	为比特流的传输提供机械特性、电气特性、规程特性和功能特性

以上 7 层功能又可按其特点分为低层和高层。在 OSI/RM 中,低层功能包括了 1~3 层的全部功能,其作用是保证系统之间跨过网络的可靠信息传送,所以 1~3 层又称为通信子网;高层功能指 5~7 层的功能,是在低层协议提供的端到端连接的基础上,生成用户服务和一些附加功能;第 4 层即传输层是低层与高层之间的过渡层,它屏蔽通信子网的差异,向用户提供恒定的通信界面。

OSI 参考模型(OSI/RM)最初是为计算机网络而建立的协议模型。随着计算机技术向通信领域的渗透,OSI/RM 的应用范围已经逐渐扩大,成为制定通信网协议的重要依据。应用 OSI 参考模型的实例包括分组交换数据通信网的 X.25 协议、窄带综合业务数字网的 S/T 接口协议、No.7 公共信道信令网协议、用户接入网的 V5 接口协议、电信管理网的 Q3 接口协议等。此外,同步数字体系 SDH、异步传输模式 ATM 等也采用了 OSI 参考模型。

4.2.2 网络通信协议

网络通信协议是网络间进行互通的约定和语言。不同的设备(速率、信息格式等)通过通信协议,可以进行有效的互连互通。

在通信网中,通信的双方必须遵守共同的约定,即通信的双方必须采用相同的格式,采用一致的时序发送和接收信息。通信双方这种管理信息传递和交换的规则称为通信协议。网络通信协议是设计和开发通信设备和通信系统的基础。

(1) 定义

在网络通信协议中定义了系统、实体、接口、服务的概念。

系统:是包含了一个或多个实体的在物理意义上明确存在的物体,其通常具有数据处理和通信功能,例如计算机、终端和遥感器等都称为系统。

实体:指在一个计算机系统中任何能完成某一特定功能的进程或程序。

接口:是指相邻层之间要完成的过渡条件。接口可以是硬件接口,也可以是软件接口,如数据格式的转换、地址映射等。

服务:是指某一层及其以下各层通过接口提供给上一层的一种能力。通常每一种服务可以通过某一个或某几个协议来实现。

(2) 内容

网络通信协议的主要内容包括语法、语义和定时。

语法:指在协议内容中的数据格式、编码方式和信号等级等。

语义:指数据的内容、意义,保证信息可靠传送的控制信息、差错控制。

定时:指速率匹配、排序等。

(3) 功能

网络通信协议的主要功能有数据的分段与重组、数据封装、连接控制、流量控制、差错控制、寻址等。

(4) 协议分层

网络通信协议十分繁杂、设计面很广。为了减少网络协议的复杂性,并不是为所有形式的通信都设计一个单一而巨大的协议,而是采用对协议分层的方法设计网络协议。

协议分层是按照信息的流动过程,将网络通信的整体功能分解为各个子功能层。位于不同系统上的同等功能层之间,按相同的协议进行通信;而同一系统中上下相邻的功能层之间则通过接口进行信息传递。

因此,协议的制定和实现常采用层次结构,即把整个协议分成若干层次,将复杂的协议分解为一些简单的分层协议,然后再组合成总的协议。各层之间既相互独立,又相互联系,每一层完成一定的功能,下一层为上一层提供服务。层与层之间的通信包括请求、指示、响应、证实。

网络通信协议分层的特点为：各层之间相互独立，灵活性好，结构上可以隔开，易于实现和维护。

4.2.3 网络通信服务

通信网络的协议是作用在不同系统中的同等层间。网络通信服务则是指彼此相邻的下层向上层提供通信能力或操作而屏蔽其细节的过程。其中，下层是服务提供者，上层是服务用户；上层是利用下层提供的服务原语（共有请求、指示、响应、证实四种类型）通过层间接口的信息交换来使用下层的服务。

协议和服务在概念上有很大区别。首先，协议的实现保证了该层能够向其相邻的上一层提供服务，服务用户只能看见服务提供者所提供的服务而看不见它的协议，即协议对服务用户是透明的。协议是服务存在的基础，而服务是协议实现的最终体现。其次，协议是"水平"的，而服务是"垂直"的。

在同一系统中，相邻层间的实体进行信息交换的地点通常称为服务访问点，该点实际上就是一个逻辑接口，是为实现层间接口的通信所定义的数据结构，有唯一地址加以标识。

从通信的角度看，各层所提供的服务可分为面向连接服务和无连接服务两种。

1. 面向连接服务

面向连接网络服务能提供可靠的端到端通信，即在通信前需建立连接，通信结束后必须终止连接。连接是指在同等层的两个对等实体间所设定的逻辑通路；实体泛指能够发送和接收信息的事物，包括软件实体（如进程）或硬件实体（如某一接口芯片）。

利用建立的连接而进行数据传送（或交换）的方式，称为面向连接的数据传输。

面向连接服务的过程类似于电话通信中电路交换的过程，需经历连接建立、数据传输和连接释放这三个阶段。网络层中该服务类型称为虚电路服务。其中，"虚"表示在两个服务用户的通信过程中，并未始终占用一条端到端的完整物理线路。这是因为采用分组交换时，通信的链路是按信道逐段占用的，但对服务用户似乎是一直占用了一条完整的通信电路。

显然，面向连接服务比较适应数据量大、实时性高的数据传输应用场合。若两个服务用户之间需要经常进行频繁的数据通信时，则可建立永久虚电路，类似于建立专用电话线路，以免除每次通信时的连接建立和连接释放。

面向连接服务适用于实时性要求较高（例如音频、视频等）和大数据量传输的应用。

2. 无连接服务

无连接服务可动态地选择不同的网络路径来传输数据包，动态地分配网络带宽；而不需要建立和终止连接，也不用独享网络资源。

无连接服务的过程类似于电子邮件通信，其特点是：在通信前，同等层的两个对等实体间不需要事先建立连接，通信链路资源完全在数据传输过程中动态地进行分配；而在通信过程中，双方并不需要同时处于激活（或工作）状态，如同在信件传递过程中，收件人当时并不必要位于目的地一样。

无连接服务的优点是灵活方便,信道的利用率高,特别适合于短报文的传输。由于在通信前并未建立连接,因此,传递的每个分组信息必须标明源地址和目的地址。

根据服务的质量,无连接服务可分为如下类型。

① 数据报。是一种不可靠的服务,通信过程类似于一般平信的投递,其特点是不需要由接收端做任何响应。

② 证实交付。是一种可靠的服务,其要求每一报文的传输都有一个证实应答给发信方的服务用户,不过该证实来自于收信方的服务提供者而不是服务用户,即该证实只能保证报文已经发给目的地站,但并不能保证目的地站的服务用户已收到该报文。

③ 请求应答。是一种可靠的服务,其要求收方的服务用户每收到一个报文就向发方的服务用户发送一个应答报文。

4.2.4 网络信息安全

计算机通信网在存储和传输过程中具有资源共享的特点,但其信息资源也会被盗用、破坏或篡改。网络所具有的广泛地域性和协议开放性,决定了计算机通信网络易受攻击。另外,由于计算机系统本身的不完善,使得用户设备在网上工作时容易受到来自各方面的攻击。因此,在开放的计算机通信网环境中,对信息资源的安全保护具有重要意义。

1. 网络安全机制

计算机通信网的安全性包括保密性、安全协议的设计和接收控制。

保密性是计算机通信网安全最重要的内容,协议安全性是网络安全的另一方面,接收控制(或访问控制)是对接入网的权限加以控制,即规定每个用户的接入权限。

国际标准化组织(ISO)在OSI安全体系结构中提出的安全机制,提供了实现安全服务的手段,并增设了安全服务、安全机制和安全管理的内容描述。

(1) 安全服务

安全服务可能包含在体系结构中,也可能包含在体系结构的服务和协议实现中。针对网络系统受到的威胁,OSI安全体系结构提出了6类安全服务。

① 对等实体鉴权服务。表现在两个开放同等层中的实体建立连接和数据传输阶段,为提供对连接实体身份鉴别而规定的一种服务。

② 访问控制。是为防止未授权用户非法使用资源系统而设置的安全措施之一。

③ 数据保密。是指网络中各系统之间交换数据时,为防止因数据被截获而造成信息泄密而采取的安全措施,包括连接保密、无连接保密、选择字段保密和信息流保密等手段。

④ 数据完整性。是为了防止非法实体对正常交换的数据进行修改、插入,以及在交换过程中丢失数据而采取的有效措施。

⑤ 数据源点鉴别。是对数据来源的证明,也是层向层提供的服务。通过数据源点鉴

别,是确保数据由合法实体发出而采取的有效措施。

⑥ 禁止否认。用以禁止数据发送方发出数据后又否认曾发送,或接收者收到数据后又否认曾接收。

(2) 安全机制

安全机制实现各种安全服务,可以根据具体的应用环境,将数种安全机制结合在一起,以达到安全保护的目的。ISO 建议采用下列 8 种安全机制。

① 加密机制。是一种最基本的安全机制,用来防止信息被非法获取。可以单独使用,更多的场合是与其他机制结合使用。这是一种在网络环境中对抗被动攻击而行之有效的安全机制。

② 数据签名机制。引入签名技术,能防止网上用户否认、伪造、篡改和冒充等问题的出现。签名者利用"秘密密钥"对需签名的数据作加密,验证者利用签名者的"公开密钥"对签名数据作解密运算,仲裁机构也可根据消息上数字签名来裁定该消息是否由发送方发出。

③ 访问控制机制。可按照事先约定的有效规则,确定网上主体对客体访问是否合法。该机制以访问控制数据库、口令安全标记和能力表为应用基础。

④ 数据完整性机制。包括数据单元的完整性和数据单元序列的完整性。保证方法为:发送实体在数据单元上加一个标记,该标记是数据本身的函数(或密码校验函数),其本身经过加密;接收实体产生一个对应标记,并将该标记与所收标记相比较,以确定在传输过程中是否被修改过。数据单元序列的完整性则是要求数据编号的连续性和时间标记的正确性。

⑤ 鉴权交换机制。以交换信息的方式来确认实体身份的机制,采用的手段有口令、安全协议、密码技术、应用实体的特征或所有权。

⑥ 业务流量填充机制。主要是对抗非法者在线监听数据,并对其进行流量和流向分析。基本方法是在无信息传输时,连续发送伪随机序列,以混淆有用和无用信息。

⑦ 路由控制机制。可使信息发送者选择特殊的路由申请,绕过不安全的线路,以保证数据的安全。

⑧ 公证机制。提供公证服务的机构,仲裁所出现的问题。通信双方必须直接或间接经过公正机制来交换数据信息,供在特殊情况发生时的仲裁之用。

(3) 安全管理

安全管理主要是实施一系列安全策略,对于通信安全服务以外的操作进行管理。

① 鉴别管理。

② 访问控制管理。

③ 密钥管理。定期产生与安全等级相对应的密钥,是非常重要的一个环节;根据访问控制要求,确定哪些实体可以接收密钥副本;在实际开放系统中,以秘密方式把密钥分配到各实体。

④ 安全审计跟踪。包括远程事件收集报告,以及是否允许对所选事件进行审计跟踪等。

2. 网络安全面临的威胁

在实际应用中,尽管对通信过程采取了各方面的安全控制,但计算机通信网还存在诸多安全方面的威胁,必须引起高度重视。例如:信息的泄露、识别(猜疑)、假冒、篡改和恶意攻击(如计算机病毒传播、通过向网络注入破坏性病毒实施攻击)等。

对计算机通信网安全的威胁一般可以分为被动攻击和主动攻击两类。

被动攻击是攻击信息的保密性,但并不修改信息的内容。常用的攻击手段包括搭线窃听、利用电磁泄露和利用信息流分析。

主动攻击是攻击信息传输的真实性、数据完整性和系统服务的可用性,即通过修改、销毁、替代或伪造网络上传输的数据,以欺骗接收方,并做出对攻击者自身有利的操作。常用的攻击手段包括假冒攻击、破坏数据的完整性、非法登录、非授权访问和抵赖(来自合法用户)等。

3. 计算机通信网安全措施

计算机通信网有多种安全措施,其中最常用的是利用密码学机制来完成网络与信息的安全及防护。

(1) 常用的加密体制

① 常规密钥密码体制。“加密密钥”与“解密密钥”相同的密码体制。

② 数据加密标准体制。

③ 公开密钥密码体制。“加密密钥”与“解密密钥”不同,可解决密钥分配问题及数字签名的要求。

(2) 计算机通信网安全的策略

通常有两种不同的加密策略,即端到端加密和链路加密。

端到端的加密方法是在网中每对端点都有一对安全设备,用于对网上每一条虚电路信息进行安全保护。数据不但在传输过程中受到保护,而且在网内的中继节点上也受到保护,数据保密性由收发双方来保证。端到端的加密方法易实现,可以不改变用户通信程序,不改变原有网的运行方式,并独立于用户设备;可将安全设备置于用户设备和公用分组交换网之间;可防止合法用户的非法操作;系统安全功能对用户安全透明。

链路加密是对网中每一条链路上传输的信息都进行安全保护,独立实现对每条链路的加密。为了获得更好的安全性,可以将链路加密的方法与端到端的加密方法结合使用。

(3) 协议识别技术

在当今高速大容量的互联网环境中,内容安全是网络安全的重要组成部分。对于网络管理来说,最重要的就是识别和区分网络流量,通过协议识别可以对网络进行流量控制、网络计费、内容过滤,以及流量管理。

协议识别技术的出现和发展给电信运营商提供了一种全新的网络监测和控制手段,可实现对网络流量的业务细分,并可对不同用户、业务流量进行区别化的控制和管理。协议识别技术推动了网络智能化的深入,并有利于未来实现对互联网的精细化运营。

4.3　基础数据网

基础数据网属通信子网，是由电信部门组建的、运营基础数据业务的公共数据通信网，主要包括 X.25 数据网(分组交换业务)、数字数据网(DDN 业务)、帧中继网、ATM(快速分组交换业务)等。随着各行各业信息化的发展，对基础数据通信业务的需求将不断增加。基础数据传送业务类型主要为永久虚电路(PVC)业务和交换虚电路(SVC)业务，并支持虚拟专用网(VPN)等应用。

4.3.1　分组交换网(X.25 网)

X.25 网是以原 CCITT 的 X.25 协议(公用数据网建议)为基础的分组交换网。X.25 网在数据传输中，信息被分为信息段，每一段都加一信息头而构成信息分组(包)，信息头含有收发地址和一些控制信息，在网内以分组为单位进行交换和传输。

1. X.25 网概述

分组交换是为适应计算机通信而发展起来的一种通信手段，其以 CCITT X.25 建议为基础，可以满足不同速率，不同型号的终端与终端、终端与计算机、计算机与计算机间，以及局域网间的通信，实现数据库资源共享。分组交换是按一定规则，把一整份数据报文分割成若干定长的数据段，并给每一数据段加上收、发终端地址及其他控制信息，然后以分组为单位在网内传输。

X.25 网可以在一条电路上同时开放多条虚电路，为多个用户同时使用，网络具有动态路由功能和误码检错功能，性能较佳。X.25 网具有严格流量控制和差错控制措施，保证端到端用户数据传送的可靠性。通过 X.25 网提供的业务称为 X.25 数据传送业务。

X.25 网是为解决专用线和电话网传输数据所存在的问题而开发的，其特点如下：

① 增加了差错控制，减少了误码，提高了传输质量。

② 增加了路由控制，增加了通信的可靠性。

③ 增加了流量控制，可实现不同速率终端间的通信。

④ 采用分组交换，可实现分组复用，提高了线路利用率。

⑤ 按数据量而不是按通信时间计费。

在 X.25 网中采用动态统计时分复用方式，线路利用率较高，但通信协议开销较大。

2. X.25 网协议

X.25 协议为以分组方式工作的终端规定了用户终端(DTE)与分组交换网络(DCE)之间的接口，为终端 DTE 和 DCE 之间建立对话和交换数据提供了规程，其中包括：数据传输通路的建立、保持和释放；数据传输的差错控制和流量控制；防止网络发生阻塞的相关规定等。

X.25 协议包含了三层，即物理层、数据链路层和分组层，对应于 OSI 参考模型的物理层、数据链路层和网络层，并分别由网络终端和通信网完成这些功能。其中，X. 25的物理层定义了DTE和DCE之间的电气接口和建立物理的信息传输的过程；X. 25的数据链路层采用高级数据链路控制规程(HDLC)的帧结构；X. 25的分组层则利用数据链路层提供的可靠传送能力完成分组。

3. X. 25网的组成

X. 25网的组成框图如图4-3所示。

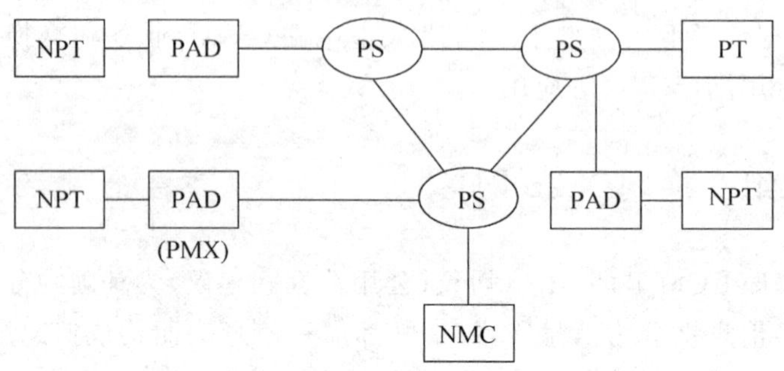

图4-3 X. 25网的组成框图

图4-3中，PS为分组交换机；NMC为网络控制中心；PMX为集中器；PAD为分组的装拆设备；NPT为非分组终端；PT为分组终端。另外，还有中继线(64 kbit/s数字或模拟信道)、用户线等。

X. 25网中各组成部分的功能如下：

(1) 分组交换机(PS)

PS实现分组网的各通信协议，如X. 25协议等；实现路由选择和流量控制；以虚电路方式实现信息交换；完成局部维护(运行管理、故障诊断与报告、业务统计与计费等)。

(2) 分组装拆设备(PAD)

PAD完成非分组终端(NPT)接入X. 25网的协议转换，主要包括规程转换功能(NPT接口与X. 25协议的相互转换)和数据集中功能。数据集中功能是指PAD可将多个终端的数据流组成分组，在PAD至交换机之间的中高速线路上复用，并扩充NPT接入的端口数。

(3) 集中器(PMX)

PMX完成分组装拆设备(PAD)功能和分组终端(PT)的集中功能，并具有本地交换功能，比分组交换机(PS)结构简单，无路由选择功能。

(4) 网管中心(NMC)

NMC实现下列功能：网络结构配置，用户业务管理，故障诊断，网络维护，网络状态显示，信息数据收集与统计，计费管理等。

4. X. 25网业务

X. 25网吸收了电路交换的低时延及报文交换的路由选择自由的优点，能够向用户提供不同速率、代码及通信规程的接入，是一种传输可靠性较高的数据通信方式。

(1) X. 25 网的应用场合

① 传输速率低、安全性高、可靠性高、允许一定时延的应用。

② 需要经常与不特定对象通信的用户。

③ 需要与不同类型、不同速率的终端设备通信的用户。

④ 通信量较少且通信时间较分散的用户。

⑤ 需要建立闭合用户群的用户。

X. 25 网业务适用于：银行、保险、证券、海关、税务、零售业营业网络互连；集团公司、企业、事业单位的办公系统互连；民航、火车站等售票系统互连；LAN/WAN（局域网/广域网）的互连、不同类型网络的互连。

(2) 公用分组交换网业务实现

我国公用分组交换网(CHINAPAC)可以提供下列业务。

① 基本业务。如交换虚电路和永久虚电路。

② 任选业务及增值业务。如电子信箱、电子数据交换(EDI)、可视图文、传真存储转发和数据库检索等。

分组交换业务实现方式有拨号方式和专线方式。

拨号方式：提供 SVC 业务。客户只需在现有电话线路上加上终端设备和调制解调器，以电话拨号方式(X. 28 或 X. 32)接入分组交换网。

专线方式：提供永久虚电路(PVC)和交换虚电路(SVC)业务。可分为通过数据专线(如 DDN 等)或普通专线(数字专线、模拟专线)接入分组交换网。

随着用户日益增长的带宽和速率要求，我国建于 20 世纪 80 年代的 X. 25 网已不相适应。其用户已逐步退网(设备也将开始逐步退网)，转向其他速率更高更先进的技术手段。

4.3.2 数字数据网(DDN)

数字数据网(DDN)是利用光纤、数字微波、卫星等数字信道，以传输数据信号为主的数字通信网络，可以提供 2 Mbit/s 及 2 Mbit/s 以内的全透明的数据专线，并承载语音、传真、视频等多种业务。DDN 利用数字信道，向用户提供永久性和半永久性连接电路来传输数据信号，可以满足相对固定用户间的大业务量、时延稳定和实时性的要求。

1. DDN 概述

DDN 主要向用户提供端到端的数字型数据传输信道，既可用于计算机远程通信，也可传送数字传真、数字话音、图像等各种数字化业务。

DDN 具有传输质量高、误码率低、传输时延小、支持多种业务、提供高速数据专线等特点。

DDN 能够提供高质量数字专线，并具有数据信道带宽管理功能。其向用户提供专用的数字数据传输信道，为用户建立专用数据网提供条件。

DDN 所采用的半永久性连接方式介于永久性连接和交换式连接之间。半永久性连接是指DDN所提供的信道是非交换型的,用户之间的通信通常是固定的,沿途不进行复杂的软件处理,因此延时较小。可根据需要,在约定的时间内接通所需带宽的线路,信道容量的分配和接续在计算机控制下进行,具有较大的灵活性。

作为数据通信网,DDN的基本特点如下:

① 透明的传输网。DDN本身不受任何协议规程的约束,可以支持数据、语音、图像等多种业务。

② 同步数据传输网。DDN不具备交换功能,通过数字交叉连接设备可向用户提供固定的或半永久性信道,并提供多种速率的接入。

③ 传输速率高。DDN网络时延小,可提供 $N\times64$ kbit/s～2 Mbit/s的数据业务。

2. DDN的组成

DDN是以数字数据传输系统为基础而构成的,其由本地传输系统、复用及交叉连接系统、局间传输系统和网络管理系统组成,系统框图如图4-4所示。

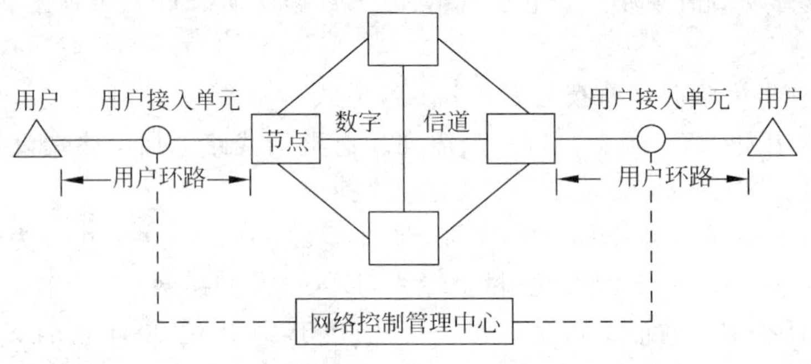

图4-4 数字数据传输系统组成框图

(1) 本地传输系统

本地传输系统(用户环路传输系统),是指终端用户至DDN本地节点之间的传输子系统。

(2) 复用及交叉连接系统

数字交叉连接数字设备是由计算机控制的复用器和配线架,是不受信令控制的静态交换机,由程序控制形成半永久性连接。

DDN中数据信道的时分复用器是分级实现的。节点复用包括PCM帧复用、超速率($N\times64$ kbit/s,$N=1\sim32$)复用和子速率(<64 kbit/s)复用三种。

(3) 局间中继传输和网同步系统

局间中继传输指DDN节点间的数字信道,DDN的中继速率为4.8 kbit/s～2 Mbit/s,其中包括ISDN的基本速率和基群速率。

DDN的网同步系统中,国际间互连采用准同步方式,国内节点间采用主从同步方式。

(4) 网络管理系统

网络管理系统的功能为:网络监管和业务配置、监视网络运行、网络维护、故障测量和网络信息收集。

(5) 节点类型

从组网功能上分,数字数据网节点分为2M节点、接入节点和用户节点三种类型。

① 2M节点:DDN的骨干节点,负责执行网络业务的转换功能。

② 接入节点:为DDN各类业务提供接入功能。

③ 用户节点:为DDN用户入网提供接口,并进行必要的协议转换,包括小容量的时分复用设备等。用户节点可以设置在用户处。

3. DDN应用特点

① DDN专线提供点到点的通信,保密性强,特别适合金融、证券、保险等客户的需要。

② DDN专线传输质量高,通信速率可根据需要在9.6 kbit/s～$N\times64$ kbit/s($N=1\sim32$)之间选择,网络时延小。

③ DDN专线信道固定分配,保证通信的可靠性,不会受其他客户使用情况的影响。

④ DDN网提供灵活的连接方式,电路可以自动迂回,可靠性高。

⑤ DDN网为全透明网,支持数据、话音、图像多种业务,对客户通信协议没有要求,客户可自由选择网络设备及协议。

⑥ DDN网技术成熟,网络运行管理简便,DDN将检错等功能放到智能化程度较高的终端来完成,简化了网络运行管理和监控内容,为用户参与网络管理创造了条件。

⑦ DDN业务的传输媒介多为普通双绞铜线,覆盖范围广,接入方便。

4. DDN业务

DDN主要为用户提供专用电路,包括规定速率的点到点(或点到多点)的数字专用电路和特定要求的专用电路。

(1) DDN的主要业务

① 为分组交换网、公用计算机互联网等提供中继电路。

② 专用电路业务(如金融证券、教育、政府等部门租用专线组建专用网)。

③ 帧中继业务,用户可以配置多条虚连接。

④ 压缩语音/传真业务。

⑤ 提供虚拟专用网业务。

(2) DDN的用户入网方式

① 用户终端设备接入方式。例如,采用调制解调器(Modem)接入DDN,通过DDN提供的远端数据终端设备接入DDN,通过用户集中器接入DDN的2 Mbit/s端口,通过模拟电路直接接入DDN音频接口等。

② 用户网络通过DDN互连。例如,局域网通过路由器利用DDN互连,分组交换机通过DDN互连,专用DDN通过公用DDN互连,用户交换机通过DDN互连等。

4.3.3 帧中继(FR)

帧中继(FR)技术是在分组技术充分发展,数字与光纤传输线路逐渐替代已有的模拟线路,用户终端日益智能化的条件下发展起来的。帧中继网采用快速分组交换技术,具有网络吞吐量高、传送时延低、适于突发性业务，以及灵活、经济、可靠的特点，是一种解决高带宽的组网形式，适用于局域网互连。

1. 帧中继概述

帧中继属于快速分组交换(FPS)，其基本思想是尽量简化协议，克服分组交换协议处理复杂的缺点，只具有数据链路层核心的网络功能(如帧的定界、同步、传输差错检测等)，而将流量控制、纠错等留给智能终端去完成，有效利用了高速数字传输信道，以提供高速、高吞吐量和低时延的服务。

帧中继仅完成链路层、核心层的功能，而将流量控制、纠错等留给智能终端去完成，大大简化了节点机之间的协议；同时，帧中继采用虚电路技术，能充分利用网络资源，因而帧中继具有吞吐量高、延迟低、费用低和适于突发性业务等特点。

帧中继成本较低，但也存在一些缺点，如速率受限制、可变长度的帧将会产生不受用户控制的可变时延，故不适宜发送对时延敏感的数据(如实时音频或视频)。

典型的帧中继网络结构如图4-5所示。

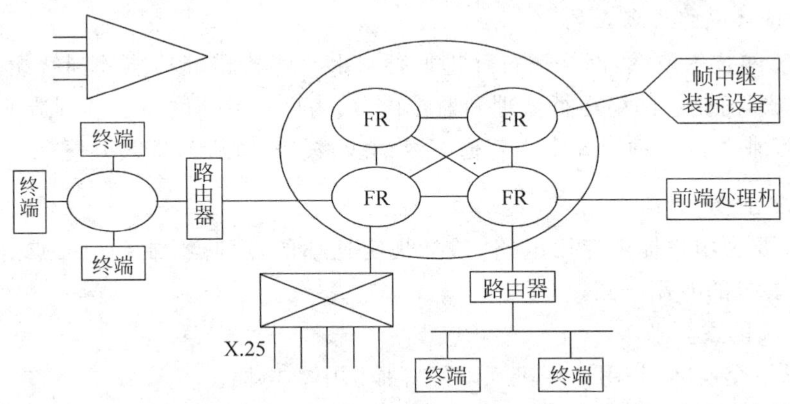

图4-5 典型的帧中继网络结构

2. 帧中继的技术特点

帧中继和分组交换类似，其以比分组容量大的帧为传送单位，而不是以分组为单位进行数据传输；帧中继技术在保持了分组交换技术的灵活及较低的费用的同时，缩短了传输时延，提高了传输速度。因此，帧中继成为了实现局域网(LAN)互连、局域网与广域网(WAN)连接等应用的理想解决方案。帧中继的技术特点如下：

① 高效。帧中继在OSI的第二层以简化的方式传送数据，仅完成物理层和链路层核心层的功能，简化节点机之间的处理过程，智能化的终端设备把数据发送到链路层，并封装在帧的结构中，实施以帧为单位的信息传送，网络不进行纠错、重发、流量控制等，帧不需要确认，即能在每个交换机中直接通过。在帧中继中，纠错和流量控制由智能终端实现，大大简化了节点机之间的协议，降低了数据传输延迟。

② 经济。帧中继在采用统计复用技术(即带宽按需分配)向客户提供共享的网络资源，每条线路和网络端口都可由多个终端按信息流共享。由于帧中继简化了节点之间的

协议处理，将更多的带宽留给客户数据，客户不仅可使用预定的带宽，在网络资源富裕时，还允许客户数据突发占用高于预定的带宽。帧中继充分利用了全网资源，适合于传送突发性数据。

③ 可靠。帧中继传输质量好，保证网路传输不容易出错，网络为保证自身的可靠性，采取了 PVC 管理和拥塞管理，客户智能化终端和交换机可以清楚了解网路的运行情况，不向发生拥塞和已删除的 PVC 上发送数据，以避免造成信息的丢失，保证网络品质。

④ 灵活。帧中继协议简单，利用现有数据网上的硬件设备稍加修改，同时进行软件升级即可实现，操作简单实现灵活。在用户接入方面，帧中继网络能为多种业务类型提供公用的网络传送能力，并对高层协议保持透明，众多路由器厂商支持帧中继 UNI(用户-网络接口)协议，客户便于接入。

3. 帧中继应用特点

① 一点对多点数据通信。帧中继的高效性使用户可以享有较好的经济性。帧中继可以应用于银行、大型企业、政府部门的总部与各地分支机构的局域网之间的互连，其用户带宽为 64 kbit/s～2 Mbit/s。

② 突发性数据处理。帧中继具有动态分配带宽的功能，当数据业务量为突发性时可进行有效处理。帧中继在远程医疗、金融机构及 CAD/CAM(计算机辅助设计/计算机辅助生产)的文件传输、计算机图像、图表查询等业务方面有着较佳的适用性。

③ 长距离通信。帧中继的高效性使用户可以享有较好的经济性，当通信距离较长时，应优选帧中继。

例如，通过帧中继技术可完成企业总部与各办事处及公司分部的局域网的互连，从而实现公司内部数据传送、企业邮件服务、话音服务等，适合有突发信息要求的用户使用；并可通过连接互联网来实现电子商务等应用。

目前的路由器都支持帧中继协议，帧中继可承载流行的 IP 业务，IP 加帧中继已成了广域网应用的较佳选择。随着 IP 技术和多媒体业务的发展，作为基础数据网技术的帧中继技术将得到越来越多的应用。

4. 帧中继业务

帧中继网作为 X.25 网的中继网(骨干网)，大大提高了 X.25 网的网络吞吐能力，降低了网络时延。

帧中继业务是提供双向业务数据单元传送并保持其顺序不变的一种承载业务，业务数据通过链路层的信息段来传送。中国公用帧中继网(CHINAFRN)是为适应数据通信要求，面向公众数据通信而建立的经济有效的公用帧中继网。CHINAFRN 分为国家骨干网、省内网和本地网。

(1) 帧中继的基本业务

帧中继业务包括基本业务和用户可选业务。其中，基本业务包括永久虚电路(PVC)业务和交换虚电路(SVC)业务。

永久虚电路是指在帧中继用户终端之间建立固定的虚电路连接，并在其上提供数据传送业务。

交换虚电路是指在两个帧中继用户之间通过呼叫建立虚电路,网络在已建立的虚电路上提供数据信息传送服务,用户终端通过呼叫清除操作来终止虚电路。

(2) 帧中继业务的主要应用

帧中继业务发展迅速,特别适合当前计算机通信的需求,主要应用如下:

局域网(LAN)互连是帧中继业务的最典型的应用。帧中继可为要求互连的局域网用户提供高速率、低时延、适合突发性数据传送的信道。通过帧中继网,一个LAN只需一个物理端口和相应线路就可与多个远端的LAN互连,可大大节省租用电路和端口的费用,还可满足自身突发性业务的需要。

虚拟专用网(VPN)是由帧中继网的部分网络资源构成一个相对独立的逻辑分区,分区内用户可共享分区的网络资源,在分区内设置相对独立的网管机构,分区网络资源的管理也相对独立于整个帧中继网。

除了提供以上两种典型应用外,帧中继还可提供高吞吐量、低时延的数据传送业务,如高分辨率图形数据的数据传送业务、IP电话业务等。

(3) 帧中继网的用户接入方式

局域网(LAN)接入方式:LAN通过路由器或网桥接入CHINAFRN。

终端接入方式:帧中继、ATM型终端可直接接入CHINAFRN。

专用帧中继网接入:用户专用帧中继网中的交换机通过FR用户网络接口(UNI)直接接入CHINAFRN。

帧中继网的用户接入电路包括专线接入、DDN专线接入、ISDN网接入等。

(4) 公用帧中继网与其他数据网的关系

① 公用帧中继网作为中继传输网时,除提供用户接入业务外,还可为其他数据网提供中继传输。

② 公用帧中继网可将分组交换网、数字数据网(DDN)作为其接入网。

③ 公用帧中继网作为中国公用计算机互联网(CHINANET)的接入网。

4.3.4 异步传送模式(ATM)

异步传送模式(ATM)技术是一种简化的面向连接的、在光纤大容量传输媒介环境下新的高速分组传送方式,是一种集电路传送和分组传送两种优点为一体的传输方式。其主要特点是通过统计复用方式,对任何形式的业务分布都能达到最佳的网络资源利用率。

ATM是一种用于宽带网内传输、复用和交换信元的技术,可以适用于任何业务,不论其特性(速率高低、突发性大小、质量和实时性要求)如何,网络都按同样的模式来处理,实现了完全的业务综合。ATM可以支持高质量的语音、图像和高速数据业务。

1. ATM的信元结构

在ATM网中,信息被拆开后形成固定长度的信元,由ATM交换机对信元进行处理,实现交换和传送功能。信元是ATM特有的分组。所有的数据信息(语音、数据、视频等)都被分成长度一定的数据分组。ATM 采用异步时分复用方式将来自不同信息源的信元汇集到一起,在一个缓冲器内排队,然后按“先进先出”的原则将队列中的信元逐个输出,从而在传输线路上形成首尾相接的信元流。

ATM 信元共有 53 个字节。前面 5 个字节为信头,用以表征信元去向的逻辑地址、优先等级等控制信息,网络根据信头中的地址标志来选择信元的输出端口转移信元。后面 48 个字节为信息字段,用来承载来自不同用户、不同业务的信息。

任何业务的信息都经过分割,封装成同一格式的信元。包含某一段信息的信元的再现,取决于该段信息所要求的比特率。ATM 的信元结构如图 4-6 所示。

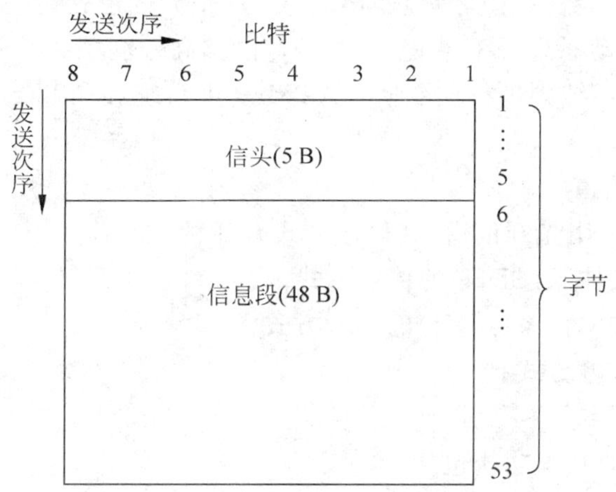

图 4-6　ATM 的信元结构

ATM 采用固定长度的信元,可使信元像同步时分复用中的时隙一样定时出现。ATM 可以采用硬件方式高速地对信头进行识别和交换处理,从而具有电路传送方式的特点,为提供固定比特率和固定时延的电信业务创造了条件。

2. ATM 的网络结构

用 ATM 构成的网络,采用光传输、电交换的形式。ATM 以光纤线路为传输媒介,信道容量大,传输损失小。

ATM 传输实质上是一种高速分组传送。来自不同信息源(不同业务和不同发源地)的信元汇集到一起,在一个缓冲器内排队;在队列中,信元按输出次序复用在传输线路上。具有同样标志的信元,在传输线上并不对应某个固定时隙,也不按周期出现,即信息与其在时域中位置无关,信息只按信头中标记区分。

ATM 是一种面向连接的通信方式,在网络中设置两个层次的虚连接,即虚通道 VP 和虚通路 VC;在每个信元的信头中含有虚通道标识符/虚通路标识符(VPI/VCI)作为地址标志,信元将沿着呼叫建立时确定的虚连接传送。

ATM 网络由 ATM 复用系统、ATM 传输信道和 ATM 交换系统组成,如图 4-7 所示。图中,UNI 为用户网络接口,NNI 为节点网络接口。

(1) ATM 复用系统

发端 ATM 复用系统承担着将用户终端接入到 ATM 网中的任务,将用户端产生的

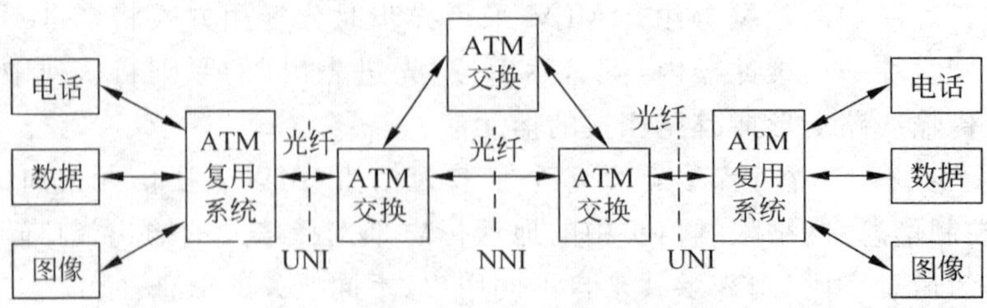

图 4-7 ATM 网络结构

各类业务信息(如电话、数据、图像等)变换成 ATM 信元的形式,并进行统计时分复用,按用户终端的实际需要动态地分配带宽,使得带宽能够高效利用。

收端 ATM 复用系统则进行反变换。ATM 复用系统和 ATM 交换机之间的接口称为公用用户-网络接口。

(2) ATM 传输信道

ATM 传输信道采用光纤信道,其传输方式有 3 种。

① 基于同步传输体系(SDH)的传输方式。

② 基于准同步传输体系(PDH)的传输方式。

③ 基于信元的传输方式。

(3) ATM 交换系统

ATM 交换系统的基本功能包括:

① 接口功能(包括用户网络接口 UNI 和网络节点接口 NNI)。

② 连接功能(包括终接功能和信元交换功能)。

③ 信令功能。

④ 呼叫控制功能。

⑤ 业务流管理功能。

⑥ 运行、管理和维护功能等。

ATM 交换机由入线(送入信元的线)处理部件、出线(接收信元的线)处理部件、交换结构(执行信元交换的任务)和控制单元(处理信令信息并对交换结构进行接续控制)等模块构成,如图 4-8 所示。

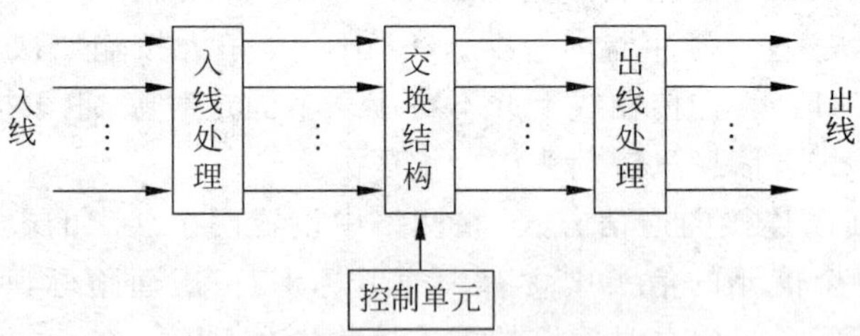

图 4-8 ATM 交换机的简化结构图

ATM 交换机的核心是 ATM 交换单元,而 ATM 交换单元的核心是交换结构。ATM 交换结构具有信头变换、选路和排队这三项基本功能。

3. ATM 业务

目前 ATM 网络可为用户开放以下 4 种业务等级。

(1) 恒定比特率(CBR)业务

CBR 业务的特点是面向连接、有固定比特率、通信端点之间存在定时关系。在整个连接过程中可以持续的峰值信元速率(PRC)进行传输，通信终端可以在任意时刻、时段内以等于或小于 PCR 的信元速率进行传输。

主要应用在需要固定带宽的连接，如语音业务、要求严格定时的图像业务和电路仿真业务等。

(2) 实时可变比特率(RT-VBR)业务

RT-VBR 业务的特点是面向连接，比特率可变，通信端点之间存在定时关系。通信端点占用的带宽随不同时间内终端信息发送速率变化而变化，ATM 网络对通信终端给予可维持信元速率(SCR)的保证，同时要求通信终端不得大于峰值信元速率(PCR)的速率发送信息。

主要应用于对时间敏感性(时延)要求严格的业务，如图像业务等。

(3) 非实时可变比特率(NRT-VBR)

NRT-VBR 业务的特点是面向连接，比特率可变，通信端点之间不存在定时关系。通信端点所占用的带宽，随不同时间内终端信息发送的速率而变化，ATM 网络对通信终端给予 SCR 的保证，同时要求通信终端不大于峰值信元速率(PRC)的速率发送信息。

主要应用于突发性的对时延和时延变化要求不严格的业务，如数据传输、E-mail、FAX 等业务。

(4) 非限定比特率(UBR)业务

UBR 业务的特点是面向连接，比特率可变，端点占用的带宽随不同时间内终端信息发送速率和可用带宽的变化而变。ATM 网要求通信终端以不大于峰值信元速率的速率发送信息。

主要应用于对服务质量和传输速率要求不高的业务，如数据备份。

4. ATM 接入方式

ATM 的实现主要有以下接入方式。

① 帧中继延伸接入。对于 ATM 网络暂时没有覆盖到的地区，可以利用帧中继网络进行延伸接入，ATM 交换机和帧中继交换机有多个互连中继实现业务互通。

② xDSL＋专线接入。xDSL 是 ADSL、VDSL、HDSL 等基于铜线的数字用户环路技术总称，x 代表 A、V、H 等字母。其中，ADSL 上行最高可达 1 Mbit/s，下行可达 8 Mbit/s，是不对称的数字用户环路技术；VDSL 上行最高可达 19.2 Mbit/s，下行最高可达 55 Mbit/s，是非对称的数字用户环路技术；HDSL 上行、下行最高可达 2 Mbit/s，是对称的数字用户环路技术。用户侧通过 xDSL 设备，通过双绞铜线以较高速率接入 ATM 网络。ADSL 和 HDSL 的接入范围可达 3～5 km，VDSL 的接入范围为 800 m 以内。

③ 用传输网络延伸接入。对于距离较远(一般 4 km 以外)、速率较高(2 Mbit/s 以

上)或者链路可靠性要求高的用户,可以利用传输设备通过光纤连接后接入,用户侧传输设备负责提供透明通道,不包封ATM协议。

5. ATM技术的主要应用领域

① 支持现有电信网逐步从传统的电路交换技术向分组(包)交换技术演变。

② 支持现有电话网(如PSTN/ISDN)的演变,并作为其中继汇接网。

③ 支持并作为第三代移动通信网(支持移动IP)的核心交换网与传送网。

④ 支持现有数据网(FR/DDN)的演变,作为数据网的核心,并提供租用电路,利用ATM实现校园网或企业网间的互连。

⑤ 作为Internet骨干传送网的互连核心路由器,支持IP网的持续发展。

ATM技术的缺点是其技术过于复杂,协议的复杂性造成了ATM系统研制、配置、管理、故障定位的难度,使其推广受到极大的限制。

从发展趋势来看,ATM作为综合业务的传送平台正在受到挑战。目前,可以利用ATM交换机的宽带硬件交换能力、优良的网络功能、可扩展性和低成本改造Internet骨干网的路由器(即IP交换技术方案),以解决Internet网络发展中遇到的瓶颈问题,使得IP技术与ATM技术相融合,共同向未来信息网的核心技术方向发展。

4.4 以太网

以太网(Ethernet)是目前应用最广泛的局域网(LAN),在实际应用的计算机网络系统中约占80%份额。由于以太网带宽和网络性能大大提高、新协议和新标准的出现,以及光纤通信技术的飞速发展,使得以太网技术愈加成熟和实用。

4.4.1 以太网概述

以太网是一种共享媒介的数据网,采用随机访问控制方式,结构简单,性价比高。目前以太网从共享型发展到交换型,实现了全双工技术,使整个以太网系统的带宽成百倍增长,并保持足够的系统覆盖范围。以太网正以其高性能、低价格、使用方便的特点继续发展。

1. 媒介访问控制方式

以太网的媒介访问控制方式是以太网的核心技术,决定了以太网的主要网络性质。传统以太网与前述的基础数据网(交换式数据网)有着很大的差别,其核心思想是利用共享的公共传输媒介。

在公共总线或树型拓扑结构的局域网上,通常使用带冲突检测的载波侦听多路访问技术(CSMA/CD)。CSMA/CD又可称为随机访问或争用媒体技术,其讨论网络上多个站点如何共享一个广播型的公共传输媒体问题。由于网络上每一站的发送都是随机发生的,不存在用任何控制来确定该轮到哪一站发送,故网上所有站都在时间上对媒体进行争用。

CSMA/CD 的基本原理为：欲发送信息的工作站，首先要监听媒体，以确定是否有其他的站正在传送；若媒体空闲，该工作站则可发送。在同一时刻，经常发生两个或多个工作站都欲传输信息的情况，这样会引起冲突，双方传输的数据将受到破坏，导致网络无法正常工作。为此，当工作站发送信息后的一段时间内仍无确认，则假定为发生冲突并且重传，因此需要争用。

为了解决上述问题，CSMA/CD 采用了监听算法和冲突监测。为减少同时抢占信道，监听算法使得监听站都后退一段时间再监听，以避免冲突。该方法不能完全避免冲突，但通过优化设计可把冲突概率减到最小。冲突检测的原理是在发送期间同时接收，并把接收的数据与站中存储的数据进行比较，若结果相同，表示无冲突，可继续；若结果不同，说明有冲突，立即停止发送，并发送一个简短的干扰信号令所有站都停止发送，等待一段随机长的时间重新监听，再尝试发送。

2. 协议结构

以太网体系结构以局域网的 IEEE 802 参考模型为基础。该模型与 OSI 的区别是：局域网用带地址的帧来传送数据，不存在中间交换，故不要求路由选择，所以不需要网络层；在局域网中只保留了物理层和数据链路层，其中数据链路层分成两个子层，即媒体接入控制子层(MAC)和逻辑链路控制子层(LLC)。

MAC 子层负责媒体访问控制，以太网采用适于突发式业务的竞争方式。LLC 子层负责没有中间交换节点的两个站点之间的数据帧的传输。其不同于传统的链路层，即不但要有差错控制、流量控制，还需有复用、提供无连接的服务或面向连接的服务等功能。

在以太网的寻址问题中，MAC 地址标识局域网上的一个站地址，即计算机硬件地址(网络上的物理连接点)；LLC 地址则标识一个 LLC 用户(即 LLC 子层上的服务访问点 SAP)，即进程在某一主机中的地址。

3. 以太网系统基本结构

在早期由双绞线连接的 10Base-T(IEEE 802.3i)以太网中，采用基带传输方式，其传输速率为 10 Mbit/s，T 表示用双绞线连接，传输距离限制为 100 m。

在 10Base-T 以太网中，定义了星型拓扑结构，有一组站点和一个中心节点(集线器，即多端口转发器)，以太网系统则由集线器(HUB)、双绞线和网卡组成。每个站点通过一对双绞线连接到集线器，集线器的主要功能是媒体上信号的再生和定时，检测冲突并扩展端口。置于计算机中的网卡功能则分别由网卡内编码/译码模块和收发器实现，收发器向媒介发送或从媒介接收信号，并识别媒介是否存在信号和识别冲突。10Base-T 以太网系统以其价格低廉、安装维护方便、性能高且扩展性好等特点成为局域网技术的热点，并对整个局域网技术的发展具有很大的影响。

4.4.2　以太网技术的发展

以太网从最初的同轴电缆上共享 10 Mbit/s 传输技术，发展到现在双绞线和光纤上的 100 Mbit/s 甚至 1 Gbit/s 的传输技术、交换技术等，应用技术已成熟。

1. 10Base-F 光纤以太网

使用光纤作为网络传输媒介可带来带宽的拓展及媒介段长度的增加,且其抗外界磁场干扰及抗泄漏性能是铜质媒介所无法比拟的。10Base-F 的传输速率仍为 10 Mbit/s,但其使用环境与 10Base-T 是不同的,如媒介段最长可达 2 km。

2. 100Base-X 高速以太网

100Base-X 技术是在 10Base-T 和 10Base-F 基础上,借助于双绞线、光缆以及星型结构的特点而实现的。100Base-TX(使用双绞线)和 100Base-FX(使用光纤)高速以太网的帧结构、差错控制及信息管理与 10Base-X 相同,其拓扑结构和使用的媒介分别与 10Base-T 或 10Base-F 相仿,而传输速率为 100 Mbit/s。

3. 交换型以太网

共享型以太网的带宽由所有站点共同分割,随着站点的增多,每个站点能得到的带宽将减少,网络性能将迅速下降。由于会发生数据冲突,共享型以太网在同一时刻,只能有一个站点与服务器通信,且局域网的覆盖范围受 CSMA/CD 的限制。

在交换型以太网中,网络的终端连接在以太网交换机上,分别独占 10 Mbit/s 的端口速率,可形成多个数据通道,无数据冲突。只要交换机的端口空闲,即可同时实现多对终端的通信。系统的带宽为 10 Mbit/s×N(即局域网的高速率出口速率)。

交换型集线器既隔离又连接了多个网段,集线器上所有端口平时都不连通,需要时可对诸多站点同时建立多个收、发通道。

交换型局域网组网采用星型拓扑结构,如图 4-9 所示。

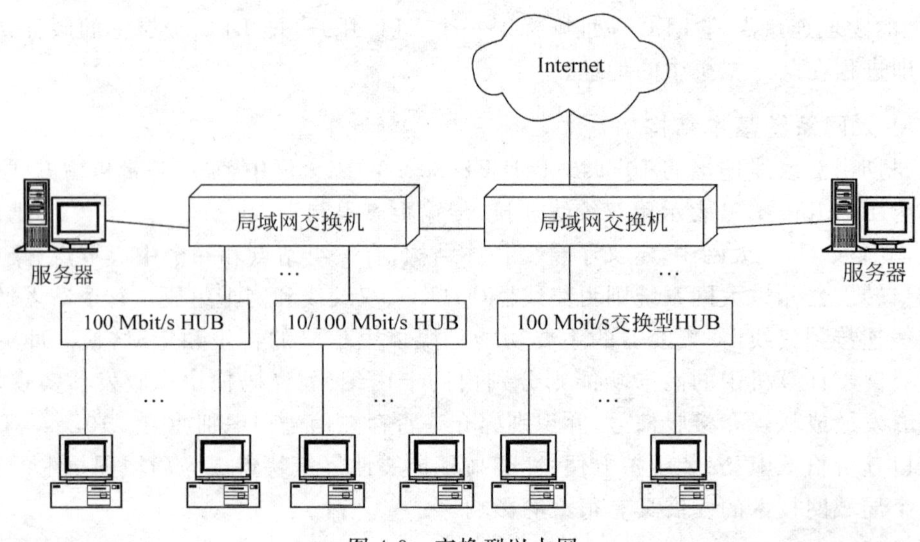

图 4-9 交换型以太网

交换型集线器技术的产生,使用光缆的交换型集线器与全双工以太网技术的结合,使得局域网的带宽以及覆盖范围都有了很大的发展。

4. 千兆位以太网

千兆位以太网(简称千兆以太网)被称为第三代以太网,是一种新型高速局域网,可提供 1 Gbit/s 的通信带宽,为局域主干网和城域主干网(借助多模光纤和光收发器)提供了一种高性价比的宽带传输交换平台,并已得到广泛的应用。

千兆以太网采用和传统 10/100 Mbit/s 以太网相同的 CSMA/CD 协议、帧格式和帧长,因此可以实现在原有低速以太网的基础上平滑、连续性的网络升级,从而能最大限度地保护用户以前的投资。

在千兆以太网协议中,共享媒体集线器模式比基础的 CSMA/CD 模式有两大提高:

① 载波扩充。在短的 MAC 帧末尾加上了一组特殊的符号,使每一帧从 10 Mbit/s 和 100 Mbit/s 的最小的 512 bit 提高到至少 4096 bit,从而保证一次传输的帧长度超过 1 Gbit/s 时的传输时间。

② 帧突发。是允许连续发送某个限制内的多个短帧,无须在每个帧之间放弃对 CSMA/CD 的控制。帧突发可避免当某站点有多个短帧要发送时,载波扩充所产生的耗费。

对于交换型集线器,由于站点上的数据传输和接收可通过集线器同时进行,不存在对共享媒体的争用,故不需要载波扩充和帧突发技术。

【例 4-2】 千兆以太网的典型应用。

在图 4-10 所示的千兆以太网配置中,一个 1 Gbit/s 的交换型集线器为中央服务器和高速工作组提供与主干网的连接。

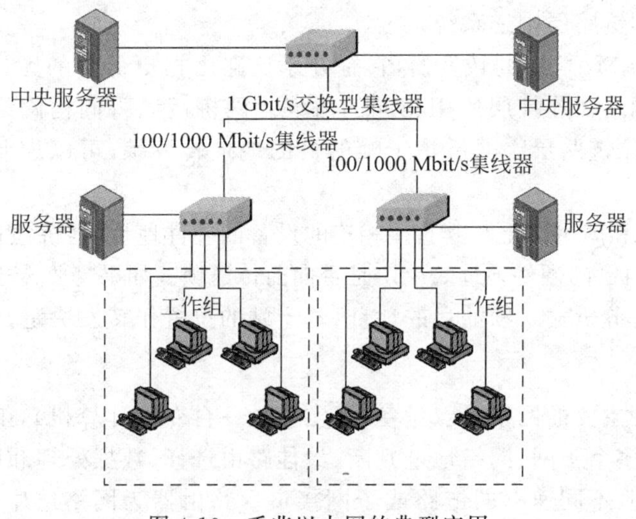

图 4-10　千兆以太网的典型应用

每个工作组的集线器既支持以 1 Gbit/s 的链路连到主干网集线器上,来支持高性能的工作组服务器;同时又支持以 100 Mbit/s 的链路连接到主干网集线器上,来支持高性能的工作站、服务器。

4.4.3 以太网的互连

将以太网连接起来有两个原因，一是扩展网络的地理覆盖范围，二是通过网络互连来划分业务负载。连接以太网的设备包括中继器、网桥、路由器、网关和信道业务单元/数据业务单元(CSU/DSU)。

1. 中继器

最简单的网络连接设备为转发器，用于两个网络物理层的连接，以增加其网段的有效长度。转发器不具有过滤功能，只是对所连接的网段进行信息流的简单复制，在OSI的第一层实现局域网的连接。转发器为物理层中继系统。

信号在网络媒介上传输时，将会随距离的增加而减弱。中继器从一个网络段上接收到信号后，将其放大并重新定时后传送到另一个网络，这样可防止由于电缆过长和连接设备过多而造成的信号丢失和衰减。

中继器用于连接网络之间的媒介部分，将若干段电缆作为一段独立的电缆对待，连接以太网的几段可以扩展网络。中继器接收输入端口的业务，然后在输出端口重传。集线器(HUB)是一个具有多个输出端口的中继器。中继器工作在OSI模型的物理层。

2. 网桥

网桥(又称为桥接器)具有过滤功能，能对输入的数据帧进行分析，并根据信宿的媒介访问地址(MAC地址)来决定数据的传送；网桥还具有高协议的透明性，适合广域网的连接。网桥为数据链路层中继系统。

网桥常被称为MAC层的转发器，它是处于比路由器更低层的无连接操作方式。网桥方式假定所有网络在连接层使用相同的协议。网桥用以将同构网络的不同部分连接起来，其工作在数据链路层。网桥基于帧的目的地址转发帧，可以控制数据流量和检测传输错误。

每个网桥都保留着网络上与其直接相连的设备的硬件地址，网桥检查信息帧的硬件目的地址，并且根据自己的硬件地址表决定是否向前传送帧。如果需要传送，则产生新的帧。

网桥的功能是分析输入帧的目的地址，基于站的位置作转发决定。

3. 路由器

路由器是一种主要的网络节点设备(其实就是一台专用计算机)，工作在OSI模型的网络层，具有互连多个子网、网络地址判断、最佳路由选择、数据处理和网络管理功能；可提供不同网络类型、不同速率的链路或子网接口。路由器为网络层中继系统，将为从一个以太网到另一个以太网的帧选择路由。路由器必须识别连接到路由器的以太网各段的网络层以选择路由。识别多个网络层的路由器称为多点协议路由器。

路由器的主要功能是决定最佳的数据传输路径，信息沿着该路径传输。路由器的另一个功能是帧的类型转换。路由器分为静态路由器和动态路由器。对于静态路由器，路由表通过网络管理员，由人工决定路由；对于动态路由器，其自动建立和刷新路由表，并可与网络的下一个路由器交换信息。

4. 网关

网关又称为网间连接器或信关。网关用于连接具有不同工作协议的主机设备，能通过在各种不同协议间的转换，实现网络间的互连。网关只需在某一高层的协议相同，而不必关注低层的协议；若高层协议不同则需进行协议的转换。网关是在网络层以上的中继系统。

5. 信道业务单元/数据业务单元(CSU/DSU)

从以太网到广域网，帧格式和信号类型都不同，CSU/DSU 可以完成帧格式和信号类型的转换。CSU/DSU 用于将以太网连接到广域网。例如，办公室以太网通过路由器连接起来，而路由器通过通信链路连接到帧中继网络。

4.5 IP 网络

IP 网络一般指互联网(Internet)的承载网，其以 TCP/IP 协议的开放性将各种不同的网络连接成一个互联网，使其融合为一个全球性的信息网络。近年来，IP 技术在网络结构、传输能力，以及业务开拓上都取得了巨大的进展。

4.5.1 TCP/IP 协议

TCP/IP(传输控制协议/互连协议)是当今计算机网络应用最广泛的互连技术，其拥有一套完整而系统的协议标准。TCP/IP 已成为全球用户和厂商所接受的应用广泛的工业标准。互联网是基于 TCP/IP 互连的计算机网络。

1. TCP/IP 协议分层结构

目前，TCP/IP 已成为一种得到广泛应用的事实上的互联网国际标准。其泛指以 TCP 和 IP 为基础的一组协议(而不是单指 TCP 和 IP 两个协议)，具有高可靠性、安全性、灵活性和互操作性的特点。

TCP/IP 协议分层结构如图 4-11 所示。

OSI/RM 层次	TCP/IP 层次
应用层	应用层
表示层	
会话层	
传输层	传输层
网络层	网际层
数据链路层	网络接口层
物理层	

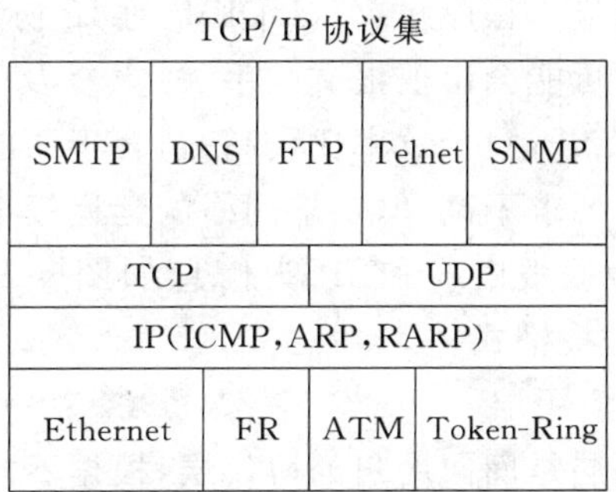

图 4-11　TCP/IP 协议分层结构

2. TCP/IP模型各层功能

(1) 网络接口层

网络接口层与OSI模型中的物理层和数据链路层以及网络层的部分功能相对应，负责接收从IP层交来的IP数据报，并将IP数据报通过底层网络(即能够支持TCP/IP高层协议的物理网络，如以太网、高速局域网、X.25网、ATM等)发送出去，或从底层物理网络上接收数据帧，抽出IP数据报交给网际层。该层所使用的协议为各通信子网本身固有的协议。网络接口有两种类型：设备驱动程序(如局域网的网络接口)以及含自身数据链路协议的复杂子系统(如X.25网中的网络接口)。

(2) 网际层

网际层作为通信子网的最高层，负责相邻节点之间分组数据报的传送，提供面向无连接的不可靠传输服务。TCP/IP协议提出了协议端口(简称端口)的概念，用于标识通信的进程。端口是操作系统可分配的一种资源。

IP协议规定了统一的IP数据报格式，以消除各通信子网的差异，所以采用不同物理技术的网络也可在网际层上达到统一。

网际层主要协议是无连接的IP协议。与其配合使用的协议有互联网控制报文协议(ICMP)、地址解析协议(ARP)、反向地址解析协议(RARP)等。

网际层把传输层送来的消息封装成IP数据报，并使用路由算法来选择是直接把数据发送到目的地还是先交给中间路由器，然后交给下层(网络接口层)去发送；同样，该层对接收到的IP数据报还要进行类似的处理，包括检验其正确性，使用路由算法来决定对IP数据报是向下一站转发或交给本机的上层协议去处理。

(3) 传输层

在TCP/IP网络体系结构中，传输层的作用与OSI参考模型中传输层的作用相同，即在不可靠的互连网络上，实现可靠的端到端字节流的传输服务，以增强网络层提供的服务质量(QoS)。传输层提供了传输控制协议(TCP)和用户数据报协议(UDP)。

TCP协议是一个面向连接的数据传输协议，向服务用户(即应用进程)提供可靠的、全双工字节流的虚电路服务。TCP协议可自动纠正各种差错，并支持许多高层协议，是目前广泛使用的一种数据传输协议。

UDP是无连接的数据传输协议，向服务用户提供不可靠的数据报服务，其将可靠性问题交给应用程序解决。UDP是对IP协议集的扩充(即依赖于IP协议传送报文)，所提供的服务可能会出现报文的丢失、重复及失序等现象。但UDP协议是一种简单的协议机制，通信开销小，效率比较高，适合于面向请求/应答式的交互型应用，也可应用于那些对可靠性要求不高，但要求网络的延迟较小的场合，如语音和视频数据的传送。

IP数据报格式和IP头信息如图4-12所示。图示格式称为“IPv4”(IP协议的第4版)数据报格式。

(4) 应用层

应用层是面向用户的协议层，根据不同的应用场合，其对网络的需求也各有差异。

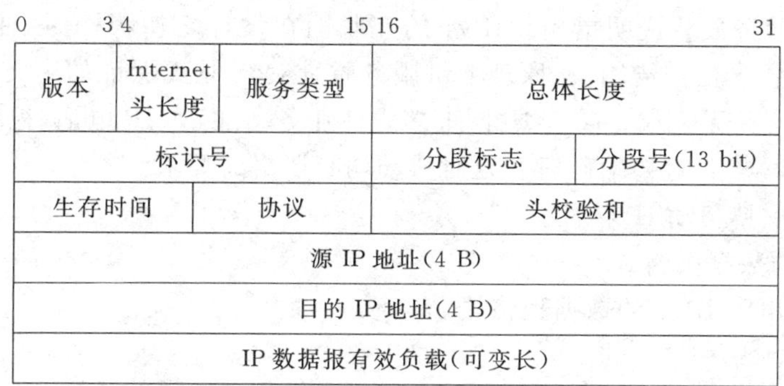

图 4-12　IP 数据报格式和 IP 头信息

早期的应用层协议有远程登录协议(Telnet)、文件传输协议(FTP)和简单邮件传输协议(SMTP)等。

新的应用层协议包括：用于将网络中主机名映射成 IP 网络地址的域名服务(DNS)协议，用于网络新闻的传输协议(NNTP)，以及用于从互联网上读取页面信息的超文本传输协议(HTTP)等。

在互联网所使用的各种协议中，最重要的协议是传输控制协议(TCP)、用户数据报协议(UDP)和网际协议(IP)。

3. IPv6 协议简介

IPv6 是 IP 协议的第 6 版，也称为下一代互联网协议。

目前的互联网统一采用 TCP/IP 体系中的 IP 协议(即 IPv4 协议)。经过多年发展，原 IPv4 地址协议已出现明显的局限性，最主要的问题是 IP 地址已经不能满足需要。IPv4 的 IP 地址约为 40 多亿，但因为美国掌握了绝对的控制权，在 IP 地址资源的分配上，明显不利于美国以外的国家。随着应用范围的扩大，IPv4 面临诸多严重问题，如地址枯竭、网络号码缺乏、路由表急剧膨胀等。因此，以 IPv6 为核心的下一代互联网就提上了日程。

(1) IPv6 的特点

① 简化的数据报头和灵活的扩展。以减少处理器开销并节省网络带宽。

② 层次化的地址结构。IPv6 将现有的 IP 地址长度扩大 4 倍，由当前 IPv4 的 32 位扩充到 128 位，以支持大规模数量的网络节点。IPv6 采用了层次化的地址结构，以利于骨干网路由器对数据报的快速转发。

③ 即插即用的联网方式。IPv6 具有自动将 IP 地址分配给用户的标准功能。计算机一旦连接上网络，即可自动设定地址，使最终用户用不着费时进行地址设定，并可以大大减轻网络管理者的负担。

④ 网络层的认证与加密。IP Sec(IP 安全协议)是 IPv6 的一个组成部分(IP Sec 在 IPv4 中是一个可选扩展协议)。IP Sec 的主要功能是在网络层对数据分组提供加密和鉴别等安全服务，提供了认证和加密这两种安全机制。作为 IP Sec 的一项重要应用，IPv6 集成了虚拟专用网(VPN)的功能，易于实现更为安全可靠的虚拟专用网。

⑤ 更多的服务质量说明措施。IPv4的互联网在设计之初,只有一种简单的服务质量,即采用"尽最大努力"传输,从原理上讲服务质量QoS是无保证的。文本传输、静态图像等传输对QoS并无要求。随着IP网上多媒体业务增加,如IP电话、视频点播(VOD)、电视会议等实时应用,对传输延时和延时抖动均有严格的要求。

⑥ 可直接支持移动IP特性。

(2) IPv6的数据报格式

图4-13示出了IPv6的数据报格式。

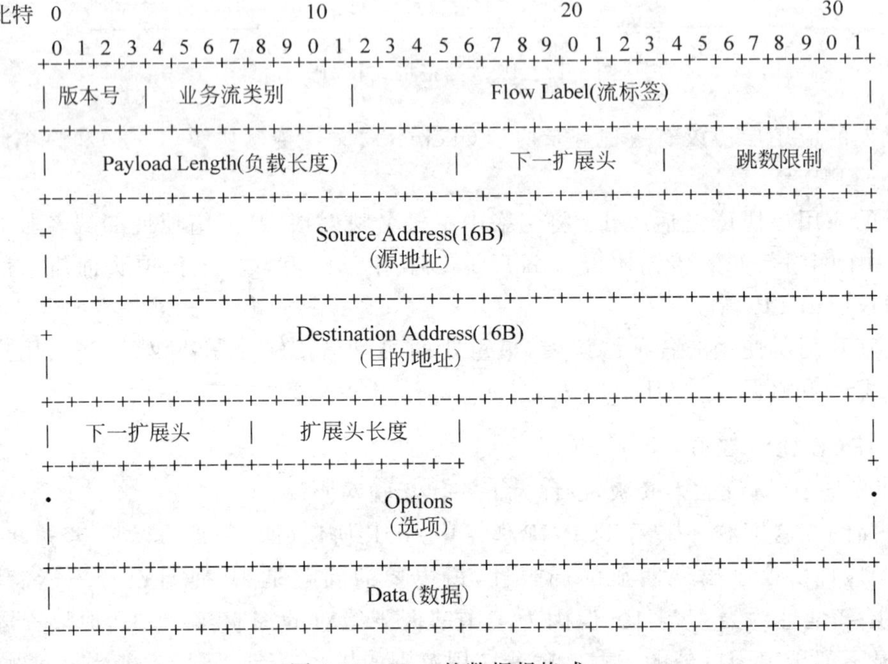

图4-13 IPv6的数据报格式

IPv6数据报的格式包含一个8位的业务流类别(以某种方式相关的一系列信息包)和一个新的20位的流标签,其目的是允许发送业务流的源节点和转发业务流的路由器在数据报上加上标记,并进行除默认处理之外的不同处理。

4.5.2 IP网络基本原理

TCP/IP协议采用了一种全网通用的地址格式,为全网的每一网络和每一主机都分配一个网络地址,该地址称为IP地址。互联网是在IP层用路由器互连的网络,在IP网上给每一个主机分配一个在全球范围内的唯一的32位IP地址(逻辑地址)。IP网用IP地址寻址并传送数据。为了提高IP地址的使用效率,可将IP网划分成许多子网,并使用子网掩码来表示。掩码为32位,其中的"1"和"0"分别用于识别IP地址中的网络部分和主机部分。

IP网采用无连接的数据报方式传送数据,而路由器作为IP网的节点对数据报进行转发和过滤，路由器根据 IP 地址采用查找路由表的方法将一个包从一个网转发到另一个网。

1. IP 地址与域名

为了在网络环境下实现计算机之间的通信，网络中任何一台计算机必须有一个地址，而且该地址在网络上是唯一的。用这个地址可以在这个网络中唯一地标识出这台计算机。在进行数据传输时，通信协议必须在所传输的数据中增加发送信息的计算机地址（源地址）和接收信息的计算机地址（目标地址）。

（1）IP 地址

互联网中为每台计算机分配了一个唯一识别的地址（即 IP 地址）。IP 地址是互联网主机的一种数字型标识，由网络标识（Net ID）和主机标识（Host ID）组成。

目前使用的互联网网际层协议 IP 协议版本（IPv4）的规定是：IP 地址的长度为 32 位。整个互联网的地址空间可以分为 A 类、B 类和 C 类网络地址空间三个子空间。

A 类网络：地址空间包括 126 个网络地址，每个 A 类网络中最多可以有16 387 064 台主机。A 类网络适用于主机较多的大型网络。

B 类网络：地址空间包括 16 256 个网络地址，每个 B 类网络中最多可以有 64 516 台主机。B 类网络适用于中等规模网络。

C 类网络：地址空间包括 2 064 512 个网络地址，每个 C 类网络中最多可以有 254 台网络主机。C 类网络适用于主机较少的小型网络。

整个互联网的 IP 地址空间包括 200 多万个各类网络，最多可包括 36 亿台主机。目前所出现的 IP 地址不够用的现象，一是由于 IP 地址被大量分配，二是许多地址已分配给申请者而并未充分利用。因此，必须注意合理使用地址资源的问题。

（2）域名

IP 地址是一种数字型标识，不便于记忆，因而提出了字符型的域名标识。目前互联网上使用的域名是一种层次型命名法，其与互联网的层次结构相对应。域名使用的字符包括字母、数字和连字符，而且必须以字母或数字开头和结尾。整个域名总长度不得超过 255 个字符。在实际使用中，每个域名的长度一般小于 8 个字符。

一台计算机可有多个域名（用于不同的目的），但只能有一个 IP 地址。一台主机从一个地方移到另一个地方，当它属于不同的网络时，其 IP 地址必须更换，但可保留原域名。

域名采用层次结构，每一层构成一个子域名，子域名之间用圆点隔开，自左至右分别为计算机名、网络名、机构名、最高域名。例如：www. tsinghua. edu. cn，该域名表示中国（cn）教育科研单位（edu）清华大学（tsinghua）的一台 Web 服务器（www）。

（3）地址解析与域名解析

IP 地址是主机在抽象的网络层中的地址，不能直接在链路层寻址，故不能直接用来通信。若要将网络层中传送的 IP 数据报交给目的主机，还需要传送到链路层转换为帧后才能发送到实际的网络上。将 IP 报转换为物理地址（或 MAC 地址）的过程称为地址解析。地址解析采用的具体方法因底层网络的不同而异，当链路层为以太网时，互联网采用的地址解析协议是ARP协议。

用户一般使用易记忆的主机名(域名),故需在主机域名和IP地址之间进行转换,该转换过程称为域名解析。域名翻译成IP地址的软件称为域名系统(DNS)。DNS的功能相当于一本电话号码簿,已知姓名即可查到电话号码,号码的查找自动完成。完整的域名系统可以双向查找,即可完成域名和IP地址的双向映射。装有域名系统的主机称为域名服务器。域名系统一般设计为一个联机分布式数据库,采用分布式的层次结构的命名树作为主机的域名。由于系统是分布式的,因此即使单个计算机出现故障,也不会妨碍整个系统的正常运行。

2. IP网络服务的特点

① 不可靠的服务。不能保证投递,分组可能丢失、重复、延迟或不按序投递,服务不检测分组是否正确投递,也不提醒收发双方。

② 无连接的服务。每个分组独立选路,乱序到达。

③ 尽力投递的服务。互联网软件并不随意放弃分组,只有当资源用尽或底层网络出现故障时才可能出现不可靠性。

IP网络所提供无连接的服务方式的优点:

① 设施灵活。可处理各种网络(其中某网络本身就是无连接的),对网络成员要求很少。

② 服务健壮。由于使用无连接的数据报传递方式,若一个节点出现故障,其后的分组可寻找替换路由以绕过该节点。

3. IP数据报的封装与转发

(1) 虚拟数据报

由于路由器需要连接异构物理网络,而不同类型(异构)的物理网络的帧格式有可能不同。为了克服异构性,IP协议定义了一种虚拟的通用数据报,其独立于底层硬件,该数据报可以无损地在底层硬件中传输。

(2) 封装

当主机或路由器处理一个数据报时,IP软件首先选择数据报发往的下一站,然后通过物理网络将数据报传给下一站。因网络硬件不了解IP数据报的格式和互联网的寻址,此时底层物理网络通过底层封装来传送IP数据报。其过程为:将IP数据报封装入物理网络帧的数据区内;发送方与接收方在帧的类型域中的值达成一致,以标识该帧的数据区为一个IP数据报;将下一站的IP地址解析成物理地址,添入帧头的目的地址域。

IP包的封装过程如图4-14所示。

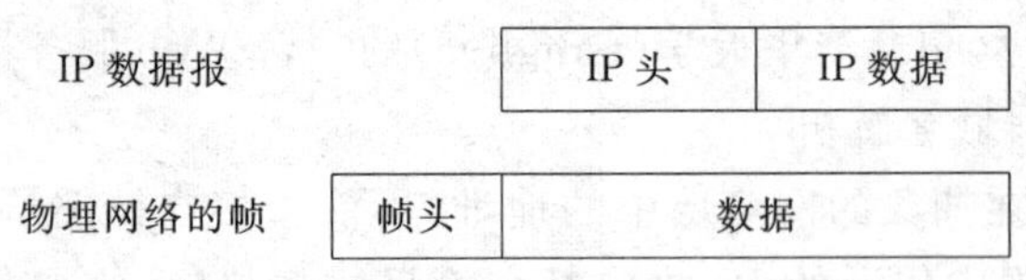

图4-14 IP包的封装过程

在通过互联网的整个过程中，帧头未累加，只有在 IP 数据报要通过一个物理网络时才进行底层封装，封装后的帧携带 IP 数据报通过物理网络到达下一站（路由器或主机）后，从帧中取出数据报同时丢弃帧头，选路并重新封装到一个输出帧。

（3）IP 数据报的转发过程

路由选择（选路）指选择一条路径发送数据报的过程，可分为直接投递和间接投递。

直接投递指在一个物理网络上，数据报从一台计算机上直接传送到另一台计算机，仅当两台计算机连到同一底层物理传输系统时才能进行直接投递。它有两种情况：源站点与目的站点在同一个物理网络上；在数据报从源站点到目的站点路径的最后一个路由器上（该路由器与目的站点在同一物理网络上），故最后一个路由器使用直接投递来投递数据报。

间接投递指当目的网点不在一个直接连接的网络上时进行的投递，发送方必须把数据报发给一个路由器才能投递数据报。

在路由器中主要包括两项基本内容：目的网络地址和下一跳地址。路由器根据目的网络地址来确定下一跳路由器，可将整个 IP 数据报的转发过程分为间接交付过程和直接交付过程。

间接交付过程：IP 数据报由目的地址设法找到目的主机所在网络上的路由器。

直接交付过程：目的网络上的路由器将 IP 数据报传送到目的主机。

在多数情况下，互联网是基于目的主机所在网络的路由，但也支持特定主机路由（指对特定的目的主机指明一个路由）。

路由器还可采用默认路由，IP 选路软件首先在选路表中查找目的网络，若表中无匹配的路由项，则把数据报发送到一个默认路由器上。

4. 路由器转发原理

（1）路由器基本功能

路由器是一种主要的网络节点设备，是 TCP/IP 网际层（OSI 网络层）中继系统。其具有互连多个子网、网络地址判断、最佳路由选择、数据处理和网络管理功能。可提供不同网络类型、不同速率的链路或子网接口。

路由器在网际层（IP 层）提供连接服务，多协议路由器可连接使用完全不同的网络层、数据链路层和物理层协议的网络。路由器操作的 OSI 层次比网桥/集线器高，故路由器提供的服务更为完善，例如路由器可以判断网络号，而网桥/集线器则不能。

路由器可根据传输费用、转接时延、网络拥塞或信源和终点间的距离来选择最佳路径。路由器了解整个网络的状态，维持互连网络的拓扑，可使用最有效的路径转发分组，这是路由器与网桥的另一个重要差别。

（2）路由器的控制平面与数据通道

路由器内部可以划分为控制平面和数据通道。

在控制平面上，路由协议可以有不同的类型。路由器通过路由协议交换网络的拓扑结构信息，按照拓扑结构动态生成路由表。路由表中存储有关目的网络以及到达目的网络途径的信息。

在数据通道上，当从输入线路接收 IP 分组后，通过分析与修改分组头，可使用转发表查找下一步路由器的 IP 地址(即下一跳地址),把数据交换到输出线路上,向相应方向转发。转发表由路由表生成并有直接对应关系,但其格式和路由表不同,更适合实现快速查找。转发的主要流程包括线路输入、分组头分析、数据存储、分组头修改和线路输出。

若两台设备连到同一底层物理传输系统(例如同一个以太网中),就能进行直接交付,而不用通过其他路由器转发。此时需要通地址解析协议(ARP)把 IP 地址转换成底层物理地址,若在以太网中则向 MAC 地址转换。

(3) 路由选择

路由选择是指选择通过网络从源节点向目的节点传输信息的通道,并有多种具有不同特性的路由选择算法。信息可能通过多个中间节点进行转发,有多种路径可以选择,需要使用某种算法进行路由选择。常用的路由协议有路由信息协议(RIP)、开放最短路径优先协议(OSPF)等。

为了实现路由选择,每个主机和路由器上维持一张路由选择表,这张路由选择表为每个可能到达的目的网络给出了互联网数据报应当被发送的下一段路由。

路由选择表可能是静态的,也可能是动态的。使用静态路由表的网络,需要在路由表中包含替换路由,以便在某个路由器无效时进行替换。动态路由表更加灵活,可以响应差错控制和拥塞的状态。例如在互联网中,当某个路由器发生故障时,其所有邻站都会发出一个状态报告,以使其他路由器和站点更新各自的路由选择表。

【例 4-3】 路由器互连。

图 4-15 为路由器互连示意图。

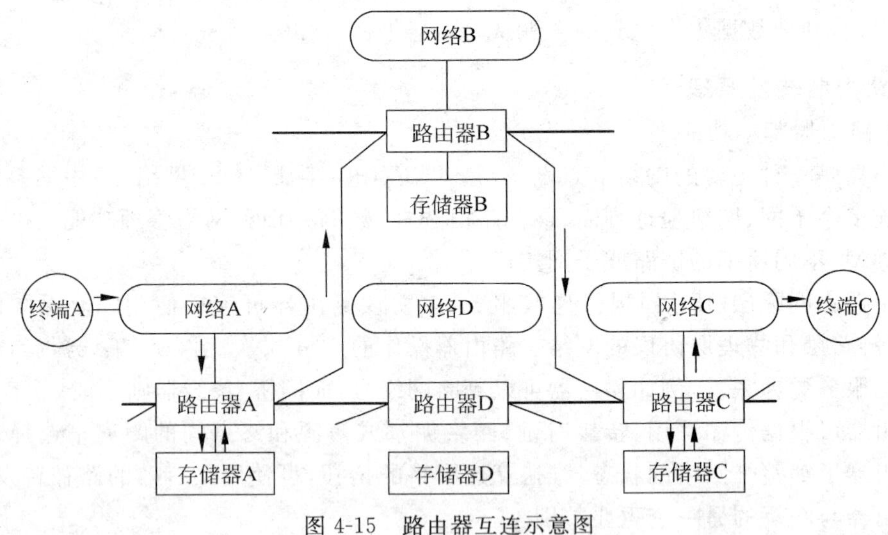

图 4-15 路由器互连示意图

5. 应用层服务模式

网络通信量的大小和效率的高低是决定一个通信系统整体运行效率的主要因素。

TCP/IP 应用层直接为用户的应用进程(即运行中的计算机程序)提供服务。应用层的具体内容是规定应用进程在通信时所遵循的协议。目前互联网最流行的计算模式是客户机/服务器模式和对等网(P2P)模式。

(1) 客户机/服务器(Client/Server)模式

客户机/服务器模式是指将网络中需处理的工作任务分配给客户机端和服务器端共同完成。该模式将应用分解,把较复杂的计算和重要资源交给网络上的服务器进程,而把一些频繁与用户打交道的计算任务交由较简单的客户端进程来完成。

在客户机/服务器模式下,客户机是服务请求方,服务器是服务提供方。例如当进程A需要进程B的服务时,就主动呼叫进程B,在这种情况下,A是客户机而B是服务器。

客户机与服务器的通信关系一旦建立,通信则为双向的,客户和服务器都可以发送和接收信息。建立通信关系的主要步骤为:由客户机发起连接建立请求,服务器接受该请求并建立起连接。

在客户机/服务器模式中,两者之间传递的是服务请求和服务的结果,不仅实现了客户机和服务器的合理分工和协作,充分发挥各自的处理能力,且极大地减少了网络通信量,综合提高了网络的性能。

同时,客户机/服务器模式对客户端的要求不高,能较好地适应互联网中客户端多样化的特点,使得通过简单的终端即可完成复杂的工作。

随着信息的全球化,区域界限已经被打破,电子商务作为互联网的强大的驱动力,驱使客户机/服务器模式从局域网向广域网延伸。在互联网的环境下实现数据的客户机/服务器模式正是目前的流行趋势。

(2) P2P模式

P2P(peer to peer)称为对等网或点对点技术。P2P是一种网络模型,在该网络中所有的节点是对等的(称为对等点),各节点具有相同的责任与能力并协同完成任务。对等点之间通过直接互连共享信息资源、处理器资源、存储资源甚至高速缓存资源等,无须依赖集中式服务器或资源即可完成。

相对于客户机/服务器模式,P2P模式的主要优点如下:

① 对资源的高度利用。在P2P网络上,空闲资源有机会得到利用,所有节点的资源总和构成了整个网络的资源,整个网络可以被用作具有海量存储能力和巨大计算处理能力的超级计算机;而在客户机/服务器模式下,客户端的闲置资源无法被利用。

② 各对等点都向网络贡献资源。在P2P网络中,每个对等体都是活动的参与者,对等点越多,则网络的性能越好,随着规模的增大网络将愈发稳固;而随着节点的增加,客户机/服务器模式下的服务器的负载将越来越重,形成系统瓶颈,服务器一旦崩溃将导致整个网络瘫痪。

③ 信息在网络设备间直接流动,高速及时,降低中转服务成本。

④ 对等点存在,网络即活动。P2P网络中的节点所有者可随意将己方信息发布到网络上;而客户机/服务器模式下的网络完全依赖于中心点,网络若无服务器就将失去意义。

P2P的不足之处在于其不易管理,且P2P网络中数据的安全性难以保证。而对客户机/服务器模式,只需在网络中心点进行管理。

因此,在安全策略、备份策略等方面,P2P的实现要复杂一些。另外,由于对等点可以随意地加入或退出网络,会造成网络带宽和信息存在的不稳定性。

4.5.3 互联网结构与接入

互联网是由分布在世界各地共享数据信息的计算机所共同组成,这些计算机通过电缆、光纤、卫星等连接在一起,包括了全球大多数已有的局域网(LAN)、城域网(MAN)和广域网(WAN)。

1. 互联网结构

互联网是在IP层用路由器互连的网络,在IP网上给每一个主机分配一个在全球范围内的唯一的32位IP地址(逻辑地址)。IP网用IP地址寻址并传送数据。

互联网结构示意图如图4-16所示。

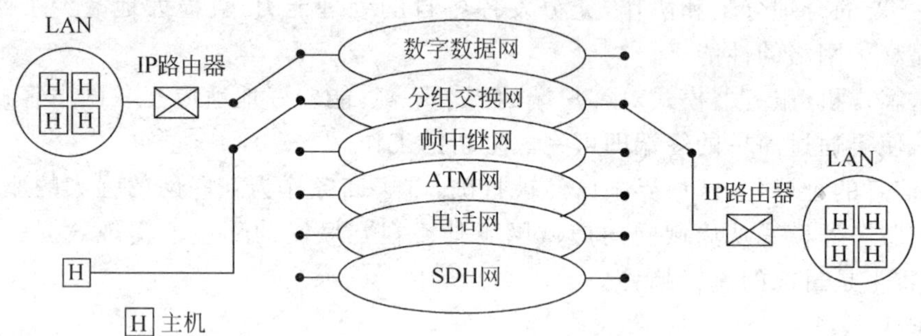

图4-16 互联网结构示意图

在互联网结构中,局域网经过路由器连入广域网。信息在计算机网络中是按存储、转发方式进行传递的,这与日常生活中的信件邮递有些相似。

用户信息被放在一个个分组中,每个分组都有一个"信封",上面有收信人、发信人地址等信息。这些"信"送到路由器(是互联网的网络交换机,相当于"邮局"),路由器根据收件人地址向下一个路由器转发,直到最终交给用户。

对于日常信件,由于每一个国家的邮局都有自己的语言、信封格式和邮政编码体系,因此跨国信件的信封通常要用世界通用的英语书写,并要符合对方的信封格式。同样,在互联网中不同的网络可能使用不同的分组格式,其间互连时就要转换为通用的分组格式,互联网协议(IP)就是网络互连协议的工业标准。

信件有普通平信和挂号信等种类。邮政局对平信不作记录,不保证平信的准确送达。IP分组就相当于平信,网络不保证IP分组的正确送达(实际上丢失概率很小)。IP是数据报协议,是无连接的网络层协议("无连接"表明其"不保证性");其比较简单,易于在各种广域网、局域网中实现,使得整个网络具有灵活的拓扑结构,便于网络互连和扩展。

由于网络不保证IP分组的正确性和完整性,用户之间需要有相应的差错监测和重发措施,即传输控制协议(TCP)的作用。

2. 互联网的接入

互联网的接入是指将主机连接到互联网的边缘路由器(主机到任何其他远程主机的路径上的第一台路由器)的物理链路。

互联网的接入形式如图 4-17 所示。

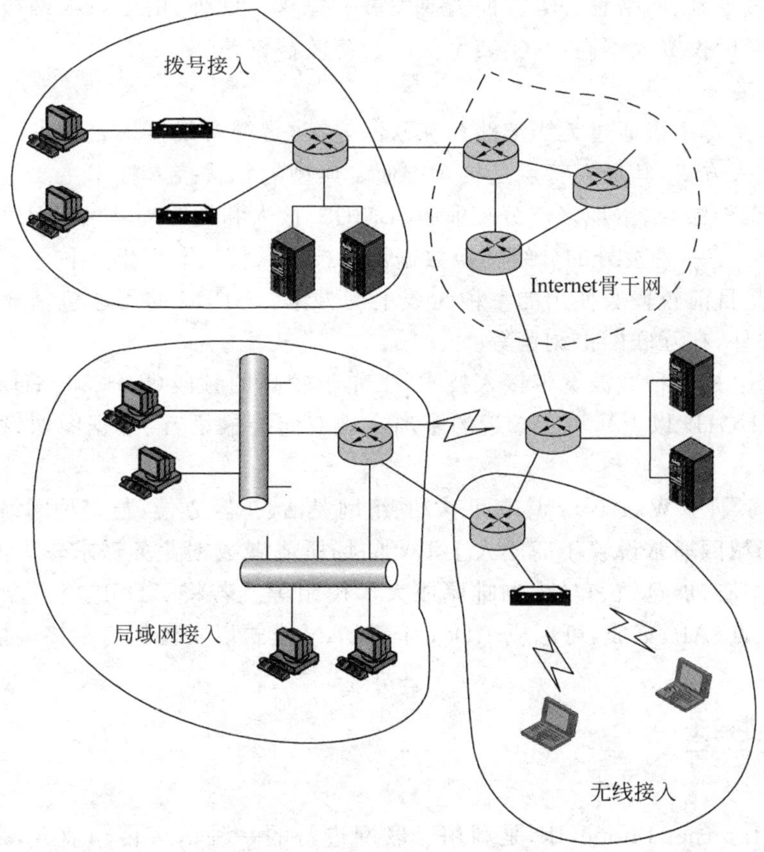

图 4-17　互联网的接入形式

(1) 拨号接入

拨号接入技术主要包括电话线上网、ISDN 上网、ADSL 上网和 Cable Modem 上网。

① 电话线上网：使用普通调制解调器(Modem)，是早期速率较低的一种接入方式。

② ISDN 上网：利用 ISDN 的 2B+D 接口，用户可在一条电话线上(同一用户号码)实现两路不同方式的同时传输，可同时上网和通话。

③ ADSL 上网：其在用户线两端各安装一个 ADSL 调制解调器，是一种非对称的数字用户线。ADSL 在同一铜线上分别传送数据和语音信号，其上行速率为 640 kbit/s～1 Mbit/s，下行速率为 1～8 Mbit/s，有效传输距离为 3～5 km。

④ Cable Modem 上网：用户通过有线电视网进行高速数据接入，在 50 MHz 以上的频段(多在 550 MHz)用电视的 6 MHz 带宽提供下行信道，在 5～50 MHz 频段开辟上行信道。利用 Cable Modem 接入互联网的主要问题为有线电视网大多不具备双向能力，而网络改造的费用则非常昂贵。

(2) 以太网接入技术

以太网接入利用了其简单、低成本、可扩展性强、与 IP 网络和业务融合性好等特点，将局域网上的主机与互联网连接，常用于公司、校园、小区等主机上网。由于以太网本质上是一种局域网技术,用于公用电信网的接入网时,在认证计费和用户管理、用户和网络安全、服务质量控制、网络管理等方面需要发展和完善。此外,由于以太网接入还需要进行综合布线,初期投资成本高,在实装率低时经济效益较差。

(3) 无线接入

无线接入是将主机通过无线链路与互联网连接,是继有线接入之后发展起来的另一种互联网的接入方式,其最大特点是接入方便。典型的无线接入技术主要包括通用分组无线业务(GPRS)接入、本地多点分配业务(LMDS)接入和无线局域网(WLAN)接入等。

① GPRS:是一种拨号的分组交换数据传送技术。使用GPRS上网下载资料和通话可同时进行,是目前较普遍使用的一种无线上网方案。GPRS的用途包括通过手机发送及接收电子邮件,在互联网上浏览等。

② LMDS:是一种微波宽带接入技术,工作于较高的频段(24~39 GHz),可提供很宽的带宽(达1 GHz以上),可在较近的距离实现双向传输语音、数据图像、视频、会议电视等宽带业务。

③ 无线局域网(WLAN):具有可移动、组网灵活、扩容方便、与多种网络标准兼容等优点。无线局域网通常设置于商旅人士汇聚的场所或者数据业务需求较大的公共场合,如机场、会议中心、展览馆、宾馆、咖啡屋或大学校园等。若将ADSL用户端设备和无线局域网的接入点(AP)集成,可形成ADSL+WLAN模式以实现家庭多终端接入。

4.6 IP电话

IP电话(Internet Phone,IP)是利用互联网进行的一种语音传输业务,是计算机、网络和通信结合的产物。IP电话网是基于多种通信网来实现网络电话业务的通信网,是现代数据通信网的业务网之一。

4.6.1 IP电话概述

IP电话是在互联网及其他基于IP协议的包(分组)交换机制上所发展的一种电话通信业务。IP电话是网络电话,其利用互联网作为传输媒体,实现计算机到计算机(PC to PC)、电话到电话(Phone to Phone)、计算机到电话(PC to Phone)的语音通信。

1. IP电话的工作原理

① 先将公共电话交换网(PSTN)传来的电话语音转换为数字信号。

② 经过语音压缩算法对语音数据进行压缩编码处理。

③ 将语音数据按TCP/IP标准进行打包。

④ 通过TCP/IP协议网络(包括互联网、ATM、帧中继等)和其他种类的数据包(数据、E-mail、图像等)一同传送。

⑤ 在接收端经过重组这些语音数据包再解压、解码,转换为正常的实时语音。

⑥ 通过PSTN送到最终接收方。

2. IP 电话的应用特点

IP 电话的主要应用特点如下：

① IP 技术。是通信领域的新潮流，符合未来的发展方向，其市场潜力十分可观。

② 分组交换技术。可实现信道的统计复用，使得网络资源的利用率更高，从而降低了运营投入成本。

③ 传播信息容量大。IP 电话形态多样，迅速方便，形成了以传播信息为中心的跨国界、跨文化、跨语言的全新的传媒方式。

④ 通话费用低。IP 电话是以数据流量或连接时间来计费，而没有长途的概念，大大降低了长途通话费用。

IP 电话与 PSTN 电话业务相融合是当前的发展趋势。随着移动通信、卫星通信和智能网技术的发展，PSTN 也成为移动电话网和数字用户环线的交换网络。因此，IP 电话与 PSTN 相结合，能够更迅速、更有效地占领电话市场。在现阶段，由于互联网设施以及服务质量问题，IP 电话仍无法与 PSTN 相比，只能逐步分流传统电话业务（以长途电话业务为主），尚不能完全取代。

3. IP 电话的通话质量问题

决定 IP 电话质量的主要因素是时延和语音质量。

时延是指传输延时，其影响电话交谈的节奏，而且较长的时延会产生很强的回波，使网关回波消除电路的功能复杂化。

语音质量指接收端合成语音的可懂度、自然度和清晰度，反映了语音数据包所包括的内容，以及语音受干扰的程度。

影响通话质量的有回波、抖动与时延三大问题。由于目前的网关设备对回波和抖动已采取了相关的抑制措施，IP 电话的主要技术难题在于解决时延来提高通话质量。

时延是指从发话方开始说话到受话方听到所说内容的时间。当时延大于 300～400 ms 时，还原后的语音质量严重下降。时延越长，所需的用于消除回波的计算机指令的时间就越多。时延的产生原因与网络流量及拥塞程度有关。在低速信道或信道太拥挤时，可能会导致长时间的时延或丢失数据包的情况。一旦数据包丢失，话音质量就会明显地下降。

提高 IP 电话的通话质量的主要措施如下：

① 接入网络应该有足够带宽。网关设备与国外互联网的连接应有多条路由的自动选择机制，以便在电路拥塞时可以自动合理选择路由，分配流量走向，以减少延迟。

② 改善 IP 电话中使用的语音压缩技术。若能使用 2.4 kbit/s 速率传送语音，则语音所占频带将大幅度下降，有利于提高网络使用率和通话质量。

③ 采用优先传输语音信息的方法。语音传输的优先级应高于数据信息的传输，以减少延迟，保证通话流畅，从而提高 IP 电话的质量。

IP 电话是采用 IP 数据报进行传送的，所以和传统的实时电话通信有本质的区别。由于互联网面向无连接的数据网络，没有业务质量保障，因此会存在分组丢失、失序到达和时延抖动等情况，需要采取特殊的步骤来保障一定的业务质量。

由于IP电话的国际标准还处在不断发展和完善之中，特别是涉及不同域之间、网关与网关之间的通信标准等还在讨论中，直接影响到IP电话中不同厂商产品的互通性；同时，需要解决不同域之间的用户漫游问题、路由问题，以及不同运营者之间业务互通、计费结算等问题。

4. IP电话的优势与发展

IP电话在节省带宽、提高信道利用率上较传统电话具有优越性。这主要来自语音压缩及异步时分复用技术。

与传统的长途电话相比，IP电话在经济上具有明显的优势。一方面是由于IP电话所具有的技术特点，另一方面也是由于资费政策的不同。当前，互联网的资费政策主要是基于数据业务的考虑，网上数据业务的特点是用户通信时间较长、传送的业务量大、突发性强。另外，IP协议属于无连接通信方式，没有复杂的信令开销，也不保证服务质量(QoS)，因此计费率比现有长途电话低得多。

IP电话的真正价值并不在于单纯用作传统长途电话的替代，而是将作为未来IP网上实时多媒体应用的一个重要组成部分。

4.6.2 IP电话系统的组成

IP电话系统是由IP电话网关(GW)和网闸(GK)及其支持部件组成。通过这些IP电话设备，将公共电话交换网(PSTN)和IP网络互连在一起，利用IP网络的经济性，最大限度地使用网络资源。

1. IP电话协议

支持IP通信网的相关协议主要分为H.323协议和SIP协议两大类，两者的主要区别在呼叫建立和控制方面。

(1) H.323协议

H.323协议是ITU-T多媒体通信协议系列中的一部分，其提供了窄带可视电话的技术要求，包括基于X.25网的话音、视频、数据和控制等协议。H.323协议支持点到点通信以及点到多点通信。H.323包括如下子协议：图像压缩解压协议、话音压缩解压协议、数据通信协议、呼叫控制协议、系统控制协议等。H.323提供了窄带多媒体通信所需要的所有子协议，但其控制协议非常复杂。

(2) SIP协议

SIP协议(会话初始化协议)是简单的呼叫控制协议，仅提供了呼叫的建立、控制和拆除等功能。SIP工作在应用层上，可采用TCP或UDP作为其传输协议。由于SIP仅用于初始化呼叫，不涉及数据传输过程，由此产生的附加传输代价远远小于H.323。SIP提供了其他协议所类似的服务，但更简单，扩充性好，适合大规模应用。

目前，我国的IP电话网大都采用H.323协议。由于IP电话的互操作性及其他技术问题尚未完善，ITU等标准化组织正在积极制定和完善相应的IP电话协议和标准。

2. IP电话系统基本组成及功能

IP电话系统由终端设备(TE)、网关、网闸和多点控制单元(MCU)等基本组件组成，主要设备的作用和功能如下：

(1) 终端

终端是提供实时、双向通信的用户设备。其支持语音通信，而视频和数据通信可选。

(2) 网关

网关是 IP 网络与 PSTN/ISDN/PBX 网络间的接口设备，也是实现 IP 电话通信的核心与关键设备。其主要功能有：提供与电话网互连的接口以及与 IP 网络互连的接口，完成语音的压缩编码，通信协议的转换，执行路由的选择，计费数据的生成，为主叫电话用户提供语音提示功能。上述功能基本上都由软件完成，包括语音呼叫的打包、压缩和解压缩等。

(3) 网闸

网闸(又称为关守)负责用户的注册和管理。其主要功能包括地址映射、呼叫验证和管理、带宽控制、呼叫记录、使运营商有详细的原始数据进行收费、区域管理等。多个网关可由一个网闸来管理。

(4) 多点控制单元

多点控制单元支持 3 个及以上终端设备的会议式通信，以完成对用户的扩充。

IP 电话系统的基本构成示意图如图 4-18 所示。

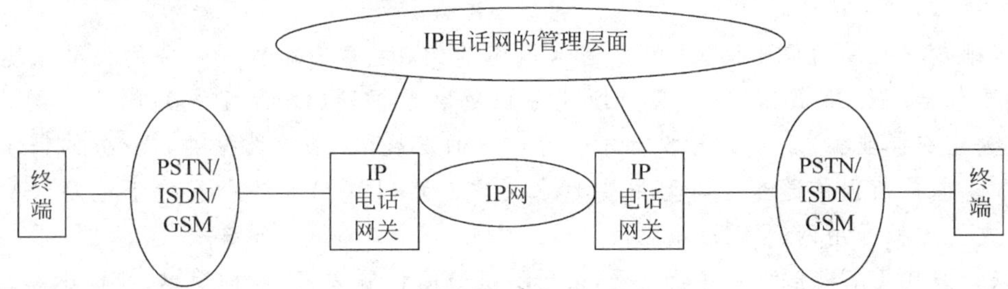

图 4-18 IP 电话系统的基本构成示意图

我国 IP 电话系统的组网结构如图 4-19 所示。

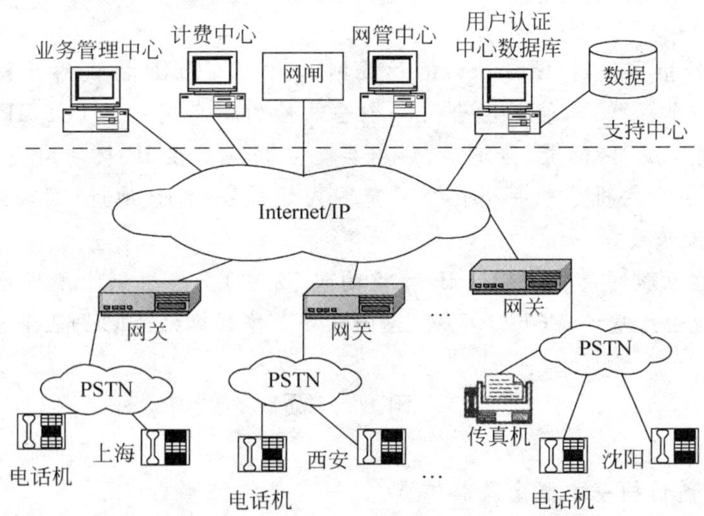

图 4-19 我国 IP 电话系统的组网结构

本章小结

数据通信是计算机通信的基础,是以传输和交换数据为业务的一种通信方式。计算机通信网由通信子网和本地网(用户资源子网)及通信协议组成。在大多数场合,数据通信网是指计算机通信网中的通信子网,即由电信部门组建的公共数据通信网。

计算机通信网络是由多种计算机和各类终端设备通过通信线路连接起来的复杂系统,涉及路由选择、流量控制、差错控制、接口与通信等技术。

通信网络互连是由各种网络参照一定的规范标准,使用一定的连接设备而构成新的更大的网络,实现最大限度的互连。网络体系结构是对构成网络各组成部分以及实现功能的一组精确定义,具体实现则需由硬件和软件来完成。国际标准化组织制定了开放系统互连(OSI)参考模型。

通信网络协议是网络间进行互通的约定和语言。通信网络服务是指相邻的下层向上层提供通信能力或操作而屏蔽其细节的过程。从通信的角度看,各层所提供的服务可分为面向连接服务和无连接服务两种。网络的安全性包括保密性、安全协议的设计和接收控制。

基础数据网属通信子网,是由电信部门组建的、运营基础数据业务的公共数据通信网,主要包括:X.25数据网(分组交换业务)、数字数据网(DDN业务)、帧中继网、ATM(快速分组交换业务)等。随着各行各业信息化的发展,对基础数据通信业务的需求将不断增加。基础数据传送业务类型主要为永久虚电路(PVC)业务和交换虚电路(SVC)业务,并支持虚拟专用网(VPN)等应用。

以太网是共享媒介的一种数据网,采用随机访问控制方式,结构简单,性价比高。以太网从最初的同轴电缆上共享10 Mbit/s传输技术,发展到现在双绞线和光纤上的100 Mbit/s甚至1 Gbit/s的传输技术、交换技术等,应用技术已成熟。目前,以太网从共享型发展到交换型,实现了全双工技术,致使整个以太网系统的带宽成百倍地增长,并保持足够的系统覆盖范围。

IP网络一般指互联网(Internet)的承载网,其以TCP/IP协议的开放性将各种不同的网络连接成一个互联网,使其融合为一个全球性的信息网络。TCP/IP协议分层由下至上为:网络接口层、网际层、传输层、应用层。互联网是在IP层用路由器互连的网络,在IP网上给每一个主机分配一个在全球范围内的唯一的IP地址(逻辑地址)。IP网用IP地址寻址并传送数据。

IP电话是在互联网及其他基于IP协议的包(分组)交换机制上所发展的电话通信业务。IP电话系统由终端设备(TE)、网关、网闸和多点控制单元(MCU)四个基本组件组成。

习 题

4.1 简述数据通信的基本概念及其特点。

4.2 简述数据通信系统的基本构成。

4.3　如何区分串行传输和并行传输？如何区分异步传输和同步传输？

4.4　简述数据通信的主要性能指标。

4.5　如何区分 DTE 和 DCE?

4.6　简述计算机通信网的基本特点与主要类型。

4.7　简述 OSI 网络互连参考模型的各层功能。

4.8　简述计算机通信网的基本特点与主要类型。

4.9　简述网络通信协议和网络通信服务的基本概念。

4.10　简述网络信息安全的现实意义及其技术措施。

4.11　基础数据网的业务主要有哪些？

4.12　简述 X.25 网的构成及其特点。

4.13　简述数字数据网的基本特点及其节点类型。

4.14　帧中继的基本业务包括哪两类？帧中继网中有哪几种用户接入方式？

4.15　简述 ATM 的主要技术特点。

4.16　数据通信中有哪几种交换方式？各自的特点是什么？

4.17　什么是 CSMA/CD 技术？简述其工作原理。

4.18　简述交换式以太网和千兆以太网的基本特点。

4.19　简述以太网互连设备的功能作用。

4.20　试指出 TCP/IP 与 OSI/RM 体系结构的对应关系。

4.21　IP 的核心任务是什么？简述 IP 协议的主要功能。

4.22　试分析 IP 网络服务的特点。

4.23　试述路由器转发原理。

4.24　试分析 IP 电话的应用特点及 IP 电话系统的组成。

4.25　LAN 通过 FR 网络在网络层处的互连采用__________；LAN 通过 FR 网络在数据链路层的互连采用__________。

A. 帧中继终端　　B. 帧中继装/拆设备

C. 网桥　　D. 路由器

4.26　__________协议是 Internet 的基础与核心。

A. PPP　　B. MPOA　　C. TCP/IP　　D. SIP

4.27　TCP/IP 的应用层对应于 OSI 参考模型的__________。

A. 第 7 层　　B. 第 6 层　　C. 第 6～7 层　　D. 第 5～7 层

4.28　若 IP 地址为 202.38.249.17,则属于__________类地址。

A. A　　B. B　　C. C

D. D　　E. E

4.29　IPv6 将 IP 的地址空间扩展到了__________位,有效地解决了 IPv4 地址空间被迅速耗尽的问题。

A. 32　　B. 64　　C. 96　　D. 128

4.30　试归纳 IP 网络通信的主要特点。

4.31　试归纳互联网的接入方式。

CHAPTER 5

第5章 无线通信

无线通信技术是以无线电波为媒介的通信技术。为避免系统间的互相干扰，所有无线通信系统使用国际(或国家)规定的频率资源，不同的无线通信系统使用不同的无线频段。无线通信作为现代通信的一个组成部分，主要包括无线传输和无线接入，其应用已突破传统范围，在整个通信技术领域中具有重要的作用。

本章学习目标

- 理解无线传播的基本特性。
- 了解天线及无线信道的基本知识。
- 了解无线通信中的关键技术应用特点。
- 了解微波通信技术及其应用特点。
- 了解卫星通信技术及其应用特点。
- 了解无线接入技术及其应用特点。

5.1 无线通信概述

无线通信系统大致可以分成两类，一类是利用无线电波来解决信息传输问题，如微波传输系统、卫星传输系统；另一类是利用无线方式作为系统接入，形成具有覆盖能力的通信网络，如陆地移动通信系统、卫星移动通信系统及各种短距离无线通信等。

5.1.1 无线传播的基本特性

无线通信与有线通信最大的区别在于，不同的通信目的和通信手段构成了不同的无线传播环境。

例如，卫星通信的电波传播环境与地面移动通信系统、微波中继通信的传播环境具有明显的不同。但各种无线通信系统均采用无线电波传播，因此在电波的传播上具有共性。

无线信道的基本特征如下：

① 带宽有限。其取决于可使用的频率资源和信道的传播特性。

② 干扰和噪声影响大。由无线通信工作的电磁环境所决定。

③ 在移动通信中存在多径衰落。在移动环境下，接收信号起伏变化。

1. 电波的自由空间传播

无线电波是由导体中或由若干导体组成的天线中的电子流动而产生的，并以横向电磁波(TEM)的形式在空间中传播，这意味着电场、磁场和无线电波的传播方向是垂直的。

无线电波一旦被发射出去，就能够在自由空间中以及其他物质材料中进行传播。自由空间是指理想的电磁波传播环境。自由空间传播损耗的实质是因电波扩散损失的能量，其基本特点是接收电平与距离的平方以及频率的平方均成反比关系。

无线电波在自由空间中的传播速度与光速一样，约为 300 000 km/s。无线电波在其他传播媒介中的传播速度要低一些。在频率低于 27 MHz 时(此时空气介电常数接近于 1)，无线电波的损耗极小。

无线电波的传播具有覆盖的特性，容易形成面的覆盖。无线电波利用高度定向天线还具有点的特性，因此也可作为点对点通信的传输媒介。

2. 电波的地面传播

电波的地球表面传播与自由空间传播的最明显区别为：地面传播的范围常常受到地平面的限制，信号从地球本身反射回来，而且在发射机与接收机之间存在各种各样的障碍物。

电波的地球表面传播示意图如图 5-1 所示。

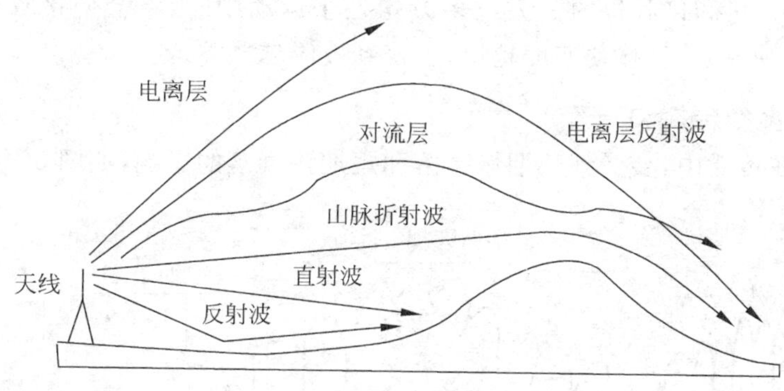

图 5-1　电波的地球表面传播示意图

(1) 视距传播

视距传播的实际通信距离受到地球表面曲率的限制。一般无线通信的视距距离要比可视的视距长 1/3。要获得最大通信距离，需要结合使用合理的大功率发射机和高增益天线，并且使天线的位置越高越好。

实际应用中并不总是需要获得最大的通信距离，有时还需要限制有效通信距离，例如蜂窝移动通信系统。

(2) 多径传播

尽管视距传播使用从发射机到接收机的直接路径，但是接收机有时也能拾取反射信号，直接信号与反射信号将会相互干扰。多径传播示意图如图 5-2 所示。

干扰是加强型还是削弱型，取决于两信号之间的相位关系。若两信号为同相，则结果信号是加强的；若两信号的相位相差 180°，则会有部分抵消，其效应称为衰落。

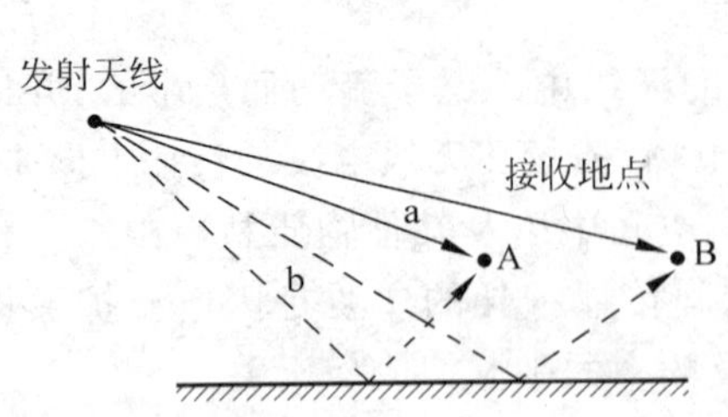

地点的电波	A地点	B地点
路径a的电波		
路径b的电波		
接收点的电波		

图 5-2 多径传播示意图

当信号从大型建筑物等大型目标物体反射回来时，将不仅存在相位的抵消，还存在显著的时间差别。目标指向直射信号方向的定向接收天线能够减小固定接收机的这种反射问题。

(3) 移动环境

在发射机和接收机都固定的环境中，可按减小多径干扰影响的方式来安装天线。但在实际应用中，发射机或接收机常处于不断运动中，使电波传播条件恶化，其多径状态也处于不断变化的状态中，移动和便携式环境还由于来自建筑物和交通工具的多个反射而变得混乱。

同时，当发射机和接收机的一方或多方均处于运动中时，将会使接收信号的频率发生偏移，即多普勒效应，且移动速度越快，多普勒效应越严重。

3. 电波的多径传播和衰落

无线电波在传播中，会受到长期慢衰落和短期快衰落的影响，如图 5-3 所示。

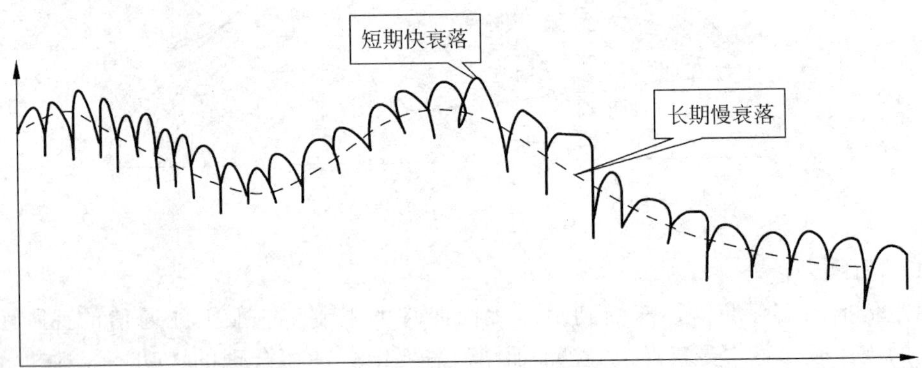

图 5-3 无线电波在传播中的衰落

(1) 长期慢衰落

长期慢衰落由传播路径上的固定障碍物(如建筑物、地形等)的阴影引起，其信号衰落缓慢，且衰落速率与工作频率无关，仅与地形、地物的分布和高度及物体的移动速度有关。

(2) 短期快衰落

电波具有反射、折射、绕射的特性，接收信号是发送信号经过多种传播途径的叠加信号。而反射、折射、绕射物体的位置可能随时间而变化，因此接收端接收到的多径信号可能不同时刻有所不同，信道条件随时间变化，即接收信号具有多径时变特性。无线通信中的电波传播经常受到这种多径时变（短期快衰落）的影响。

由于无线传播环境的复杂性和特殊性，不同的无线通信系统的传输技术也各异。利用各种方法来对抗无线传输中的多径时变特性，已成为无线通信技术的一大特色。

另外，无线电波的传播环境是开放的，各种电波均有可能同时传播，因此无线通信又具有易受干扰的特性，通信的安全性日益成为无线通信中的一个重要问题。

5.1.2 天线基本知识

天线是发射和接收电磁波的一个重要设备，没有天线也就没有无线电通信。

1. 天线的作用

无线通信是利用无线电波进行通信。无线电发射机输出的射频信号功率通过馈线（电缆）输送到天线，由天线以电磁波形式辐射出去。电磁波到达接收地点后，由天线接收下来（仅接收很小一部分功率），并通过馈线送到无线电接收机。

利用无线电波可以形成点到点的通信系统，或利用多址方式形成多点到多点的通信系统。典型天线示意图如图 5-4 所示。

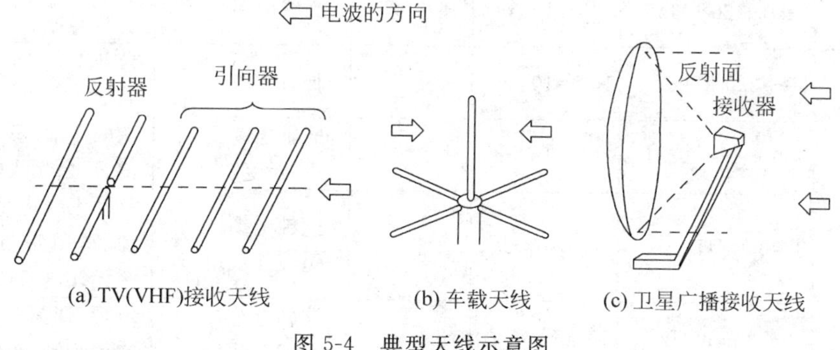

图 5-4 典型天线示意图

2. 天线的特性

若天线的类型、位置及参数选择或设置不当，都会直接影响通信质量。

(1) 天线方向性

发射天线有两种基本功能：一是把从馈线取得的能量向周围空间辐射出去；二是将大部分能量向所需的方向辐射。天线根据其方向性可分为全向天线和方向性（或定向）天线。

(2) 天线增益

天线增益是指在输入功率相等的条件下，实际天线与理想的球形辐射单元在空间同一点处所产生的信号的功率密度之比，其定量地描述一个天线把输入功率集中辐射的程度。天线增益的物理含义为：在相同距离上某点产生相同大小信号所需发送信号的功率比。

【例 5-1】 天线增益计算。

若用理想的无方向性点源作为发射天线，需要 100 W 的输入功率，而用增益为 20 的某定向天线作为发射天线时，输入功率只需 100/20＝5 W。因此，与无方向性的理想点源相比(指其最大辐射方向上的辐射效果)，某天线的增益是把输入功率放大的倍数。

(3) 天线的极化

天线的极化是指天线辐射时形成的电场强度方向。当电场强度方向垂直于(或平行于)地面时，此电波就称为垂直(或水平)极化波。由于电波的特性，决定了水平极化传播的信号在贴近地面时将在大地表面产生极化电流。

极化电流因受大地阻抗影响产生热能而使电场信号迅速衰减，而垂直极化方式则不易产生极化电流，从而避免了能量的大幅衰减，保证了信号的有效传播。

5.1.3 无线通信的频率资源

无线频谱在各个国家都是一种被严格管制使用的资源。对于某个特定的通信系统而言，频谱资源是非常有限的。

无线通信的频率资源划分如表 5-1 所示。

表 5-1 无线通信的频率资源划分表

<table>
<tr><th>频段名称</th><th>频率范围</th><th>波长范围</th><th>波段名称</th><th>传输媒介</th><th>用 途</th></tr>
<tr><td>甚低频
VLF</td><td>3 Hz～30 kHz</td><td>10^8～10^4 m</td><td>甚长波</td><td>有线线对</td><td>音频、电话、数据终端、长距离导航、时标</td></tr>
<tr><td>低频
LF</td><td>30～300 kHz</td><td>10^4～10^3 m</td><td>长波</td><td>长波无线电</td><td>导航、信标、电力线通信</td></tr>
<tr><td>中频
MF</td><td>300 kHz～3 MHz</td><td>10^3～10^2 m</td><td>中波</td><td>同轴电缆
中波无线电</td><td>调幅广播、移动陆地通信、业余无线电通信</td></tr>
<tr><td>高频
HF</td><td>3～30 MHz</td><td>10^2～10 m</td><td>短波</td><td>同轴电缆
短波无线电</td><td>移动无线电话、短波广播、军用定点通信、业余无线电通信</td></tr>
<tr><td>甚高频
VHF</td><td>30～300 MHz</td><td>10～1 m</td><td>超短波</td><td>同轴电缆
米波无线电</td><td>电视、调频广播、导航、空中管制、车辆通信</td></tr>
<tr><td>特高频
UHF</td><td>300 MHz～3 GHz</td><td>1 m～10 cm</td><td rowspan="3">微波</td><td>波导
分米波无线电</td><td>电视、空间遥测、雷达导航、移动通信、点对点通信、蓝牙技术专用短程通信、微波炉</td></tr>
<tr><td>超高频
SHF</td><td>3～30 GHz</td><td>10～1 cm</td><td>波导
厘米波无线电</td><td>微波接力、专用短程通信、雷达、卫星和空间通信</td></tr>
<tr><td>极高频
EHF</td><td>30～300 GHz</td><td>1 cm～1 mm</td><td>波导
毫米波无线电</td><td>微波接力、雷达、射电天文学</td></tr>
<tr><td></td><td>300 GHz～3 THz</td><td>1～0.1 mm</td><td>亚毫米波</td><td></td><td>未划分，实验用</td></tr>
<tr><td>红外</td><td>43～430 THz</td><td>7～0.7 μm</td><td></td><td>光纤</td><td>光通信系统</td></tr>
<tr><td>可见光</td><td>430～750 THz</td><td>0.7～0.4 μm</td><td></td><td>光纤</td><td>光通信系统</td></tr>
<tr><td>紫外线</td><td>750～3000 THz</td><td>0.4～0.1 μm</td><td></td><td>光纤</td><td>光通信系统</td></tr>
</table>

1. 长波信道

长波信道所使用的频率是在300 kHz以下,波长在1000 m以上。长波沿着地面(尤其是沿海平面)的传播损耗较小,并具有较好的对海水渗透性;但可用的带宽较小,不宜用作传送大容量的通信系统之用;使用长波通信手段的发射天线和接收天线庞大,难以架设。长波方式传输信息一般只用于航海导航和对潜通信系统。

2. 中波信道

中波信道的频率在0.3～3 MHz,波长在100～1000 m范围内。该中频频段内的电磁波是以地面波为主要传播方式,传播损耗比长波稍大,传播距离比较远。无线电中波广播即工作于中波信道。

3. 短波信道

短波频段为3～30 MHz,波长为10～100 m,也称为高频信道。该频段的地面传播损耗较大,地面传播距离较短;但借助地球上空的电离层反射,可进行远距离通信,这种传播方式通常称为天波。短波波长较短,因而天线设备及天线高度可做得比较小,建立两点之间通信所需费用较小。短波通信距离远,可达数千千米,在卫星通信尚未出现之前,短波通信是国际通信的主要手段。

短波信道具有机动灵活、廉价和架设方便的特点,在现代通信中得到广泛应用,特别是大功率短波电台作为远距离通信手段的补充和备用,是现代通信网中较为重要的通信信道。

4. 超短波信道

超短波频率范围一般为30～3000 MHz,其中30～300 MHz称为甚高频(VHF),300～3000 MHz称为特高频(UHF),有时也把300～3000 MHz划入微波信道。在该频段中,由于频率高而电离层不能反射,地面损耗又较大,因此传播的主要方式是空间直射波和地面反射波的合成。该频段一般作为近距离(<100 km)的通信手段,较适宜建立移动通信网。

现代通信网中的移动通信系统大多数借助于超短波信道的部分频带来传输信息,完成移动通信的任务。

5. 微波信道

3000 MHz以上的波段,通常泛称为微波,其在现代通信网中占有重要地位。微波的含义并不十分确定,部分超短波波段如1000～3000 MHz,甚至300～1000 MHz的信道,也称为微波信道。

在微波频段中,其波长很短,天线的方向性相当强;在自由空间传播时,能量沿一定方向发射,传输效率较高,容许调制的频带较宽,适用于大容量的信息传输。目前,进行长距离微波通信已完全实现,微波信道是建设和维护费用最低的信道,在现代通信网实现远距离传输信息的信道中占了很大的比重。该频段主要工作方式是中继线路(或接力线路),每隔大约50 km设一个中继站,连续接力可构成一条长距离大容量的微波干线;另外,车载无线接力设备具有的机动性,也是构成现代通信网节点和节点连接的主要信道。

6. 卫星信道

卫星信道是微波中的数GHz到数十GHz的频段。卫星信道是指利用人造地球卫星作为中继站转发无线电信号,在多个地球站之间进行通信的信息传输信道。一颗通信卫星天线的波束所覆盖的地球表面区域内的各种地球站,都可以通过卫星中继和转发信号来进行通信。卫星通信是地面微波中继通信的发展,是微波中继通信的一种特殊方式。

目前卫星通信分国际卫星通信、区域卫星通信和国内卫星通信等。卫星信道发展的主要趋势是星体间向集传输、交换和信号处理于一体的"空中节点"发展。

7. 散射信道

在现代通信网的微波通信方式中,还常用散射信道。利用对流层和电离层的不均匀性或流星余迹,对于一定仰角的电磁波射束在上层空间中,有一部分电磁波能量可回到地面而被接收到的散射现象,构成散射信道。对流层、电离层和流星余迹的散射对工作频段的要求各不相同,实际使用的频段可以是超短波或微波。

散射通信方式的优点是不用地面中继,一次可跳跃几百千米,但信道衰落快、多径效应影响大和信号很弱,通常需要采用分集接收和大功率发射。散射信道基本上不受磁暴、电离层扰动、太阳活动和雷电的影响,对现代通信具有特殊意义。

5.2 无线通信的关键技术

在无线通信中,为了充分利用信道,在多点之间实现相互间互不干扰的多边通信,常采用不同的多址技术,如频分多址、时分多址、码分多址、空分多址等。同时,还采用了多类先进的调制技术,如具有抗干扰能力强和信号隐蔽等突出特点的扩频技术,具有无线环境高速传输特征的正交频分复用(OFDM)技术等。

5.2.1 多址技术

无线通信系统以信道来区分通信对象,充分利用信道则要同时传送更多的用户信号。在两点之间的信道上同时传送互不干扰的、多个相互独立的用户信号是信道的"复用"问题,在多点之间实现相互间互不干扰的多边通信称为"多址通信"。

1. 多址接入概述

在无线通信环境的电波覆盖区内,如何建立用户之间的无线信道的连接,是多址接入方式的问题。解决多址接入的方法称为多址接入技术。

在无线通信中,一个信道只容纳一个用户进行通话;许多同时通话的用户,可以共享无线媒体;用某种方式可区分不同的用户,即为多址方式。多址接入方式的数学基础是信号的正交分割原理。

信道分割的概念:赋予各个信号不同的特征,根据各个信号特征之间的差异来区分,实现互不干扰的通信。无线电信号可表达为时间、频率和码型的函数。当分别以传输信号的载波频率不同、存在的时间不同和码型不同来区分信道建立多址接入时，则分别称为频分多址（FDMA）方式、时分多址（TDMA）方式和码分多址（CDMA）方式，如图5-5所示。

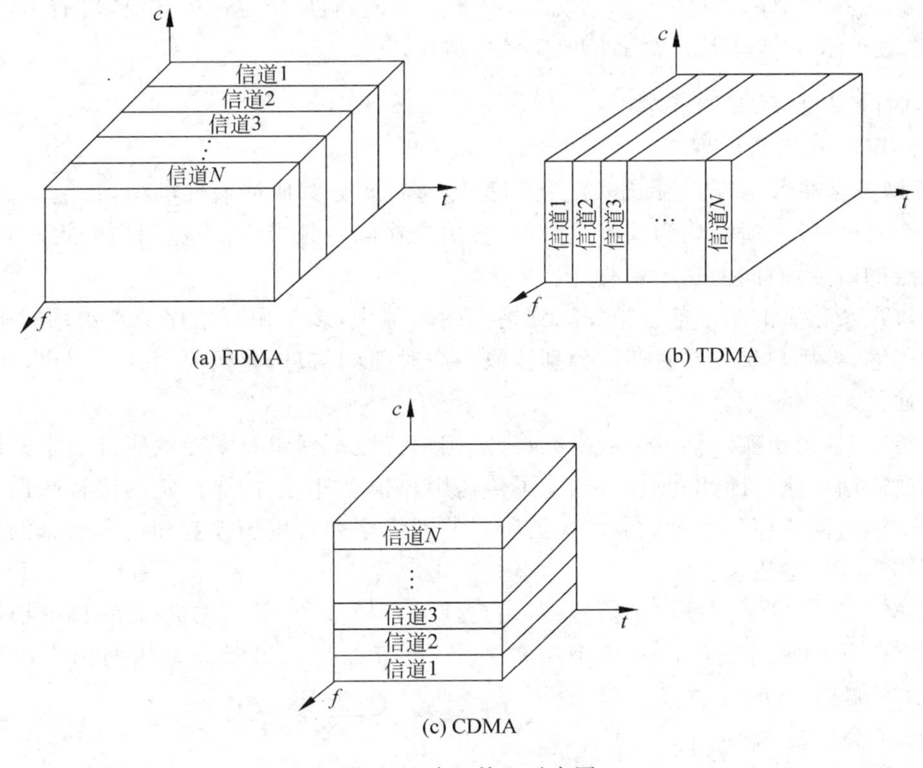

图5-5 多址接入示意图

另外，采用智能天线技术，可以构成空间上用户的分割，称为空分多址（SDMA）方式，该方式一般需要与其他多址方式结合。

2. 频分多址(FDMA)技术

(1) FDMA系统原理

FDMA系统是基于频率划分信道的，其为每一个用户指定了特定信道，这些信道按要求分配给请求服务的用户；在呼叫的整个过程中，其他用户不能共享这一频段。

FDMA的基本原理：将给定的频谱资源按频率划分，把传输频带划分为若干较窄的且互不重叠的子频带（或称信道），每个用户分配到一个固定子频带，按频带区分用户；将信号调制到该子频带内，各用户信号同时传送；接收时分别按频带提取，从而实现多址通信。

模拟信号和数字信号都可采用频分多址（FDMA）方式传输，也可由一组模拟信号用频分复用方式（FDM/FDMA）或一组数字信号用时分复用方式，来占用一个较宽的频带（TDM/FDMA），调制到相应的子频带后传送到同一地址。模拟信号数字化后占用带宽较大，需采用压缩编码技术和先进的数字调制技术来缩小间隔。

(2) FDMA系统应用

在模拟蜂窝移动通信系统中,采用频分多址方式是唯一的选择;在数字蜂窝移动通信系统中,则很少采用纯频分的方式。

FDMA是使用最早的一种多址方式,技术较为成熟,应用也比较广泛,目前仍在卫星通信、移动通信、一点多址微波通信等系统中应用。

3. 时分多址(TDMA)技术

(1) TDMA系统原理

TDMA是在给定传输频带的条件下,把传递时间分割成周期性的帧,每一帧再分割成若干个时隙(帧或时隙均为互不重叠)。各用户在同一频带中传送,用户的收发各使用一个指定的时隙,时间上互不重叠。

经过数字化后的用户信号被安插到指定的时隙中,多个用户依序分别占用时隙;经过信道传输,各用户接收并解调后分别提取相应时隙的信息,并按时间区分用户,从而实现多址通信。

在传输时,由于实际信道中的幅频特性、相频特性不理想及多径效应等因素的影响,可能形成码间串扰。因此在通信中,除了传送用户信息外,还需要一定的比特开销(在每个时隙中插入同步序列和自适应均衡器所需的训练序列),用于控制和信令信息的传输,以保证和提高传输质量。

TDMA系统只能传送数字信号,若用户信号是模拟的,必须先进行A/D变换,使之成为数字信号。每时隙可以是单个用户占用,也可以是一组时分复用的用户占用,即TDM-数字调制-TDMA方式。

(2) TDMA系统应用

TDMA系统的收发可采用频分双工(FDD)方式或时分双工(TDD)方式。

在FDD方式中,上行链路和下行链路的帧结构既可相同也可不同。在TDD方式中,通常收发工作在相同频率上;在一帧中,一半的时隙用于移动台发送,另一半的时隙用于移动台接收。因为收发处于不同时隙,由高速开关在不同时间把接收机或发射机接到天线上即可,故采用TDD方式时无须使用双工器。

4. 码分多址(CDMA)技术

(1) CDMA系统原理

当以不同的互相正交的码序列来区分用户并建立多址接入时,称为码分多址(CDMA)方式。

CDMA系统中,各用户使用相同的载波频率,占用相同频带,发射时间是任意的。即各用户的频率和时间可相互重叠,用户的划分是利用不同地址码序列实现的。

由于在每一个用户信息码元时隙中填入了一定长度的用户码序列,序列中每一个用户的信息子码宽度远小于码元时隙宽度,因而传输信号的宽度将远远大于用户信号的原始宽度。

CDMA方式是频谱扩展的通信方式,即扩频方式。用户信号经过扩频处理,再经载波调制后发送出去。接收端使用完全相同的扩频码序列,同步后与接收的宽带信号作相关处理，把宽带信号解扩为原始数据信息。不同用户使用不同的码序列，其占用相同频带，可以同时传输，接收机虽然能收到但不能解出，这样可实现互不干扰的多址通信。

CDMA 系统运用相互正交的码序列互不干扰的原理来实现多址通信，在 CDMA 中，相互正交的码序列也就是地址码，符合确定的正交条件。

(2) CDMA 系统应用

CDMA 将是今后无线通信中主要的多址手段，应用范围已涉及数字蜂窝移动通信、卫星通信、微蜂窝系统、一点多址微波通信和无线接入网等领域。

5. 空分多址(SDMA)技术

(1) SDMA 系统原理

空分多址(SDMA)是利用不同的用户空间特征(最明显的特征是用户的位置)区分用户，从而实现多址通信的方式。

配合电磁波被传播的特征，可使不同地域的用户在同一时间使用相同频率，实现互不干扰的通信。例如，可以利用定向天线或窄波束天线，使电磁波按一定指向辐射，局限在波束范围内；不同波束范围可以使用相同频率，也可以控制发射的功率，使电磁波只能作用在有限的距离内。在电磁波作用范围以外的地域仍可使用相同的频率，以空间来区分不同用户。

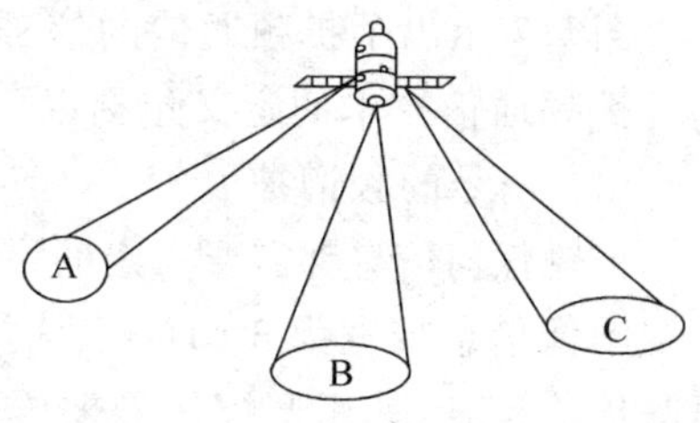

图 5-6 SDMA 多址方式示意图

图 5-6 是 SDMA 多址方式示意图。

(2) SDMA 系统应用

在蜂窝移动通信中，由于充分运用了 SDMA 方式，才能用有限的频谱构成大容量的通信系统，该频率再用技术也是蜂窝通信中的一项关键技术。

卫星通信中采用窄波束天线实现 SDMA，也提高了频谱的利用率。由于空间的分割不可能太细，虽然卫星天线采用阵列处理技术后其分辨率有较大提高，但某一空间范围一般不可能仅有一个用户，所以 SDMA 通常与其他多址方式综合运用。

近年来，智能天线技术在移动通信中的发展迅速，其利用数字信号处理技术产生空间定向波束，以高效利用用户信号并可删除或抑制干扰信号。以智能天线技术为基础的新一代空分多址方式正在形成。此外，其他复用方式(如波分复用等)也可用于多址通信中。

5.2.2 扩频通信技术

扩展频谱通信(简称扩频通信)技术是一种信息传输方式，其信号所占有的频带宽度远大于所传信息必需的最小带宽；频带的扩展是通过一个独立的码序列来完成，并用编码及调制的方法来实现，与所传信息数据无关；在接收端则用同样的码进行相关同步接收、解扩及恢复所传信息数据。其抗干扰能力强、误码率低、保密性能强、功率谱密度低，易于实现大容量多址通信。

1. 扩频通信的概念

扩频技术利用伪随机编码对将要传送的信息数据进行调制，实现频谱扩展后再传输；在接收端，则采用相同的伪随机码进行解调及相关处理，恢复成原始信息数据。

与常规的窄带通信方式相比，扩频通信方式主要具备以下特点。

① 信息的频谱扩展后形成宽带传输。

② 相关处理后恢复成窄带信息数据。

扩频通信的上述两大特点，使其具有以下优良特性。

① 抗干扰、抗噪音、抗多径衰落。

② 保密性、功率谱密度低、隐蔽性和低截获概率。

③ 可多址复用和任意选址。

④ 可高精度测量等。

图 5-7 示出了扩频通信的信号特性。

扩频通信技术的定义包括以下三方面的含义。

(1) 信号的频谱被展宽

传输任何信息都需要一定的带宽(称为信息带宽)，如语音信息带宽为 300～3400 Hz，电视图像信息带宽为 6 MHz。为了充分利用频率资源，通常尽量采用基本相当的带宽信号来传输信息，如用调幅信号来传送语音信息，其带宽为语音信息带宽的两倍；电视广播射频信号带宽则是其视频信号带宽的一倍多。这些都属于窄带通信。对于一般的调频信号(或 PCM 信号)，其带宽与信息带宽之比一般低于 10～20。而扩频通信的信号带宽与信息带宽之比则高达 100～1000，属于宽带通信。

采用信息带宽的 100 倍(甚至 1000 倍)以上的宽带信号来传输信息，其目的是提高通信的抗干扰能力，即在强干扰条件下保证可靠安全地通信。这是扩频谱通信的基本思想和理论依据。

(2) 采用扩频码序列调制的方式来展宽信号频谱

在时间上有限的信号，其频谱是无限的。例如很窄的脉冲信号，其频谱则很宽。信号的频带宽度与其持续时间近似成反比。1 μs 脉冲的带宽约为 1 MHz。若用很窄的脉冲序列被所传信息调制，则可产生很宽频带的信号。该脉冲码序列很窄，其码速率很高，称为扩频码序列。

扩频码序列与所传信息数据无关；与正弦载波信号相同，其不影响信息传输的透明性。扩频码序列仅仅起扩展信号频谱的作用。

(3) 在接收端应用相关解调来解扩

在一般的窄带通信中，已调信号在接收端都要进行解调，以恢复所传的信息。在扩频通信中，接收端采用与发送端相同的扩频码序列，与收到的扩频信号进行相关解调，恢复所传的信息。即相关解调起到了解扩的作用，把扩展以后的信号又恢复成原来所传的信息。

扩频通信是在发端把窄带信息扩展成宽带信号，而在收端又将其解扩成窄带信息的处理过程。

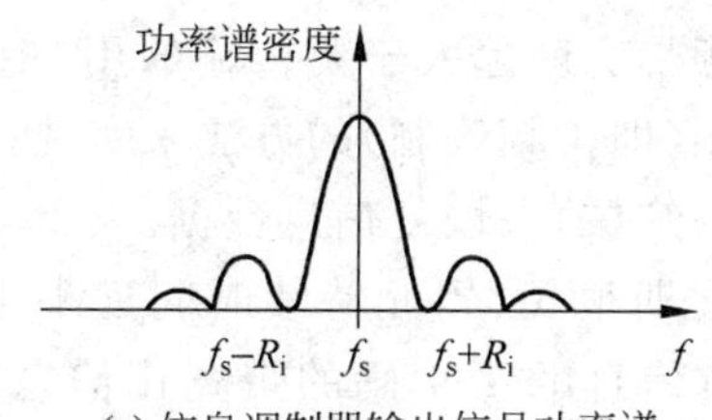

(a) 信息调制器输出信号功率谱

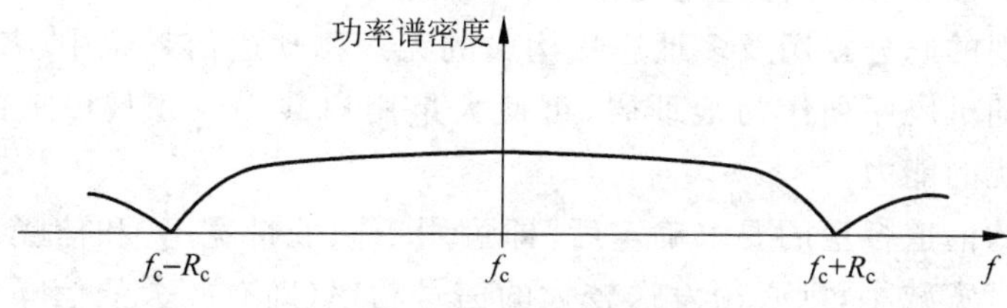

(b) 发送的扩频信号功率谱

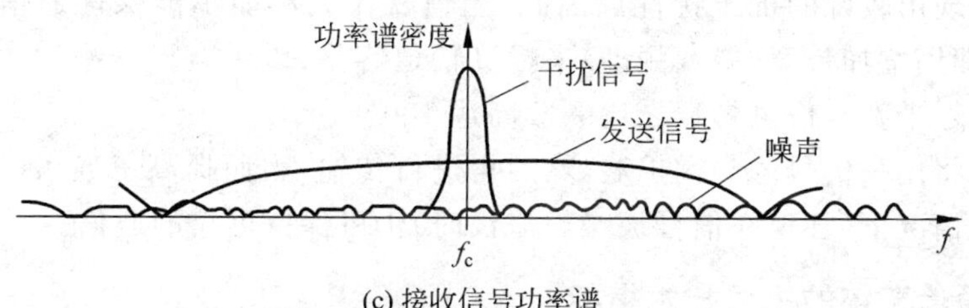

(c) 接收信号功率谱

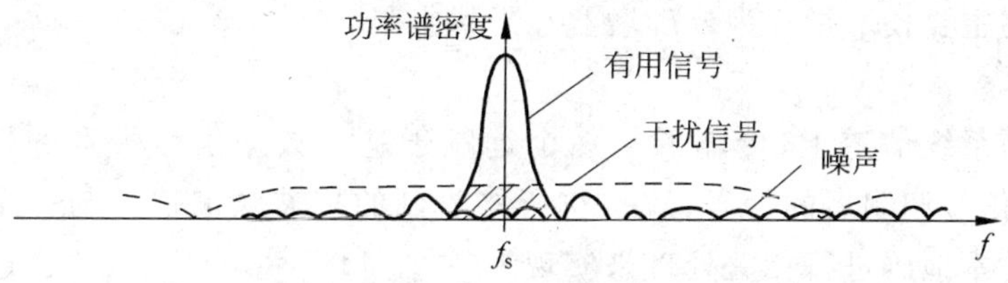

(d) 解扩后的信号功率谱

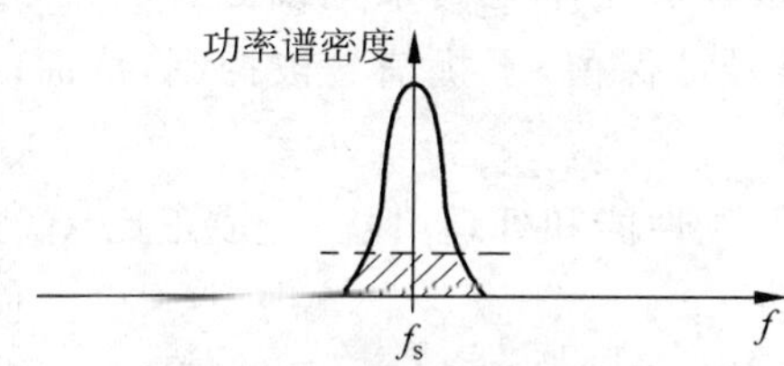

(e) 窄带中频滤波器输出信号功率谱

图 5-7　扩频通信的信号特性

2. 扩频通信的基本原理

在扩频通信中,系统占用频带宽度远大于要传输的用户基带信号原始带宽。在发送端,频带的展宽通过编码及调制(即扩频调制)的方法来实现;在接收端,则用与发送端完全相同的扩频码进行相关解调(解扩)来恢复信息数据。

在数字扩频系统中,可把周期很长、码元持续时间远小于信息码元间隔的伪随机码序列(PN码)作为"载波",载荷信息的PN码的带宽比信息码要展宽几十倍到上千倍。由于真正的随机信号和噪声是不能重复再现和产生的,只能产生一种周期性的脉冲信号来近似随机噪声的性能,故称为伪随机码(或PN码)。

在由扩频实现的码分复用及多址连接构成的无线移动通信系统中,各用户采用不同的互为正交的伪随机码序列作为地址码,可使大量用户共享数兆赫以上的扩频带宽,且具有极强的抗干扰的能力。

当扩频通信的信道容量的要求确定后,即可用不同的带宽 W 和信噪比 S/N 的组合来实现。若传输带宽减小,则必须发送较大的信号功率(即有较大的信噪比 S/N);若传输带宽较大,同样的信道容量则能由较小的信号功率(较小的信噪比 S/N)来传送。这表明宽带系统表现出较好的抗干扰性。因此,当信噪比太小而不能保证通信质量时,常采用宽带系统,即用增加带宽(展宽频谱)来提高信道容量,以带宽换功率以改善通信质量。扩频通信的信号带宽与信息带宽之比一般高达100～1000。

扩频通信将用户信号的频谱扩展,然后再进行传输,因而提高了通信的抗干扰能力,即使在强干扰情况下(甚至在信号被噪声淹没时)仍可保持可靠的通信。

3. 扩频通信系统的主要技术指标

采用扩展频谱信号进行通信的优越性在于用扩展频谱的方法来换取信噪比的提高。扩频通信系统的主要技术指标为处理增益和干扰容限。

(1) 处理增益

在扩频通信系统信道上,传输的是一个远宽于基带数据信号带宽的伪随机码(PN码)与基带数据信号调制后的信号,解扩将所接收到的扩展频谱信号与一个和发端伪随机码完全相同的本地码进行相关处理来实现。

当收到的信号与本地码相匹配时,所提取的信号会恢复到其扩展之前的原始带宽,而任何不匹配的输入信号则被扩展至本地码带宽或更宽的频带上。解扩后的信号经过一个窄带滤波器后,有用的信号被保留,干扰信号被抑制,从而改善了信噪比,提高了抗干扰能力。

各种扩频通信系统的抗干扰性能和处理增益 G_p 成正比,G_p 是指扩频信号带宽 W 与基带数据信号带宽 B 之比。

处理增益 G_p 表示了系统信噪比改善的程度,是扩频通信系统的一个重要性能指标。

【例5-2】 扩频通信系统的信噪比改善。

在某扩频通信系统中,$W=20$ MHz,$B=10$ kHz,则处理增益 $G_p=2000$(33 dB),说明该系统在接收机的射频输入端和基带滤波器输出端之间有33 dB的信噪比增益改善。

(2) 干扰容限

干扰容限的概念：在保证系统正常工作的条件下(即保证输出端有一定的信噪比)，接收机输入端能承受的干扰信号比有用信号所高出的分贝(dB)数。其直接反映了扩频通信系统接收机所允许的极限干扰强度，更确切地表征了系统的抗干扰能力。

4. 扩频通信系统的特点

扩频技术最初应用于军用通信领域，20 世纪 80 年代起应用于民用通信领域。目前，该技术已广泛应用于蜂窝电话、无绳电话、微波通信、无线数据通信、遥测、监控、报警、电子对抗等系统中。

扩频通信系统的主要优点如下：

① 抗干扰能力强，误码率低。

② 保密性能强。

③ 功率谱密度低，对其他通信系统及对人体的干扰影响小，具有良好的隐蔽性能。

④ 易于实现大容量多址通信。

⑤ 能精确定时与测距，可广泛用于雷达、导航、通信、测距等系统。

⑥ 适合于随参信道(指信道参数随时间随机变化的信道)的无线通信。

扩频通信系统的主要缺点为占用信道频带宽(扩频后的码序列带宽远大于扩频前的信息码序列带宽)。但是，若让许多用户共用该宽频带，则可大大提高频带的利用率。

由于存在扩频码序列的扩频调制，因此扩频技术充分利用各种不同码型的优良特性(扩频码序列之间的自相关性和互相关性)，可以在接收端利用相关检测技术进行解扩，在分配给不同用户码型的情况下可以区分不同用户的信号，提取出有用信号。在该宽频带上，可以有许多对用户同时通话而互不干扰。

码分多址(CDMA)即利用了扩频技术的上述特点。

5. 扩频通信系统的工作方式

扩频通信系统的工作方式有直接序列扩频(DS)、跳变频率扩频(FH)、跳变时间扩频(TH)和混合式扩频。

(1) 直接序列扩频方式(DS)

直接序列扩频方式简称为直扩方式。图 5-8 示出了直接序列扩频系统原理框图。

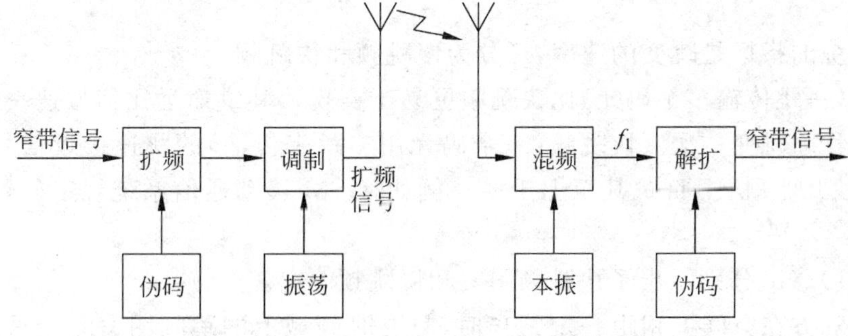

图 5-8　直接序列扩频系统原理框图

在扩频过程中,基带信号的信码是需传输的信号,通过速率很高的编码序列进行调制,将其频谱展宽;对频谱展宽后的序列进行射频调制(多采用PSK调制),其输出则是扩展频谱的射频信号,经天线辐射出去。

在接收端,射频信号经混频后变为中频信号,与本地的发端相同的编码序列进行反扩展,将宽带信号恢复成窄带信号,该过程称为解扩。解扩后的中频窄带信号经普通信息解调器进行解调,恢复成原始的信息码。

与其他工作方式比较,直接扩频方式实现频谱扩展方便,因此是一种最典型的扩频系统。若将扩频和解扩这两部分去除,该系统就变成普通的数字调制系统。因此,扩频和解扩是扩展频谱调制的关键过程。

(2) 跳变频率扩频方式(FH)

跳变频率扩频简称为跳频。跳频是指载波频率在很宽的频带范围内,按某种序列进行跳变。即在工作频率范围内,在一个伪随机码(PN)码的控制下,载频的频率按PN码的规律不断地变化。在接收端,接收机的接收频率也受伪随机码的控制,保持与发射端的规律一致变化。由于定频干扰只会干扰部分频点,所以跳频是以躲避干扰来提高信噪比。

跳频指令(又称为跳频图案,见图5-9)由所传送的信息码与PN码的组合(按模2加规律)来构成。在跳频图案中,横轴为时间,纵轴为频率,由时间和频率组成的平面称为时频域图。平面中的阴影线即为跳频图案,其表征了在何时以何频率进行通信,通信频率随时间不同而异。

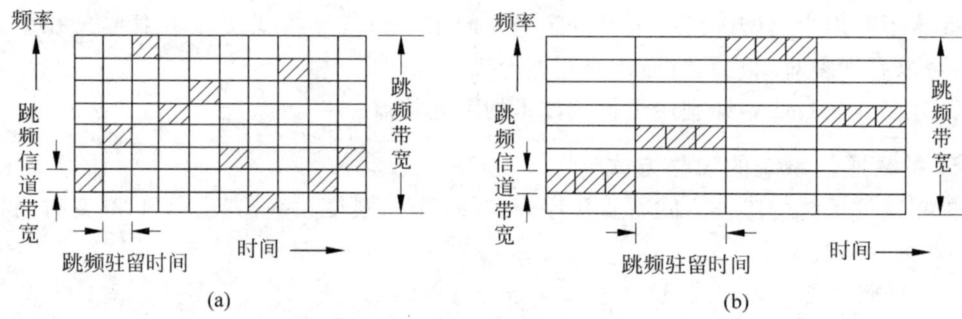

图5-9 跳频图案

跳频系统的指标是跳变的速率,可分为慢跳频和快跳频。

慢跳频(一跳传输多个码元)比快跳频更易于实现。其跳速远比信号速率低,可能为数秒至数十秒才跳变一次。快跳频(一个码元用多跳来传输)的跳速接近信号的最低频率,可达每秒几十跳、上百跳甚至上千跳。例如,GSM移动通信系统规定的跳频为每秒217跳。

图5-9(a)、(b)分别示出了快跳频图案和慢跳频图案。

当收发双方在空间上相距一定距离时,只要时频域上的跳频图案完全重合,即表示收发双方可建立同步跳频通信,如图5-10所示。

在跳频系统中,发送端信息码与伪随机码调制后,按不同的跳频指令去控制频率合

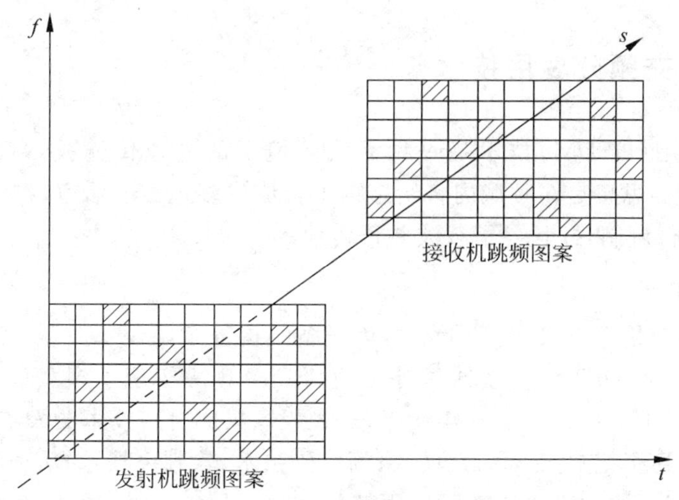

图 5-10　建立跳频通信示意图

成器,使发射机的输出频率在很宽的频率范围内随机地不断改变,从而使射频载波也在一个很宽的范围内变化,形成了一个宽带离散谱。在接收端,收发跳频必须同步,以保证通信的建立。

为了对输入信号进行解扩(即解跳),需要有与发端相同的跳频指令去控制频率合成器,使其输出的跳频信号在混频器中,能与接收到的跳频信号差频出一个固定中频信号;经中频放大器后,送到解调器恢复出原基带数据信号信息。解决同步及定时是实现跳频的一个关键问题。

跳频系统原理框图如图 5-11 所示。

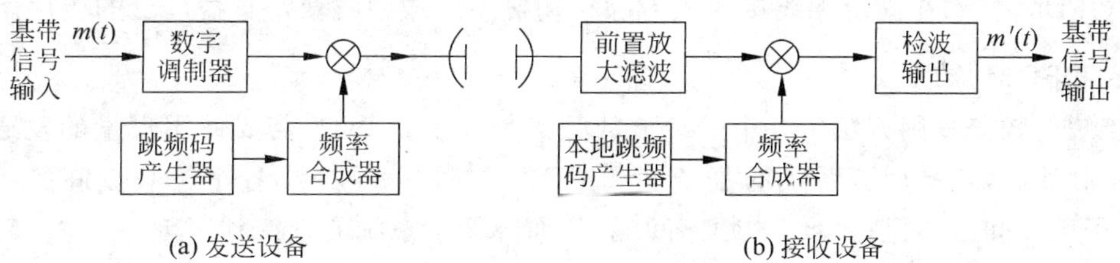

图 5-11　跳频系统原理框图

(3) 跳变时间扩频方式(TH)

跳变时间扩频又称为跳时。跳时是指已调载波在 PN 码的控制下,伪随机地在一帧的不同时隙内以突发信号形式发送。由于在时隙中传送的突发信号速率要比原信号高,从而达到扩频的目的。该方式一般和其他方式混合使用。

(4) 混合式扩频方式

在实际系统中,仅仅采用单一工作方式不能满足要求时,往往采用两种或两种以上工作方式。该扩频方式称为混合扩频,如 FH/DS、DS/TH、FH/TH。

目前,扩频通信的应用以 DS 和 FH 为主,其基本思想是把原信号变成带宽大得多的类噪声(伪随机)信号,将原信号隐蔽再发送出去,因此被称为二次调制技术。

5.2.3 正交频分复用技术

正交频分复用(OFDM)技术是一种无线环境下的高速传输技术,属多载波调制。OFDM技术的主要思想是在频域内将给定信道分成许多正交子信道,在每个子信道上使用一个子载波进行调制,并且各子载波并行传输。

1. OFDM概述

OFDM最早应用于军事通信系统中,因设备结构复杂限制了其发展。20世纪70年代,离散傅里叶变换(DFT)、快速傅里叶变换(FFT)算法实现了多载波调制,使OFDM的实际应用成为可能。20世纪90年代以来,大规模集成电路技术的发展解决了FFT的实现问题。随着DSP芯片技术的发展,格栅编码技术、软判决技术、信道自适应技术等的应用,OFDM技术开始从理论向实际应用转化。

近10年来,OFDM开始应用于广播信道的宽带数据通信、数字音频广播(DAB)、高清晰度数字电视(HDTV)和无线局域网(WLAN)等领域。此外,OFDM具有更高的频谱利用率和良好的抗多径干扰能力,还被视为第四代移动通信(4G)系统的核心技术。

无线信道的频率响应曲线大多为非平坦的,具有频率选择性。但在OFDM系统中,因每个子信道相对平坦且为窄带传输,信号带宽小于信道的相应带宽,由此可大大消除信号波形间的干扰。由于在各个子信道的载波相互正交,其频谱是相互重叠的,既减少了子载波间的相互干扰,又提高了频谱利用率。

在新一代无线通信系统的开发中,基于OFDM技术的数字信号处理(DSP)芯片已问世,并成为众多系列产品开发之首选。随着通信数据化、宽带化、个人化和移动化的需求增长,OFDM技术在固定无线接入领域和移动接入领域中将获得日益广泛的应用。

2. OFDM原理

传统的频分复用方法中各个子载波的频谱是互不重叠的,需要使用大量的发送滤波器和接收滤波器,增加了系统的复杂度和成本;同时,为了减小各个子载波间的相互串扰,各子载波间必须保持足够的频率间隔,从而降低了系统的频率利用率。

现代OFDM系统采用数字信号处理技术,各子载波的产生和接收都由数字信号处理算法完成,极大地简化了系统的结构。同时,为提高频谱利用率,而使各子载波上的频谱相互重叠,且使这些频谱在整个符号周期内满足正交性,从而保证接收端能够不失真地复原信号。OFDM将高速串行数据变换成多路相对低速的并行数据,并对不同的载波进行调制。该并行传输体制大大扩展了符号的脉冲宽度,提高了抗多径衰落等恶劣传输条件的性能。

当传输信道中出现多径传播时,接收子载波间的正交性将被破坏,使得每个子载波上的前后传输符号间以及各个子载波间发生相互干扰。为解决该问题,在每个OFDM传输信号前插入一个保护间隔(由OFDM信号进行周期扩展得到)。只要多径时延超过保护间隔,子载波间的正交性就不会被破坏。

若要实现OFDM,需要利用一组正交的信号作为子载波,并以码元周期为T的不归零方波作为基带码型，经调制器调制后送入信道传输。DSP 技术的发展，使 OFDM 系统可采用快速傅里叶反变换/快速傅里叶变换(IFFT/FFT)代替多载波调制和解调，这为 OFDM 技术的推广创造了极为有利的条件。

3. OFDM 技术特点

(1) 增强了抗频率选择性衰落和抗窄带干扰的能力

在单载波系统中，单个衰落或者干扰可能导致整个链路不可用，但在多载波的 OFDM 系统中，只会有一小部分载波受影响。此外，纠错码的使用还可以帮助其恢复一些载波上的信息。通过合理地挑选子载波位置，可以使 OFDM 的频谱波形保持平坦，同时保证了各载波之间的正交。

(2) OFDM 不同于过去的 FDM

OFDM 尽管还是一种频分复用(FDM)，但其接收机实际上是通过 FFT 实现的一组解调器。它将不同载波搬移至零频，然后在一个码元周期内积分，其他载波信号由于与所积分的信号正交，故不会对信息的提取产生影响。OFDM 的数据传输速率也与子载波的数量有关。

(3) 每个载波所使用的调制方法可以不同

OFDM 技术使用自适应调制，各个载波能够根据信道状况的不同选择不同的调制方式，如 BPSK、QPSK、8PSK、16QAM、64QAM 等，以频谱利用率和误码率之间的最佳平衡为原则。通过选择满足一定误码率的最佳调制方式，就可以获得最大频谱效率。无线多径信道的频率选择性衰落会使接收信号功率大幅下降，信噪比也随之大幅下降。为了提高频谱利用率，应选择与信噪比相匹配的调制方式。

OFDM 技术根据信道条件来选择不同的调制方式。例如在终端靠近基站时(信道条件较好)，调制方式可由 BPSK(频谱效率 1 bit/s/Hz)转化成 16QAM～64QAM(频谱效率 4～6 bit/s/Hz)，整个系统的频谱利用率就会得到大幅度的提高。自适应调制能够扩大系统容量，但要求信号必须包含一定的开销比特，以告知接收端发射信号所应采用的调制方式。终端还要定期更新调制信息，这也会增加更多的开销比特。

(4) 采用了功率控制和自适应调制相协调工作方式

若信道条件好，发射功率不变，OFDM 可增强调制方式(如 64QAM)，或在低调制方式(如 QPSK)时降低发射功率，在功率控制与自适应调制之间取得平衡。自适应调制要求系统对信道性能有及时和精确的了解，若在条件差的信道上使用较强的调制方式，则误码率会很高，影响系统的可用性。OFDM 系统可用导频信号或参考码字来测试信道的优劣，例如发送一个已知数据的码字，测出每条信道的信噪比，根据该信噪比来确定最适合的调制方式。

(5) 存在问题

OFDM 对频偏和相位噪声较敏感，易带来衰耗；峰值平均功率较大，会导致射频放大器的功率效率降低；自适应调制技术会相应增加发射机和接收机的复杂度，且不适于高速移动终端(移动速度每小时高于 30 km)。

4. 宽带无线中 OFDM 与 MIMO 的结合应用

“无线＋宽带”是无线通信的重要发展方向。宽带无线通信系统面临两个主要问题：

多径衰落信道和带宽效率。信号在复杂的无线信道中传播将产生多径衰落,且在不同空间位置上其衰落特性不同。若两个位置间距大于天线之间的相关距离(一般相隔10个信号波长以上),则认为两处的信号完全不相关,即可实现信号空间分集接收。

多输入多输出(MIMO)也是现代无线通信的关键技术之一。

MIMO技术的空间复用是在基站发射机和终端接收端使用多个天线,充分利用空间传播中的多径分量,在同一频带上使用多个数据通道(MIMO子信道)发射信号,使得容量随着天线数量而线性增加。该信道容量的增加不占用额外的带宽,也不消耗额外的发射功率,因此是增加信道和系统容量的一种有效手段。但是,对于频率选择性深衰落,MIMO技术则无法解决。

OFDM通过将频率选择性多径衰落信道在频域内转换为平坦信道的方法,来减小多径衰落的影响。对于提高频谱利用率,OFDM的作用则有限。在OFDM的基础上合理开发空间资源(即MIMO+OFDM),将能提供可靠的数据传输速率。

若将OFDM和MIMO两种技术相结合,通过在OFDM传输系统中采用阵列天线实现空间分集,利用时间、频率和空间三种分集技术,使无线系统对噪声、干扰及多径的容限大大增加,则可达到两种效果:一是实现很高的传输速率,二是通过分集实现很高的可靠性。

在MIMO OFDM中加入合适的数字信号处理的算法,能更好地增强系统的稳定性。MIMO OFDM技术还可为系统提供空间复用增益,从而大大增加信道容量。

MIMO和OFDM的结合在提高无线链路的传输速率和可靠性方面具有巨大潜力,并有可能成为未来OFDM系统的核心技术。

5.3 微波通信

微波是频率为300 MHz~300 GHz的电磁波。微波通信是在微波频段通过地面视距进行信息传播的一种无线通信手段。

5.3.1 微波通信概述

微波通信技术问世已半个多世纪。早期的微波通信系统都是模拟制式的,其与当时的同轴电缆载波传输系统同为通信网长途传输干线的重要传输手段,例如我国城市间的电视节目传输主要依靠的就是微波传输。

20世纪70年代起,我国研制出了中小容量(如8 Mbit/s、34 Mbit/s)的数字微波通信系统;20世纪80年代后期,随着同步数字系列(SDH)在传输系统中的推广应用,出现了$N\times155$ Mbit/s的SDH大容量数字微波通信系统。数字微波通信和光纤、卫星一起被称为现代通信传输的三大支柱。

随着技术的不断发展,除了在传统的传输领域外,数字微波技术在固定宽带接入领域也越来越引起人们的重视。工作在28 GHz频段的LMDS(本地多点分配业务)已开始大量应用，预示着数字微波技术仍将拥有良好的市场前景。

1. 微波频段的划分

微波是一种频率极高、波长极短的电磁波，一般指频率为 300 MHz～300 GHz 的电磁波，所对应的波长范围为 1 m～1 mm。

微波频段可细分为：特高频(UHF)频段/分米波频段，超高频(SHF)频段/厘米波频段，极高频(EHF)频段/毫米波频段。此外，通常将 1～300 GHz 的频段称为微波频段，如表 5-2 所示。其中，Ka～G 频段为毫米波段。

表 5-2　微波频段的划分

频率范围/GHz	代表字母	频率范围/GHz	代表字母
1.0～2.0	L	40.0～60.0	U
2.0～4.0	S	50.0～75.0	V
4.0～8.0	C	60.0～90.0	E
8.0～12.0	X	75.0～110.0	W
12.0～18.0	Ku	90.0～140.0	F
18.0～26.5	K	110.0～170.0	D
26.5～40.0	Ka	140.0～220.0	G
33.0～50.0	Q		

2. 微波的传播特性

微波的传播具有似光性和极化特性。

(1) 似光性。在电磁波谱中，微波以上的电磁波为光波，而光是直线传播的，因此微波也具有类似光波的直线传播特性。

(2) 极化特性。电磁波在传播过程中，电场和磁场在同一地点随时间 t 的变化存在着某种规律，该规律称为极化特性。

数字微波通信中常采用不同的极化方式，来解决同频信号间的干扰或扩充通信的容量。

5.3.2　微波中继通信

微波中继通信是指利用微波作为载波，通过无线电波进行中继通信的方式。数字微波中继通信是一种工作在微波频段的数字无线传输系统，是无线通信的一种重要的传输手段。

1. 微波中继通信的概念

微波中继通信主要作为有线通信线路的补充，如用以传输长途电话信号、电视信号、数据信号、移动通信基站与移动业务交换中心之间的信号等，还可用于通向特殊地形(如难以铺设有线电缆的海岛、高山)的通信线路、内河船舶电话系统等移动通信的入网线路，以及在一些临时性应用场合(如灾区)的紧急通信。

对于地面上的远距离微波通信,采用中继方式有两个直接原因:一是微波传播具有视距传播特性(即电磁波是沿直线传播的),而地球表面是个曲面,为了延长通信距离,需要在通信两地之间设立若干中继站,进行电磁波转接;二是微波在传播过程中有损耗,在远距离通信时需要采用中继方式对信号逐段接收、放大和发送。

由于卫星通信实际上也是在微波频段采用中继(接力)方式进行通信,只是其中继站设在卫星上,为了与卫星通信相区别,一般所说的微波中继通信限定于地面上。

微波中继通信目前已部分被光纤通信所替代,但仍是长途和专业通信的一种重要补充手段。图5-12示出了微波中继通信系统在通信网中的位置。

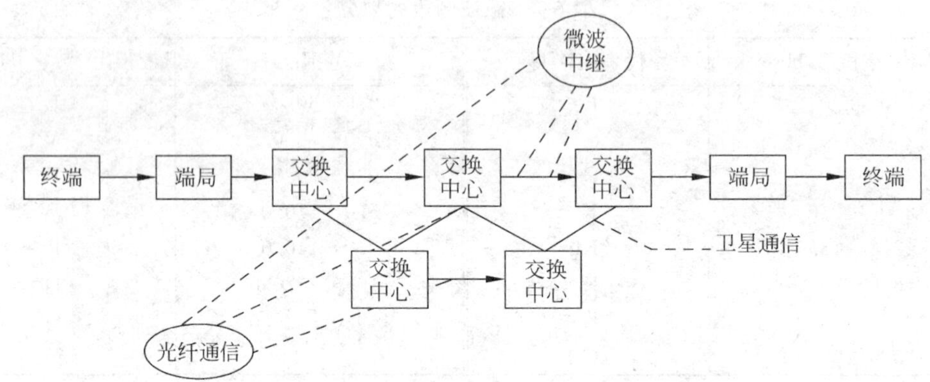

图5-12 微波中继通信系统在通信网中的位置

2. 微波中继通信系统的基本组成

由于微波传输的特性和地球的曲面特性,数字微波线路通常是分段构成的,每一段均可以看成是一个点对点的无线通信系统。微波中继通信系统的微波站分为终端站、分路站和中继站。

微波终端站设置在线路末端,其任务是将复用设备送来的基带信号(或由电视台送来的视频及伴音信号)调制到微波频率上并发射出去,将所收到的微波信号解调出基带信号送往复用设备(或将解调出的视频信号及伴音信号送往电视台)。

当两条以上的微波中继通信线路在某一微波站交汇时,该微波站称为枢纽站(能上下话路),具有通信枢纽功能。微波中继站和分路站则统称微波中间站(不能上下话路)。

微波站由微波天线、射频收发模块、基带收发部分、传输接口等部分组成。其主要设备包括发信设备、收信设备、天线馈电系统、电源设备及监测控制设备(以保障通信线路正常运行和无人维护需求)。

与通信线路相对应,数字微波中继通信系统的设备连接示意图如图5-13所示。

3. 数字微波中的常用技术

为了在一条微波线路上同时传输多路信号,需采用合适的复用技术。数字微波通信系统常采用时分复用技术(TDM)复用技术,早期系统中的复接按准同步数字系列(PDH)定义的等级进行逐级复分接;正交幅度调制技术(如16QAM、64QAM、256QAM等)的应用,使数字微波通信系统的传输效率大大提高。进入20世纪90年代后,出现了

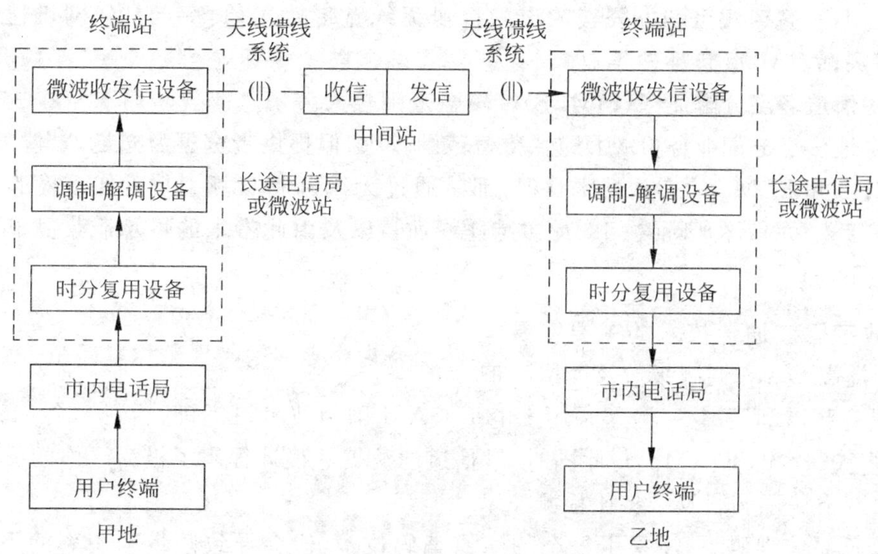

图 5-13 数字微波中继通信系统的设备连接示意图

容量更大的数字微波通信系统(采用512QAM、1024QAM等调制技术),并出现了基于同步数字系列(SDH)的数字微波通信系统。

5.3.3 微波通信技术的应用与发展

1. 微波通信的主要应用

在现代通信技术中,微波通信仍然具有其独特而重要的地位。

(1) 干线光纤传输的备份及补充

如点对点的SDH微波、PDH微波等。主要用于干线光纤传输系统在遇到自然灾害时的紧急修复,以及由于种种原因不适合使用光纤的地段和场合。

(2) 边远地区和专用通信网中为用户提供基本业务

在农村、海岛等边远地区和专用通信网的场合,可以使用微波点对点、点对多点系统为用户提供基本业务,微波频段的无线用户环路也属于这一类。

(3) 城市内的短距离支线连接

在移动通信基站之间、基站控制器与基站间的互连、局域网之间的无线联网等环境下,也广泛应用微波通信,既可使用中小容量点对点微波,也可使用无须申请频率的微波数字扩频系统。例如,基于IEEE 802.11系统标准的无线局域网工作在微波频段,其中802.11b工作于2.4 GHz,802.11a/g工作于5.8 GHz。

(4) 无线宽带业务接入

无线宽带业务接入以无线传播手段来替代接入网的局部甚至全部,从而达到降低成本、改善系统灵活性和扩展传输距离的目的。

多点分配业务(MDS)是一种固定无线接入技术,其包括运营商设置的主站和位于用户处的子站,可以提供数十MHz甚至数GHz的带宽,该带宽由所有用户共享。MDS主要为个人用户、宽带小区和办公楼等设施提供无线宽带接入，其特点是建网迅速但资源分配不够灵活。MDS包括两类业务。

① 多信道多点分配业务(MMDS)。覆盖范围较大。

② 本地多点分配业务(LMDS)。覆盖范围较小，但提供带宽更为充足。

MMDS和LDMS的实现技术类似，都是通过无线调制与复用技术实现宽带业务的点对多点接入；两者的区别在于工作的频段不同，以及由此带来的可承载带宽和无线传输特性的不同。

2. 数字微波通信技术的主要发展

(1) 提高QAM调制级数及严格限带

为提高频谱利用率，一般多采用多电平QAM调制技术，目前已达到256/512QAM，并将实现1024/2048QAM。与此同时，对信道滤波器的设计提出了极为严格的要求。

(2) 网格编码调制及维特比检测技术

为降低系统误码率，需采用复杂的纠错编码技术，但会导致频带利用率的下降。为解决该问题，可采用网格编码调制(TCM)技术。

(3) 自适应时域均衡技术

使用高性能、全数字化二维时域均衡技术可减少码间干扰、正交干扰及多径衰落的影响。

(4) 多载波并联传输

多载波并联传输可显著降低发信码元的速率，减少传播色散的影响。

(5) 其他技术

如多重空间分集接收、发信功放非线性预校正、自适应正交极化干扰消除电路等。

5.4 卫星通信

卫星通信是指利用人造地球卫星作为中继站转发无线电信号，在两个或多个地面站之间进行的通信过程或方式。卫星通信属于宇宙无线电通信的一种形式，工作在微波频段。卫星通信是现代通信技术、航天技术、计算机技术相结合的重要成果。近30年来，卫星通信在国际通信、国内通信、军事通信、移动通信，以及广播电视等领域，得到了广泛的应用。

5.4.1 卫星通信概述

卫星通信是宇宙通信(指以宇宙飞行体为对象的无线电通信)形式之一。

卫星通信具有频带宽、容量大、适于多种业务、覆盖能力强、性能稳定、不受地理条件限制、成本与通信距离无关等特点，是现代通信的主要手段之一。

现代通信中广泛应用的是有源静止卫星(即同步卫星)。静止卫星被发射到位于赤道上空 35 800 km 附近的圆形轨道上，其运动方向与地球自转方向一致，绕地球一周的时间恰好为 24 小时，与地球自转周期相同。以静止卫星作为中继站所组成的通信系统，称为静止卫星通信系统或同步卫星通信系统。

1. 卫星通信系统的分类

目前，全球建成了数以百计的卫星通信系统，可归结分类如下：

按卫星的制式分类：可分为静止卫星通信系统、随机轨道卫星通信系统、低轨道卫星（移动）通信系统。

按通信覆盖范围分类：可分为国际卫星通信系统、国内卫星通信系统、区域卫星通信系统。

按用户性质分类：可分为公用（商用）卫星通信系统、专用卫星通信系统、军用卫星通信系统。

按业务范围分类：可分为固定业务卫星通信系统、移动业务卫星通信系统、广播业务卫星通信系统、科学实验卫星通信系统。

按基带信号体制分类：可分为模拟制卫星通信系统、数字制卫星通信系统。

按多址方式分类：可分为频分多址（FDMA）卫星通信系统、时分多址（TDMA）卫星通信系统、空分多址（SDMA）卫星通信系统、码分多址（CDMA）卫星通信系统。

按运行方式分类：可分为同步卫星通信系统、非同步卫星通信系统。

2. 卫星通信的工作频率

卫星通信是电磁波穿越大气层的通信，大气中的水分子、氧分子、离子对电磁波的衰减（称大气损耗）随频率而变化。

在微波频段中，0.3～10 GHz 范围内的大气损耗最小，比较适合于电波穿出大气层的传播，电波可视为自由空间传播（只按直线传播），该频段称为“无线电窗口”，在卫星通信中应用最多；在 30 GHz 附近的大气损耗也相对较小，常称此频段为“半透明无线电窗口”。

目前，大部分国际通信卫星（尤其是商业卫星）使用 4/6 GHz 频段，上行为 5.925～6.425 GHz，下行为 3.7～4.2 GHz，转发器带宽为 500 MHz，多数国内区域性通信卫星也应用此频段。

许多国家的政府和军事卫星采用 7/8 GHz 频段，上行为 7.9～8.4 GHz，下行为 7.25～7.75 GHz，与民用卫星通信系统在频率上分开，避免相互干扰。

由于 4/6 GHz 频段卫星通信的拥挤，以及与地面微波网的干扰问题，已开发使用 11/14 GHz 频段，其中上行采用 14～14.5 GHz，下行采用 11.7～12.2 GHz、10.95～11.2 GHz 及 11.45～11.7 GHz，并用于民用卫星和广播卫星业务。目前，20/30 GHz 频段也已经开始使用，上行为 27.5～31 GHz，下行为 17.7～21.2 GHz。

3. 卫星通信的特点

与其他通信方式相比，卫星通信具有其独特的特点。

① 覆盖区域大，通信距离远，通信成本与距离无关。

② 以广播方式工作，具有多址连接能力。

③ 通信容量大，传送的业务种类多。

④ 需采用先进的空间电子技术,如地球站的高增益天线、大功率发射机、低噪声接收设备、高灵敏度调制解调器等。

⑤ 需解决信号传播时延较大(因信号传输距离长而致)所造成的影响。

⑥ 需解决卫星的姿态控制问题,以适应复杂多变的空间环境。

⑦ 通信卫星的一次投资费用较高,且在运行中难以维修,要求卫星具备高可靠性和长使用寿命。

⑧ 需解决地面微波系统与卫星通信系统之间的干扰问题。

5.4.2 卫星通信系统

卫星通信有两个基本技术问题:一是由于卫星通信具有多址通信特点而涉及的多址连接问题;二是卫星功率和频带的分配方式问题。

1. 同步卫星通信系统的组成

同步卫星通信系统是利用定位在地球同步轨道上的卫星进行通信的系统,原则上只需要三颗同步卫星即可基本覆盖地球。

同步卫星通信系统由地球站、通信卫星、控制与管理系统部分组成,如图 5-14 所示。

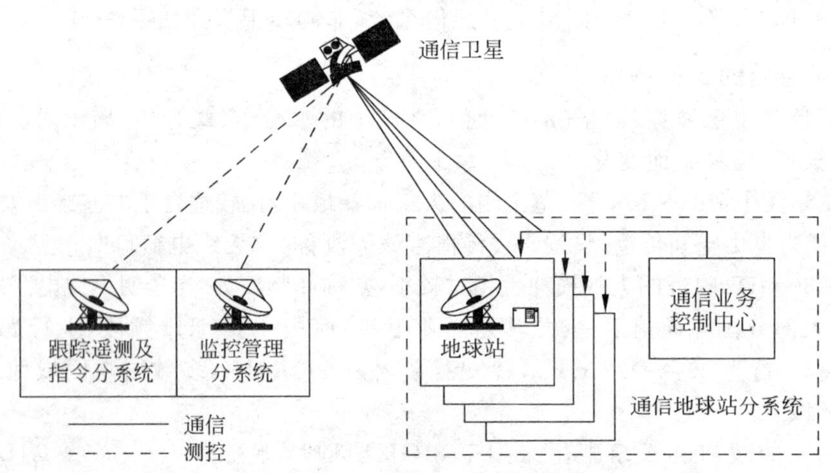

图 5-14 卫星通信系统的组成

(1) 地球站

地球站是卫星通信系统的地面部分,用户通过地球站接入卫星线路进行通信。地球站一般包括天线、馈线设备、发射设备、接收设备、信道终端设备、天线跟踪伺服设备、电源设备等。

(2) 通信卫星

通信卫星的基本作用是无线电中继。主体是通信装置(星上系统),其保障部分则有星体上的遥测指令、控制系统和能源装置等。通信卫星的星上通信装置主要包括转发器和天线。通信卫星可以包括一个或多个转发器,每个转发器能够同时接收和转发多个地球站的信号。

(3) 控制与管理系统

该系统包括跟踪遥测及指令系统和监控管理系统，其任务是对卫星进行跟踪测量，控制其准确进入轨道上的指定位置。正常运行后，需定期对卫星进行轨道修正和位置保持。在卫星业务开通前后需进行通信性能监测和控制，如对卫星转发器功率、卫星天线增益、地球站发射功率、射频频率和带宽等基本通信参数进行监控，以保证卫星通信系统的正常运行。

2. 卫星通信体制

通信体制是指通信系统中的信号形式、信号传输方式和信息交换方式。

卫星通信采用的基带信号形式、基带复用方式、调制方式、多址方式、信道分配及交换方式各不相同，因此产生了不同形式的卫星通信系统。

基带信号可以分为模拟信号和数字信号。在卫星通信中，模拟信号的调制方式常为调频(FM)，数字信号的调制方式通常为相移键控(PSK)调制。基带信号的复用方式也可相应分成频分复用(FDM)或时分复用(TDM)。

各地球站之间的多址连接可以是频分复用多址(FDMA)、时分复用多址(TDMA)、码分复用多址(CDMA)、空分复用多址(SDMA)等。信道的分配形式可以分成预定分配(PA)、按申请分配(DA)或随机占用等。

【例 5-3】 国际卫星通信中多路电话的传输体制。

TDM/PSK/FDMA/PA 体制：表示基带信号采用时分复用(TDM)方式、地球站采用相移键控(PSK)调制，地球站之间采用时分多址(TDMA)方式进行多址连接，其中每个地球站的发射和接收频率为预定分配(PA)。该通信体制示意图如图 5-15 所示。

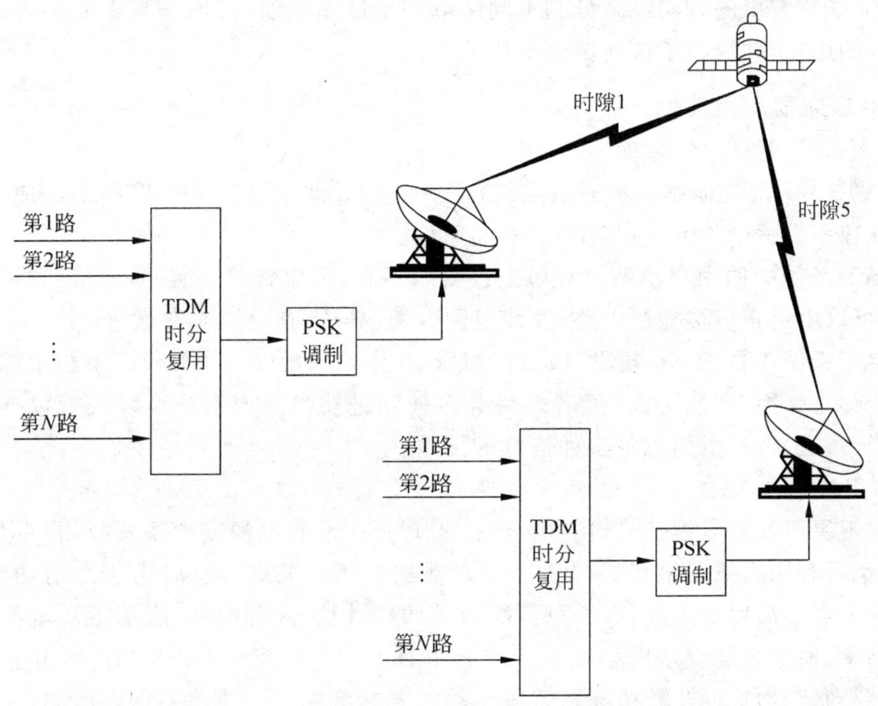

图 5-15　TDM/PSK/FDMA/PA 通信体制示意图

3. 卫星通信的多址技术

卫星通信系统内，多个地球站接入卫星与从卫星接收信号而各自占有信道的连接方式，称为多址技术。

(1) 频分多址(FDMA)技术

多个地球站共用卫星转发器时，由配置载波频率不同来区分地球站的多址连接方式，称为频分多址技术。该技术主要包括：单址载波(每个地球站在规定频带内可发多个载波，每个载波代表一个通信方向)，多址载波(每个地球站只发一个载波，利用基带的多路复用进行信道定向)，单路单载波(将卫星转发器带宽分成许多子载波，每个载波只传输一路语音或数据)。

(2) 时分多址(TDMA)技术

TDMA 是用不同的时隙来区分地球站的地址。该系统中只允许各地球站在规定时隙内发射信号，这些射频信号通过卫星转发器时，在时间上严格依次排序、互不重叠。TDMA 方式需要一个时间基准站提供共同的标准时间，以保证各地球站所发射信号接入转发器时，在规定时隙互不干扰。

(3) 码分多址(CDMA)技术

CDMA 技术的原理是采用一组正交(或准正交)的伪随机序列，通过相关处理实现多用户共享频率资源和时间资源。每个通信方向采用不同的伪随机序列作为识别。

(4) 空分多址(SDMA)技术

SDMA 方式是指在卫星上安装多个窄波束天线，分别准确指向地球表面上的不同区域，即用天线窄波束的方向性来分割不同区域的地球站电波，使同一频率能够再用，从而容纳更多的用户，并提高了抗同波道干扰的能力。

4. 卫星通信应用实例

(1) VSAT 卫星通信系统

VSAT(小天线地面站卫星通信系统)由一个主站和若干个 VSAT 终端组成，主要用于进行低速率数据(2 Mbit/s 以下)的双向通信。

VSAT 系统中的用户小站对环境条件要求不高，可以直接安装于用户屋顶而不必汇接中转，可以由用户直接控制电路，安装组网方便、灵活，其发展非常迅速。

VSAT 系统工作于 Ku 频段(14/11 GHz)以及 C 频段(6/4 GHz)。系统中综合了分组信息传输与交换、多址协议、频谱扩展等多种先进技术。该系统可以进行数据、语言、视频图像、传真、计算机信息等多种信息的传输。

(2) 卫星电视广播

通信卫星可转发电视信号，信号再经接收站所在地的电视广播系统或用户卫星接收站收转，也可利用直播卫星直接向地面用户播送。通信卫星转发时由于发射功率较小，接收站往往需要高增益天线、高质量低噪声接收机才能正常接收；直播卫星则需要很高的发射功率，使用户能直接用小型天线接收电视节目。目前，卫星电视广播和直播所用的卫星都是基于地球同步轨道。

【例 5-4】 卫星电视广播系统。

电视节目源通过通信线路传送到卫星电视转播站，通过转播站发送到卫星；卫星将接收到的电视信号进行变频后转发到地面，各个地面接收站将接收到的卫星电视信号进行解调，并通过有线电视(CATV)网络分送至各个用户。

模拟电视信号的转发通常采用调频(FM)方式，电视信号中的图像信号带宽为6.5 MHz(PAL 制)，调频后整个图像信号带宽约为 27 MHz，一个 36 MHz 带宽的转发器只能传输一路模拟电视图像信号。电视伴音信号的传送方式有单路、副载波法、同步传声法及副载波多路音频方式等。目前常用的伴音副载波法中，图像信号与已调伴音信号(即全电视信号)对中频载波进行调频，然后再变频发送。

【例 5-5】 卫星电视直播。

与卫星电视转播不同，卫星电视直播用户不需要当地的电视转发中心经过分路系统接收电视信号，而是通过安装在家的小型卫星天线(18～24 英寸)直接接收直播卫星(DBS)的电视节目。DBS 的使用频段为 Ku 波段(12～18 GHz)，用户必须拥有 DBS 接收机、碟形天线。

直播卫星(DBS)采用实时数字视频压缩技术，其接收机不同于普通的电视接收机。经过压缩后，一个卫星转发器可以直播 10 套左右的电视节目。由于 DBS 信号是作为数字包发送的，因此 DBS 用户可以接收电视信号、图文电视、计算机数据等形式多样的信号。

由于 DBS 系统是单向系统，因此用户反馈的数据必须经过其他网络传输到 DBS 服务中心，目前常采用电话线传送。

5.4.3 卫星移动通信

卫星移动通信是在全球或区域范围内，以通信卫星为基础为移动体(车辆、船舶、飞机等)提供各种通信业务的通信方式，主要解决陆地、海上和空中各类目标相互之间，以及与地面公用网间的通信任务。

卫星移动通信始于 20 世纪 70 年代。国际海事卫星移动通信系统(INMARSAT)于1982 年正式提供商业远洋船舶的海上通信业务，后来发展到提供海、陆、空全方位的全球移动卫星通信业务。个人通信概念的形成，进一步促进了卫星移动通信的发展。

1. 全球卫星移动通信系统的概念

在同步轨道上运行的同步卫星(静止卫星)和地球呈静止关系。在同步卫星上安装转发器以接收和放大来自地面站(固定或移动)的信号，经频率转换再转发出去，为各地面站提供无线通路，从而可实现移动用户之间或移动用户和固定用户之间的通信。

一颗同步卫星的有效覆盖区域约为地球表面的 1/3。3 颗相隔 120°的同步卫星就能基本上覆盖全球(除两极地区外)，若在其有效覆盖区的重叠部分内分别设置 3 个地面中继站，用来转发来自卫星的信号，就能在全球范围内实现任何两个用户之间的通信，该系统称为全球卫星移动通信系统。

同理，若在卫星上使用窄波束天线，使波束有效覆盖区减小，就能构成国内或地区性的卫星移动通信系统。

2. 卫星移动通信的分类

卫星移动通信系统有多种类型。若从卫星轨道划分,一般可分为静止轨道(HEO)、中地球轨道(MEO)及低地球轨道(LEO)三类移动卫星通信系统。

(1) 静止轨道卫星移动通信系统

利用静止轨道卫星建立的卫星移动通信系统,是最早出现并投入商用的系统(海事卫星通信即为典型系统)。其静止轨道高,传输路径长,信号时延和衰减都非常大,所以多用于船舶、飞机、车辆等移动体。

(2) 低轨道卫星移动通信系统

低轨道卫星移动通信系统于20世纪80年代后期提出,也是目前移动卫星通信发展的一大热点。低轨道系统的轨道很低,一般在1500 km以内,因而信号的路径衰耗小,信号传输时延短,并能获得更有效的频率复用。低轨道卫星研制周期短,费用低,能一箭多星发射,实现全球覆盖。

(3) 中轨道卫星移动通信系统

中轨道卫星移动通信系统是近年提出的,其兼有静止轨道和低轨道的优点,并能克服相应轨道的不足。

3. 卫星移动通信的特点

(1) 通信范围广

陆地移动通信基站台的天线高度有限,电波传播受地形地物影响大,使通信范围受到很大限制;而卫星移动通信的服务区域广,除仰角很低地区之外,受地形地物的影响很小。因此,卫星移动通信适用于构成国内、国际的航空、陆上、海上固定或移动通信网。尤其在地形复杂的情况下(如远洋船舶、远航飞机、人烟稀少地区、受灾待援地区等),利用卫星移动通信更显示出其优越性和灵活机动性。

(2) 通信容量大

卫星移动通信可使用比地面移动通信更高的频段,可用频段宽,通信容量大。

(3) 移动地面站小型化

对移动地面站的基本要求是小型、轻量、成本低、可靠性高、维护操作方便,便于携带;移动台定向天线应具有自动跟踪卫星能力。为此,星上设备应尽量提高能力,如采用大口径天线、高功率输出,并降低星上接收机噪声。

4. 卫星移动通信的应用

卫星移动通信系统的主要特点为:不受地理环境、气候条件和时间的限制,在卫星覆盖区域内无通信盲区。卫星移动通信区可提供移动用户间、移动用户与陆地用户间的语音、数据、寻呼和定位等业务,适用于多种通信终端。

利用卫星移动通信业务可以建立范围宽广的服务区,成为覆盖地域、空域、海域的超越国境的全球系统。这是其他任何系统难以实现的。

卫星移动通信系统的应用领域广泛,目前已应用于大型远洋船舶的通信、导航和海难救助,还可广泛应用于陆地移动通信和航空移动通信,如军事通信、新闻报道、野外勘探、体育探险、科学考察、抢险救灾、商务旅行、新开发区的最初阶段期通信、重点旅游点通信和航空服务通信等。

卫星移动通信系统将成为未来全球个人通信系统的一个重要组成部分。

5.5 无线接入

无线接入是用无线传输代替接入网的全部或部分，向用户终端提供电话和数据服务。由无线接入系统所构成的用户接入网，称为无线接入网。

5.5.1 无线接入概述

1. 无线接入的基本概念

无线接入是从公用电信网的交换节点到用户终端之间的传输设备采用无线方式，为用户提供固定或移动的接入服务的技术。无线接入以无线传播手段来补充或替代有线接入网的局部甚至全部，从而达到降低成本、改善系统灵活性和扩展传输距离的目的。

无线接入的方式有很多，如微波传输技术（包括一点多址微波）、卫星通信技术、蜂窝移动通信技术、数字无绳通信（DECT）、无线市话（PHS）、集群通信、无线局域网（WLAN）、无线异步转移模式（WATM）等。

与有线宽带接入方式相比，虽然无线接入技术的应用还面临着开发新频段、完善调制和多址技术、防止信元丢失、时延等方面的问题，但其以自身的无须铺设线路、建设速度快、初期投资小、受环境制约不大、安装灵活、维护方便等特点在接入网领域备受关注。

无线接入网的覆盖范围取决于基站的发射功率，基站发射功率越大，其覆盖范围也就越大。根据基站覆盖半径，无线接入网通常可分为宏区（覆盖半径 5～50 km）、微区（覆盖半径 0.5～5 km）和微微区（覆盖半径 50～500 m）。

无线接入技术按终端的移动性，可分为固定无线接入技术和移动无线接入技术。

2. 固定无线接入技术

固定无线接入（FWA）主要是为固定位置的用户（或仅在小范围区域内移动的用户）提供通信服务，其用户终端包括电话机、传真机或计算机等。

目前，FWA 连接的骨干网络主要是公共电话交换网（PSTN）。FWA 作为 PSTN 的无线延伸，为用户提供透明的 PSTN 业务。

我国规定的固定无线接入系统工作频段为：用于模拟系统的 450 MHz 频段，用于数字系统的 800/900 MHz、1.5 GHz、1.8/1.9 GHz 频段，用于中宽带无线接入的 3 GHz 频段。

固定无线接入（FWA）按其向用户提供的数据传输速率，一般可分为窄带（≤64 kbit/s）、中宽带（64 kbit/s～2 Mbit/s）和宽带系统（≥2 Mbit/s）。

（1）窄带固定无线接入技术

窄带固定无线接入以低速电路交换业务为特征，提供语音、低速率数据、调制解调器及 ISDN 等业务，其数据传送速率不大于 64 kbit/s，采用的技术主要有微波一点多址技术、固定蜂窝技术和固定无绳技术等。

微波一点多址系统由一个中心站和若干个不同方向的终端站组成。站与站之间的无中继距离约为5～50 km,工作频率为1.5 GHz、1.9 GHz、2.4 GHz或更高。

微波一点多址系统的用户多采用时分多址(TDMA)接入方式,分组连接到终端站上,适用于不宜进行有线建设的地区。

(2) 中宽带固定无线接入技术

中宽带固定无线接入系统可提供64 kbit/s～2 Mbit/s的无线接入速率,开通ISDN等接入业务。其结构和窄带系统相类似,由基站控制器、基站和用户单元组成。基站控制器和交换机的接口一般为能同时支持多种接入业务的V5接口,控制器与基站间通常使用光纤或无线连接。该类系统的用户多采用TDMA接入方式,工作在3.5 GHz或10 GHz的频段上。

(3) 宽带固定无线接入技术

窄带和中宽带无线接入都基于电路交换,其系统结构类似。宽带固定无线接入系统基于分组交换,主要提供视频业务,并已从最初提供的单向广播式业务发展到提供双向视频业务,如视频点播(VOD)等。

宽带固定无线接入的主要应用如数字直播卫星(DBS)接入、多路多点分配业务(MMDS)、本地多点分配业务(LMDS)等。

3. 移动无线接入技术

移动无线接入的用户终端具有在较大范围的移动性。移动接入主要是提供移动用户和固定用户之间,以及移动用户之间的通信服务,其移动用户终端主要包括手持式、便携式和车载式电话等,具体实现的典型技术方式有蜂窝移动通信系统、无绳通信系统(如无线市话)和卫星移动通信系统等。

4. 常用无线接入技术

(1) 无线本地环路(WLL)

无线本地环路是通过无线信号取代电缆线,连接用户和公共交换电话网(PSTN)的一种技术。WLL系统包括无线接入系统、专用固定无线接入及固定蜂窝系统。在某些情况下,WLL又称之为环内无线(RITL)接入或固定无线接入(FWA)。WLL的带宽使用率高于电缆环路。对于不具备线路架构条件的地方,WLL提供了一种既实用又经济的最后一公里的解决方案。WLL利用无线方式把固定用户接入到固定电话网,即利用无线方式代替传统的有线用户接入,为用户提供终端业务服务。

无线本地环路包括数字无绳电话(DECT)、无线市话(PHS)、码分多址(CDMA)、频分多址(FDMA)等系统应用,其具有部署灵活,建网速度快,适应环境能力强,网络配置简单等优点。

WLL系统基于全双工无线网络,为用户组提供一种类似电话的本地业务。WLL单元由无线电收发器和WLL接口组成,其统一安装在一个金属盒中。出口处提供两根电缆和一个电话连接器,其中一根电缆连接定向天线和电话插座,另一根连接通用电话装置。若为传真或计算机通信业务,就连接传真机或调制解调器。

WLL系统中集中了多种无线技术。

① 时分复用/时分多址(TDM/TDMA)技术和点对多点(P-MP)系统。WLL系统中使用的通信设备基于TDM/TDMA与P-MP，支持包含基站、中继站和用户站以内的各类业务。

② 固定的蜂窝系统。采用蜂窝电话系统中的无线设备，缩减了对移动功能的使用。用户终端采用蜂窝电话，可以降低系统成本。

③ PHS-WLL系统。WLL系统采用的是PHS(无线市话，即个人手持电话系统)终端技术和无线设备。由于语音加密系统采用32 kbit/s自适应差分脉冲编码调制(ADPCM)方式，电话的语音质量可以达到标准要求。

(2) 多路多点分配业务(MMDS)接入

MMDS是一种单向传送技术，需要通过另一条分离通道(如电话线路)实现与前端的通信。MMDS可分配在多个地点，每个小区的半径随地域而变化(约40～60 km)，采用2.150～2.682 GHz频段，可提供33路模拟电视信号。

(3) 本地多点分配业务(LMDS)接入

LMDS接入是一种近年来发展较快的、可实现双向传送的宽带无线接入技术，可支持广播电视、视频、数据和话音等业务。LDMS使用ATM传送协议，具有标准化的网络侧接口和网管协议，能够在本地环路中向用户提供宽带的双向互动传输服务，并能满足不同用户对不同业务种类和业务带宽的要求。

(4) 数字直播卫星(DBS)接入

DBS接入技术利用位于地球同步轨道的通信卫星，将高速广播数据送到用户的接收天线，一般也称为高轨卫星通信技术。其特点是通信距离远，费用与距离无关，适用于多业务传输，可为全球用户提供大跨度、大范围、远距离的漫游和机动灵活的移动通信服务。

在DBS系统中，大量的数据通过频分或时分等调制后，利用卫星主站的高速上行通道和卫星转发器进行广播，用户通过卫星天线和卫星接收器来接收数据，接收天线的直径一般为18英寸(0.45 m)或21英寸(0.53 m)。DBS主要是广播系统，用户的回传数据则要通过电话Modem送到主站的服务器。由于数字卫星系统具有高可靠性，不需要较多的信号纠错，因此可使下载速率达到400 kbit/s，而实际DBS广播速率最高为12 Mbit/s。

在已开展的DBS服务中，主要用于互联网接入，其用户通过小口径卫星终端(VSAT)天线、卫星接收器及相应的软件来接收从通信卫星传来的信号。典型的DBS的数据传输也是不对称的，在接入互联网时，下载速率为400 kbit/s，上行速率为33.6 kbit/s。该速率虽然比普通电话调制解调器提高不少，但远低于数字用户线DSL及Cable Modem技术。

(5) 微波无线接入

微波无线接入是目前军事通信上常用的一种接入技术。微波指频率高于1 GHz的电波。若应用较小的发射功率(约1 W)配合定向高增益微波天线，每隔16～80 km距离设置一个中继站，即可架构起微波通信系统。数字微波设备所接收与传送的是数字信号，数字微波采用正交调幅(QAM)或移相键控(PSK)等调幅方式，传送语音、数据或图像等数字信号。与模拟微波相比,数字微波具有较佳的通信质量,且在长距离的传送过程中不会有噪音积累。数字微波作为一种无线传输方式,在灵活性、抗灾性和移动性方面具有光纤传输所无法比拟的优势。

5.5.2 无线个域网

下一代便携式消费类电器和通信设备之间将产生许多高速率的多媒体应用。这些应用需要得到高速率无线网络的支持和服务,因此产生了无线个人局域网(WPAN),即无线个人域网(简称为无线个域网)。

1. WPAN 的概念

在个域网(PAN)中,各种数字多媒体设备根据需要,在小范围内组成自组织(Ad-Hoc)式的网络,相互传送多媒体数据,并可通过安装在家中的宽带网关来接入互联网。数字多媒体设备是指需要收发视频、音频、文本、数据等数字多媒体信息的设备,包括数码摄像机、数码照相机、MP3 播放器、DVD 播放器、数字电视、台式机、笔记本电脑、打印机、投影仪、扫描仪、摄像头、手机、各种智能家电、机顶盒等。

无线个域网(WPAN)是指能在便携式消费类电器和通信设备之间进行短距离特别连接的网络。其中,“特别连接”一是指设备既能承担主控功能,又能承担被控功能的能力;二是指设备加入或离开现有网的方便性。WPAN 的覆盖范围一般为半径 10 m 以内,比无线局域网(WLAN)还小。

为了保证高数据速率,以满足多媒体设备之间的通信,就需要对等的特别连接,并在确保的带宽内提供一定的服务质量(QoS)。

2. WPAN 的特点

无线个域网的核心思想是采用无线技术代替传统的线缆,实现个人信息终端的智能化互连,组建个人化的办公或者家用信息网络。其主要特点如下:

① 高数据速率并行视频链路:100～500 Mbit/s。

② 邻近终端之间的短距离连接:典型为 1～10 m。

③ 标准无线或电缆桥路与外部互联网或广域网的连接。

④ 典型的对等式拓扑结构。

⑤ 中等用户密度。

3. WPAN 的常用技术

目前已实现的 WPAN 技术主要有蓝牙(Bluetooth)、超宽带(UWB)、红外线传输(IrDA)及家用射频(Home RF)等。

蓝牙(Bluetooth)技术:应用较广,但目前其传输速率还较低。

超宽带(UWB)技术:具有性能高、功耗低的优点,是富有竞争力的技术之一。

红外线传输(IrDA):利用红外线进行点对点通信,应用较早,技术也较成熟,属于视距传输。具有 IrDA 端口的设备若传输数据,则设备间不能有阻挡物,其应用有局限性。

家用射频(Home RF):是数字式增强型无绳电话(DECT)和无线局域网(WLAN)技

术相互融合发展的产物。无线局域网(IEEE 802.11)采用 CSMA/CA(载波监听多点接入/冲突检测)方式,适于数据业务;而 DECT 使用 TDMA(时分多路复用)方式,适于语音通信。WLAN 与 DECT 融合,采用 TDMA+CSMA/CA 方式,构成家庭射频使用的共享无线应用协议(SWAP),并为家庭小型网络进行了优化。Home RF 的设计目的是为了在家用电器设备之间传送话音和数据,并能与公用交换电话网(PSTN)和互联网进行交互式操作,其工作于 2.4 GHz ISM 频段,采用数字跳频扩频技术。

5.5.3 蓝牙技术

蓝牙(Bluetooth)是一种短距离无线通信技术,是实现语音和数据无线传输的全球开放性标准。其使用跳频(FH/SS)、时分多址(TDMA)和码分多址(CDMA)等先进技术,在小范围内建立多种通信与信息系统之间的信息传输。

1. 蓝牙技术概述

蓝牙技术是涉及现代通信网络终端的一种无线互连技术,其研究开发的目标是使移动电话、笔记本电脑、掌上电脑等信息设备都能用一种低功率、低成本的无线通信技术连接起来,而不再用电缆连接。

各种移动便携式信息设备在无线网络覆盖范围之内,都能无缝地实现资源共享。嵌入了蓝牙技术的设备相互之间都能自动进行联络与确认,利用相应的控制软件,不需用户干预就可自动建立连接并传输数据。

蓝牙技术的主要特点如下:

(1) 工作频段与信道

蓝牙技术使用全球通行(无须申请许可证即可使用)的 2.4 GHz ISM 频段(ISM 频段指对工业、科学、医疗范围内所有无线电系统的开放频段)。其收发信机采用跳频技术,可有效避免各种干扰。在发射带宽(载频间隔)为 1 MHz 时,其数据速率为 1 Mbit/s,并采用低功率时分复用(TDD)双工方式发射。

(2) 抗干扰技术

跳频技术是蓝牙使用的关键技术之一。对应于单时隙分组,蓝牙的跳频速率为 1600 跳/s;在建立链路时,提高为 3200 跳/s 的高跳频速率,具有足够高的抗干扰能力。蓝牙技术通过快跳频和短分组来减少同频干扰,以保证传输的可靠性。

(3) 低功耗无线传输

蓝牙是一种低功耗的无线技术。采用低功率时分复用方式发射时,其有效传输距离约为 10 m,加上功率放大器后,传输距离可扩大为 100 m。当检测到距离小于 10 m 时,接收设备可动态调节功率。当业务量减小或停止时,蓝牙设备可进入到低功率工作模式。

(4) 连接方式

蓝牙技术支持点到点以及点到多点的连接,可以采用无线方式将若干个蓝牙设备连成一个微微网;若干相互独立的微微网以特定的链接方式又可互连成分布式网络,从而实现各类设备间的快速通信。

蓝牙能在一个微微网内寻址 8 个设备(其中只有 1 个为主设备,7 个为从设备)。不同的主从设备可以采用不同的链接方式,在一次通信中,链接方式也可以任意改变。在蓝牙中没有基站的概念,所有的蓝牙设备都是对等的。

(5) 业务支持

蓝牙支持电路交换和分组交换业务。其支持实时的同步定向连接(SCO 链路)和非实时的异步不定向连接(ACL 链路),前者主要传送语音等实时性强的信息,后者以数据包为主。语音和数据可以单独或同时传输。

蓝牙支持一个异步数据通道,或 3 个并发的同步语音通道,或同时传送异步数据和同步语音的通道。

(6) 基本组成

蓝牙系统一般由天线单元、链路控制(固件)单元、链路管理(软件)单元和蓝牙软件(协议栈)单元等 4 个功能单元组成。蓝牙协议可以固化为一个芯片,安置于各种各样的智能终端中。

(7) 技术标准

蓝牙技术具有全球统一开放的技术标准。

在蓝牙技术标准 1.0 A 的版本中,蓝牙的工作频段为 2.4 GHz ISM 频段,其采用每秒 1600 跳的快速跳频技术,传输速率为 1 Mbit/s,标准的有效传输距离为 10 m,添加放大器后可以将传输距离增加到 100 m。蓝牙未来的工作频段可以在 5.8 GHz 的 ISM 频段,传输速率将更高。

蓝牙协议有多层结构,分别负责实现数据比特流的过滤和传输、跳频和数据帧传输、连接的建立和拆除、链路控制、数据包的拆装、服务质量和复用等功能。协议采用前向纠错编码及自动重传等机制,以保证链路的可靠性。蓝牙技术可以同时支持语音、多媒体和一般的分组数据的传输。

IEEE 对蓝牙技术标准成立了 802.15 WPAN 工作组,其中 IEEE 802.15.1 讨论建立与蓝牙技术 1.0 版本相一致的标准;IEEE 802.15.2 主要探讨蓝牙如何与 IEEE 802.11b 无线局域网技术共存的问题;IEEE 802.15.3(高速率 WPAN 任务组)专门研究蓝牙技术向更高速率(如 10~20 Mbit/s)发展的问题,其针对消费类图像和多媒体应用,为低功率、低成本的短距离无线通信制定标准,并形成 IEEE 802.15.3 高速率 WPAN 标准的最终版本。

2. 蓝牙通信网络

蓝牙通信网络的基本单元是微微网,由一个主设备(主动发起链接的设备)和至多 7 个从设备(被动链接的设备)组成。当两个蓝牙设备成功建立链路后,便形成了一个微微网,两者之间的通信通过无线电波在 79 个信道中随机跳转而完成。

蓝牙通信网络以 2.45 GHz 为中心频率,工作频段为 2400~2483.5 MHz,其使用了 79 个 1 MHz 带宽的频点(信道),射频信道为(2402+k)MHz(k=0,1,…,78)。

(1) 微微网中的信道特性

微微网中信道的特性完全取决于主设备。主设备的主机标识(蓝牙地址)提供了跳频序列和信道接入码，主设备的系统时钟决定了跳频序列的相位和时间。

每个蓝牙无线系统有一个内部系统时钟，用以决定传送的时间以及跳频频率。在微微网建立后，为了与主设备同步，从设备需进行时钟补偿（本地时钟上加偏移），微微网释放后，补偿即取消，也可存储起来以便再用。

在每个微微网中，一组伪随机跳频系列用以确定 79 个跳频信道，该跳频序列对于每个微微网是唯一的，其由主设备地址和时钟决定。信道分成时隙，每个时隙相应有一个跳频频率（通常跳频速率为 1600 跳/s）。

每个信道的设备数量最多为 8 个，可保证设备间有效寻址和大容量通信。实际上，在一个微微网中互连设备的数量并没有限制，但在同一时刻只能激活 8 个（1 主 7 从）设备。

蓝牙系统建立在对等通信的基础上，主从任务仅在微微网生存期内有效；当微微网取消后，主从任务便取消。每一设备都可作为主或从设备，可定义建立微微网的设备为主地址。主设备定义了微微网，还控制微微网的信息流量并管理接入。

(2) 不同微微网的互连

蓝牙给每个微微网提供了特定的跳转模式，其允许同时存在大量的微微网，同一区域内多个微微网的互连形成了分布式网络。

不同的微微网信道有不同的主地址，因而存在不同的跳转模式。在同一区域中，可有数十个微微网运行。蓝牙的时隙连接采用基于包的通信，使不同微微网可互连。欲进行连接的设备可加入到不同的微微网中，但因无线信号只能调制到单一跳频载波上，任一时刻设备将只能在一个微微网中通信。

通过调整微微网的信道参数（即主设备地址和主设备时钟），设备可从一个微微网中跳到另一个微微网中，并可改变任务。例如某一时刻在微微网中的主设备，其他时刻则在另一微微网中为从设备。

由于主设备参数标示了微微网信道的跳转模式，因而一个设备不可能在不同的微微网中都为主设备。跳频选择机制应设计成允许微微网间可相互通信，通过改变地址和时钟输入到选择机制，新微微网可立即选择新的跳频。为了使不同微微网间的跳频可行，数据流体系中没有保护时间，以防止不同的微微网产生时隙差异。

在蓝牙系统的工作模式中，除了上述的激活（或活动）模式外，还有节能模式等。

3. 蓝牙技术的应用

作为短距离无线连接的一种低成本解决方案，蓝牙技术在对讲机、无绳电话、耳机、拨号网络、传真、局域网接入、文件传输、目标上传、数据同步等方面已获得成功应用。

应用蓝牙技术的设备类型包括无线设备（如 PDA、手机、智能电话、无绳电话）、安全产品（智能卡、身份识别、票据管理、安全检查）、图像处理设备、消费娱乐产品、汽车产品、家用电器、楼宇无线局域网、医疗健身设备及玩具等。

5.5.4　超宽带无线电技术

随着科学技术的发展，各种个人终端诸如便携式电脑、移动电话、手机等已日益普及，人们迫切需要一种低功耗、短距离、能进行双向无线通信的全球规范，以实现个人设备之间的无缝操作。超宽带(ultra wideband,UWB)作为新一代无线通信技术,是实现高速无线个域网(wireless personal area network,WPAN)多媒体传输的关键技术。UWB可为消费类电子设备提供无线连接解决方案,使多种应用能在通用射频平台上运行,例如数字家庭多媒体的视频连接(数码摄像、音频流、机顶盒到电视的高清晰度视频流)和桌面应用(手机、个人数字助理PDA、数码相机与PC的同步以及在PC上实现视频编辑等),实现高速、互操作性的无线多媒体通信。

1. UWB的主要技术特点

UWB系统被定义为相对带宽(信号带宽与中心频率的比)大于25%或者带宽大于500 MHz的信号系统。

UWB的数据传输速率很高,在10 m范围内可达100～500 Mbit/s。同时,UWB还具有频谱利用率高、抗多径衰落能力强、发送功率极小、系统安全性好、结构简单、成本低等特点;其低功耗也利于开发低成本的CMOS集成电路。

自20世纪60年代起,UWB技术已经应用于军用雷达以及定位系统,其通过发射10 ns的脉冲信号,超宽带无线电接收并分析反射脉冲的位置,以得到检测对象的信息。作为室内民用通信用途,3.1～10.6 GHz频段(非许可证频段)已于2002年向UWB正式开放,UWB发射功率不得高于放射噪声的规定值(功率谱密度级可达−41.3 dBm/MHz,相当于1 mW/MHz),该频段可用于地质勘探及可穿透障碍物的传感器、汽车防冲撞传感器、家电设备及便携终端之间的无线数据通信等用途。

作为一种时域通信技术,UWB以超短周期脉冲进行调制并使用超宽的RF频谱带宽传递数据,可通过重叠的原则共享已占用的频谱资源。与其他窄带射频和频谱扩展技术(如802.11a/b/g、蓝牙等)不同,UWB在特定时段能传递更多的数据,且射频链接上潜在的数据传输速率与通道带宽和信噪比的函数(香农定律)成正比。

UWB的主流技术方案目前集中于多频带正交频分复用(multi-band orthogonal frequency division multiplexing,MB-OFDM)和直接序列码分多址(direct-sequence code division multiple access,DS-CDMA),两种方案均处于UWB完整架构的最底层(相当于物理层),但各有其特点。

UWB的主要技术特点如下:

(1) 冲激脉冲技术

一般的无线通信技术是把信号从基带调制到载波上,而UWB则是通过对具有很陡的上升和下降时间的冲激脉冲进行直接调制,从而具有GHz数量级的带宽,该带宽使其能量被分散,平均功率只有毫瓦级甚至于几微瓦。

(2) 跳时码调制

跳时技术是扩频技术的一个重要组成部分,在超宽带无线电通系统中起着重要的作用。跳时技术可视为一种时分系统,是由跳频序列控制的按一定规律跳变位置的时片,而不是在一帧中固定分配一定位置的时片。

(3) UWB信道模型

UWB信道不同于一般的无线衰落信道。传统无线衰落信道常用瑞利分布来描述单个多径分量幅度的统计特性，前提是每个分量可视为多个同时到达的路径合成。在典型的室内环境下，每个多径分量包含的路径数目是有限的，不符合瑞利分布的假定条件。UWB 可分离的不同多径到达时间之差可短至纳秒级，且频率选择性衰落要比一般窄带信号严重得多，接收波形会产生严重失真，且时延扩展极大。

(4) UWB 的信号检测技术

UWB 中信号检测技术的目的是提高信号的接收质量。实现 UWB 接收的主要方法如下：

① 相关分集接收机法(PAKE 接收机法)。由一组相关器或匹配滤波器组成，根据接收端所获信道信息对信号的多径成分做分集接收，从而提高接收端的信噪比。接收端的信道估计和相关器(或匹配滤波器)的个数会影响 PAKE 接收机的性能。相关器个数越多，PAKE 接收机的效果越好，但设备的复杂度也越高。

② 自相关接收机法。自相关接收机将接收信号和前一时刻的信号进行相关运算，在慢衰落信道中，不用进行信道估计就能捕获到全部的信号能量。但该接收机以带噪信号作为参考信号，接收机的性能会随着信号质量的恶化而恶化。

③ 多用户检测接收机法。采用自适应最小均方误差算法。

2. UWB 的应用特点

与其他无线通信技术相比，UWB 具有许多优点。

① 频谱利用率高。不需要产生正弦载波信号，可直接发射冲激脉冲序列，因而具有很宽的频谱和很低的平均功率，有利于与其他系统共存，从而提高频谱利用率。

② 系统结构简单。不需要正弦波调制和上、下变频，也不需要本地振荡器、功放和混频器等，体积小且简化系统结构；对信号的处理只需要使用很少的射频或微波器件；射频设计简单；系统的频率自适应能力强。

③ 成本低。将脉冲发射机和接收机前端集成到一个芯片上，再加上时间基和控制器，即可构成一部通信设备，故成本低。

④ 系统安全性能好。由于信号采用了跳时扩频，其射频带宽可以达到 1 GHz 以上，其发射功率谱密度很低，信号隐蔽在环境噪声和其他信号之中，用传统的接收机将无法接收和识别，而必须采用与发端一致的扩频码脉冲序列才能进行解调，因此增强了系统的安全性。

⑤ 抗多径衰落能力强。信号的衰落较低，具有很强的抗多径衰落的能力。

⑥ 系统容量大。信号的高带宽带来了极大的系统容量，由于信号发射的冲激脉冲占空比极低，系统有很高的增益和很强的多径分辨力，所以系统容量比其他无线技术都高。

3. UWB 在 WPAN 中的应用

UWB 技术与现有的其他无线通信技术相比，数据传输速率高、功耗低、安全性好。UWB 技术可以实现的速率将超过 1 Gbit/s，近期可以达到的速率约为 480 Mbit/s，与有线的 USB 2.0 接口相当，远高于无线局域网 802.11b 的 11 Mbit/s，也比下一代无线局域网 802.11a/g 的 54 Mbit/s 高出近一个数量级。

UWB 通信的功耗较低，能更好地满足使用电池的移动设备的要求；信号的功率谱密度非常低,信号难以被检测到。此外,UWB所采用的跳频技术、直接序列扩频等技术,使非授权者很难截获传输的信息,因而安全性非常好。

在目前的无线通信技术中,UWB技术可较好地满足构建无线多媒体家庭域网的要求。

4. UWB与蓝牙技术的比较

(1) 传输方式

蓝牙技术:采用基于传统正弦载波的高速跳频传输方式。高速跳频的主要目的是为了以很短的频率驻留时间避开时延多径信号。

UWB:发射的是由信息和用户地址码共同控制脉冲起点的冲激脉冲串,与传统正弦载波通信有本质的不同。每秒可达数百万个脉冲,其波形的特殊性、低占空比和超短脉冲宽度使得多径信号的影响大大降低,比蓝牙技术更加适合多径环境复杂的城区和室内无线通信。

(2) 传输距离

蓝牙技术:标准传输距离为10 m和100 m。

UWB:通信距离根据不同用途而定,目前开发出的产品的通信距离有10 m、1 km和10 km以上等,可用于室内通信、组成大范围蜂窝网和无线自组织式网络。

(3) 传输速率

蓝牙技术:传输速度较低。

UWB:能提供更高的传输速率,更适应未来的无线多媒体业务的需要。

(4) 抗干扰能力

蓝牙技术:抗干扰能力较弱。

UWB:在相同的平均发射功率的情况下,其抗干扰能力极强。

本章小结

无线通信通常指利用无线电波进行通信。无线电波一旦被发射出去,就能够在自由空间中以及其他物质材料中进行传播。所谓自由空间,是指理想的电磁波传播环境。电波的地球表面传播具有视距传播、多径传播、移动环境等特点。无线电波在传播中,可能受到长期慢衰落(阴影衰落)和短期快衰落(多径衰落)的影响。

在无线通信中,许多同时通话的用户可以共享无线媒体;用某种方式可区分不同的用户,建立起无线信道的连接,即为多址方式。

常用的多址方式有频分多址(FDMA)、时分多址(TDMA)、码分多址(CDMA)、空分多址(SDMA)方式及其混合应用方式等。

扩频技术利用伪随机编码对将要传送的信息数据进行调制,实现频谱扩展后再传输;在接收端,则采用相同的伪随机码进行解调及相关处理,恢复成原始信息数据。

正交频分复用(OFDM)技术是一种无线环境下的高速传输技术,属多载波调制。其主要思想是在频域内将给定信道分成许多正交子信道,在每个子信道上使用一个子载波进行调制,并且各子载波并行传输。

微波中继通信是指利用微波作为载波，通过无线电波(空间)进行中继(接力)通信的方式。

卫星通信是指利用人造地球卫星作为中继站转发无线电信号，在两个或多个地面站之间进行的通信过程或方式。以静止卫星作为中继站所组成的通信系统，称为静止卫星通信系统或同步卫星通信系统。卫星移动通信是在全球或区域范围内，以通信卫星为基础为移动体提供各种通信业务的通信方式。

无线接入是从公用电信网的交换节点到用户驻地网(或用户终端)之间的传输设备采用无线手段的接入技术。无线接入按终端的移动性，可分为固定无线接入和移动无线接入。无线本地环路(WLL)是通过无线信号取代电缆线，连接用户和公共交换电话网(PSTN)的一种技术。

无线个域网(WPAN)的核心思想是采用无线技术代替传统的线缆，实现个人信息终端的智能化互连，组建个人化的办公或者家用信息网络。

蓝牙是一种短距离宽带无线通信技术，是实现语音和数据无线传输的全球开放性标准；蓝牙通信网络的基本单元是微微网。

超宽带无线电(UWB)作为新兴的短距离无线通信技术之一，可实现WPAN高速、宽带化的目标。

习 题

5.1 简述无线信道的基本特征。

5.2 简述电波的地面传播特征和多径传播特征。

5.3 简述天线增益和极化的概念。

5.4 什么是多址接入？简述常用的多址技术及其各自的工作原理。

5.5 什么是扩频通信？扩频通信系统有何特点？

5.6 试述扩频通信系统各工作方式的基本原理。

5.7 什么是OFDM技术？简述其工作原理。

5.8 简述微波通信的基本概念。

5.9 简述数字微波中继通信系统的组成及微波中继方式的分类。

5.10 卫星通信中有几类多址方式？试加以分析。

5.11 简述同步卫星通信系统的组成及其各自的作用。

5.12 简述卫星移动通信系统的概念及其分类。

5.13 试述无线接入的基本概念。

5.14 简述固定无线接入的分类及其应用特点。

5.15 简述无线个域网(WPAN)的概念与常用技术。

5.16 简述蓝牙技术的概念和特点。

5.17 试对UWB技术与蓝牙技术进行比较。

5.18 试归纳日常生活实际应用的各种无线通信手段，并对各自技术进行分析比较。

5.19 微波是频率在__________范围内的电磁波。

A. 3 MHz～3 GHz　　　　B. 30 MHz～30 GHz

C. 300 MHz～300 GHz　　D. 3～3000 GHz

5.20 目前,远距离越洋通信和电视转播大都采用__________通信系统。

A. 异步卫星　　B. 准同步卫星　　C. 静止卫星

5.21 卫星通信的多址方式是在__________信道上复用的。

A. 基带　　B. 频带　　C. 群带　　D. 射频

5.22 下列选项中,不属于无线固定接入的是__________。

A. 多路多点分配业务　　B. 本地多点分配业务

C. 直播卫星系统　　D. 无线寻呼系统

5.23 在无线通信系统中,接收点的信号一般是直射波、__________、__________、散射波和地表面波的合成波。

5.24 视线传播的极限距离取决于__________。

5.25 在工程上,通常以大地作为参考标准平面,把磁场方向与大地平面相平行的电磁波称为__________极化波。

5.26 卫星通信多址方式中包括FDMA、TDMA、__________和__________ 4种方式。

5.27 试列举现代调制技术在无线通信中的实际应用。

CHAPTER 6 第6章

移动通信

移动通信作为公用通信和专业通信的主要手段，是近年来发展最快的通信领域之一。我国的移动语音业务已超过固定电话业务；而移动通信所能交换的信息已不限于语音，各种非语音服务（如数据、图像等）也纳入移动通信的服务范围。移动通信具有快捷、方便、可靠进行信息交换的特点，已成为一种理想的个人通信形式。第三代移动通信（3G）引入了宽带化，移动通信将向更高速率和支持宽带多媒体业务发展。

本章学习目标

- 了解移动通信的分类与特点。
- 理解蜂窝通信的概念及移动通信管理的基本内容。
- 理解移动通信中的无线传输技术和码分多址(CDMA)技术。
- 了解 GSM 移动通信系统组成、通信过程以及 GPRS 业务。
- 了解第三代移动通信(3G)系统的基本概念。
- 了解 TD-SCDMA、WCDMA、cdma 2000 等 3G 系统的技术特点。

6.1 移动通信概述

移动通信是指通信双方或至少有一方是在运动中通过通信网络进行信息交换的。例如固定点与移动体之间、移动体与移动体之间、人与人之间或人与移动体之间的通信，都属于移动通信。移动通信主要包括陆地移动通信和卫星移动通信，若无特别说明一般泛指前者。

移动通信经历了第一代（1G）和第二代（2G）的发展过程，特别是在第二代移动通信的 GSM 和窄带 CDMA 时期，实现了全世界漫游，用户数量飞速增长。第三代移动通信（3G）系统的主要目标是进一步扩大系统容量和提高频谱利用率，同时满足多速率、多环境和多业务的要求，逐步将现有通信系统集成为统一的可替代的系统。

6.1.1 移动通信系统的分类

移动通信系统的基本业务是语音业务。基于移动通信网络的移动数据业务也得到迅速发展，主要有消息型业务（如短信息业务和多媒体信息业务）和无线 IP 业务（如通过移动终端上网)等；基于移动数据业务的各种增值业务可实现多种数据通信应用。移动智能网可在移动通信网上快速有效地生成和实现智能业务。

1. 蜂窝公用移动通信系统

蜂窝式移动通信系统由移动业务交换中心(MSC)、基站(BS)、移动台(MS)及与市话网相连接的中继线等组成，在基于"蜂窝"概念建立的蜂窝式移动通信系统中，一个大区域划分为若干小区域(往往用六边形，结构类似蜂窝)，多个小区彼此相连，覆盖整个服务区。每个小区半径为几公里，小区基站发射功率一般为5～10 W。公用蜂窝移动通信系统可以覆盖无限大的范围，为公众用户提供通信服务，如GSM系统和CDMA系统等。

2. 集群移动通信系统

集群移动通信系统是一种多用途、高效能的无线调度通信系统。集群移动通信系统可实现将几个部门所需的基地台和控制中心统一规划和集中管理，每个部门只需建设自己的分调度台并配置必要的移动台，即可共用频率、共用覆盖区，使资源共享、费用分担，公用性与独立性兼顾，从而获得最大效益。

集群移动通信系统的可用信道为系统的全体用户共用，并有自动选择信道功能。系统具有单呼、组呼、全呼、紧急告警/呼叫、多级优先及私密电话等适合调度业务专用的功能。除了完成调度通信外，该系统也可通过控制中心的电话互连终端与本部门的小交换机相连接，提供无线用户与有线用户之间的电话接续。该系统是专为调度通信而设计的，系统将优先保证调度业务，电话通信只是其辅助业务并受到限制。

3. 无线市话

无线市话(PHS)又称个人接入电话或个人手持电话系统，是电信运营部门利用现有网络和设备潜力，以与固定网相近的低资费，提供有限范围的漫游，开拓新的业务增长点。

无线市话是现有市内电话网的延伸和补充。PHS把现有的电话传输、交换资源和无线接入技术进行结合，将用户终端以无线方式接入市话网，使传统意义的有线市话能在无线网络覆盖范围内随身携带使用，该业务在我国称为"小灵通"业务。由于PHS所存在基站覆盖范围有限、信号穿透能力不强(室内使用效果较差)、越区切换导致通话断续，以及无升级能力等缺陷，加上移动通信业务的竞争，也制约了PHS的通话质量和业务发展。

4. 无线寻呼系统

专用寻呼系统由用户交换机、寻呼控制中心、发射台及寻呼接收机组成。公用寻呼系统由与公用电话网相连接的无线寻呼控制中心、寻呼发射台及寻呼接收机组成。寻呼系统是一种单向通信系统，公用和专用系统的区别仅在于规模大小。其有人工和自动两种接续方式。由于蜂窝移动通信系统的发展，无线寻呼业务正逐渐退出市场。

典型的移动通信系统如图6-1所示。

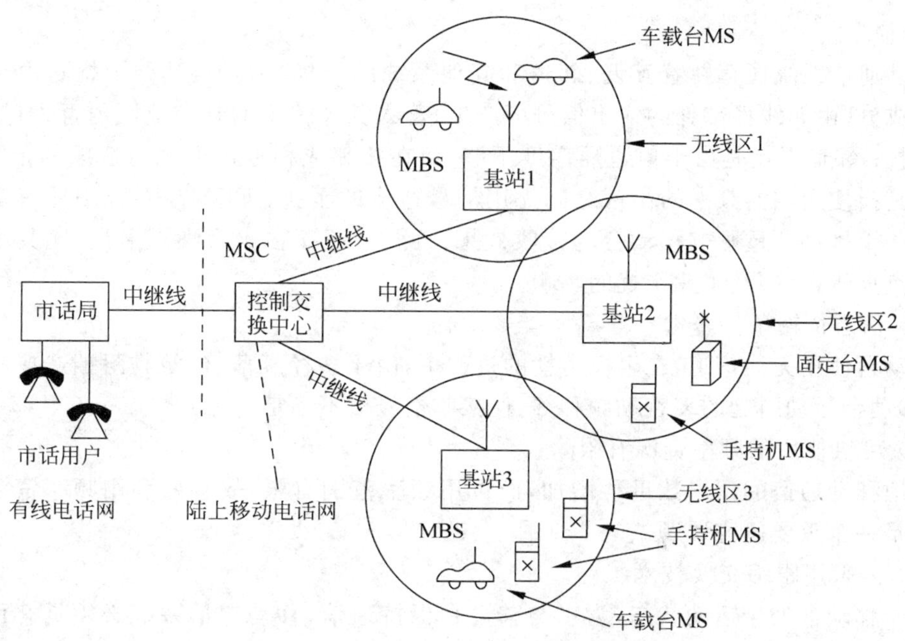

图6-1 典型的移动通信系统

6.1.2 移动通信的特点

1. 移动通信与其他通信方式的比较

(1) 无线电波传播模式的复杂性

移动通信系统的移动台和基站所发射的无线电波，在传播中不仅存在大气(自由空间)传播损耗，还有经多条不同路径来反射波合成的多径信号所产生的多径衰落。

例如，由于移动台在不断运动，且安装的天线很低，所以电波传播受地形轮廓的影响很大。地形构造及粗糙程度、各种建筑物的阻碍作用，以及散射和多径反射的影响等，都将使信号发生衰落，其中包括瑞利衰落(快衰落)和阴影衰落(慢衰落)。

多径衰落将使接收信号电平起伏不平，严重时将影响通信质量。移动用户具有移动随机性，尤其是当移动通信传输速率愈来愈高，且实际移动速度也越来越快时，移动通信系统需要采取必要的(且较复杂)的抗衰落技术。

(2) 多普勒频移产生调制噪声

移动台(如超高速列车、超音速飞机等)的运动达到一定速度时，固定点接收到的载波频率将随运动速度的不同而产生不同的频移，即产生多普勒效应，使接收点的信号场强、振幅、相位随时间、地点而不断地变化。当工作频率越高，则频移越大；移动速度越快，对信号传播的影响也越大。

在高速移动电话系统中，多普勒频移可能会影响语音而产生附加调频噪声，从而引起失真。若在地面设备接收机中采用锁相技术，则可防止多普勒效应。

(3) 干扰比较严重

在运动状态中进行通话时，信号场强将随移动台与基站间的距离而变化，即存在着

"远近效应"。

移动通信系统还存在着互调、邻道和其他系统的干扰。其中,互调干扰是由于有新的频率成分(由非线性部件的输出信号所产生)落入其他信道的频率范围内,而对该信道造成干扰;邻道干扰是由于信道隔离度不够,而在相邻或相近信道之间造成的干扰;同频干扰是指使用相同频率的小区之间无用信号造成的干扰;CDMA 系统中还有多址干扰。这些干扰都严重影响移动台的接收效果。此外,还存在人为噪声干扰(尤其是汽车发动机点火噪声等)及工业干扰的影响。

(4) 信道传输条件恶劣

移动台使用无线信道,在电波传播的过程中,由于多径衰落、建筑物阻挡造成的阴影效应、移动台运动引起的多普勒频移等,使接收信号极不稳定。

(5) 可供使用的频率资源有限

陆地移动通信的用户数迅猛增加,而可用频率范围有限,故有效利用频率资源的技术实现是一个重要研究课题。

(6) 需采用跟踪交换技术

由于移动台处于运动状态,为了与移动台保持通信,移动通信系统必须具有位置登记、越区切换及漫游通信等跟踪交换功能。

(7) 信令、入网方式和计费方式较复杂

为此,移动通信网络必须具备很强的管理和控制功能。

2. 数字移动通信与模拟通信方式的比较

① 容量大。

② 可提供多种业务,可与 ISDN 以及局域网互连。

③ 可有多种加密措施,容易确保通信的安全。

④ 利用窄带调制和低比特率的语音编码技术,可得到较高的频谱利用率。

⑤ 利用高效的差错控制技术,可恢复质量较高的信号。

⑥ 信道利用率高,小区制缩短了频率重复使用距离,信道分配等技术可提高频率资源的有效利用。

⑦ 便于与固定网及 ISDN 的兼容,较易于实现非话业务传输。

⑧ 便于网络智能化、设备集成化与降低系统成本。

数字移动通信采用小区制、微小区制后,增加了位置登记和越区切换的次数,若再考虑不同体制、系统、网间的漫游、切换(多模式、多频),会更增加技术上实现的难度。

6.1.3 蜂窝通信的概念

1. 蜂窝通信的特征

移动通信系统按照服务区电磁波的覆盖方式,可以划分为两类:小容量的大区制与大容量的蜂窝式。

传统的大区制在服务区的最高点建一个大功率的发射机,覆盖一个区域。大区内只有一个基站负责通信的联络与控制。基站的发射功率较大,通常为 50~200 W,天线架设高度一般在30 m以上，服务区半径达30～50 km。在大区制中，移动电话需与基站进行视距传输，在水平距离上受到限制，且能支持的用户数量有限。

蜂窝概念在覆盖区的处理上与大区制不同，其不用广播的方法，而是使用低功率的发射机服务于小的区域。一个城市被划分为若干个小的区域，称为小区。每个小区有一个发射机(而不是整个城市用一个发射机)。通过把覆盖区划分为小区，使得在不同的小区内可以再使用相同的频率。小区的大小可根据容量和应用环境确定。在实际中，小区的覆盖不是规则形状的，为了获得全覆盖、无死角，小区面积多为正多边形，如正六角形(即蜂窝式)。

蜂窝通信的主要特征如下：

(1) 低功率的发射机和小的覆盖范围

根据小区覆盖的大小，蜂窝大体可分成巨区、宏区、微区及微微区，其参数包括蜂窝小区半径、终端速度、安装地点、运行环境、业务量密度和适应系统。

小区半径决定了无线电可靠的通信范围，其范围与输出功率、业务类型、接收灵敏度、编码及调制等有关。

终端速度为基站与移动台的相对速度，与移动特性有关，其大小决定了区间切换的次数。

基站的安装高度与蜂窝半径有关，半径越大安装高度也越高。

(2) 频率再用

为了降低小区间的干扰，相邻小区使用不同的频率。而为了提高频谱效率，用空间划分的方法，可在不同的空间进行频率再用。即若干个小区组成一个区群，区群内的每个小区占用不同的频率，占用给定的频带；另一区群可重复使用相同的频带。

在一个给定的覆盖区域内，存在着许多使用同一频率的小区，这些小区称为同频小区，其间的信号干扰称为同频干扰。为了减小同频干扰，同频小区必须在物理上隔开一个最小的距离，为传播提供充分的隔离。

(3) 小区分裂以增加容量

随着无线服务要求的提高，分配给每个小区的信道数量最终将不足以支持所要求的用户数。一般采用无线小区分裂的办法来增加信道数，以满足系统增加容量的要求。

小区分裂是一种将拥塞的小区分成更小的小区的方法，分裂后的每个小区都有自己的基站，并相应地降低天线高度和减小发射机功率。通过设定比原小区半径更小的新小区和在原有小区间安置这些小区，使得单位面积内的信道数目增加，从而增加系统容量。

(4) 切换

移动用户处于通话状态时，若出现从一个小区移动到另一个小区的情况，为保证通话的连续，系统需要将对该移动用户的连接控制也作相应转移。这种将正在处于通信状态的移动用户转移到新的业务信道上(新的小区)的过程称为“切换”。

切换的目的是实现蜂窝移动通信的“无缝隙”覆盖，即当移动台从一个小区进入另一个小区时，保证通信的连续性。

切换的操作不仅包括识别新的小区，而且需要分配给移动台在新小区的业务信道和控制信道。切换处理必须顺利完成且尽可能少地出现，并使用户不易觉察。因此，必须指定启动切换的一个特定信号强度(最小可用信号)。基站在准备切换之前要先对信号监视一段时间,以保证所测得的信号电平下降原因是由于移动台正在离开当前服务的基站,而不是因为瞬间的衰减。

呼叫在一个小区内没有经过切换的通话时间,称为驻留时间。

切换分为硬切换和软切换,如图 6-2 所示。

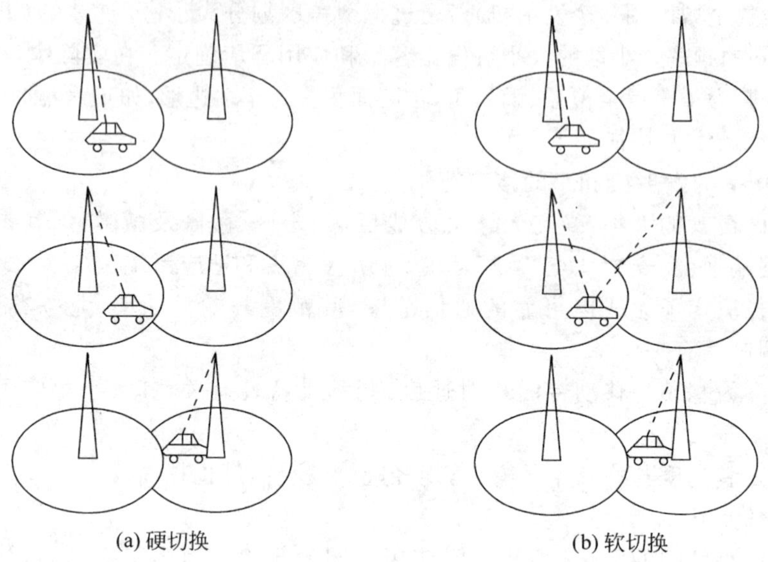

图 6-2 硬切换和软切换

硬切换是指移动终端被连接到不同的移动通信系统、不同的频率分配或不同的空中接口特性时,必须断掉原来小区的无线信道,才能使用新小区的无线信道进行通信。硬切换在空中接口是先断后通的过程。

软切换是当移动终端的通信被连到另一个小区的业务信道时,不需要中断当前服务小区的业务信道。如在 CDMA 系统中,当某一基站的信号强于当前基站信号且稳定后,移动台才切换到该基站的控制上去。

2. 蜂窝式移动通信系统的组成

蜂窝式移动通信系统由移动业务交换中心(MSC)、基站(BS)、移动台(MS)及与市话网相连接的中继线等组成,如图 6-3 所示。

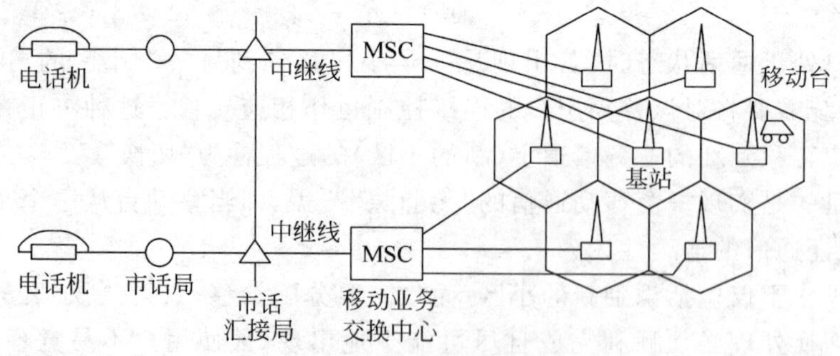

图 6-3 蜂窝式移动通信系统组成

移动业务交换中心完成移动台和移动台之间、移动台和固定用户之间的信息交换转接和系统的管理。基站和移动台均由收发信机及天线、馈线组成。

每个基站都有移动的服务范围，称为无线小区。

无线小区的大小由基站发射功率和天线高度决定。通过基站和移动业务交换中心即可实现任意两个移动用户之间的通信；通过中继线与市话局的接续，可以实现移动用户和市话用户之间的通信。

6.1.4　移动通信的管理

移动通信的管理主要包括无线资源管理、移动性管理和安全性管理等。

1. 无线资源管理

不同的移动通信系统具有不同的无线资源组合，包括基站、扇区、频率、时间、码道和功率等。

无线资源管理的目标是在有限无线资源的条件下，进行资源调整，为网络内无线用户终端提供业务质量保证和提高系统容量。

无线资源管理的基本出发点是在网络话务量分布不均匀、信道特性因衰落和干扰而变化起伏等情况下，灵活分配和动态调制无线产生部分和网络的可用资源，最大限度地提高无线频谱利用率。

2. 移动性管理

移动性管理用于移动台的位置区发生改变时，网络为保证通信正常而进行的操作，包括移动台的注册和漫游。

3. 安全性管理

保证移动通信系统安全的技术措施包括鉴权和加密。鉴权技术是确保接入网络的终端或用户是合法的，加密技术则确保用户的信息不被第三方窃取。

安全性管理的目的是防止入侵者读取或修改通信过程所产生或存储的数据，并防止入侵者获取对系统资源或服务的访问权。

6.2　移动通信的关键技术

6.2.1　无线传输技术

移动通信中采用了无线传输中的多类先进技术，如分集技术、调制技术、均衡技术、信道编码技术、跳频技术、直接序列扩频技术、智能天线技术等。

1. 分集技术

分集技术的作用是通过两个或更多的接收支路（基站和移动台的接收机）来补偿信

道损耗,其作用一是分散传输,使接收端能获得多个统计独立的携带统一信息的衰落信号,另一作用是集中处理,接收机把收到的多个统计独立的衰落信号进行合并,以降低衰落影响,此时合并方式有3种,即选择性合并、最大比合并和等增益合并。

(1) 显分集和隐分集

根据信号传输方式,分集技术可分为显分集和隐分集。

显分集也称为空间分集,其工作原理是将若干个天线分隔开来,然后连接到一个公共的接收系统,当任一天线监测到信号峰值,接收机即可选择接收到的最佳信号作为输入。

隐分集是在接收端利用信号处理技术实现分集,其分集作用隐蔽于传输的信号中(如交织编码、直接序列扩频技术等),隐分集技术只需单一天线来接收信号,因而广泛应用于数字移动通信系统中。

(2) 宏分集和微分集

根据分集的目的,分集技术还可分为宏分集和微分集。

宏分集是把多个基站设备安放在不同的地理位置和不同的方向上,同时和小区内的一个移动台进行通信,接收机选择信号最好的基站接收,这种方式可减少慢衰落。

微分集是一种减少快衰落的技术,常用的实现方法有多种,如天线分集技术、时间分集技术、频率隐分集技术、多径分集技术等。

在无线通信系统中,多采用两个接收天线以达到空间分集的效果,而采用编码加交织方式来实现时间隐分集的作用。在无线数据传输中,采用多种自动重传技术实现时间分集,采用跳频、扩频或直接序列扩频技术来实现频率隐分集作用。

2. 调制技术

调制是对信号源的编码信息进行处理,使其变为适合于信道传输形式的过程。调制是通过改变高频载波的幅度、相位或者频率,使其随着基带信号幅度的变化而变化来实现的。而解调则是将基带信号从载波中提取出来以便预定的接收者处理和理解的过程。

移动通信信道具有带宽有限、干扰和噪声影响大、存在多径衰落和多普勒效应等特征,所以在选择调制方式时,必须考虑采取抗干扰能力强的调制方式,能适用于快慢衰落信道,占用较小的带宽以提高频谱利用率,并且带外辐射要小,以减小对临近波道干扰。

应用于移动通信的数字调制技术,按信号相位是否连续可分为相位连续的调制和相位不连续的调制;按信号包络是否恒定可分为恒定包络调制和非恒定包络调制。

移动通信电波环境造成的数字移动信道的时变色散特性和频率资源的限制,对其数字调制技术提出了高带宽效率、高功率效率、低带外辐射、对多径衰落不敏感、恒定包络、低成本、易实现等要求。

GSM数字蜂窝移动通信系统目前选用高斯滤波最小移频键控(GMSK)调制。

3. 均衡技术

若在信号调制时,调制带宽超过了无线信道的相干带宽,将会产生码间干扰,并且调制信号会展宽,此时可在接收机内放置均衡器,对信道中幅度和延迟进行补偿。该均衡器在不增加传输功率和带宽的情况下可减少码间干扰,改善通信链路的传输质量。

均衡技术是指对信道的均衡，即接收端的均衡器产生与信道相反的特性，用来抵消信道的时变多径传播引起的码间干扰。均衡适合于信号不可分离多径的情况下，一般分为频域均衡和时域均衡。频域均衡是使总的传输满足无失真传输条件，时域均衡则使总的冲激响应满足无码间干扰的条件。数字通信常采用时域均衡。

4. 信道编码技术

信道编码是通过在发送信息时加入冗余的数据位来改善通信链路的性能。在发射机的基带部分，信道编码器把一段数字序列映射成另一段包含更多数字比特的码序列，然后把已被编码的码序列进行调制，以便在无线信道中传送。

接收机可用信道编码来监测或纠正。在无线信道传输中，由于引入了部分（或全部）的误码，且解码在接收机进行解调之后执行，故编码被视为一种后检测技术。同时，因编码而附加的数据比特会降低在信道中传输的原始数据速率（即会扩展信道的带宽）。在无线和移动通信中的常用信道编码为分组编码和卷积码。

5. 跳频技术

数字调制系统的频率合成器一般被设定在某一频率上，其射频是一个窄带频谱。而跳频系统是使用伪码随机地设定频率合成器，发射机的输出频率在很宽的频率范围内不断地改变，从而使射频在一个很宽的范围内变化，形成了一个宽带离散频谱。这时，接收端需采用同样的伪码设定本地频率合成器，使其与发射端的频谱作相同的改变，即收发跳频必须同步才能保证通信的建立。

移动通信系统采用跳频技术可对以下性能进行改进。

① 抗多径。在多径传播环境下，因多径延迟不同信号到达接收端的时间也不同，若接收机可在收到最先到达的信号之后立即将载频跳到另一个频率上，即可避免多径延迟引起的信号干扰。

② 抗同频干扰。蜂窝移动通信中的小区频率复用将引起同频干扰，若使用具有正交性的跳频码，即可避免该频率复用引起的同频干扰。

③ 抗衰落。当跳频的频率间隔大于信道相关带宽时，各个跳频驻留时间内的信号是相互独立的，因此跳频可以抵抗频率选择性的衰落。

6. 直接序列扩频技术

扩展频谱调制的关键技术包括扩频和解扩两部分，其作用于普通的数字调制系统上。

在扩频过程中，基带信号的信码是预传输的信号，通过速率很高的编码序列进行调制将其频谱展宽，频谱展宽后的序列被进行射频调制，其输出则为扩展频谱的射频信号，再经天线辐射出去。在接收端为解扩过程，射频信号经混频后变为中频信号，与本地发端的相同编码序列进行反扩展，将宽带信号恢复成窄带信号，解扩后的中频窄带信号经普通解调器进行解调，恢复成原始的信码。

扩展频谱的特性取决于所采用的编码序列的码型和速率。为了获得具有近似噪声的频谱，均采用伪噪声序列作为扩频的编码序列。为了获得高的扩频增益，通常以增加射频带宽来提高伪码的速率。

当发送的直接序列扩频信号的码元宽度等于或小于最小多径时延差时,接收端利用直扩信号的子相关特性进行相关解扩后,将有用信号检测出来,从而具有抗多径的能力。

同样,利用直接扩频的自相关特性,将窄带干扰和多址干扰都处理为背景噪声,能够在增益中体现出其抗干扰的能力。当直扩信号的频谱扩展宽度远大于信道相关带宽时,其频谱成分同时发生衰落的可能性很小,通过相关处理可起到频率分集的作用,即直接扩频可以抗频率选择性衰落。

7. 智能天线技术

智能天线是利用数字信号处理技术,产生空间定向波束,使天线主波束对准用户信号到达的方向,副波束对准干扰信号到达方向,以充分利用移动用户信号并抑制干扰信号。

智能天线的有效实现是利用数字方法形成数字波束,通过软件进行自适应处理,增加系统的灵活性和高效性。智能天线可分为开关多波束智能天线和自适应阵天线两类。

① 开关多波束智能天线。结构较简单,整个区域由数目确定的多个并行波束覆盖,每个波束的指向和宽度是固定的,用户在小区内移动,基站选择某个波束使接收信号最强。

② 自适应阵天线。采用多天线阵元结构形成全向天线,系统采用数字信号处理技术识别用户信号的到达方向,并在此方向形成天线主波束。

智能天线所具有的如扩大系统覆盖区域、提高系统容量、降低基站发射功率和提高频谱利用率的能力,使其成为未来移动通信发展的方向之一。

6.2.2 码分多址

码分多址(CDMA)是第三代移动通信(3G)的主要体制。窄带CDMA能满足语音和一般数据传输的要求,而宽带CDMA可满足多媒体通信的要求。CDMA还将是未来全球个人通信的一种主要多址方式。

1. CDMA基本原理

CDMA扩频通信系统原理图如图6-4所示。

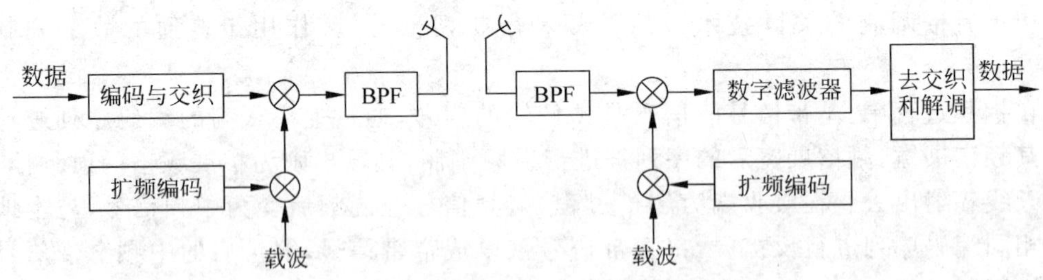

图6-4 CDMA扩频通信系统原理图

CDMA是一种以扩频通信为基础的调制和多址连接技术。

扩频通信技术在信号发端用一高速伪随机序列与数字信号相乘,由于伪随机码的速率比数字信号的速率大得多，因此扩展了信息传输带宽。在收信端，则用相同的伪随机序列与接收信号相乘，进行相关运算，将扩频信号进行解扩。扩频通信具有隐蔽性、保密性、抗干扰等优点。

(1) m 序列

扩频通信中用的伪随机码常采用 m 序列，其自相关特性优良，且易于产生。在扩频通信中，只有当收端和发端的伪随机码 m 序列相位相同时，才能恢复发送信号。CDMA 技术就是利用了这一特点，采用不同相位的相同 m 序列作为多址通信的地址码。

m 序列的自相关特性与序列长度有关，而作为地址码，其长度应尽可能长，以供更多用户使用，并可获得更高的处理增益和保密性。

同时，在一个服务区内、一个载波上通信的用户数取决于互为正交的码序列的数量，而相互正交的码序列数则取决于码的位数和扩频码的类型。地址码的位数越多，正交码的序列数越多，带宽也展得越宽；但是，若地址码的长度过长，将使电路复杂，且不利于快速捕获与跟踪。

(2) 交织编码

交织编码是在发送数据前改变数字信息的时间顺序，以减少信道中的突发差错的影响。其编码方式是把待发送数据序列按行排成一个 $m \times n$ 的矩阵，然后按列顺序传送，收端则按接收的列顺序重新恢复出原来矩阵，再按行顺序进行译码。

CDMA 采用交织编码方式的目的，是把一个由衰落造成的较长的突发差错离散成随机差错，再用纠正随机差错的编码(FEC)技术消除随机差错。

(3) 多址方式

在 CDMA 中，所有用户使用相同的频率和相同的时间在同一地区通信，不同用户依靠不同的地址码区分。因此，与其他几种多址方式比较，CDMA 多址方式线路分配灵活，往返呼叫占时不会太长。

CDMA 的基本原理为扩频调制与解调过程，其区分不同地址信号的方法如下：

在发送端，利用自相关性非常强而互相关性较低的周期性码序列作为地址信息(称地址码)，对被用户信息调制过的已调波进行再次调制，使得频谱更为展宽，即扩频调制。

在接收端，以本地产生的已知地址码为参考，根据相关性的差异对收到的所有信号进行鉴别，从中将地址码与本地地址码完全一致的宽带信号还原为窄带而选出，其他与本地地址码无关的信号则仍保持或扩展为宽带信号而被滤除，称为相关检测或扩频解调。

(4) 频带资源

扩频 CDMA 数字蜂窝系统是频带资源共享的，在一个 CDMA 蜂窝系统中各个小区都共享一个频带。从频率重用角度来说，蜂窝区群结构的关系大为减弱了。在 CDMA 系统中，蜂窝结构(包括扇区结构)的主要考虑因素在于频带资源共享后的多用户干扰的影响。

使用 CDMA 技术，用户可以获得整个系统带宽，系统的带宽将远宽于欲传送信息的带宽。窄带 CDMA 蜂窝系统信号带宽的确定，主要考虑如下因素：频谱资源的限制、系统容量、多径分离、扩频处理增益。

2. CDMA 的主要特点

① 抗干扰能力强。CDMA 是以抗干扰能力非常突出的扩频技术为基础。

② 抗多径衰落能力强,信息传输可靠性高。在 CDMA 技术中,频带宽使得抗频率选择性衰落能力强;利用伪码序列尖锐的自相关特性,可以消除多径影响;能够采用路径分集(即分散传输集中处理)措施。

③ 抗多普勒效应好。多普勒效应产生的频移对宽带系统影响甚微。

④ 抗阴影效应强。由于宽带信号与宽带噪声及干扰同时下降,影响较小。

⑤ 信号功率密度低,相关特性好。扩频系统信号功率密度低,以及伪随机序列码良好的相关特性带来如下特性:信号隐蔽性强;防截获能力强;保密性好;电磁辐射低;所需发射功率小,可使移动台(手机)耗电少而成本低。

⑥ 系统容量大。CDMA 用户地址的区分在码域中进行,时域和频域共用,不受时隙和频隙划分的制约,系统容量仅受系统运行时总平均干扰(信道噪声加上多用户干扰)的影响。因此,任何使干扰降低的措施,都有助于系统容量的提高。

⑦ 系统容量具有软特性。CDMA 系统的容量仅与系统运行时的内外干扰因素有关,且与服务质量之间存在着互换的关系。当采取降低信噪比(相当于降低服务质量)、压低邻区干扰、抑制多址干扰或降低数据速率等措施时,均可使系统容量有所增加。

⑧ 具有软切换的功能。移动台在小区间漫游时,只需改变相应码序而不必进行频率和时隙的硬切换。特别是在越区切换时,先与新的基站连通再与原基站切断,其切换影响甚微。

此外,CDMA 还具有频率复用率高、语音和数据传输质量好、多址能力强、能与传统窄带系统共用频段、组网灵活、频带易于监控和扩展、支持多媒体业务等优点。

3. CDMA 的主要问题与关键技术

(1) 远近效应与自动功率控制

CDMA/DS(码分多址/直接序列扩频)的主要问题之一是远近效应特性不好。

直接序列扩频的 CDMA 是在码域实现多址,并依靠功率来区分信号的。若网中所有用户都以相同的功率发射信号,则靠近基站的移动台信号就强,而距基站远的移动台信号则较弱,强信号将会掩盖弱信号,因而形成移动通信中远近效应问题。

在采用 DS 扩频方式的通信环境下,必须通过自动功率控制克服远近效应。即系统应根据传输环境和移动台的位置,自适应地调整发射功率,以保证每个用户在收发信息时能保持所需的最小功率,且对其他用户不造成超值干扰。

因此,自动功率控制是 CDMA/DS 系统的关键技术之一。

(2) 多径衰落与分集接收技术

在移动通信中,多径传播引起的衰落会严重影响通信质量,而克服多径效应的有效措施是采用分集接收技术。

分集接收技术是指接收机能够同时接收到多个输入信号,这些输入信号载荷相同的信息而且所受到的衰落互不相关。接收机分别解调这些信号,并按一定的规则进行合并,从而大大减小了对信道衰落的影响。

经过分集合成，将两个或多个互不相关的信号在接收机中合在一起，每一时刻都选择衰落最小的信号，这样在提取信息之前就已减弱了衰落。若要接收从不同传输路径来的信号，只要接收信号的码元解调信号频带远宽于传输信道的相关带宽，即传送码元解调输出的脉冲宽度比不同路径的相对传播时延差小，则在接收端就可能分出不同路径的码元解调成分。对这些分开的信号进行处理即可达到分集的目的。

CDMA系统中，对不同路径来的多径信号分别进行延迟、加权、相关、合并等处理，使之在时间和相位上校准后相加，把这些携带同一信息的各个路径信号的能量收集起来，即可获得较高的信噪比。

(3) 地址码的选择

CDMA系统所选的地址码应具有良好的相关特性和随机性，其选择直接影响到系统的容量、抗干扰能力、接入和切换速度等性能。

常用的地址码有伪随机码的 m 序列(自相关特性佳，但互相关特性差、序列个数有限)和Gold码(其基于 m 序列，序列数更多)，以及作为正交码的沃尔什码(自相关特性与互相关特性良好)。

(4) 相关接收技术

CDMA利用地址码的相关特性进行解扩，从噪声中提取信息，此过程为相关接收。相关器可由各种网络实现，常采用匹配滤波器使有用信号匹配输出，而使干扰和噪声不匹配受到抑制，因而得到最大信噪比。

(5) 同步技术

在CDMA系统中，为了使接收机能正确恢复原始信号码，收发两端伪随机码(PN码)的同步是关键。PN码的同步一般分为捕获(初始同步)和跟踪两个步骤。

4. OFDM与CDMA技术比较

无线接入设备选择CDMA或OFDM作为点到多点的关键技术时考虑的主要因素为频谱利用率、支持高速率多媒体服务、系统容量、抗多径信道干扰等。两种技术各有所长。

码分多址(CDMA)技术作为第三代移动通信(3G)的核心技术，是基于扩频通信理论的调制和多址连接技术。CDMA系统具有抗多径衰落能力、抗阴影效应能力和抗多普勒效应能力强，以及系统容量大等诸多优点。

正交频分复用(OFDM)技术作为下一代移动通信(4G)的核心技术，其基本思想是将信道分成许多正交子信道，在每个子信道上使用一个子载波进行调制，并且各个子载波并行传输。采用多种新技术的OFDM表现出了良好的网络结构可扩展性、更高的频谱利用率、更灵活的调制方式和抗多径干扰能力。

以下从调制技术、峰均功率比、抗窄带干扰能力等角度，分析CDMA和OFDM这两种技术在性能上的具体差异。

(1) 调制技术

无线通信系统中，频谱效率一般可通过采用16QAM、64QAM乃至更高阶的调制方式得到提高。一个好的通信系统应在频谱效率和误码率之间获得最佳平衡。

在CDMA系统中,下行链路可支持多种调制,但每条链路的符号调制方式必须相同,而上行链路却不支持多种调制,系统丧失了一定的灵活性。在这种非正交的链路中,采用高阶调制方式的用户还将会对采用低阶调制的用户产生很大的噪声干扰。

在OFDM系统中,每条链路都可独立调制。系统在上行或在下行链路上引入了自适应调制的概念,可同时容纳多种混合调制方式,增加了系统的灵活性。例如,在信道好的条件下,终端可采用较高阶的调制(如64QAM),以获得最大频谱效率;在信道条件变差时,可选择QPSK(四相移相键控)调制等低阶调制来确保信噪比,系统即可在频谱利用率和误码率之间取得最佳平衡。

(2) 峰均功率比

峰均功率比过高会使得发送端对功率放大器的线性要求很高,这就意味着要提供额外功率、电池备份和扩大设备的尺寸,进而增加基站和用户设备的成本。

CDMA系统的峰均功率比约为5～11 dB,并随数据速率和使用码数的提高而增加。

在OFDM系统中,由于信号包络的不恒定性,使得该系统对非线性很敏感。若无改善非线性敏感性的措施,OFDM技术将不能用于使用电池的传输系统和手机等。

目前已有很多技术可以降低CDMA系统和OFDM系统的峰均功率比。

(3) 抗窄带干扰能力

CDMA的最大优势体现于其抗窄带干扰能力方面。

OFDM中,窄带干扰也仅影响其频段的一小部分,且系统可不使用受到干扰的部分频段,或采用前向纠错及使用较低阶调制等手段来解决。

(4) 抗多径干扰能力

在无线信道中,多径传播效应会造成接收信号相互重叠,产生信号波形间的相互干扰,使接收端判断错误。从而严重影响信号传输的质量。

CDMA接收机为了抵消这种信号自干扰,采用延时接收的多径分集(RAKE)接收技术来区分和绑定多路信号能量,通过时间分集来改善链路性能。为了减少干扰源,RAKE接收机提供一些分集增益。由于多路信号能量不相等,若路径超过一定数量,该信号能量的分散将使得信道估计精确度降低,多径分集的接收性能就会很快下降。

OFDM技术与多径分集接收的思路不同,其将待发送的信息码元通过串并变换,降低速率,从而增大码元周期,以削弱多径干扰的影响;同时使用循环前缀作为保护间隔,大大减少甚至消除了码间干扰,并保证了各信道间的正交性,从而大大减少了信道间干扰。但该措施需要附加带宽,并带来了能量损失。

(5) 功率控制技术

在CDMA系统中,功率控制技术是解决远近效应的重要方法,而且功率控制的有效性决定了网络的容量。

在OFDM系统中,功率控制不是主要问题,OFDM系统引入功率控制的目的是使信道间干扰最小化。

(6) 网络规划

CDMA系统中频率规划问题不突出,但面临着码的设计规划问题。

OFDM系统中,网络规划的最基本目的是减少信道间的干扰。由于该规划是基于频率分配的，只需预留部分频段即可解决小区分裂的问题。

(7) 均衡技术

均衡技术可以补偿时分信道中由于多径效应而产生的码间干扰。

在 CDMA 系统中，信道带宽远远大于信道的平坦衰落带宽。由于扩频码良好的自相关性，在无线信道传输中的时延扩展可视为被传信号的再次传送。若这些多径信号相互间的延时超过一个码片的长度，就可被 RAKE 接收端视为非相关的噪声，而不再需要均衡。

对于 OFDM 系统，在一般的衰落环境下，均衡不是改善系统性能的有效方法，因为均衡的实质是补偿多径信道特性。由于 OFDM 技术本身已经利用了多径信道的分集特性，故该系统一般不必再作均衡。

6.3　GSM 移动通信系统

GSM 系统是基于时分多址（TDMA）的数字蜂窝系统，属于第二代移动通信系统。与第一代移动通信系统（语音传输采用模拟调频方式的模拟蜂窝网）不同，GSM 系统信道中传输的全部是数字信号，其采用窄带时分复用（TDMA）、线性预测语音编码和高斯滤波最小移频键控（GMSK）结合的方式，使用户容量扩大，保密性能提高。

6.3.1　GSM 系统概述

GSM 的原意为欧洲电信运营部门的移动特别小组（Group Special Mobile）。GSM 系统于 1991 年首次在欧洲开通，故又称为泛欧数字蜂窝系统。我国参照 GSM 标准制定了数字蜂窝移动通信系统的技术要求。我国的 GSM 蜂窝移动通信系统以 GSM 900 系统（工作频率为 900 MHz）为依托、DCS 1800 系统（工作频率为 1800 MHz）为补充，构成 GSM 900/DCS 1800 双频网。

1. GSM 系统基本原理

GSM 系统基于时分多址（TDMA），按时序组成信号的帧结构。由于移动台在收、发的同时还要接收基站发送的指令（如越区频道切换或时隙切换等），故 GSM 的帧结构要比固定通信的 PCM 帧结构复杂得多。

GSM 的帧结构示意图如图 6-5 所示。

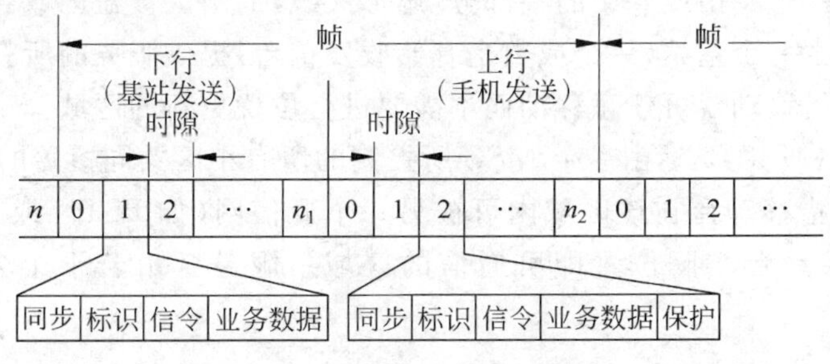

图 6-5　GSM 的帧结构示意图

GSM 基本思想是小区中各移动台占用同一频带,但使用不同的时隙。通常各移动台只在规定的时隙内,以突发的形式发射它的信号,这些信号通过基站的控制在时间上依次排列、互不重叠;同样,各移动台只要在指定时隙内接收信号,就能从合路信号中将发给它的信号区分出来。

2. GSM 系统的特点

(1) 系统灵活

GSM 系统可与各种公用通信网(PSTN、ISDN、PDN 等)互连互通。GSM 各分系统之间、各分系统与各种公用通信网之间都定义了标准化接口规范,保证任何厂商提供的 GSM 系统或子系统能互连。

(2) 采用数字通信方式,提高通信质量

GSM 系统采用了规则脉冲激励线性预测(RPE-LTP)语音压缩技术,将语音速率压缩到 16 kbit/s。采用差错控制编码、分集接收、信道均衡等措施,提高通信的可靠性。

(3) FDMA 与 TDMA 方式相结合,频率利用率大大提高

GSM 900 系统的收发间隔为 45 MHz,其工作频带如下:

上行(移动台→基站):905～915 MHz;

下行(基站→移动台):950～960 MHz。

DCS 1800 系统的收发间隔为 95 MHz,其工作频带如下:

上行(移动台→基站):1710～1785 MHz;

下行(基站→移动台):1805～1880 MHz。

(4) 保密性能好

GSM 系统的移动台(手机)必须插入用户识别模块(SIM 卡)才能通信。而第一代模拟移动通信系统的手机即代表用户。

SIM 卡的应用使得移动台并非固定地束缚于一个用户,GSM 系统通过 SIM 卡来识别移动电话用户,这为将来发展个人通信打下了基础。

(5) 多业务与漫游功能

GSM 系统可提供多种电信业务并提供国际漫游功能。

3. GSM 系统的区域定义

在蜂窝式移动通信系统中,无论移动台移动到何处,移动通信网须具有交换控制功能,以实现位置更新、越区切换和自动漫游等。

① 小区:指一个基站或基站的一部分(扇形天线)的扇区覆盖区域。

② 基站区:由一个基站(一个或数个基站收发信台)提供服务的所有小区覆盖区域。

③ 位置区:指移动台可任意移动而不需要进行位置更新的区域。

④ 移动交换(MSC)区:由一个 MSC 所控制的所有小区共同覆盖的区域。

⑤ 服务区:指移动台在该区域内可被另一个通信网(如 PSTN 或 ISDN)中的用户找到,无须知道移动台实际位置即可通信的区域。服务区由若干个公用移动通信网组成。

6.3.2 GSM 系统的组成

GSM 系统由交换系统(即移动交换中心,MSC)、基站子系统(BSS)、移动台(MS)、操作维护中心(OMC)等部分组成,如图 6-6 所示。

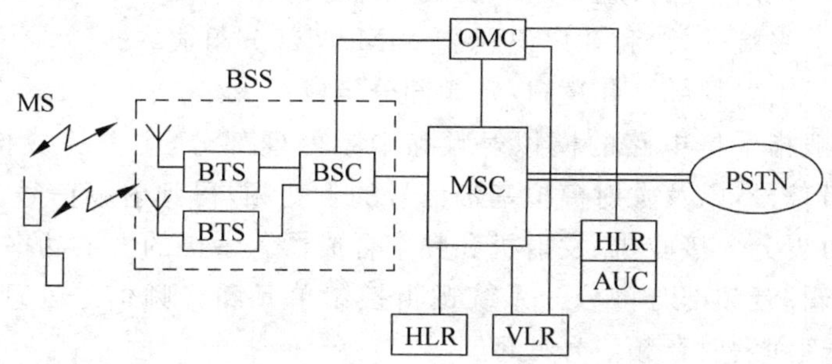

图 6-6 GSM 系统的组成

1. 交换系统

交换系统由一系列功能实体构成,主要完成交换、呼叫控制、移动管理、用户数据管理、数据库管理等功能。

交换系统的各功能实体之间,以及交换系统与基站系统之间都通过 No.7 信令系统互相通信。

交换系统主要包括如下部分。

① 移动业务交换中心(MSC)/外来用户位置寄存器(VLR)。功能包括使用 No.7 信令系统的移动应用部分,完成信道的接续控制;配合基站完成基站子系统(BSS)的全部功能(如频率管理、信道管理、切换/漫游控制);鉴权与加密;位置更新;切换;互通功能;操作与维护功能等。

② 本地用户位置寄存器(HLR)。永久性用户的位置信息数据库。

③ 鉴权中心(AUC)。属于 HLR 的一个功能单元,用于产生为确定移动客户身份和保密所需要的鉴权和加密参数(随机号码、符合响应、密钥),以便对用户鉴权以及对用户信息加密。

④ 短消息业务中心(SC)。短消息业务包括移动台发起和移动台为接收终端的点对点短消息,以及小区广播短消息。

⑤ 操作维护中心(OMC)。提供日常操作,负荷充分利用和平衡,支持网络维护等服务。

2. 基站子系统

基站子系统(BSS)主要由以下部分组成。

① 基站收发信机(BTS)。是服务于某个小区的无线收发信设备,其通过空中接口实现 BTS 与移动台(MS)之间的无线传输。

② 基站控制器(BSC)。BSC 上接移动业务交换中心 MSC,下连基站收发信机 BTS。BSC 的功能包括:监控基站,为每个小区配置业务信道和控制信道;负责建立和管理由

MSC发起的与移动台的连接；负责定位与切换，无线参数及资源管理，功率控制等。

3. 移动台

移动台(MS)是通信网络的终端无线设备，也是用户能与GSM系统直接接触的唯一设备。移动台的类型不仅包括手持台(手机)，还包括车载台和便携式台，目前手机功能丰富，使用方便，手机用户已占整个用户的极大部分。

移动台由移动终端(MS)和客户识别卡(SIM)两部分组成。

移动终端主要由射频部分和逻辑/音频部分组成。

射频部分一般指手机电路的模拟射频和中频处理部分，主要完成接收信号的下变频，得到模拟基带信号，以及发射模拟基带信号的上变频，得到射频信号。按电路结构划分，射频部分又可以分为接收机、发射机和频率合成器。手机的发射功率约为0.6 W。

移动台的逻辑/音频部分可分为系统逻辑控制单元和音频信号处理单元，后者完成接收音频信号处理和发射音频信号处理。

双频手机有两套射频部分，是一种可在两个频段(GSM 900 和 DCS 1800 系统)中使用的手机，并可使用相同的手机号码。

SIM卡包含所有与用户相关的信息(也包括鉴权和加密信息)。使用GSM标准的移动台都需在插入SIM卡的情况下才能操作。

4. GSM系统信道连接

在GSM系统中，移动用户通过基站与移动交换局(即移动交换中心MSC)相连，基站只提供信道，包括移动用户与基站间的无线信道和基站与MSC间的中继线。

图6-7示出了GSM系统信道连接示意图。

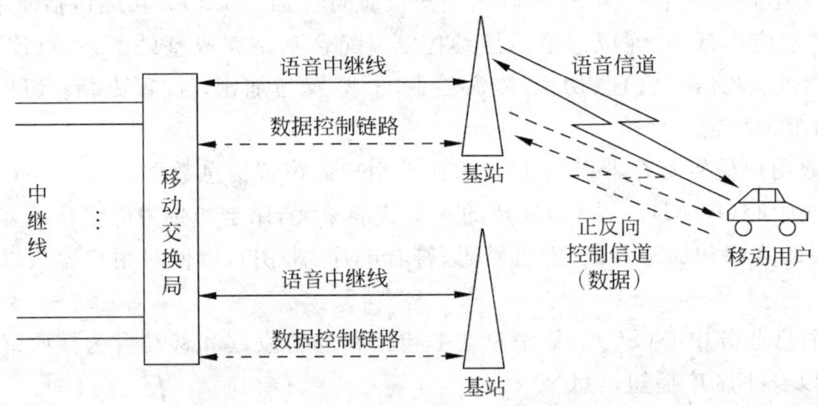

图6-7 GSM系统信道连接示意图

6.3.3 GSM系统的通信过程

1. 移动用户的小区选择

① 移动台扫描GSM系统中所有高频信道，调到最强的一个载频，并判别该载频是否有广播控制信道。

② 若有该信道数据，移动台则选取，并判别是否可以锁定在此小区。

③ 若该移动通信网所属本系统，而且系统允许此小区提供给移动用户使用，则可锁定在该小区；若为不允许使用的小区，移动台则调谐到次强载频上再重复以上判别。

2. 移动台的位置登记

① 每个移动用户的数据(包括移动台国际身份号、国际移动用户识别码、移动用户漫游号码等)存放于本地位置寄存器(HLR)中。

② 移动台通过基站向移动业务交换中心(MSC-A)发送位置更新请求，MSC-A 把含有其标识和移动台识别码的位置更新信息，通过 No. 7 信令网送给 HLR，HLR 再发回响应信息，其中包含全部相关用户数据。

③ 在被访问的 MSC-A 覆盖区的访问位置寄存器(VLR)中，进行用户数据登记。

④ 把位置更新信息通过基站送给移动台，通知原来的 VLR 删除与此移动用户有关的用户数据。

3. 越区切换

判定移动台是否需要越区切换有三种标准。

第 1 种标准：当接收信号载波电平低于门限电平时，则进行切换。

第 2 种标准：当载波/干扰比低于给定值时，进行切换。

第 3 种标准：当移动台到达基站的距离大于给定值时，进行切换。一般常用第一种标准进行判定。

越区切换的过程如下：

① 通话中，移动台不断向所在小区基站报告本小区和相邻小区基站无线信号参数；本小区基站依据这些参数，判断是否需要进行越区切换。

② 当满足越区切换条件时，基站向移动台发出越区切换请求。越区切换请求信息包括国际移动用户识别码(IMSI)和新基站位置码。同时，将越区切换请求信息传送给移动业务交换中心 MSC。

③ MSC 判断新的基站是否属于本辖区，若属于本辖区，MSC 将通知访问位置寄存器(VLR)并为其选择空闲信道。VLR 将空闲信道号及识别码(IMSI)回送给 MSC，MSC 将空闲信道频率及 IMSI 经本小区基站通知移动台。移动台将工作频率切换到新的频率点上，并进行环路核准。核准信息经 MSC 核准后，MSC 通知基站释放原信道。

④ 若 MSC 判定新基站属于新的 MSC 辖区，则将越区切换请求转送给新 MSC。新 MSC 访问其 VLR，该 VLR 找出空闲信道并通知新 MSC；而新 MSC 再将新基站号、新信道频率值及识别码经 MSC 本区的基站发送给移动台。以后越区切换的过程同上。

4. 移动用户呼叫固定用户

① 移动用户拨号后，移动台向基站请求随机接入信道。

② 在移动台和移动业务交换中心之间建立信令连接。

③ 对移动台识别码进行鉴权。

④ 分配业务信道。

⑤ 采用 No. 7 信令(用户部分)通过固定网(ISDN/PSTN)建立至被叫用户的通路，

向被叫振铃,向移动台回送呼叫接通证实信号。

⑥ 被叫摘机应答,向移动台发送应答信息,进入通话阶段。

6.3.4 通用分组无线业务

通用分组无线业务(GPRS)是GSM系统中发展出来的一种分组业务。其移动终端通过GSM网络提供的寻址方案和运营商的网间互通协议,可实现全球间网络通信。

1. GPRS的基本概念

GPRS可视为是GSM向IP和X.25数据网的延伸,或是互联网在无线应用上的延伸。

在GPRS上,其移动终端通过GSM网络提供的寻址方案和运营商的网间互通协议,可实现FTP、Web浏览器、E-mail等互联网应用。

(1) GPRS与GSM系统的区别

GPRS系统与现有的GSM系统的根本区别为:GSM是一种电路交换系统,而GPRS是一种分组交换系统。

分组交换的基本过程是把数据先分成若干个小的数据包,通过不同的路由,以存储转发的接力方式传送到目的端,再组装成完整的数据。

作为GSM的升级技术,GPRS在现有GSM电路交换模式之上增加了基于分组传输的空中接口,引入了分组交换,支持无线IP分组数据传输,实现基于GPRS传输的短信业务、多媒体彩信业务,以及终端无线上网业务等。

在GSM无线系统中,无线信道资源非常宝贵。若采用电路交换,每条GSM信道只能提供9.6 kbit/s或14.4 kbit/s的传输速率。若多条信道组合在一起(最多8个时隙),虽可提供更高的速率,但只能被单一用户独占,在成本效率上缺乏可行性。

采用分组交换的GPRS则可灵活运用无线信道,使其为多个GPRS数据用户所共用,从而极大地提高了无线资源的利用率。GPRS最多可将8个时隙组合在一起,给用户提供高达171.2 kbit/s的带宽,且同时可供多个用户共享。

从无线系统本身的特点看,GPRS使GSM系统提升了高效、便利、低成本地实现无线数据业务的能力。

(2) GPRS结构

由于GSM是基于电路交换的网络,GPRS的引入需对原有网络进行若干改动,并需增加新的设备,如GPRS业务支持节点、网关支持节点和GPRS骨干网;此外,其他新技术(如分组空中接口、信令和安全加密等)也得到改进。GPRS提高了线路利用率,其利用了数据通信统计复用和突发性的特点,只有当数据传送或接收时才占用无线频率资源。

GPRS网络在现有的GSM网络中,增加了GPRS网关支持节点(GGSN)和GPRS服务支持节点(SGSN),使得用户能够在端到端的分组方式下发送和接收数据。

GPRS系统结构如图6-8所示。

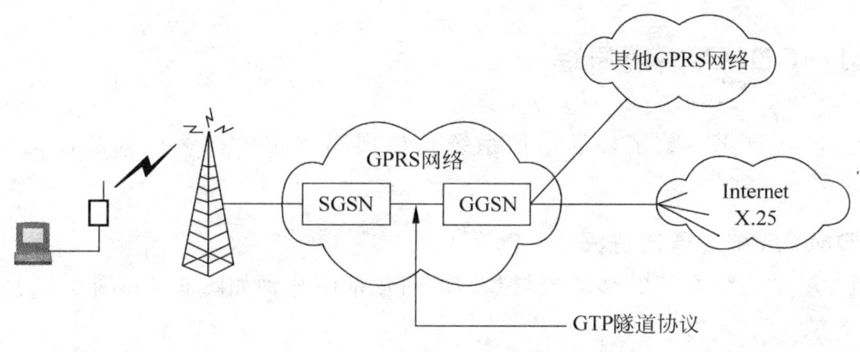

图 6-8 GPRS 系统结构

图中,笔记本电脑通过串行或无线方式连接到 GPRS 蜂窝移动电话上,再与 GSM 基站通信。

与电路交换式数据呼叫不同,GPRS 分组是从基站发送到服务支持节点(SGSN),而不是通过 MSC 连接到语音网络上,SGSN 与网关支持节点(GGSN)进行通信; GGSN 对分组数据进行相应的处理,再发送到目的网络,如互联网或 X. 25 网。来自互联网的标识有移动台地址的 IP 包,由 GGSN 接收,再转发到 SGSN,然后传送到移动台上。

2. GPRS 的应用

GPRS 特别适用于间断的、突发性的或频繁的、少量的数据传输,也适用于偶尔的大数据量传输,符合移动互联网的应用特点。

GPRS 的典型商务应用是在手机已有语音信道的基础上,增加了一条专用的移动数据通道,手机能同时进行数据通信和语音通信。

对于具有 GPRS 业务功能的移动终端,其本身具有 GSM 和 GPRS 业务运营商提供的地址,分组交换网的终端利用该网识别码即可向 GPRS 终端直接发送数据。

GPRS 支持基于 IP 的网络互通,当在 TCP 连接中使用数据报时,GPRS 提供 TCP/IP 报头的压缩功能。

利用 GSM 现有的无线系统,GPRS 系统通过软件升级和增加必要的硬件来实现分组数据传输,GSM 在承载 GPRS 业务时可以不必中断其他业务,如语音业务等。

作为向第三代移动通信(3G)技术过渡的 2.5 代技术,GPRS 目前仍作为移动数据业务的主要支撑平台之一,其引入将延长 GSM 系统的生存周期,并为 3G 的发展奠定基础。

6.4 CDMA 移动通信系统

码分多址(CDMA)体制具有抗人为干扰、抗窄带干扰、抗多径干扰、抗多径延迟扩展的能力,同时具有提高蜂窝系统的通信容量、便于模拟与数字体制的共存及过渡等优点,使 CDMA 系统成为时分多址(TDMA)系统的强有力的竞争对手。

6.4.1 CDMA 系统原理

码分多址(CDMA)数字移动通信系统是扩展频谱技术在多址移动通信中的一种应用。

1. CDMA 系统的通信过程

CDMA 移动通信系统的移动台与基站的简化框图分别如图 6-9 和图 6-10 所示。

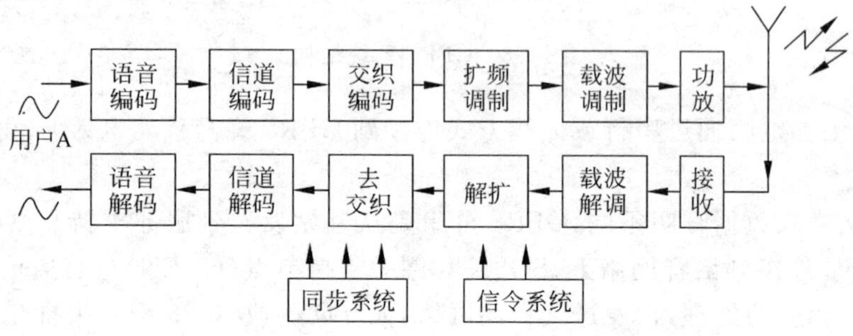

图 6-9 CDMA 系统移动台简化框图

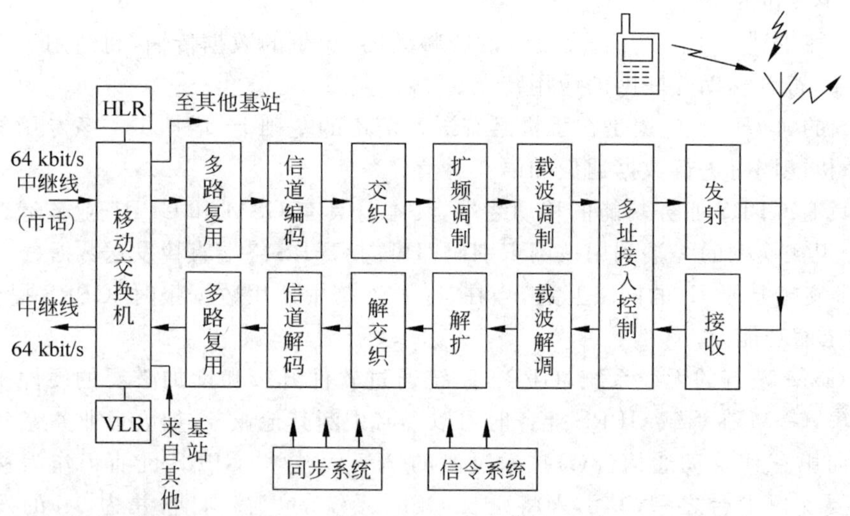

图 6-10 CDMA 系统基站简化框图

CDMA 系统的通信过程如下：

(1) 建立链路

基站接收到由移动台送来的呼叫信号之后，由多址接入控制(基站控制器功能的一部分)分配信道，指挥移动台同步工作，并准备接收移动台的拨号信号；待收到移动台送达的呼叫号码后，由移动交换机分析号码，经信令网将号码送达目的地的交换机，并完成一系列通话前的信令联络，直到建立两用户 A 和 B 之间的通话链路。链路建立后，才进入通话。

(2) 通话

在通话过程中,用户A的模拟语音经过移动台8 kHz采样进行参量编码,获得1.2～9.6 kbit/s的语音速率,此后经信道编码、交织编码、扩频调制、载波调制和功率放大,由天线转换成电磁波发射出去。基站将接收到的语音数码,经载波解调、解扩、解交织、信道解码和多址复用后送移动交换机。

以下根据用户B的不同情况分析系统的通话过程。

① 若用户B处于由同一移动交换机服务区,则交换机将A的语音数码送B所属基站。该基站将数码经多址复用等信号处理、调制后,将信号发送给用户B的手机。

② 若用户B与用户A不属于同一移动交换机服务区(或在其他城市),此时移动交换机则将A的数码转换成64 kbit/s的固定电话标准速率后,经中继线再送达用户B所属的移动交换机,该交换机把信号送往用户B当时所处的基站,再将信号发送给用户B。

③ 若用户B一直在移动,所处的基站服务区也一直在改变,此时移动通信网的信令系统将更新访问位置寄存器(VLR)中的数据,并通过多址接入控制,通知相应基站准予接入。

④ 若用户B为固定电话用户,移动交换机则将A的语音数码经中继线送达用户B的固定交换机。固定交换机将用户A的数据与固定电话数据作相同处理后,转换成模拟语音。

⑤ 若用户B为GSM用户,此时A的数据同样要通过中继线,才能送达用户B的GSM网络,因此需将用户A的数据转换成64 kbit/s的标准PCM速率,再转换成GSM的13 kbit/s的语音编码信号,经GSM基站发送给GSM手机。

2. CDMA的技术特点

CDMA系统采用的扩频技术不同于直扩与跳频。CDMA是用自相关性很强,而互相关性很弱的码序列作为地址码,对已调信息进行二次调制。不同用户信号采用互成正交(或准正交)的、不同的地址码,信道中所传输的各宽带信号在时间上和空间上可以互相重叠。

CDMA技术的关键是在码分多址通信系统中,各收端必须传输本地地址码,该本地码的码型结构与对端发码一致,且相位也完全同步。用本地码对收到的全部信号进行相关检测,从而选出所需要的信号。

6.4.2 CDMA系统的技术体制

CDMA系统目前主要采用IS-95标准(由美国电信工业协会TIA制订)和cdma 2000(美国向ITU提出的第三代移动通信空中接口)建议。

IS-95 CDMA和cdma 2000 1x蜂窝系统的工作频带为:

上行(移动台→基站):870～894 MHz(中国:870～880 MHz);

下行(基站→移动台):825～849 MHz(中国:825～835 MHz)。

CDMA蜂窝系统工作频带的收发间隔为45 MHz。

1. IS-95

IS-95A 是早期商用的 CDMA 移动通信空中接口标准；IS-95B 是 IS-95A 的进一步发展,其目的是能满足更高的比特速率业务的需求。IS-95A 和 IS-95B 的系列标准总称为IS-95。

2. cdma 2000

cdma 2000 是 IS-95 标准向第三代演进的技术体制方案。其中,cdma 2000 1x 是一个载波的 cdma 2000 标准,可支持 308 kbit/s 的数据传输、网络部分引入分组交换、移动 IP 业务,其与 IS-95(A/B)向后兼容,可实现平滑过渡。

6.5 第三代移动通信系统

随着信息时代的发展,移动 IP、宽带数据和多媒体等业务的比例迅速增加,第二代移动通信系统的缺点(系统容量较小、频谱利用率不高、抗干扰能力较差)和局限性(尚不适合于传输高速数据和多媒体业务)日益显现。第三代移动通信系统(3G)的目标是形成一个对全球无缝覆盖的立体通信网络,能满足城市和边远地区各种用户密度和高速移动用户的需求,可提供高质量的语音、高速数据、宽带多媒体及 IP 业务,并有效降低网络设备成本。

6.5.1 3G 概述

第三代移动通信系统简称 3G,又称为 IMT-2000,在欧洲被称为通用移动通信系统(Universal Mobile Telecommunication System,UMTS)。IMT-2000 意指约在 2000 年开始商用,且工作在 2000 MHz 频段上的国际移动通信系统。

2010 年 3 月,我国工业和信息化部等 8 部委联合印发的《关于推进第三代移动通信网络建设的意见》指出,发展 3G 是提升自主创新能力和相关产业竞争力的重要手段,也是应对金融危机影响,实现扩内需、保增长、促就业的重要举措,对于我国国民经济和社会长远发展具有重要意义。TD-SCDMA(以下简称 TD)是我国通信业第一个拥有自主知识产权的 3G 国际标准,对于建设创新型国家,加快产业结构调整和优化升级,保障网络与信息安全具有重要意义。

1. 3G 主要目标

(1) 适应于多种无线运营环境

移动通信的运营环境主要有自然环境和移动环境两个方面。

对于一个适应性良好的移动通信系统,要求在所有无线和移动通信可能存在的环境中都能保持较高的频谱利用率、网络效率、通信质量和业务容量。

(2) 支持多种业务

3G 系统应能支持多种业务,除一般的语音、数据、文本等窄带业务外,还要提供第二代移动通信不能提供的图像、高速数据、不对称的 IP 以及速率达到 2 Mbit/s 的宽带多媒体业务等。随着信息时代的发展,不对称 IP、多媒体业务的比例将迅速增加,要求系统具有自动调整带宽和变速率(VR)的性能,在上、下行方向得到业务实时需要的带宽、时延和传输质量。

(3) 提高频谱利用率,降低网络投资

频谱利用率是指在单位频带内传输的语音业务容量或信息容量。当前频率资源紧张已成为制约移动通信发展的瓶颈,故要求 3G 必须具有较高的频谱利用率和网络效率,支持以后用户量的增加和提供各种业务的需要,且应尽可能降低设备成本,减少网络投资费用。

(4) 拥有较高的通信服务质量

业务质量是系统性能指标决定的,误码率/误帧率、传输时延是移动通信的重要质量指标。3G 的传输误码率和时延应该在一个很宽的带宽和数据速率范围内符合要求。

① 传输误码率。对于移动语音和视频图像业务,要求误码率 $BER \leqslant 10^{-3}$;对于数据业务,要求无线接入系统的 $BER \leqslant 10^{-6}$。因无线传输系统中的误码率性能差于固定通信网络,故要求移动通信的语音编码器和数据适配器应能适应于高误码率,以保证必需的服务质量。

② 传输时延。第二代移动通信(2G)系统的单向总时延约为 90 ms,其中无线接入部分约为 50 ms。对于语音业务,该时延尚可容忍,但若加上其他时延(如长途电路、卫星电路),则可能出现问题。由于多媒体数据业务要求时延的变化范围较大且存在一定程度的信道不对称,故移动通信网络运营商可根据系统的发展及服务质量要求,在必要时考虑采用具有自适应、软件下载的 3G 终端。

(5) 具有高度的灵活性

3G 必须具有支持多种高速业务的能力,能提供不同速率数据信号接入,与不同网络之间互连互通,实现全球漫游的目标。由此,要求 3G 系统在多方面具有高度的灵活性,主要包括:具有多种功能、支持多种业务、适应复杂环境、提供多频带接入、拥有多模式操作及其通信终端等。

(6) 由第二代移动通信平滑演进到 3G 系统

第二代移动通信系统在全球已具有相当大的规模,且目前的移动通信仍以语音业务为主。从技术和经济方面来看,移动通信运营商都要求 2G 系统必须能与新建的 3G 系统在较长时间内共存,互连互通;随着高速数字、IP 和多媒体业务的扩展,逐步由 2G 平滑演进到 3G。

(7) 具有较强的抗干扰能力

3G 所处的环境较为复杂,与现存的 2G 系统、无线接入系统以及微波通信系统和卫星通信系统之间会形成一定的干扰,而不同类型的 3G 系统(如 WCDMA、cdma 2000、TD-SCDMA)之间也会形成干扰,且高速率信号的多径干扰将更为复杂,所以,系统的抗干扰能力设计至关重要。

2. 3G 基本业务

与第二代移动通信系统相比较,3G 系统将支持更加广泛的业务。从不同的角度,3G

业务可进行不同的分类,且可相互交叠。

基于GSM网络和固定网络数据业务,3G业务可分为6类:移动互联网接入、定制信息和娱乐业务、多媒体短消息业务、基于位置的业务、移动互联网/企业外联网接入业务和增强语音业务(含可视电话服务)。

按照应用层QoS的业务分类,3GPP(第三代移动通信合作伙伴项目)定义了4种基本业务类型,即会话类业务、流媒体业务、交互类业务和背景类业务。

按照媒体的表现形式,3G业务可以分为文本业务、视频业务和多媒体业务。

以下根据用户的体验对3G业务进行分类介绍。

① 通信类业务。包括基础语音业务、视像业务以及利用手机终端进行即时通信的相关业务。视像业务指通过3G终端的摄像装置以及3G网络高速的数据传输,电话两端的用户可以看见彼此的影像,真正做到音频、视频的随时随地交互式交流。3G的高带宽使3G终端与互联网的视频通话成为可能,互联网用户只要拥有宽带网络及计算机视频通话软件,即可与3G用户进行网上视频通话。

② 娱乐类业务。包括音乐及影视的点播业务、体育新闻点播与赛事回顾及预告、图片与铃声下载以及互动游戏等。

③ 资讯类业务。包括新闻类资讯、财经类资讯、便民类资讯等。用户可以在手机屏幕上获取移动银行、电话簿、交通实况、黄页、票务预订、餐馆等服务。

④ 互联网业务。通过3G网络和服务,形成移动通信与互联网融合的典型运用。用户不仅可以在3G手机终端撰写、收发、保存、打印电子邮件,还可与MSN、QQ等即时通信工具融合,收发文字、图片、动画、影像等多媒体信息。

⑤ 金融业务。利用手机终端访问电子商务网站,实现网上支付。

⑥ 定位导航。通过GPS,可指引用户所在位置并给出相关有用信息;利用位置服务,实现跟踪特定车辆或特定个人等。

⑦ 远程监控。通过移动终端,可实现个人健康状况检测,或对机器人及家用电器实现远程控制等。

3. 3G频谱划分

国际电信联盟(ITU)对3G系统划分频带如下:

上行(移动站→基站):1885~2025 MHz;

下行(基站→移动站):2110~2200 MHz。

其中,1980~2010 MHz和2170~2200 MHz用于移动卫星业务(MSS),其他频段上、下行不对称,可采用频分双工(FDD)和时分双工(TDD)方式。

附加频段为806~960 MHz、1710~1885 MHz、2500~2690 MHz。

4. 移动通信终端的融合

随着计算机、集成电路、移动通信、软件工程等基础技术的发展,移动通信终端的融合趋势日益凸显。融合表现在两个方面:一是业务的融合,即手机电视、手机媒体以及手机广告等融合性业务出现,移动化发展趋势显著;二是产品的融合,即代表IT、消费电子及通信不同方向的融合终端产品已具雏形。

与此同时,3G给消费者带来了业务的多样性。在移动运营商提供给消费者数以百计的选择中,原本属于家电、数码产品和计算机等其他领域的诸多功能(如手机终端上可实现的照相、摄像、录音、看电影片断、编辑文件等功能),现在也都作为移动业务提供给用户。

6.5.2 3G的关键技术

1. 高效信道编译码技术

信道编码和交织依赖于信道特性和业务需求。不仅对于业务信道和控制信道,而且对于同一信道的不同业务,也采用不同的编码和交织技术。

信道编码通过在发送信息时加入冗余的数据位来改善通信链路的性能;接收机可以应用信道编码,来检测或纠正由于在无线信道中传输而引入的部分或全部误码。

在3G中,常采用Turbo码(纠错能力强,适用于高速率、对译码时延要求不高的数据链路)和卷积码(适用于语音和低速率、对译码时延要求较严的数据链路)这两种信道纠错编码。

交织技术是将一个由衰落造成的较长的突发差错离散成随机差错,再用随机差错的编码技术来消除随机差错。

2. 软件无线电技术

软件无线电技术的基本思想为高速模/数和数/模转换器尽可能靠天线处理,所有基带信号处理都用软件方式替代硬件实施。

软件无线电系统的关键部分为宽带多频段天线、高速A/D和D/A转换器,以及高速信号处理部分。高速A/D转换器的关键是采样速率和量化位数。宽带多频段天线采用多频段天线阵列,覆盖不同频程的几个窗口。

面对多种移动通信标准,3G采用软件无线电技术,对于在未来移动通信网络上实现多模式、多频率、不间断业务能力方面将发挥重大作用。

例如,基站可承载不同软件来适应不同的标准,而不用对硬件平台改动;基站间可由软件算法协调,动态地分配信道与容量,网络负荷可自适应;移动台可以自动检测接入的信号,接入不同的网络,且能适应不同的接续时间要求。

3. 智能天线阵技术

采用智能天线阵技术可以提高3G的容量及服务质量。该技术是利用天线阵列的波束合成和指向,产生多个独立的波束,自适应地调整其方向图,以跟踪信号变化;对干扰方向调零以减少甚至抵消干扰信号,以增加系统的容量和频谱效率。

智能天线阵技术的特点为以较低的代价换得无线覆盖范围、系统容量、业务质量、抗阻塞和掉话等性能的显著提高。

智能天线阵在干扰和噪声环境下,通过其自身的反馈控制系统改变辐射单元的辐射方向图、频率响应及其他参数,可使接收机输出端信噪比为最大。

4. 多用户检测和干扰消除技术

对于CDMA系统,若能消去用户受到的多址干扰,即可提高容量。多用户检测的基本思想是把所有用户的信号都当作有用信号,而不是当作干扰信号。

在小区通信中,每个移动用户与一个基站进行通信,移动用户只接收所需信号,因此移动用户只有自己的扩频码;而基站必须检测所有的用户信号,基站需要知道所有用户的扩频码。

由于移动用户受到复杂度(如移动台体积、重量等)的限制,多用户检测目前主要用于基站。但基站只有本小区用户的扩频码,相邻小区的干扰仍会降低多用户检测的性能。

5. 向全IP网过渡

现有的GSM的电路交换正在向支持GRPS的分组交换网过渡;而3G的应用和服务将在数据速率和带宽方面提出更多的要求,必须过渡到全IP网络,以真正实现语音和数据的业务融合。

移动IP的目标是将无线语音和无线数据综合到一个技术平台(IP协议)上传输。全IP网络可节约成本,提高可扩展性、灵活性并提高网络运作效率等。基于移动IP技术,为用户快速、高效、方便地部署丰富的应用服务已成为可能。

全IP网络的演进分为4个阶段。

阶段0:基于传统的电路模式(核心网标准为ANSI-41)。

阶段1:是向全IP网络演进过程中的增强型网络,分组网络能力扩大,接入网和分组网络信令和承载开始分离,信令用IP进行传输。

阶段2:引入软交换思想,信令和承载开始独立演变并采用IP进行传输,核心网和接入网也开始分离。在IP核心网中支持传统的终端,以及多媒体域IMS的一些实体。

阶段3:目前正在研究的多媒体域,包括分组数据子系统(PDS)和IP多媒体子系统(IMS)。实现全IP网络及空中接口IP化是移动网络的最终目标。

6.5.3 3G的技术标准

1. 3G标准规范

国际电信联盟(ITU)目前批准的3G主流技术标准分别为WCDMA、cdma 2000和TD-SCDMA。三种3G主流技术各具有技术优势,并根据工作方式采取了不同的关键技术措施。

3G标准规范由第三代移动通信合作伙伴项目(3GPP)和第三代移动通信合作伙伴项目二(3GPP2)分别负责。

3GPP建立的第三代移动通信技术标准称为通用陆地无线接入(UTRA)。UTRA是基于GSM核心网的第三代通信标准,TD-SCDMA核心网与WCDMA核心网基本相同,差异之处在于无线接入网络部分。WCDMA/TD-SCDMA的演进是无线网和核心网同时进行。

3GPP 制定的标准规范包括无线侧和核心侧，有多个版本。在 R99 版本中，WCDMA 仍采用 GSM/GPRS 核心网的结构，但采用了新的空中接口协议；R4 版本完成了中国提出的 TD-SCDMA 标准化工作，同时引入了软交换的概念，将电路域的控制与业务分离，便于向全 IP 核心网结构过渡；R5 版本将 IP 从核心网扩展到无线接入网，形成全 IP 的网络结构，将分组域控制与业务分离，在 R4 版本基础上增加了 IP 多媒体子系统(IMS)，同时在无线传输中引入 HSDPA(高速下行分组接入)技术；R6 版本引入 HSUPA(高速上行链路分组接入)技术；目前 R7 等版本正在完善中。

3GPP2 制订的标准侧重于无线技术，主要负责 cdma 2000 相关标准的制定。

2. 3G 主流技术

(1) WCDMA

宽带码分多址(Wideband CDMA，WCDMA)是由欧洲和日本提出的第三代移动通信标准。WCDMA 工作于频分双工(FDD)方式，其核心网络基于 GSM-MAP，主要特点是重视从 GSM 网络向 WCDMA 网络的演进(以 GPRS 作为中间承接)。

WCDMA 系统支持宽带业务，可有效支持电路交换业务(如 PSTN、ISDN 网)、分组交换业务(如 IP 网)；灵活的无线协议可在一个载波内对同一用户同时支持语音、数据和多媒体业务；通过透明和非透明传输块来支持实时、非实时业务。

(2) cdma 2000

cdma 2000 是美国电信工业协会(TIA)标准组织提出的第三代 CDMA 移动通信系统的技术建议，是 IMT2000 系统的三大主流技术标准之一，也是 IS-95 标准向第三代移动通信系统演进的技术体制方案。实现 cdma 2000 技术体制的正式标准名称为 IS-2000，由 TIA 制定，并经 3GPP2 批准成为第三代移动通信系统的空中接口标准。

cdma 2000 工作于频分双工(FDD)方式，可从 IS-95B 的 CDMA 系统的基础上平滑过渡到 3G 系统。cdma 2000 代表一个体系结构，可表示一系列的子标准或不同版本的 cdma 2000 标准。cdma 2000 也可以代表空中接口所采用的技术。

(3) TD-SCDMA

TD-SCDMA(Time Division Synchronous Code Division Multiple Access，时分同步码分多址)是同时利用时间分割和代码分割的多址技术，由我国原信息产业部电信科学技术研究院提出，是 FDMA、TDMA 和 CDMA 三种多址方式的灵活结合。

与 WCDMA 和 cdma 2000 所采用的 FDD 模式不同，TD-SCDMA 采用的是 TDD 模式，并且同时采用了同步 CDMA、智能天线、软件无线电、联合检测、接力切换、低码片速率、多时隙 TDMA 等一系列新技术，从而提高了系统的抗干扰能力，降低了发射功率，减少了电磁污染，节约了制造成本，增加了系统容量。

TD-SCDMA 技术于 2000 年正式被 ITU 确认为第三代移动通信标准。2001 年完成了在 3GPP 的标准工作。ITU 为 TDD 划分的频段将完全被 TD-SCDMA 使用，为 TD-SCDMA 走向世界铺平了道路，也为 TD-SCDMA 的全球漫游创造了条件。TD-SCDMA 是我国第一个具有完全自主知识产权的国际通信标准，其出现在我国通信发展史上具有里程碑式的意义，极大地提高了我国在移动通信领域的技术水平，是整个中国通信业的重大突破。

WCDMA、cdma 2000 和 TD-SCDMA 的主要性能对比如表 6-1 所示。

表 6-1 3G 的主流标准性能对比

标准/性能指标	WCDMA	cdma 2000	TD-SCDMA
核心网	GSM MAP	ANSI-41	GSM MAP
带宽	5 MHz	1.25 MHz	1.6 MHz
多址方式	CDMA	CDMA	CDMA/TDMA
码片速率	3.84 Mchip/s	1.2288 Mchip/s	1.28 Mchip/s
双工方式	频分双工 FDD/时分双工 TDD	频分双工 FDD	时分双工 TDD
帧长	10 ms/15 时隙/帧	5、10、20、40、80 ms/16 时隙/帧	5×2 ms/7×2 时隙/2 子帧/帧
信道编码	卷积码和 Turbo 码	卷积码和 Turbo 码	卷积码和 Turbo 码
功率控制	开环+闭环	开环+闭环	开环+闭环
导频结构	上行专用导频; 下行公共或专用导频	上行专用导频; 下行公共或专用导频	下行公共导频 DwPTS; 上行同步 UpPTS
基站同步	同步/异步	GPS 同步	同步

3. 3G 在我国的商用进展

按照国务院的部署和要求,工业和信息化部于 2009 年 1 月向国内主要的电信运营商发放了 3G 牌照,即无线通信与国际互联网等多媒体通信结合的第三代移动通信系统的经营许可权。

其中,中国移动增加基于 TD-SCDMA 技术制式的 3G 牌照;中国电信增加基于 cdma 2000 技术制式的 3G 牌照;中国联通增加基于 WCDMA 技术制式的 3G 牌照。

3G 牌照的发放有力地拉动了我国电信产业链的发展和经济增长,标志着我国正式进入 3G 时代。

6.6 WCDMA 移动通信系统

6.6.1 WCDMA 的网络特点

1. WCDMA 系统的技术特征

WCDMA 是从 GSM 演进而来,故 WCDMA 的许多高层协议和 GSM/GPRS 基本相同或相似,如移动性管理(MM)、GPRS 移动性管理(GMM)、连接管理(CM)以及会话管理(SM)等。移动终端中通用用户识别模块(USIM)的功能也是从 GSM 的用户识别模块(SIM)的功能延伸而来。

WCDMA 系统采用 DS-CDMA 多址方式,码片速率为 3.84 Mchip/s,载波带宽为 5 MHz。系统不采用 GPS 精确定时,不同基站可以选择同步或非同步两种方式,可不受

GPS系统限制。在反向信道上，采用导频符号相干RAKE接收方式，解决了CDMA中反向信道容量受限的问题。WCDMA采用精确的功率控制，包括基于SIR的快速闭环、开环和外环三种功率控制方式。

WCDMA空中接口还采用一系列先进技术，如自适应天线、多用户检测、分集接收（正交分集、时间分集）、分层式小区结构等，来提高整个系统的性能。

2. WCDMA系统的主要特点

（1）双工方式

WCDMA支持频分双工（FDD）和时分双工（TDD）。在FDD模式下，上行链路和下行链路分别使用两个独立的5 MHz的载频，发射和接收频率间隔分别为190 MHz或80 MHz，也不排除在现有频段或别的频段使用其他的收发频率间隔；在TDD模式下仅使用一个5 MHz的载频，上、下行信道不是成对的，上、下行链路之间分时共享同一载频，载频的中心频率为200 kHz的整数倍，发射和接收同在一个频率上。

（2）多址方式

WCDMA为宽带直扩码分多址（DS-CDMA）系统。数据流用正交可变扩频码（OVSF，也称为信道化码）来扩频，扩频后的码片速率为3.84 Mchip/s；扩频后的数据流使用互相关特性好的Gold码为数据加扰，适合用于区分小区和用户。

（3）声码器

WCDMA中的声码器采用自适应多速率（AMR）技术。多速率声码器是一个带有8种信源速率的集成声码器。合理利用AMR声码器，有可能在网络容量、覆盖以及话音质量间按运营商的要求进行统筹考虑。

（4）信道编码

WCDMA系统中使用卷积编码和Turbo编码。卷积码已经被长期广泛使用（移动通信系统多采用卷积码作为信道编码）；Turbo编码开始于20世纪90年代初，该编码在低信噪比条件下具有优越的纠错性能，能有效降低数据传输的误码率，适于高速率、对译码时延要求不高的分组数据业务。

（5）功率控制

WCDMA系统的功率控制主要解决远近效应问题（接收机接收到近距离发射机的信号较易，而接收到远距离发射机的信号较难）。其快速功率控制速率为1500次/秒，称为内环功率控制，同时应用在上行链路和下行链路，控制步长0.25～4 dB可变；外环功率控制的速率则低得多，最多100次/秒。

（6）切换

WCDMA系统支持软切换、更软切换、硬切换和无线接入系统间切换，其目的是当用户设备在网络中移动时，保持无线链路的连续性和无线链路的质量。

（7）基站同步方式

WCDMA系统的不同基站可选择同步和异步两种方式。异步方式可不采用GPS精确定时，支持异步基站运行，室内小区和微小区基站的布站就变得简单了，使组网实现方便、灵活。

6.6.2 WCDMA网络结构与接口

1. 网络结构

在逻辑结构上,WCDMA系统与第二代移动通信系统基本相同。按功能划分,系统由核心网(CN)、无线接入网(UTRAN)、用户设备(UE)等组成。其中,核心网与无线接入网之间的开放接口为Iu,无线接入网与用户设备间的开放接口为Uu。

(1) 用户设备

用户设备(UE)完成人与网络间的交互,用以识别用户身份并为用户提供各种业务功能,如普通语音、数据通信、移动多媒体、互联网应用等。UE主要由移动设备(ME)和通用用户识别模块(USIM)两部分组成。UE通过Uu接口与无线接入网相连,与网络进行信令和数据交换。

① 移动设备(ME)。即手机,有车载型、便携型和手持型,包括射频处理单元、基带处理单元、协议栈模块以及应用层软件模块等部件。

② 通用用户识别模块(USIM)。物理特性与GSM的SIM卡相同,提供3G用户身份识别,储存移动用户的签约信息、电话号码、多媒体信息等,提供保障USIM信息安全可靠的安全机制。

USIM和ME之间的接口称为Cu接口(采用标准接口)。

(2) 通用陆地无线接入网络

无线接入网(UTRAN)位于两个开放接口Uu和Iu之间,完成所有与无线有关的功能。主要功能有宏分集处理、移动性管理、系统的接入控制、功率控制、信道编码控制、无线信道的加密与解密、无线资源配置、无线信道的建立和释放等。

UTRAN由一个或若干个无线网络子系统(RNS)组成。RNS负责所属各小区的资源管理,每个RNS包括一个无线网络控制器(RNC)、一个或若干个Node B(即基站,GSM系统中对应的设备为BTS)。

① 节点B(Node B)。Node B的主要功能是Uu接口物理层的处理,如扩频、信道编码、速率匹配、交织、调制和解扩、信道解码、解交织和解调,还包括基带信号和射频信号的相互转换功能、无线资源管理部分控制算法的实现等。

Node B逻辑功能模块包括基带处理部件、射频收发放大器、射频收发系统、基带部分和天线接口单元等部件。Node B受RNC控制,与RNC的接口为E1或STM-1。

② 无线网络控制器(RNC)。主要完成连接建立和断开、切换、宏分集合并等,完成系统信息管理、移动性管理和无线资源管理等功能。

(3) 核心网

核心网(CN)承担各种类型业务的提供以及定义,包括用户的描述信息、用户业务的定义以及相应的一些其他过程。核心网负责内部所有的语音呼叫、数据连接和交换,以及与其他网络的连接和路由选择的实现。不同协议版本核心网之间存在一定的差异。

(4) 外部网络

核心网(EN)的电路交换域(CS)通过关口移动交换中心(GMSC)与外部网络相连,

如公用电话交换网(PSTN)、综合业务数字网(ISDN)及其他公共陆地移动网(PLMN)。核心网的分组交换域(PS)则通过GPRS网关支持节点(GGSN),与外部的互联网及其他分组数据网(PDN)等相连。

2. 空中接口协议结构

WCDMA系统结构中的空中接口(Uu)是指用户设备(UE)和无线接入网(UTRAN)之间的接口,通过使用无线传输技术,将用户设备接入到系统固定网络部分。

WCDMA空中接口的协议结构分为两面三层,垂直方向分为控制平面和用户平面;水平方向分为物理层、数据链路层和网络层。数据链路层又包括媒体接入控制(MAC)层、无线链路控制(RLC)层、分组数据汇聚协议(PDCP)层和广播/多播控制(BMC)层,其中MAC和RLC由控制平面与用户平面共用,PDCP和BMC仅用于用户平面。

Uu接口协议用于在UE和UTRAN之间传送用户数据和控制信息,建立、重新配置和释放无线承载业务。

3. 物理层

(1) 物理层的功能

物理层位于空中接口协议模型的最底层,给MAC层提供不同的传输信道,并且为高层提供服务。

3GPP对物理层的功能描述如下:

① 为传输信道进行前向纠错编/解码。

② 无线特性测量,如误帧率、信干比等,并通知高层。

③ 宏分集分布/合并以及软切换实现。

④ 在传输信道上进行错误检测并通知高层。

⑤ 传输信道到物理信道的速率匹配。

⑥ 传输信道至物理信道的映射。

⑦ 物理信道扩频/解扩、调制/解调。

⑧ 频率和时间(位、码片、比特、时隙和帧)同步。

⑨ 闭环功率控制。

⑩ RF处理等。

物理层的基本传输单元为无线帧,持续时间为10 ms,长度为38400 chip。无线帧又被划分为15个时隙的处理单元,每个时隙有2560 chip,持续时间为2/3 ms。物理层的信息速率随着符号速率的变化而变化,而符号速率则取决于扩频因子。

(2) 物理信道

物理信道的特征可由载频、扰码、信道化码(可选)和相对相位来体现。按照信息的传送方向,物理信道可分为上行物理信道(UE至Node B)和下行物理信道(Node B至UE);按照用户共享使用性质,物理信道可分为专用物理信道和公共物理信道。

(3) 传输信道

在WCDMA空中接口中,高层数据由传输信道承载,不同传输信道必须由不同的物理信道承载。物理层与MAC层通过传输信道进行数据交换。传输格式定义了传输信道的特性，并指明物理层对传输信道的处理方式。

传输信道分为专用传输信道和公共传输信道。双向传输的专用传输信道用以传输特定用户物理层以上的所有信息，能够实现以10 ms无线帧为单位的业务速率变化、快速功率控制和软切换。

公共传输信道包括广播信道、前向接入信道、寻呼信道、随机接入信道、公共分组信道和下行共享信道。

4. 数据链路层

数据链路层使用物理层提供的服务，并向第三层提供服务。数据链路层分为媒体接入控制(MAC)子层、无线链路控制(RLC)子层、分组数据汇聚协议(PDCP)子层和广播/多播控制(BMC)子层。

(1) 媒体接入控制(MAC)子层

MAC子层位于物理层之上，向高层提供无确认的数据传送、无线资源重分配和测量等服务，通过物理层提供的传输信道借助逻辑信道与上层交换数据。

MAC子层通过逻辑信道与高层进行数据交互，在逻辑信道上提供不同类型的数据传输业务。逻辑信道是MAC子层向无线链路控制(RLC)子层提供的数据传输服务，表述承载的任务和类型。

(2) 无线链路控制(RLC)层

根据实际传输格式，RLC子层的主要功能为数据分段和重组、级联和填充、用户数据传输和纠错、高层PDU顺序传输和复制检测、流量控制、序列检查、协议错误检测与恢复和加密等。

(3) 分组数据汇聚协议(PDCP)子层

PDCP子层提供分组域业务，分别在接收与发送实体对IP数据流执行头压缩和解压缩功能，以及用户数据传输等。

(4) 广播/多播控制(BMC)子层

BMC子层以无确认方式提供公共用户的广播/多播业务。其主要功能为小区广播消息的存储、为小区广播业务进行业务量检测和无线资源请求、BMC消息的调度、向用户设备(UE)发送BMC消息以及向高层传递小区广播消息。

5. 无线资源控制层

用户设备(UE)和无线接入网(UTRAN)之间的控制信令主要为无线资源控制层(RRC)消息，控制接口管理和对低层协议实体的配置。主要功能为接入层控制、系统信息广播、RRC连接管理、无线承载管理、RRC移动性管理、无线资源管理、寻呼和通知、高层信息路由功能、加密和完整性保护、功率控制、测量控制和报告等。

RRC层通过业务接入点向高层提供业务。在UE侧，高层协议使用RRC提供的业务；在UTRAN侧，Iu接口上无线接入网络应用部分(RANAP)使用RRC提供的业务。所有高层信令(移动性管理、呼叫控制、会话管理等)都被压缩成RRC消息在空中接口传送。

6.7　TD-SCDMA 移动通信系统

6.7.1　TD-SCDMA 的技术特点

TD-SCDMA 是世界上第一个采用时分双工(TDD)方式和智能天线技术的公众陆地移动通信系统，也是唯一采用同步 CDMA(SCDMA)技术和低码片速率(LCR)的第三代移动通信系统，同时采用了多联合检测、软件无线电、接力切换等一系列高新技术。

1. TD-CDMA 系统的技术特征

(1) TDD 模式

TD-SCDMA 系统采用 TDD 时分双工模式，接收和传送是在同一频率信道即载波的不同时隙，用保护时间来分离接收与传输信道；而在 FDD(频分双工)模式中，接收和传送是在分离的两个对称频率信道上，用保护频段来分离接收与传输信道。

TD-SCDMA 系统的 TDD 模式具有的优势如下：

① 频谱灵活性。不需要成对的频谱，可以利用 FDD 无法利用的不对称频谱，结合 TD-SCDMA 系统的低码片速率特点，充分利用频谱(只要有一个载波频段就可以使用)，从而能够灵活有效地利用现有的极度紧张的频率资源。

② 更高的频谱利用率。TD-SCDMA 系统可在带宽为 1.6 MHz 的单载波上提供高达 2 Mbit/s 的数据业务和 48 路语音通信，使单一基站支持的用户数增多，系统建网及服务费用降低。

③ 支持不对称数据业务。TDD 可以根据上行、下行业务量自适应调整上行、下行时隙个数，以适应比例越来越大的 IP 型数据业务，改变了 FDD 系统上行、下行业务不对称时存在的频率利用率显著降低的状况。

④ 有利于采用新技术。上行、下行链路用相同的频率，具传播特性相同，功率控制要求降低，利于采用智能天线、预瑞克(Pre-Rake)等新技术。

⑤ 成本低。无收发隔离的要求，可以使用单片 IC 来实现 RF 收发信机。

TDD 模式的缺点如下：

① TDD 模式对定时和同步要求很严格，上行、下行之间需要保护时隙，对高速移动环境的支持不如 FDD 模式。

② TDD 信号为脉冲突发形式，采用不连续发射(DTX)，发射信号的峰-均功率比值较大，导致带外辐射较大，对 RF 实现提出了较高要求。

(2) 低码片速率

TD-SCDMA 系统的码片速率为 1.28 Mchip/s，仅为高码片速率 3.84 Mchip/s 的 1/3。接收机接收信号采样后的数字信号处理量大大降低，从而降低了系统设备成本，适合采用软件无线电技术，还可在目前 DSP 的处理能力和成本可接受的条件下采用智能天线、多用户检测、MIMO 等新技术来降低干扰、提高容量。此外，低码片速率使频率使用更灵活,提高了频谱利用率。

(3) 上行同步

TD-SCDMA 中用软件和帧结构设计来实现严格的上行同步(上行链路各终端的信号在基站解调器完全同步),是一个同步的 CDMA 系统。通过上行同步,可让使用正交扩频码的各个码道在解扩时完全正交,相互间不会产生多址干扰;克服了由于各移动终端发射的码道信号到达基站的时间不同(造成码道非正交)而带来的干扰,从而大大提高了 CDMA 系统容量和频谱利用率,并可简化硬件,降低成本。

(4) 接力切换

TD-SCDMA 系统采用智能天线来定位用户的方位和距离,故可在系统中采用接力切换方式。两个小区的基站将接收来自同一个手机的信号,两个小区都将对此手机定位,并在可能切换区域时,将此定位结果向基站控制器报告;基站控制器根据用户的方位和距离信息,判断手机用户是否移动到应切换至另一基站的邻近区域,并告知手机其周围同频基站信息。若进入切换区,便由基站控制器通知另一基站做好切换准备;通过一个信令交换过程,手机就由一个小区切换(如同接力棒)至另一小区。该切换过程具有软切换不丢失信息的优点,又克服了软切换资源浪费(对邻近基站信道资源和服务基站下行信道)的缺点,简化了用户终端的设计。接力切换还具有较高的准确度和较短的切换时间,从而提高了切换成功率。

(5) 智能天线

TD-SCDMA 系统是以智能天线为中心的 3G 系统。系统中 TDD 的间隔(子帧)定为 5 ms(该值在综合考虑时隙个数和 RF 器件的切换速度两方面因素后折中确定)。相对于 FDD 模式的系统,TD-SCDMA 系统的 TDD 模式可利用上行、下行信道的互惠性(即基站对上行信道估计的信道参数可用于智能天线的下行波束成型),其智能天线技术较易实现。

(6) 软件无线电技术

TD-SCDMA 系统的 TDD 模式和低码片速率的特点,使得数字信号处理量大大降低,适合采用软件无线电技术(在通用芯片上用软件实现专用芯片的功能)。其优点为:通过软件方式,灵活完成硬件/专用 ASIC 的功能,在同一硬件平台上利用软件处理基带信号,通过加载不同的软件,实现不同的业务,并可通过软件升级来实现系统功能的增加;可代替昂贵的硬件电路,实现复杂的功能,减少用户设备费用支出。采用软件无线电技术,为 TD-SCDMA 的发展赢得了时间和空间。

2. TD-CDMA 系统的主要参数

表 6-2 列出了 TD-SCDMA 系统的主要参数。

表 6-2 TD-SCDMA 系统的主要参数

参数	标准	备注
占用带宽	1.6 MHz	
每载波码片速率	1.28 Mchip/s	
扩频方式	DS,SF=1/2/4/8/16	
调制方式	QPSK	

续表

参数	标准	备注
信道编码	卷积码：$r=1/2,1/3$，Turbo 码	
帧结构	系统帧 720 ms，无线帧 10 ms	
交织	10/20/40/80 ms	
时隙数	7 个常规时隙和 3 个特殊时隙	
上行同步	1/2 chip	
容量(每时隙语音信道数)	16	同时工作
每载波语音信道数	48	对称业务
容量(每时隙总传输速率)	281.6 kbit/s	数据业务
每载波总传输速率	1.971 Mbit/s	数据业务
语音频谱利用率	25 Erl/MHz	对称语音业务
数据频谱利用率	1.232 Mbit/s/MHz	不对称语音业务
多址方式	SCDMA＋CDMA＋TDMA	

6.7.2 TD-SCDMA 网络接口与系统技术

1. TD-SCDMA 系统的网络结构

TD-SCDMA 与 WCDMA 具有相同的网络结构、高层指令和基本一致的相应接口定义(网络结构与接口有关内容可参考 WCDMA 相关内容)。两类制式后向兼容 GSM 系统，可以使用同一核心网，且都支持核心网逐步向全 IP 方向发展。TD-SCDMA 与 WCDMA 的差异主要是空中接口的物理层，每个标准各有其特点。

2. TD-SCDMA 系统空中接口信道

在空中接口中，物理层与高层的通信接口有无线资源控制子层(RRC)和媒质接入控制子层(MAC)。在 TD-SCDMA 系统中，存在 3 种信道模式：逻辑信道、传输信道和物理信道。

(1) 逻辑信道

逻辑信道是 MAC 子层向上层(RLC 子层)提供的服务，其描述的是承载什么类型的信息。TD-SCDMA 的逻辑信道分类与 WCDMA 基本一致，仅在控制信道增加了共享控制信道。

(2) 传输信道

TD-SCDMA 通过物理信道模式直接把需要传输的信息发送出去，即在空中传输物理信道承载的信息。传输信道作为物理层向高层提供的服务，其描述的是所承载信息的传送方式。

(3) 物理信道

物理信道由频率、时隙、码字共同定义。物理信道的帧结构分为 4 层：超帧(系统帧)、无线帧、子帧和时隙/码道。子隙是系统无线发送的最小单位。每个子隙由 7 个常规时隙和 3 个特殊时隙组成。

3. TD-SCDMA系统编码与复用

为了保证数据在无线链路上的可靠传输,物理层需要对来自MAC和高层的数据流进行编码/复用后发送。同时,物理层对接收自无线链路上的数据需要进行解码/解复用后,再传送给MAC和高层。

在TD-SCDMA模式下,每个子帧的基本物理信道(某一载频上的时隙和扩频码)的全部数量由最大时隙数和每个时隙中最大的码道数来决定。

4. TD-SCDMA系统扩频与调制

在TD-SCDMA中,经过物理信道映射后的数据流还要进行数据调制和扩频调制。数据调制可采用QPSK或8PSK(对于2 Mbit/s的业务)方式,即把连续的2 bit(QPSK)或连续的3 bit(8PSK)数据映射为一个符号,数据调制后的复数符号再进行扩频调制。

5. TD-SCDMA系统功率控制技术

TD-SCDMA系统使用智能天线和联合检测等空时处理技术,与其他的CDMA系统相比,该系统的功率控制功能和方法有很大不同。多用户联合检测能有效解决接收电平差异所产生的干扰,从而降低了CDMA系统中的远近效应,进而降低功率控制要求。使用智能天线后,因其具有较好的空间选择性和抗远近干扰的能力,可有效降低多址干扰,故功率管理的边界约束条件较为宽松,易实现快速功率控制,以适应快速变化的多种衰落的移动通信环境,系统可以达到理想的设计容量。

6.8 cdma 2000移动通信系统

6.8.1 cdma 2000的网络特点

1. cdma 2000的技术特点

cdma 2000标准体系主要分为无线网和核心网两大部分,其技术演进分阶段独立进行。CDMA系统的无线接口经历了IS-95、IS-95A、IS-95B、cdma 2000、1x/EV-DO和1x/EV-DV等发展阶段。cdma 2000的核心网架构是基于3GPP2制定的全IP网络架构。

cdma 2000的主要特点是与现有的TIA/EIA-95-B标准向后兼容,并可与IS-95系统的频段共享或重叠,使得cdma 2000系统可从IS-95系统的基础上平滑过渡和发展,保护已有的投资。同时,通过网络扩展方式可提供在基于GSM-MAP的核心网上运行的能力。

cdma 2000采用MC-CDMA(多载波CDMA)的多址方式,可支持话音、分组数据业务等,并且可实现业务质量(QoS)保证。

cdma 2000采用的功率控制有开环、闭环和外环3种方式(速率为800次/秒或50次/秒),还可采用辅助导频、正交分集、多载波分集等技术来提高系统的性能。

2. cdma 2000 1x

cdma 2000系统的一个载波带宽为1.25 MHz。若系统分别独立使用每个载波,则称为 cdma 2000 1x 系统；若系统将 3 个载波捆绑使用，则称为 cdma 2000 3x 系统。cdma 2000 1x 系统的空中接口技术称为 1x 无线传输技术(RTT)。cdma 2000 1x 系统是 cdma 2000 移动通信系统发展的第一阶段，已在世界上多个国家和地区投入商用。

基于 ANSI-41 核心网的 cdma 2000 1x 系统结构核心网电路域与 IS-95 一样，包括 BTS、BSC、MSC/VLR 和 HLR/AUC 等网元，新增模块为分组控制功能(PCF)和分组数据服务器(PDSN)。IP 技术(含简单 IP 方式和移动 IP 方式)在 cdma 2000 1x 中获得充分应用。

cdma 2000 1x 分别独立使用每个载波，一个载波带宽为 1.25 MHz。系统前向信道和反向信道均采用码片速率为 1.2288 Mchip/s 的单载波直接序列扩频方式，可与现有的 IS-95 系统后向兼容，并可以与 IS-95B 系统的频段共享或重叠。

在 cdma 2000 1x 系统中，语音和低速数据业务在基本信道(FCH)上传输，高速数据业务在补充信道(SCH)上传输。与此同时，在网络部分，标准也经历了一个逐渐演进的进程，根据数据传输的特点，引入了分组交换机制，可以支持移动 IP 业务和业务质量(QoS)功能，为支持各种多媒体分组业务打下了基础，从而有利于实现向 3G 的平滑过渡。

3. cdma 2000 网络的演进

cdma 2000 1x 系统的下一个发展阶段称为 cdma 2000 1x EV，EV 是 Evolution(演进)的缩写，意指在 cdma 2000 1x 基础上的演进系统。其不仅和原有系统保持后向兼容，且能提供更大的容量、更佳的性能，以满足数据业务和语音业务的需求。cdma 2000 1x EV 分为两个阶段：cdma 2000 1x EV-DO(DO 指 Data Only 或 Data Optimized)和 cdma 2000 1x EV-DV(DV 是 Data and Voice 的缩写)。

6.8.2 cdma 2000 1x 空中接口

1. 空中接口协议结构与物理信道

空中接口的协议结构中包括物理层、数据链路层及高层，其中数据链路层又分为媒体接入控制(MAC)子层和链路接入控制(LAC)子层。

物理信道是移动站和基站之间承载信息的路径，从传输方向上分为前向信道和后向信道两大类；根据物理信道是针对多个或某特定移动台，又分为公共信道和专用信道。

逻辑信道是在基站或移动台协议层中的通信路径。逻辑信道与物理信道之间有特定的映射关系。前向物理信道由适当的函数进行扩频，并采用多种分集发送方式来提高容量；在反向链路上，仍采用 PN 长码来区分不同的用户。

2. 空中接口引入的新技术

相比 IS-95 系统，cdma 2000 1x 系统在空中接口部分引入的新技术如下：

① 前向链路采用快速功率控制。移动台向基站发出调整基站发射功率的指令，闭环功率控制速率可以达到 800 Hz，这样可以对功率进行更为精确的调整。降低了前向链路的干扰，可以达到减少基站发射功率、减少总干扰电平，从而降低移动台信噪比的要求，最终可以起到增大系统前向信道容量、节约基站耗电的作用。

② 增加了反向导频信道。基站利用反向导频信道发出扩频信号捕获移动台的发射，再用Rake接收机实现相干解调。与IS-95采用非相干解调相比，提高了反向链路性能，降低了移动台发射功率，提高了反向链路容量。

③ 前向链路采用两种发射分集技术：正交发射分集(OTD)和空时扩展(STS)。前者是先分离数据流，再用不同的正交Walsh码对两个数据流进行扩频，并通过两个发射天线发射；后者使用空间两根分离天线发射已交织的数据，使用相同的原始Walsh码信道。发射分集技术提高了系统的抗衰落能力，改善了前向信道的信号质量，系统容量也会有进一步的增加。

④ 前向链路引入快速寻呼信道。基站使用快速寻呼信道向移动台发出指令，决定移动台是处于监听寻呼信道，还是处于低功耗状态的睡眠状态。移动台从而不必长时间连续监听前向寻呼信道，可减少移动台激活时间，减小了移动台功耗，提高了移动台的待机时间。

⑤ 编码采用Turbo码。cdma 2000 1x中，数据业务信道可以采用Turbo码，Turbo码仅用于前向补充信道和反向补充信道。

⑥ 灵活的帧长。cdma 2000 1x支持5 ms、10 ms、20 ms、40 ms、80 ms和160 ms多种帧长，根据不同类型信道选择不同帧长。

⑦ 新的接入模式兼容了IS-95的接入模式，并对IS-95的不足进行了改进，可以减少呼叫建立时间，提高接入效率，并减少移动台在接入过程中对其他用户的干扰。

6.9 新一代移动通信技术

新一代(也称后三代B3G或第四代4G)移动通信技术的发展方向和目标为：高传输速率(100～150 Mbit/s)；高移动速度(400～500 km/h)；高通信质量(QoS)；高分辨率多媒体业务；足够的用户容量；用户多种需求和低费用。

1. 新一代移动通信技术的发展方向

在信息支撑技术、市场竞争和需求的共同作用下，移动通信技术的发展突飞猛进。移动通信网络呈现出下列趋势：网络业务数据化、分组化，网络技术宽带化，网络技术智能化，频段更高，利用率更有效，移动互联网逐步形成，各种网络趋于融合。

2. 新一代移动通信的关键技术

在移动的无线环境下实现高速(宽带)的数据通信将面临两个问题：一是由于无线资源非常紧缺，如何最有效且高效地使用无线资源以容纳最多的用户；二是由于无线移动环境(无线移动信道)非常复杂，多径干扰引起的时延会大大地限制数据传输速率的提高，如何抑制各种干扰、实现数据的高速传输将成为非常关键的问题。

新一代移动通信的关键技术如下：

① 定位技术。是实现移动终端在不同系统平台间无缝连接和系统中高速率和高质量的移动通信的前提和保障。

② 切换技术。各种方式的切换，包括各个系统间切换，朝着软切换和硬切换结合的方向发展。

③ 软件无线电技术。

④ 智能天线技术。多输入多输出(MIMO)天线技术。

⑤ 无线电在光纤中传输的技术。

⑥ 网络协议与安全。

⑦ 更高频段的电波传输。主要研究在高传输速率的条件下高速移动通信微波传输的性能，以及在高频段(如 60 GHz)室内信号多种传输的性能。亚毫米波信号也是恶劣条件下信号传输技术研究的重点之一。

⑧ 高效率调制和信号传输技术。在高频段进行高速移动通信，将面临严重的选频衰落。其应对措施包括各种抗衰落方法、自适应调制编码、基于 OFDM(正交频分复用)技术的未来移动通信系统、将无线局域网和未来移动通信系统的底层技术优化整合等。

⑨ 新一代移动通信的体制和体系结构的研究。

3. 新一代移动通信的基本功能

(1) 具有很高的数据传输速率

对于大范围高速移动用户(250 km/h)，数据速率为 2 Mbit/s；对于中速移动用户(60 km/h)，数据速率为 20 Mbit/s；对于低速移动用户(室内或步行)，数据速率为 100 Mbit/s。

(2) 实现真正的无缝漫游

实现全球统一的标准，能使各类媒体、通信主机及网络之间进行"无缝连接"，真正实现一部手机在全球的任何地点都能进行通信。

(3) 高度智能化的网络

采用智能技术的新一代移动通信系统将是一个高度自治、自适应的网络。采用智能信号处理技术，对信道条件不同的各种复杂环境进行结合的正常发送与接收，有很强的智能性、适应性和灵活性。

(4) 良好的覆盖性能

应具有良好的覆盖并能提供高速可变速率传输。对于要求提供高速传输的室内环境，小区的半径会更小。

(5) 基于 IP 的网络

将采用 IPv6，在 IP 网络上实现语音和多媒体业务。

(6) 实现不同 QoS 的业务

通过动态带宽分配和调节发射功率来提供不同质量的业务。

(7) 先进的技术应用

将以若干突破性技术为基础，如 OFDM、MIMO、无线接入、软件无线电等，能大幅提高频率使用效率和系统可实现性。

本章小结

移动通信是指通信双方或至少有一方是在运动中通过通信网络进行信息交换的。陆地移动通信系统分为蜂窝公用移动通信系统、集群调度移动通信系统、无绳电话系统等。

移动通信环境具有无线电波传播模式复杂、多普勒频移产生调制噪声、干扰较严重、信道传输条件恶劣、可供使用的频率资源有限等特点。

蜂窝式移动通信系统由移动业务交换中心(MSC)、基站(BS)、移动台(MS)及与市话网相连接的中继线等组成。移动通信的管理主要包括无线资源管理、移动性管理和安全性管理等。

移动通信中采用了无线传输的多类先进技术,如分集技术、调制技术、均衡技术、信道编码技术、跳频技术、直接序列扩频技术、码分多址技术、智能天线技术等。

无线接入设备选择CDMA或OFDM作为点到多点的关键技术时的主要因素为:频谱利用率、支持高速率多媒体服务、系统容量、抗多径信道干扰等。两种技术各有所长。GSM系统是基于时分多址(TDMA)的数字蜂窝系统,属于第二代移动通信系统。其区域包括:小区、基站区、位置区、移动交换区、服务区。GSM系统由交换系统、基站系统、移动台等部分组成。

通用分组无线业务(GPRS)是GSM系统中发展出来的一种分组业务,作为GSM向第三代移动通信(3G)技术过渡的2.5代技术。

码分多址(CDMA)数字蜂窝移动通信系统是扩展频谱技术在多址移动通信中的一种应用。CDMA是一种以扩频通信为基础的调制和多址连接技术,具有隐蔽性、保密性、抗干扰等优点。

第三代移动通信系统(3G)的主要目标是进一步扩大系统容量和提高频谱利用率,同时满足多速率、多环境和多业务的要求。3G主流技术标准包括WCDMA、cdma 2000、TD-SCDMA。

WCDMA工作于频分双工(FDD)方式,其核心网络基于GSM-MAP,主要特点是重视从GSM网络向WCDMA网络的演进(以GPRS作为中间承接)。

cdma 2000工作于频分双工(FDD)方式,可从IS-95B的CDMA系统的基础上平滑过渡到3G系统。

TD-SCDMA是采用时分双工(TDD)方式和智能天线技术的公众陆地移动通信系统,也是唯一采用同步CDMA(SCDMA)技术和低码片速率(LCR)的第三代移动通信系统,同时采用了多联合检测、软件无线电、接力切换等一系列高新技术。

新一代移动通信网络呈现出下列趋势:网络业务数据化、分组化,网络技术宽带化,网络技术智能化,频段更高,利用率更有效,移动互联网逐步形成,各种网络趋于融合。

习 题

6.1 试述移动通信与其他通信方式的比较。

6.2 试述蜂窝通信的特征。

6.3 列举移动通信中的无线传输技术。

6.4 试述移动通信中调制技术、信道编码技术、扩频技术的应用。

6.5 什么是智能天线技术？其应用有何特点？

6.6 试述码分多址技术的基本原理及其特点。

6.7 试述 GSM 移动通信的基本原理及特点。

6.8 阐明 GSM 系统的组成与功能。

6.9 给出 GSM 系统中的小区、基站区、位置区、移动交换区和服务区的定义。

6.10 举例说明 GSM 系统的通信过程。

6.11 什么是 GPRS 业务？举例说明 GPRS 的应用。

6.12 简述 CDMA 系统的关键技术。

6.13 试归纳移动通信中的主要关键技术及其作用。

6.14 简述 3G 的关键技术及其主流标准。

6.15 分别归纳 WCDMA、cdma 2000、TD-SCDMA 的技术特征。

第 7 章 CHAPTER 7

光通信网

信息科学的发展已进入一个崭新的电子学和光学相结合的领域。信息化时代的通信需要通信带宽更宽、通信速率更高的大容量方式，并要求通信方式的传输成本不断降低，光通信技术正适应这个要求，并正成为传送各种信息的主要工具。以互联网为代表的 IP 业务高速增长，引发了对传输带宽的无限需求，成为促进未来通信网体系架构发展的推动力。目前，支持全光网络发展的 WDM 系统及其相关技术已全面展开。传统光传输网络正向着适于传送 IP 业务的新一代光信息网络演进。

本章学习目标

- 理解光传输的原理。
- 了解光传输系统的组成及其性能。
- 了解传输网的概念及体系结构。
- 了解 SDH 设备与 SDH 光传送网技术。
- 了解光波分复用技术(WDM)。
- 了解光通信网的应用现状。

7.1 光传输概述

光波属于电磁波范畴，其中，紫外线、可见光、红外线都属于光波。光传输是以光波为载波，以光导纤维为传输媒介的信息传输过程或方式。

7.1.1 光传输的基本概念

光传输与电传输的主要区别有两点：一是以高频率光波作为载波传输信号；二是用光缆作为传输媒介。因此，在光传输中起主导作用的是产生光波的激光器和传输光波的光导纤维。

1. 光纤及其分类

光传输中采用的传输媒介是光纤。

光纤的基本结构是由纤芯和包层构成的同心圆柱体。目前使用的光纤大多为石英光纤。实用光纤在包层外面还有一层涂覆层，起保护光纤表面、提高光纤抗拉强度的作用。若干根光纤按一定方式组合起来，外面再包上护套就形成了光缆。

光纤是一种媒介波导，具有把光封闭在其中并沿轴向传播的波导结构，纤芯和包层的折射率不同。其中，纤芯完成光信号的传输，包层将光信号封闭在纤芯中并保护纤芯，纤芯的折射率大于包层的折射率。

光纤有不同的分类方法：

(1) 按传导模式数量分类

光是一种电磁波，沿光纤传输时可能存在多种不同的电磁波分布形式(即传播模式)，能够在光纤中远距离传输的传播模式称为传导模式。

光纤按传导模式数量可分为单模光纤和多模光纤。

① 单模光纤：是指在给定的工作波长上只传输最低阶模式的单一基模的光纤，不存在模式色散，因而传输带宽相当宽，适用于长距离、大容量的光纤系统。

② 多模光纤：光纤芯内传输多个模式的光波，其纤芯直径较大；不同模式在同一频率下传输，各自的相位常数不同，群速率不同，模式之间存在时延差；适用于中距离(10～100 km)、中容量的光传输系统。

(2) 按折射率分布不同分类

① 阶跃光纤：即阶跃折射率分布光纤，结构简单，是光纤研究的早期产品。

② 渐变光纤：即渐变折射率分布光纤。渐变型多模光纤折中于单模光纤的较高带宽与阶跃型多模光纤之间，其芯线直径大，对接头和活动连接器的要求都不高，比单模光纤使用方便，故对低次群系统较为实用，现仍大量用于局域网中。

(3) 按套塑层的不同分类

① 紧套光纤：光纤各层之间紧贴，光纤由套管紧箍；光纤与套管间有一缓冲层，可减小外部应力对光纤的作用；其结构简单，使用和测试较为方便。

② 松套光纤：护套为松套管，光纤能在其中松动；其机械性能、防水性能较好，便于成缆；若一根管内放入2～20根光纤，可制成光纤束(称松套光纤束)。

光纤结构示意图如图7-1所示。

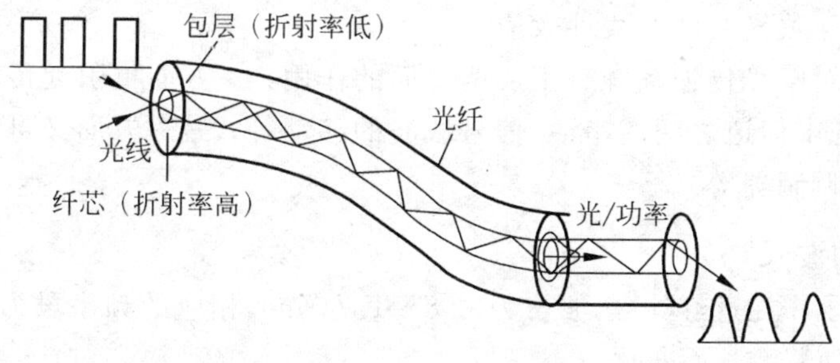

图7-1　光纤结构示意图

在实际通信线路中，都将光纤制成不同结构、不同形式和不同种类的光缆，使它具备一定的机械强度，能承受工程中拉伸、侧压和各种外力作用，并能在各种环境条件下使用，保证传输性能的稳定和可靠。光缆由缆芯(单芯或多芯)、护套和加强元件组成。

2. 光纤的传输特性

光纤的传输特性主要包括损耗、色散和非线性效应。

(1) 损耗

光波在光纤中传输时,随着传输距离的增加,光功率会不断下降,光纤对光波产生的衰减作用称为损耗。光纤的损耗特性用衰减系数(损耗系数)衡量,用于评价光纤质量和确定光传输系统的中继距离。

光纤自身的损耗主要有吸收损耗和散射损耗等。

(2) 色散

由于光纤所传输的信号是由不同频率成分和不同模式成分所携带,且其传输速度不同,从而可能导致信号畸变。在数字光传输系统中,色散将使光脉冲产生时间上的展宽。当色散严重时,会导致光脉冲前后相互重叠,造成码间干扰,增加误码率。色散影响传输容量,并限制了光传输系统的中继距离。

光纤的色散通常以色散系数、最大时延差和光纤带宽等不同方法表征。

由多模光纤的模式色散引起的光脉冲宽度展宽如图 7-2 所示。

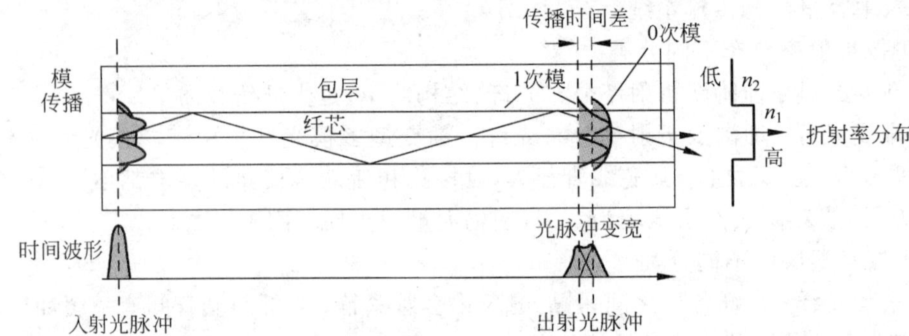

图 7-2 由色散引起的光脉冲宽度展宽

(3) 非线性效应

在高强度电磁场中,任何电介质对光的响应都会变成非线性;而在光传输中,激光器输出的高功率将导致光纤的非线性效应。

非线性效应对于光传输系统有正反两方面的作用:一方面可引起传输信号的附加损耗,波分复用系统中信道之间的串话,信号载波的移动等;另一方面又可被利用开发新型器件(如放大器、调制器等)。

3. 光传输的波长

光传输系统工作在近红外区,波长为 0.8~1.71 μm,相应的频率段为 176~375 THz。光纤的损耗系数随着波长而变化。

为获得低损耗特性,目前光传输实用的工作波长范围和实用窗口分别如下:

短波长波段:0.8~1.0 μm,实用工作波长为 0.85 μm;

长波长波段:1.0~1.8 μm,实用工作波长为 1.31 μm 和 1.55 μm。

4. 光传输中的线路码型

光纤数字传输系统并不直接传输由电端机传输的数字信号,而是要经过编码,变换成码速率略高一些的适用于光传输系统中的线路码。

光传输系统中的常用线路码型如下：

① mBnB 码：又称分组码，是把输入的信息码流以 m 比特(m B)分为一组，再按一定规则变换成 n 比特(n B)一组的码组输出，例如 5B6B 码。mBnB 码使变换后的码流产生多余比特，用来传送与误码检测相关的信息。

② 插入比特码：把输入的信息码流按 m 比特分为一组，再在每组的 m 位之后插入一个比特，组成线路码。

③ 加扰码：是把已知的二进制序列按一定方法加入到信息码流中；在接收端，用同样方法再恢复出原来的信息码流。

7.1.2 光传输的特点

光传输是利用半导体激光器(LD)或发光二极管(LED)作为光源，把电信号转换成光信号并将其耦合进光纤中进行传输；在接收端使用光检测器，如光电二极管或雪崩光电二极管等，将光信号再还原成电信号的一种通信方式。

1. 光传输的优势

(1) 传输频带宽，通信容量大

光传输以光波为载频，传输带宽极宽，能满足大容量的通信要求。一般多模光纤的带宽为 1～10 GHz/km，而单模光纤的带宽可达 1.5 THz/km 以上。若采用光波分复用方式，在光纤低损耗区域内设置 100 个光波长通道，则一根光纤的传输容量至少可达到 1 Tbit/s(100×10 Gbit/s)，相当于传输 1200 万路电话或 10 万路高清晰度电视节目。因此，光纤在单位截面积上有极大的信息传输能力，即单位截面积上的信息密度极高，传输容量极大。

光传输的单信道容量主要还是受到“电子瓶颈”(端机速率)的限制。目前世界上商用系统的最高速率只有数十 Gbit/s。

(2) 损耗低，中继距离长

目前制成的 SiO_2 玻璃媒介的纯净度极高，所以光纤的损耗极低。通信用石英光纤在 1.0～1.8 μm 波长范围内的损耗一般低于 1 dB/km，目前单模光纤在 1.31 μm 窗口的损耗约 0.35 dB/km，1.55 μm 窗口的损耗低达 0.2 dB/km，而且对相当宽频带内的各频率的损耗几乎一样。由于光纤的损耗低，可以实现长距离传输，特别是采用光放大器后，可减少线路再生中继器的数量，使无再生中继段距离可达数千千米以上，既可提高系统的可靠性，又降低了成本。因此，光纤传输可以实现比电缆传输长得多的中继距离，这对于长途干线(特别是海底光缆通信)具有重大的意义。

(3) 电磁兼容性和环境兼容性优良

光纤是用非金属媒介绝缘材料制成的光波导，对电磁干扰不敏感，也不受大地回流的影响，强电、雷电、核辐射等环境都不会影响光纤的传输性能，光纤接头不放电、不产生电火花，这是通常的电通信所不能比拟的，因此，光传输在电力输配、电气化铁路、雷击多发地区、核试验等特殊环境中应用更能体现其优越性。由于传输光信号，不存在由于大地回路引起的各种干扰,也不存在由于地电位相差很大而无法进行通信的问题。

光纤在传输过程中向外泄漏的光能很小,光传输串音小、难以被窃听,比传统的无线、有线通信有更好的保密性能。

光纤可用于易燃易爆的环境中,是比较理想的防爆型传输方式。光纤不怕高温(石英玻璃的熔点在2000°C以上),光纤在一般明火(温度约1000°C)情况下不会改变特性。SiO_2 抗化学腐蚀,环境兼容性优良。光纤具有抗化学腐蚀能力,可大量减少以往由于铜缆腐蚀而引起的故障,从而可改善网络的可靠性。

(4) 体积小,质量轻,可挠性好

光纤的直径很细,约为0.125 mm,光缆的直径小,故质量轻,这不仅使线路设备所占空间小,节约地下管道的建设投资,而且便于运输和施工。经过表面涂敷的光纤柔软可绕且易成束,能得到直径小的高密度光缆,可以采用与电缆同样的技术进行铺设。

(5) 资源丰富,节约有色金属

光纤材料的主体是石英,原材料丰富,用光缆取代电缆可节约大量有色金属材料(特别是铜)。市场上各种电缆金属材料价格不断上涨,而光缆价格在逐步下降,这为光传输得到迅速发展创造了重要的前提条件。目前光传输系统的综合造价,一般已低于同轴电缆传输系统的综合造价。

2. 数字光传输系统的技术特点

与传统的传输方式相比,数字光传输系统具有以下技术优势。

① 易与程控交换机相连接。

② 采用了专用超大规模集成电路、混合集成电路,以及表面安装技术,使设备的可靠性大大提高。

③ 采用PCM技术,便于利用终端设备上的计算机,实现全系统的检测与监控。

④ 扩容方便。波分复用技术使得光传输(在不增加光纤芯数时)的容量大幅度提高。

3. 光纤连接问题及技术发展

光纤本身也有缺点,如光纤质地脆、抗拉强度低、防水性能差,要求有较好的切断和连接技术,分路与耦合较费时等。随着技术的进步,上述问题在一定程度上都得到了解决。例如,各类光纤自动熔接机的出现,只需人工将欲接续两根光纤的端面处理好,安放于装置中启动后,熔接机可自动调整两根光纤的相对位置至最佳,然后放电熔接,还可自动显示接续情况及接续损耗。使用自动熔接机时一次可接续多纤,使多芯光缆的接续更为方便。为了便于抢修或在无电源时接续,也有机械接续装置提供选用。

7.1.3 光传输系统及其技术发展

1. 光传输系统的分类

光传输系统可根据系统使用的光波长、传输信号形式、传输光纤和光接收方式的不同特点,分成具有各种不同特点的光传输系统。

(1) 按光波长划分

短波长光传输系统：工作波长为0.8～0.9 μm，中继距离短，一般在10 km以内；

长波长光传输系统：工作波长为1.0～1.6 μm，中继距离长，可达100 km以上；

超长波长光传输系统：工作波长为2 μm以上，中继距离长，可达1000 km。

(2) 按光纤传输模式划分

多模光传输系统：石英多模光纤，传输容量较小，一般在140 Mbit/s以下；

单模光传输系统：石英单模光纤，传输容量大，一般在140 Mbit/s以上。

(3) 按传输信号形式划分

光纤数字通信系统：传输数字信号，抗干扰能力强，通信质量高；

光纤模拟通信系统：传输模拟信号，适用于短距离传输，成本较低。

(4) 按系统工作方式划分

相干光传输系统：接收机灵敏度高，通信容量大，设备复杂；

全光通信系统：不要求光电变换，通信质量高；

波分复用系统：通信容量大，扩容方便，成本较低。

2. 光传输技术的发展

光传输的发展可分为以下几个阶段。

第1阶段：从基础研究到商用的开发时期，以20世纪70年代中期的850 nm波长的多模光传输系统为代表，实现了短波长低速率多模光传输系统，无中继传输距离为10 km。

第2阶段：20世纪70年代末至80年代初，以提高传输速率和增加传输距离为研究目标和大力推广应用的大发展时期，光纤从多模发展到单模。

第3阶段：20世纪80年代中期以后的长波长单模光传输系统，以其超大容量超长距离为目标，是全面深入开展新技术研究的时期。

第4阶段：20世纪80年代末到90年代中期，主要特征是开始采用1.55 μm波长窗口的光纤，光纤损耗进一步降至0.2 dB/km，主要建设同步数字系列(SDH)同步传输网络，传输速率达2.5 Gbit/s，中继距离为80～120 km，并开始采用掺铒光纤放大器(EDFA)和波分复用(WDM)器等新型器件。

第5阶段：自1996年起，主要特征是采用密集波分复用DWDM技术的光传输网络的开发与应用，基于IP的光信息网络不断发展，并将使现有的光传输网络发生深刻变革。

7.2 光传输系统

光传输系统包括信源端的光发送机(光调制设备)、信宿端的光接收机(光解调设备)和进行连接的光纤媒介。若进行远距离传输，在线路中间还需插入中继器。数字光传输系统一般由PCM终端设备、数字复用设备、光端机(双向)、光纤和光中继设备(双向)，以及电端机、备用系统和辅助系统等组成。

7.2.1 光传输原理

与无线通信及有线通信相同,光传输系统也有发送设备、传输线路和接收设备三大部分。

1. 光传输过程

光传输基本过程如图 7-3 所示。

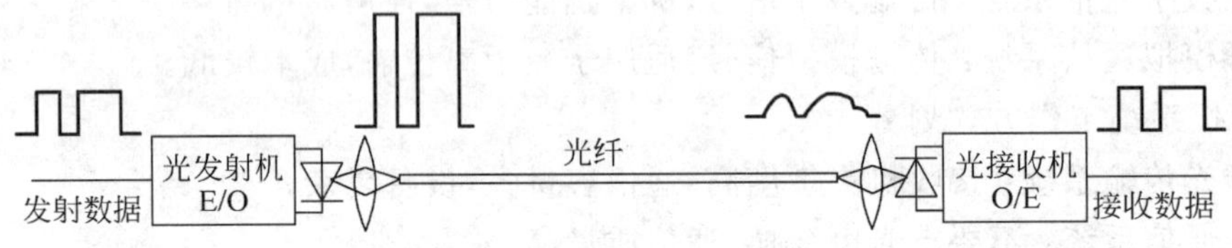

图 7-3 光传输基本过程

光传输系统可归结为“电-光-电”的简单模型。所传输的信号必须先变成电信号,然后转换成光信号在光纤内传输,再将光信号变成电信号。整个过程中,光纤部分只起到传输作用,对于信号的生成和处理,仍由电系统来完成。

光传输系统的发送设备有光源器件,它将电信号转换为光信号送到光纤中进行传输,传输媒介为光纤(光缆);在接收设备中设有光检测器件,将接收到的光信号转换为电信号再进行处理。光源器件和光检测器件是光有源器件。实际应用中常将光发送设备和光接收设备装于同一机架中以便于双向通信,即光传输终端设备(简称光端机)。在光缆线路中,可设置光中继机以增加传输距离。为了便于光端机与光缆的连接,便于光纤线路的调度,调整光功率的分配,进行光的多路传输等,还需使用光连接器、光衰减器、光分路器、光耦合器、光分波器、光滤波器和光开关等各种光无源器件。

2. 光调制

光传输也可分为模拟通信和数字通信两种。模拟光传输中的光信号强度随电信号的变化而线性变化(即光线有“明”、“暗”之分)。而数字光传输中的光信号与数字电信号相似,只有两种状态“1”和“0”(即“亮”和“灭”)。

根据调制与光源的关系,光调制可分为直接调制和间接调制两大类。

(1) 直接调制方法

目前,光传输系统普遍采用的是“数字编码-强度调制-直接检测”(IM/DD)方法。强度调制是用电信号去直接调制光的强度,使之随电信号变化;而直接检测是指直接由接收的光信号检测出电信号。

直接调制是一种光强度调制(IM)的方法。强度是指单位面积上的光功率。强度调制就是在发送端用电信号通过调制器控制光源的发光强度,使光强随着信号电流线性变化,从而将电信号转变成相应的已调光信号送入光纤进行传输。

直接调制方法仅适用于半导体光源(半导体激光器 LD 和发光二极管 LED),该方法把要传送的信息转变为电流信号注入 LD 或 LED,从而获得相应的光信号。

(2) 间接调制方法

间接调制方法利用晶体的电光效应、磁光效应、声光效应等性质,来实现对激光辐射的调制。该调制方式适用于半导体激光器和其他类型的激光器。间接调制常用外调制的方法,即在激光形成后加载调制信号。其方法为:在激光器谐振腔外的光路上放置调制器,在调制器上加调制电压,使调制器某些物理特性发生相应变化,当激光通过调制器时便得到调制。

7.2.2　光传输系统的组成

1. 数字光传输系统的基本组成

数字光传输系统的基本组成如图 7-4 所示。

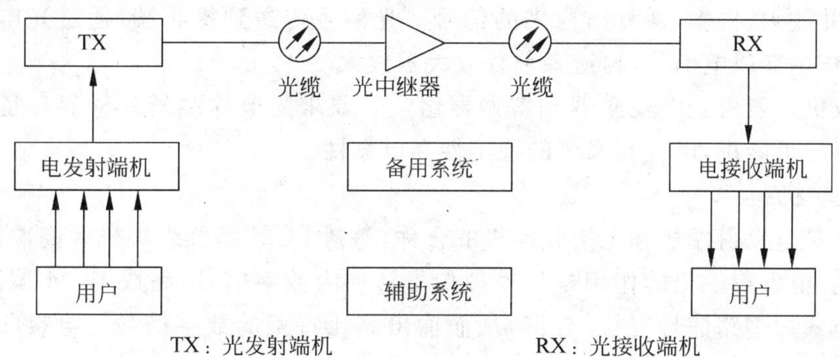

图 7-4　数字光传输系统的基本组成

2. 光端机和电端机

光传输系统是双向的,常将光发送机和光接收机合成在一起,称为光端机。图 7-5 示出了光端机和电端机在系统中的作用。

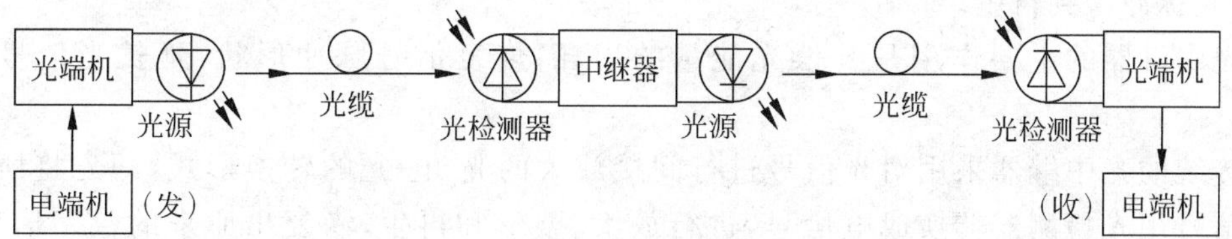

图 7-5　光端机和电端机在系统中的作用

(1) 光发送机

光发送机的作用是将 PCM 设备送来的电信号进行电/光变换,并处理成为满足一定要求的光信号后送入光纤传输,其框图如图 7-6 所示。其中,光源(半导体激光器)是光发送机的关键器件,产生光传输系统所需要的载波。输入接口在电发射机与光发射机之间解决阻抗、功率及电位的匹配问题。线路编码则对经过扰码后的信息流进行编码。调制电路将电信号转变为调制电流,以便实现对光源输出功率的调制。控制电路包括自动温度控制(ATC)和自动光功率控制(APC)电路,用以防止因环境温度变化和器件老化问题而影响输出光功率的稳定性。

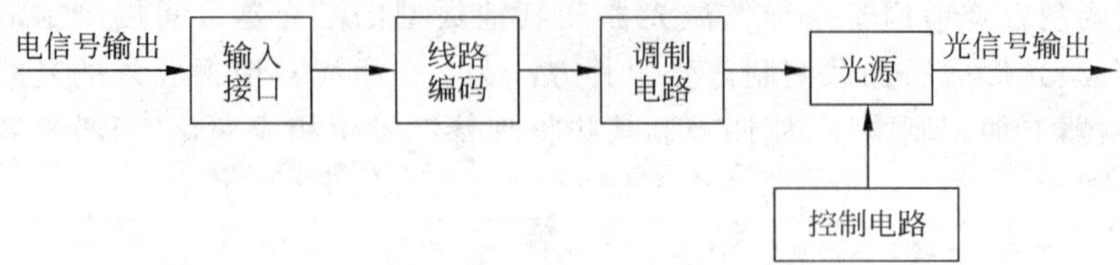

图 7-6 光发送机原理框图

(2) 光接收机

光接收机的作用是把经光纤传输后脉冲幅度被衰减、宽度被展宽的微弱光信号转变为电信号,并放大、再生,恢复出原来的信号。光信号传送到接收端,通过光电检测器的光/电转换作用变成电信号,再送入前置放大器放大。

光接收机一般由光电检测器和解调器组成。要求光电检测器随外界环境和温度的特性变化应尽可能小,以提高系统的稳定性和可靠性。

(3) 电端机

电端机是电发射端机和电接收端机的合称,包括 PCM 基群终端机和高次群复接(或分接)设备。电发射端机的作用是把模拟信号转换为数字信号,完成 PCM 编码,并按时分复用的方式把多路信号复接、合群,从而输出高比特率的数字信号。电接收端机则完成与电发射端机的相反变换。

3. 光中继器

在长途光传输系统中,由于光纤存在损耗将造成光能力的损失,光纤色散会造成光脉冲的畸变,从而引起系统误码性能劣化,使信息传输质量下降。故每隔一定距离(50～70 km)必须设置一个光中继器(也称为光再生器),以补偿光纤所传输的信号衰减和畸变,使光脉冲得到再生。

光中继器的主要作用是补偿光能量的损耗,恢复信号脉冲形状,延长光信号传输距离。

传统的光中继器采用对光信号进行间接放大的光-电-光的转换形式,即先将所收微弱光信号用光检测器转换成电信号,进行放大、整形和再生,恢复出原来的数字信号,然后再对光源进行调制,变换为光脉冲信号送入光纤继续传输,以延长中继距离。

光-电-光中继器一般由两部分组成:完成光/电变换的光接收端机(无码型变换)以及完成电/光变换的发送端机(无功放与码型变换)。

为了使光中继机正常工作,便于监控、维护,必须有电源、公务、告警、监控等设备。有的光中继器还有区间通信接口,以提供一定的区间通信能力。

4. 掺铒光纤放大器

掺铒光纤放大器(EDFA)的出现,使得传统的光中继器已开始被光放大器所替代。

特别是在高速光传输系统中，EDFA 得到了广泛应用。EDFA 具有高增益、低噪声、对偏振不敏感、放大带宽较宽等优点。

掺铒光纤放大器（EDFA）属于稀土掺杂光纤放大器，它利用光纤芯中所掺入的一定比例的稀土元素铒离子而引起的增益机制，用以实现光放大。EDFA 包括光路部分和辅助电路部分。光路部分由掺铒光纤、泵浦光源、光耦合器、光隔离器和光滤波器组成，辅助电路主要有电源、自动控制部分和保护电路。EDFA 的典型结构如图 7-7 所示。

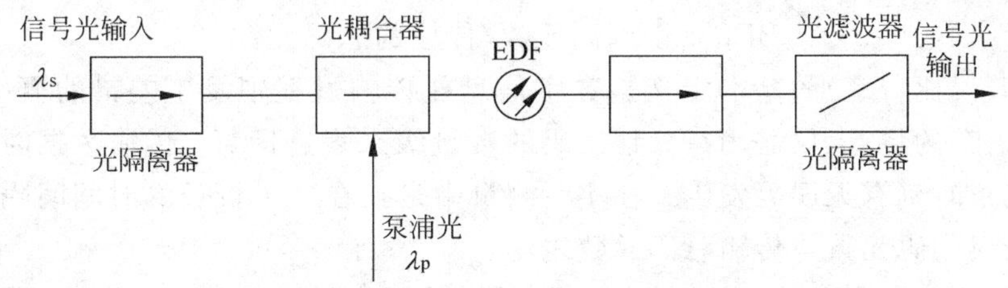

图 7-7　EDFA 的典型结构

EDFA 可直接接入光纤传输链路，作为在线放大器（或作为光中继器）而取代光-电-光中继器，实现光-光放大。EDFA 可广泛应用于长途通信、越洋通信和 CATV 分配网络等领域。EDFA 还可作为功率放大器（接在光发送机的光源之后）、前置放大器（放在光接收机之前），或在光纤局域网中用作分配补偿器以增加光节点数。

EDFA 的主要特点如下：

① EDFA 工作在 1.55 μm，与光纤的低损耗窗口一致，是波分复用系统（WDM）的工作波段。

② 信号增益带宽很宽，可以用于各路光信号的同时放大，尤其适用于密集波分复用系统（DWDM）。

③ 增益高，且具有较高的饱和输出功率，可用于功率放大。

④ 具有较低的噪声指数。

⑤ 易与光传输系统连接，耦合损耗小。

⑥ 所需泵浦光功率低，约数十毫瓦，泵浦效率较高。

5. 辅助系统和备用系统

（1）辅助系统

为保证信号可靠传送及整个光传输网的管理、运行和维护，光传输系统设置了辅助系统，包括监控管理系统、公务通信系统、电源供给系统、告警处理系统、自动倒换系统等。

（2）备用系统

光器件的可靠性不如电子器件。为了保证通信系统的通畅，需要设置备用系统。该系统包括光端机、光纤和光中继器。备用系统可供一个或多个主用系统共用，当某个主用系统出现故障时，即可倒换至备用系统。

7.2.3 光传输系统的主要性能指标

数字光传输系统的主要性能指标有误码特性、抖动特性、可靠性与可用性。

1. 误码特性

数字光传输系统的误码率(BER)定义为:

BER=误判码元数/传输的总码元数

误码率(误比特率)的基本定义是数字信息在传输过程中发生差错的概率。传输电话时,根据语音的特点,仅需用每分钟误码的数量级来表述即可;传输数据时,则关注在传输数据码组时刻有无误码发生。在实际测量中是指在一个较长的时间间隔内,传输码流中出现错误的码元数与传输总码元数之比。

对于SDH网络中高比特率通道的误码性能,为了衡量误码对通信的实际影响,采用了"块"的概念。所谓"块"是指通道中传送的连续比特的集合,每个比特属于且仅属于一个块,连续比特在时间上有可能不连续。当块内的任意比特发生差错时,则称该块为差错块。

2. 抖动特性

抖动又称相位抖动、定时抖动,是数字信号传输过程中的一种瞬时不稳定现象。抖动程度多用数字周期来表示,即一个码元的时隙为一个单位间隔,用符号*UI*来表示。

抖动包括两个方面:一是输入信号脉冲在某一平均位置左右变化;二是提取的时钟信号在中心位置上的左右变化。当抖动严重时,将使接收机由于脉冲移位而引起误码。系统的传输速率越高,抖动的影响越大。

产生抖动的主要原因是随机噪声、时钟恢复电路的谐振频率偏移、接收机的码间干扰,以及数字复接系统的复接分接过程、光缆的老化等。多中继长途通信方式中的抖动具有累计性。抖动在数字传输系统中最终表现为数字端机解调后的噪声,使信噪比恶化、灵敏度降低。

抖动一般难以完全消除。控制或抑制抖动的方法主要有两种:一是对数字信号采用合适的线路编码,使"0"、"1"码的分布比较均匀;二是采用某些技术措施来抑制信号的抖动。

为了使光传输系统在有抖动的情况下仍能保持系统的指标,抖动应限制在一定范围内,即抖动容限。输入抖动容限是指光纤数字通信系统允许输入脉冲发生抖动的范围。输出抖动容限则为输入信号无抖动时,系统输出信号的抖动范围。传输不同信号时的抖动容限一般有所不同。例如,在传输语言或数据信号时,系统的抖动容限应小于4%;传输彩色图像信号时,系统的抖动容限应小于2%。

【例7-1】 光纤数字通信系统的抖动容限测量。

测量输入抖动容限时,常使用低频信号发生器在100~300 Hz频率范围内选若干频率点,对伪随机码发生器进行调制,同时检测系统的误码情况;然后逐步加大低频信号发生器的输出幅度直到出现误码,此时从脉冲编码调制(PCM)系统分析仪上可测出相应频率点上的输入抖动容限。

3. 可靠性与可用性

可靠性是指系统(或产品)在规定的条件下和时间内,完成规定功能的能力,常用故障率来表征;可用性是指系统(或产品)在规定的条件下和时间内处于良好工作状态的概率。

影响系统可靠性与可用性的因素包括设备性能恶化或故障、传输链路的性能恶化或故障、干扰、环境和基础设施的影响、人为事故与维护修复时间等。

在光传输系统中,光源的寿命也是保证系统可靠性的重要因素。在长距离的复杂系统中,由于使用光源多,为保证系统有足够的可靠性,要求光源有相当长的绝对寿命。

7.3 SDH 光传送网技术

电信业务网中各类不同的业务信号都将通过传输网进行传输,传输线路和传输设备是电信网中一项重要的基础设施。同步数字体系(SDH)是一套可进行同步信息传输、复用、分插和交叉连接的标准化数字信号结构等级。SDH 光传送网使信息的传输具有高度灵活性、可靠性和可管理性,为窄带和宽带业务的传输和开通新业务提供了良好的基础结构平台,在干线网、中继网、接入网,以及各类专用网等通信基础设施中发挥了重要作用。

7.3.1 传送网的基本概念

通信网的基本功能可归纳为两大类:传送功能和控制功能。传送功能实现任何通信信息从点到点(或点到多点)的传递,控制功能实现辅助业务和操作维护功能。传送功能和控制功能并存于任何一个物理网络中。传送网是指在不同地点的各点之间完成信息传递(含各种网络控制信息传递)功能的一种网络。

1. 传送与传输

传送与传输的概念有所不同,传送是从信息传递的功能过程来描述,传送网是其网络逻辑功能的集合;而传输则从信息信号通过具体物理媒介传递的物理过程来描述,传输网具体是指实际设备组成的网络。传送网也可泛指全体实体网和逻辑网。

2. 传送网的分层结构

传送网一般采用分层结构,以便于网络的设计和管理。每一层都有独立的网络运行、维护、管理功能,可以在层内完成而不影响上层。

传送网自下而上可分成 3 个子层:传输媒介层、通道层和电路层。

(1) 传输媒介层

传输媒介层包含传递信息的所有物理手段,即传输设备以及连接设备的媒体,如电缆、光缆、微波、卫星、线路系统、复用设备、交叉连接设备、交换机的交换结构、数字配线架和光配线架等。

(2) 通道层

通道可看作是标准化的一组电路。通道层作为一个整体在网络中传输和选路,并能实现监测和恢复功能。目前,通道层中有准同步数字体系(PDH)通道、同步数字体系(SDH)的虚容器通道、异步传送模式(ATM)的信元虚通道等。

通道层和传输媒介层间的关系是客户和服务者的关系。通道可看作是物理媒介所提供的全部传输容量的一部分,传输媒介层向通道层提供相关的线路段资源或无线段资源。传输媒介层和通道层面向电路层业务。

(3) 电路层

电路层包括传输媒介层和通道层提供的各种业务传输,如电话网中 64 kbit/s 和 2 Mbit/s 的电路。电路层和通道层的关系是客户和服务者的关系。

3. 传送网的技术体制

通信系统的基本任务是传输和交换含有信息的信号。通信系统中所采用的信号形式、信号传输方式和信息交换方式称为通信体制。各种通信系统及通信线路的具体组成与其通信体制有密切关系。

传送网的主要传输媒介是光纤、数字微波和卫星。

为了提高信道的利用率,线路上传输的信号都经过一定的复用处理而变为群路信号。在数字通信系统中,传输的信号都是数字化的脉冲序列。这些数字信号流在数字交换设备之间传输时,其速率必须完全保持一致,才能保证信息传输的准确无误,这称为同步。

目前,传送网的技术体制主要有采用时分复用方式的准同步数字系列(PDH)和同步数字系列(SDH)。

(1) 准同步数字系列

采用 PDH 的系统在数字通信网的每个节点上都分别设置高精度的时钟,这些时钟的信号都具有统一的标准速率。尽管每个时钟的精度都很高,但其间总有一些微弱的差别(其差别不能超过规定的范围)。因此该同步方式并不是真正的同步,称为"准同步"。

随着光传输的发展以及用户对通信业务需求的提高,使基于点对点传输的 PDH 固有问题日益显露。PDH 的主要缺点如下:

① PDH 只有地区性的数字信号速率和帧结构标准,造成了全球互通的困难。

② PDH 没有光接口规范的国际标准,导致各厂商生产的专用光接口无法在光路上互通,而只有通过光/电转换成标准电接口才能互通,从而增加了网络的复杂性和运营成本。

③ 在 PDH 系统的复用结构中,多数速率等级信号采用异步复用,而难以从高速信号中识别和提取低速支路信号,且结构复杂缺乏灵活性。

④ PDH 的帧结构中缺乏用于网络运行管理和维护的辅助比特,限制了网络管理维护能力的进一步改进。

⑤ 建立在点对点传输基础上的复用结构缺乏灵活性,无法提供最佳的路由选择,非最短的通信路由占了业务流量的大部分,使数字信道设备的利用率很低,难以支持新

业务。

(2) 同步数字系列

20 世纪 80 年代后期,网络技术体制发生了重大变革,产生了高速大容量光纤传输技术和智能网络技术相结合的新体制——同步数字体系(SDH)。SDH 是在 PDH 基础上发展起来的一种数字传输体制。在 SDH 方式中,各个系统的时钟在同步网的控制下处于同步状态,易于复用和分离。SDH 主要应用于光传送(也适用于微波和卫星通信),是构成现代传输网络的一个完整的体制标准。

SDH 最为核心的 3 大特点是同步复用、强大的网络管理能力和统一的光接口及复用标准,并由此带来了许多优良的性能。目前,SDH 光传送网是我国数字传送网的主体。我国的 SDH 光传送网分为 4 个层次:国家骨干网(一级干线网)、省内干线网(二级干线网)、本地中继网和用户接入网。

7.3.2 同步数字系列(SDH)

SDH 是一套可进行同步信息传输、复用、分插和交叉连接的标准化数字信号结构等级。

SDH 网络由一些基本的网络单元(NE)组成,是在传输媒介上(如光纤、微波等)进行同步信息传输、复用、分插和交叉连接的传输网络,它具有全球统一的网络节点接口。

1. SDH 的技术特征

现代传送网络必须具有统一的接口速率及相应的帧结构,SDH 网络则具备了这一特点。SDH 在组网时采用了大量的软件功能进行网络管理、控制及配置,具有很强的可扩充性和可维护性,尤其是在环型网、网状网等网络中应用时,可进行灵活的组网与业务调度,能实现高可靠的网络自愈(指对通信业务的自愈)。

SDH 的技术特征如下:

① 网络节点互连接口包含了传送网络的两类基本设备,即传输设备和网络节点(设备)。

② 传输设备包括光传输、微波通信和卫星通信等系统。

③ 网络节点包含有许多种类,如 64 kbit/s 电路节点、宽带交换节点等。

2. SDH 的同步传输模块与帧结构

SDH 技术的基础是其帧结构。

SDH 采用一套标准化的信息结构等级,称为同步传输模块 STM-*N*。在 SDH 的同步传输模块 STM-*N*(*N*=1,4,16,64,…)中:

STM-1:最基本的模块,其传输速率为 155.520 Mbit/s;

STM-4:将 4 个 STM-1 同步复用可构成;

STM-16:将 16 个 STM-1(或 4 个 STM-4)同步复用可构成;

STM-64:将 64 个 STM-1(或 4 个 STM-16)同步复用可构成。

同步传输模块 STM-*N* 的标准传输速率如表 7-1 所示。

表7-1 同步传输模块STM-N的标准传输速率

同步传输模块	标准传输速率
STM-1	155.520 Mbit/s(简记为155 Mbit/s)
STM-4	622.080 Mbit/s(简记为622 Mbit/s)
STM-16	2488.320 Mbit/s(简记为2.5 Gbit/s)
STM-64	9953.280 Mbit/s(简记为10 Gbit/s)

SDH的各种业务信号需装入STM-*N*帧结构的信息净负荷区内。在SDH的帧结构中,安排了丰富的开销比特用于网络管理;同时具备一套灵活的复用与映射结构,允许将不同级别的PDH信号以及ATM等信号,经处理后放入支持SDH通道层连接的不同信息结构(称虚容器VC-*n*)中,因而具有广泛的适应性。在传输时,可按规定的位置结构将上述信号组装起来,利用传输媒介(如光纤)传送到目的地。

SDH的帧结构是一个块状帧结构,如图7-8所示。

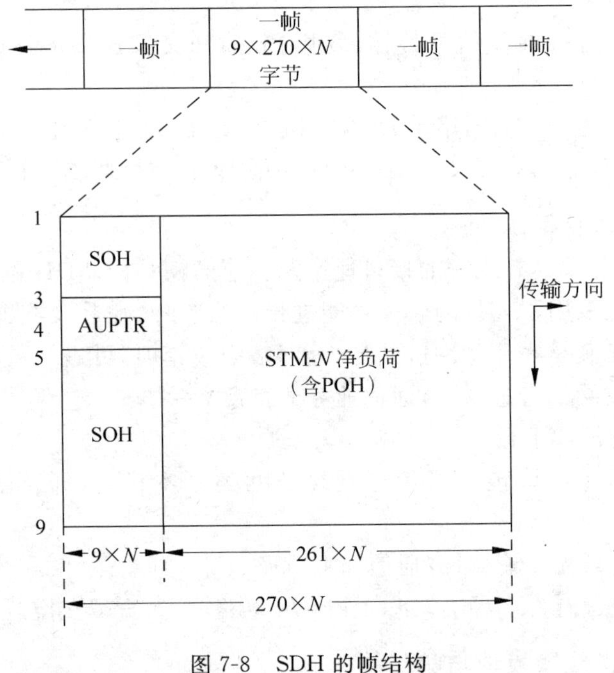

图7-8 SDH的帧结构

3. SDH的复用技术

我国SDH的基本复用结构如图7-9所示。

图中,容器(C)是一种用来装载各种不同速率的信息结构,虚容器(VC)是在SDH网中用以支持通道层连接的一种信息结构。容器和虚容器组成与网络同步的信息有效载荷。TUG和AUG则分别表示支路单元组和管理单元组。

为得到标准的STM-*N*信号,需将各种业务信号装入STM-*N*帧结构的信息净负荷区内。为此,通常需要经过映射、定位和复用这3个基本步骤。

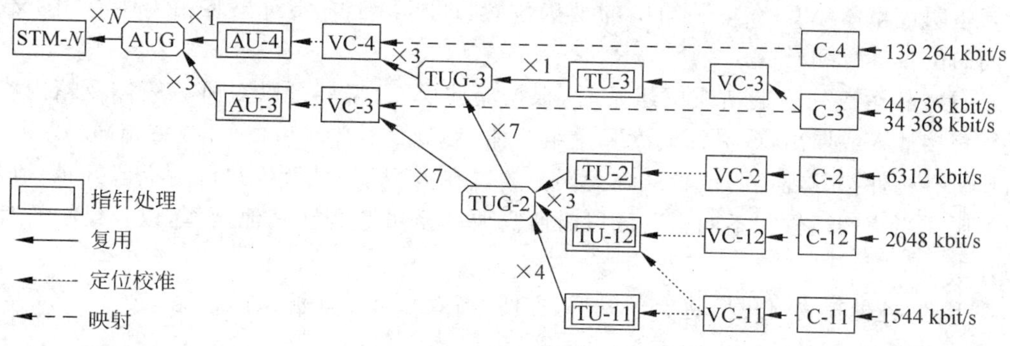

图 7-9 我国 SDH 的基本复用结构

(1) 映射

映射是在 SDH 网络边界，将各种速率的支路信号分别经过码速调整装入相应的标准容器(C)，再适配进相应虚容器(VC)的过程。其实质是使各种支路信号的比特根据一定关系，放置到 SDH 容器中规定的不同位置(C-n)上。

(2) 定位

定位是把帧偏移信息收进支路单元或管理单元的过程，即指明已装净负荷的各种虚容器 VC-n 在 STM-N 信号中的准确位置。

其中，支路单元(TU)是一种在低阶通道层和高阶通道层之间提供适配功能的信息结构，管理单元(AU)是在高阶通道层和复用段层提供适配功能的信息结构。

(3) 复用

复用是指将几路信号按单个字节交织进行同步复用，而成为一路信号的过程。

【例 7-2】 SDH 复用映射结构的形象化比喻。

为了便于理解 SDH 的复用映射结构，现用集装箱运载货物作比喻，如图 7-10 所示。在本例中，可把承载信息净荷的容器(C)视为标准包装箱，C-n 表示箱体的不同规格，以便能适配装进各种物品(喻指适配存放各种速率的信息)。

图中，在包装箱与物品(水果)之间的空隙被填塞物填满，填塞物喻指 C-n 中的固定填充比特，相当于填充物，是非信息的比特。容器箱体的包封附有标签(喻指通道开销 POH)，用来指明箱内物品的名称，以及有关该箱物品由发送点到接收点运送过程中的质量和状态。

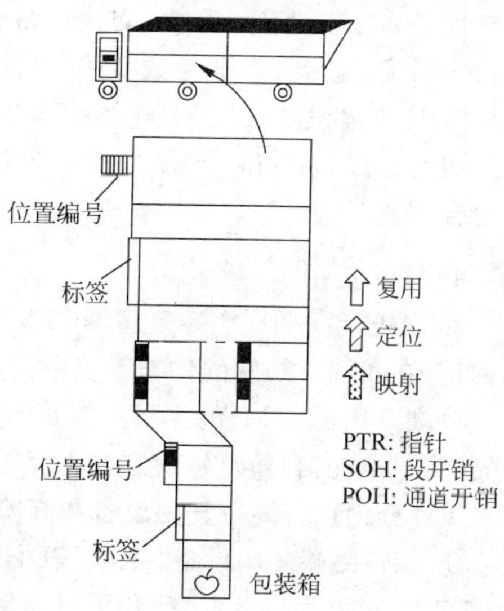

图 7-10 SDH 复用映射结构的比喻

附上 POH 以后的箱体称为虚容器(VC，包括高阶 VC 和低阶 VC)。

在每一个箱体(VC)上再附加上相应的位置编号(喻指指针 PTR)。位置编号(PTR)

用来指明该箱体(VC)在集装箱中的准确位置,即相当于需要对集装箱内所有用于载货空间的位置进行编号。

当物品运送到终端站或枢纽站时,根据箱体(VC)编号可以对所有箱体及箱内物品进行直接插入或取出,或灵活调度和重组箱体(VC)而不必拆卸整车(或整箱)物资。

所有构件按其规定的位置准确无误地放置在大型集装箱中,并再附上段开销。段开销可比作当货物运输在不同运营区段时所需要的质量监测和其他操作,以及维护管理时的开销。

于是,各种货物(信息)将十分灵活、方便、高效和可靠地被送往各地。

4. SDH的应用特点

作为完全不同于PDH的新一代传输网络体制,SDH主要具有以下特点:采用同步复用方式和灵活的复用映射结构,能够与现有的PDH网实现完全兼容,具有全球统一的网络节点接口,帧结构中安排了丰富的开销比特,采用了先进的指针调整技术,引入了虚容器的概念,采用先进的分插复用器、数字交叉连接等设备,提出了便于国际互通的系列标准。

综上所述,SDH技术具备了优良的性能,最终将取代PDH。尤其是SDH与一些先进技术相结合,如光波分复用(WDM)技术、ATM技术、IP over SDH等,使SDH网络的作用越来越大,从而成为传输网的主流技术之一。

7.3.3 SDH传输设备

SDH传送网由网络单元(简称网元)组成。基本网元一般可分为3类,即交换设备、传输设备和接入设备。其中,交换设备包括交换机和ATM设备;接入设备包括数字环路载波系统、宽带综合业务数字网,以及光纤分布式数据接口等。

SDH传输设备根据SDH帧结构和复接方法设计,一般分为终端复用设备(TM)、分插复用设备(ADM)和同步数字交叉连接设备(SDXC)等,这些设备都由各种逻辑功能模块组合而成。

1. 终端复用器

在SDH系统中,终端复用器(TM)主要是用于点到点的系统,以及分插复用器链路的两端,在我国干线网的传输系统中被广泛应用。

终端复用器(TM)的主要功能是实现将PDH信号复接成高速的STM-M($M>N$)信号,并完成电光信号转换,使它在光纤中传输。

TM分为接口终端复用设备和高阶终端复用设备。

① 接口终端复用设备:各类PDH系列信号作为支路的输入、输出信号,该信号可为固定接入,也可为信号混合,还可以灵活的方式进入STM-N帧结构中的任何位置。

② 高阶终端复用设备:实现同步系列中各级信号间的复接/分接,即把若干个STM-N同步为STM-M,或从STM-M信号分接出STM-N信号($M=4N$)。

2. 分插复用器

分插复用器(ADM)在组网中可灵活应用于上、下电路,它不仅可用于点到点的传输,而且大量用于链路和环型网,在我国的二级干线和本地网中得到广泛应用。

ADM 将同步复用和数字交叉连接功能综合于一体,可从主信号码流中灵活分出一些支路信号或插入另外一些支路信号,因而在网络设计上具有很大的灵活性。ADM 所特有的自愈能力,在 SDH 的环型网应用中占有重要地位。

3. 数字交叉连接设备

数字交叉连接设备(DXC)是相当于数字配线架自动化的设备,是一种具有 SDH(或 PDH)信号端口,兼有复用、配线、保护/恢复、监测和网络管理等多种功能,并可在任何端口信号速率间进行可控连接和再连接的传输设备。适用于 SDH 系统的 DXC 称为 SDXC,它不仅直接代替了复用器和数字配线架(DDF),并可为网络提供迅速有效的连接和网络保护/恢复功能,并能经济、有效地提供各种业务。

SDXC 的主要功能如下:

① 分离本地交换业务和非本地交换业务,为本地交换业务迅速提供可用路由。

② 按不同时期的业务流量变动配置电路。

③ 为临时性重要事件迅速提供电路。

④ 当网络出现故障时,能迅速通过网络重新配置路由。

⑤ 网络运营者可自由混合不同的数字体系,并作为 PDH 和 SDH 的网关使用。

7.3.4 SDH 光传送网

1. 传送网的接口

(1) 电接口

电接口主要为 PDH 系列与 SDH 系列的接口,以及 STM-1 或 SDH-*M* 接口,交叉连接点的技术要求包括比特率、容差、码型变化、信号功率电平等。

(2) 光接口

光接口的主要功能是在再生段实现横向兼容,使各种光接口网络单元在光路直接互连。光接口按照应用场合的不同,可分为局内通信、短距离局间通信、长距离局间通信。

2. SDH 的组网

我国 SDH 系统的网络结构,一般采用有自愈功能的环型网结构及部分点对点线性结构(以及干线)。全国 SDH 系统组网分为 4 个层面。

(1) 一级干线网(国家骨干网)

国家骨干网由直辖市和较大的省会城市构成网状网,并辅以少量线型网。

(2) 二级干线网

二级干线网主要实现省内的骨干环型网(少量线型网),具有灵活的调度电路能力。

(3) 本地中继网

本地中继网(长途局与市话局、市内局间连接)可按区域组成若干环,由分插复用设备

ADM组成各类自愈环,也可以路由备用方式构成两节点环。中继线网可作为长途网与中继网、中继网与市话网间的网关或接口,还可作为PDH系列与SDH系列之间的网关。

(4) 用户接入网

用户接入网是SDH网中最庞大、最复杂的部分,其建设投资占整个投资的50%以上。用户接入网的光缆化正在实施中。

SDH系统组网的同步和定时需采取严格措施进行控制。SDH网必须使来自上一级交换局的数字信号帧与本局帧之间建立并保持同步,且同步每个交换局的时钟频率。

我国的SDH组网同步方案以主从同步方式进行建设,它使用一系列分级时钟,每一级都与上一级时钟同步。最高一级称为基准主时钟,它通过同步网分配给下级各级时钟(从时钟)。

3. SDH自愈网

自愈是指通信网络发生故障时,无须人为干预,即可在极短的时间内从失效故障中自动恢复所承载的业务。自愈的基本原理是使网络具备发现故障并能找到替代传输路由的能力,在移动时限内重新建立通信。具有该自愈能力的网络称为自愈网。常用的自愈技术如下:

① 线路保护倒换。传统的信号传输系统的保护方式,一般用光纤系统备份(设备备份和线路备份)进行保护。

② ADM自愈环。保护型策略,采用分插复用器组成环型网实现自愈,已被广泛应用。

③ DXC网状自愈网。恢复型策略,充分开发DXC节点的智能,利用网络内的空闲信道恢复受故障影响的通道。DXC设备价格昂贵,控制系统复杂,但DXC自愈网的经济性优于环状网,网状自愈网的备用容量不仅用于自愈目的,还可灵活地支持业务的增长,扩容能力强。

4. SDH网络管理功能

① 基本管理:嵌入控制通路的管理、时间标记,以及安全、软件下载、远端注册等。

② 故障管理:告警监视、告警历史管理、故障诊断测试等。

③ 性能管理:性能数据采集、性能数据报告、非可用时间内的性能监视等。

④ 配置管理:网络单元控制、识别和数据交换等。

⑤ 安全管理:注册、口令和安全等级等。

⑥ 计费管理:计费功能、资费功能等。

7.4 光波分复用技术

光波分复用(WDM)技术是在同一光纤中同时传输多个不同波长光信号的技术。WDM技术的出现使光传输系统容量成百倍地增长。我国的许多干线传输系统已采用WDM技术进行了扩容升级。WDM技术在实现产业化的同时,向着更多波长、更高的速率、更大的容量和更长的距离发展。

7.4.1 WDM技术概述

光波具有很高的频率，利用光波作为信息载体在光纤中进行通信，具有巨大的可用带宽资源。充分开发利用光纤巨大的频带资源，提高光传输系统通信容量，将是光传输技术上的重要突破。由于受电子迁移速率的限制，进一步提高光传输速率较为困难。光复用技术是为提高光纤频带利用率而研究开发的。光复用技术包括波分复用、光时分复用、光频分复用、光码分复用等，其中最常用的是光波分复用。

近年来，WDM技术的成熟使得光传输网的建设又有了新的发展，$N\times2.5$ Gbit/s的密集波分复用(DWDM)已用于我国干线传输网上。

1. WDM的基本概念

光波分复用(WDM)是光波长分割复用的简称，是在一根光纤中同时传输多个不同波长光信号的技术。具体过程如下：

① 在光传输的低损耗窗口的可使用光谱，带宽划分成若干个较窄子频带，不同的光信号分别调制到各个不同中心波长的子频带内。

② 在发送端将不同波长的光信号进行组合(复用)，并耦合到同一根光纤中进行传输。

③ 经过光纤传输到接收端。

④ 在接收端又将这些复用波长的光信号通过解复用器分开，最后经过进一步处理恢复出原始信号，送到不同的终端。

WDM的可复用信道数由光纤信道之间的波长间隔数(即信道间隔)决定。信道间隔数的大小主要取决于光源波长稳定性、允许的信道间线性或非线性串扰等因素，并与复用及解复用技术有关。

(1) WDM技术的分类

根据不同信道间隔的大小或按复用波长(载波)数，WDM技术可分为3种。

① 稀疏WDM(CWDM)：信道间隔为10～100 nm，采用的复用与解复用器为一般的光纤WDM耦合器。

② 密集WDM(DWDM)：信道间隔为1～10 nm，采用的复用与解复用器为波长选择性较高的波导干涉仪或光栅等。

③ 超密集WDM：信道间隔为0.1～1 nm，由于目前光器件与技术还不十分成熟，因此实现光波的OFDM还较困难。

(2) 实用WDM系统的信道间隔与对应带宽

在光纤的两个低耗传输窗口，中心波长分别是1.31 μm和1.55 μm，相应的波长范围分别为1.25～1.35 μm和1.50～1.60 μm，对应带宽为17 700 GHz和12 500 GHz，总带宽将超过30 THz。若信道间隔为10 GHz，理想情况下一根光纤可同时传输3000个信道，但实施起来尚有困难。

目前较成熟的技术水平为同一根光纤中同时传输数十个波长的光传输系统，波长间隔为1.6 nm、0.8 nm或更低,对应带宽为100 GHz、200 GHz或更宽。

2. WDM的特点

WDM实质上是每个波长信号占用一段光纤带宽。与同轴电缆频分复用相比,WDM传输媒介是光纤,WDM系统是光信号上的频率分割,同轴电缆则为电信号的频率分割。以往的同轴电缆系统传输模拟信号,而WDM系统传输高速率的数字信号。同轴电缆调制采用相干调制,而WDM系统采用强度调制/直接检测(IM/DD)方式。

WDM技术的特点如下:

① 充分利用了光纤的巨大带宽资源(低损耗波段),使一根光纤的传输容量比单波长传输增加几倍至几十倍,在很大程度上解决了光纤传输的带宽问题。

② WDM技术中信道对数据格式是透明的,即与信号的速率和电调制方式无关,使用的各波长相互独立,因而可以传输特性完全不同的信号,完成各种业务信号(包括数字信号和模拟信号、PDH信号和SDH信号)的综合与分离,实现多媒体信号(如音频、视频、数据、文字、图像等)的混合传输。

③ WDM技术可实现单根光纤的双向传输和多路复用,适用于多信道复用光放大器应用,从而简化了系统结构和设计,降低了线路成本。

④ WDM技术有多种应用形式,如长途干线传输网络、广播式分配网络、局域网等。

⑤ WDM技术易于在已建成的光传输系统上进行扩容升级。

⑥ 使用WDM技术在实现大容量传输的同时,可降低对某些器件性能的过高要求(如光电器件的响应速度)。

⑦ 利用WDM技术可使组网具有高度的灵活性、经济性和可靠性。

⑧ WDM是理想的在网络扩容手段,也是引入宽带新业务的理想途径。其扩容充分利用了光纤的带宽,可以混合使用各种不同速率、各种不同数据格式和各种不同设备,具有开放性;可按用户的要求,通过增加新的波长和特性来确定网络容量和传输距离。

⑨ WDM扩容的缺点是需要较多的光学器件,从而增加了失效和故障的概率;光纤的非线性效应突出,影响了光传输特性及其线路设计。上述问题在实际应用中正逐步得到解决。

7.4.2 DWDM技术

DWDM是WDM的一种特殊形式,其信道间隔很小(1～10 nm),一般所指的WDM系统即为DWDM系统。

与WDM一样,DWDM采用波分复用技术,在信号发送端将不同中心波长的光信号载波合并,送入同一根光纤中传输;在信号接收端,再用波分解复用器将这些不同中心波长的光信号载波分离开来,最后经过处理送往终端。

1. DWDM系统的基本组成

密集波分复用(DWDM)是在1.55 μm波段,可同时采用8、16或更多个波长在一对光纤上(也可采用单纤)构成光传输系统。

目前，DWDM 采用的信道波长为等间隔(即为 $k\times0.8$ nm，k 为正整数)。掺铒光纤放大器(EDFA)在 DWDM 系统的成功应用，大大增加了光纤中可传输的信息容量和传输距离。

DWDM 系统主要由 5 个部分组成：光发射机、光中继放大器、光接收机、光监控信道和网络管理系统。DWDM 系统的基本组成如图 7-11 所示。图中，BA 为光功率放大器(一般采用 EDFA)，LA 为光路放大器，PA 为光前置放大器。

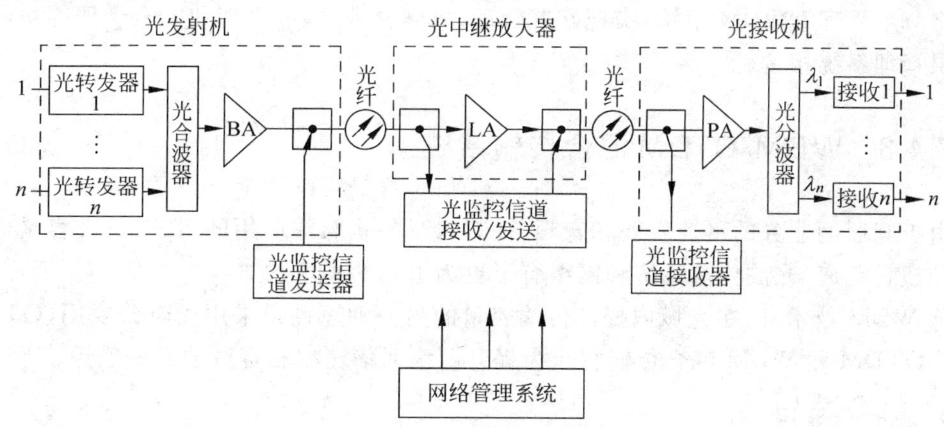

图 7-11　DWDM 系统的基本组成

2. DWDM 系统的工作原理

(1) 光发射机

光发射机是 DWDM 系统的核心部分，其中的光源应具有标准的光波长和容纳一定色散作用，以保证能长距离传输的性能。光发射机工作过程如下：

① 先利用光波长转换器(OTU)将终端设备送来的非特定波长的光信号转换成具有稳定的特定波长的光信号。

② 用光复用器将多路光信号合并成一路光信号。

③ 再通过光放大器将其放大。

④ 最后将放大的光信号输入到光纤线路中进行传输。

(2) 光放大器

在光纤中，光经过长距离传输后，强度被大大衰减，因此，需要对它进行光中继放大以便再继续传输。目前的光放大器一般是 EDFA。在应用时，根据具体情况可将 EDFA 作为中继光放大或线路放大(LA)、后置功率放大(BA)和前置放大(PA)。

在多波长的 DWDM 系统中，需对 EDFA 采用增益平坦技术，使 EDFA 对各个波长的光信号具有相同或接近相同的放大增益。

(3) 光接收机

在接收端，衰减的光信号经光前置放大器放大后，被送往光解复用器分离出各特定波长的光信号，最后各特定波长光信号被送往各终端设备。接收机除对光信号灵敏度、过载功率等参数有要求外，还要能承受一定光噪声的信号，要具备足够的电带宽性能等。

(4) 光监控信道

光监控信道(OSC)的主要功能是监控DWDM系统内各信道光传输情况。在发送端,插入本节点产生的监控信号,并与主信道合波输出;在接收端,将收到的光信号分波输出为监控信号和业务信道信号。

(5) 网络管理系统

网络管理系统通过光监控信道物理层传输开销字节到其他节点,或接收其他节点的开销字节来管理DWDM系统,实现配置管理、故障管理、性能管理和安全管理等功能,并与上层管理系统相接。

7.4.3 WDM/OTDM混合传输系统

由于互联网业务的迅速发展和音频、视频、数据、多媒体应用的增长,对大容量(超高速率和超长距离)光波传输系统和网络有了更为迫切的需求。

除WDM技术外,在光域内提高传输容量的另一种途径是采用光时分复用(OTDM)技术。OTDM和WDM混合传输将作为提升网络通信速率和容量的发展趋势。

1. 光时分复用

电时分复用(ETDM)技术在电通信领域已经是相当成熟的技术,由于受电子速度、容量和空间兼容性等多方面的局限,ETDM复用速率不能太高(达到40 Gbit/s已相当困难)。OTDM的原理与ETDM一样,不同的是其复用是在光层上进行,复用速率可以很高。

OTDM技术是指光的时间分割复用,是提高每个波道上传输信息容量的一个有效途径。

OTDM的实质是将多个高速调制信号分别转换为等速率光信号,然后在光层上利用超窄光脉冲进行时域复用,将其调制为更高速率的光信号,以避开电子瓶颈对传输速率的限制。

与ETDM类似,当多个低速率支路光信号在时域上分割复用成一路高速OTDM信号时,也有其帧结构,每个支路信号占帧结构中的一个时隙,即一个时隙信道。

OTDM有两种形成帧的时分复用方式:比特间插和信元间插。比特间插复用是目前广泛使用的复用方式。

OTDM技术具有以下主要特点。

① OTDM系统可工作在单波长状态,具有很高的速率带宽比,可有效地利用光纤的带宽资源;与WDM技术相结合,可实现超长距离、超大容量的光纤传输。

② OTDM技术可克服WDM技术中的一些固有限制,如光放大器级联所导致的增益谱不平坦、信道串扰问题、非线性效应的影响,以及对光源波长稳定性的要求等。

③ OTDM技术能提供从MHz到THz任意速率等级的业务接入,对数据速率和业务种类具有完全的透明性和可扩展性,无须集中式资源分配和路由管理,比WDM技术更能满足未来超高速全光网络的需求。

OTDM的关键技术包括超窄脉冲产生与调制、全光时分复用、全光时分解复用及定时提取等。目前OTDM从器件、系统和网络等方面已走向商用化。

OTDM系统的基本组成如图7-12所示。

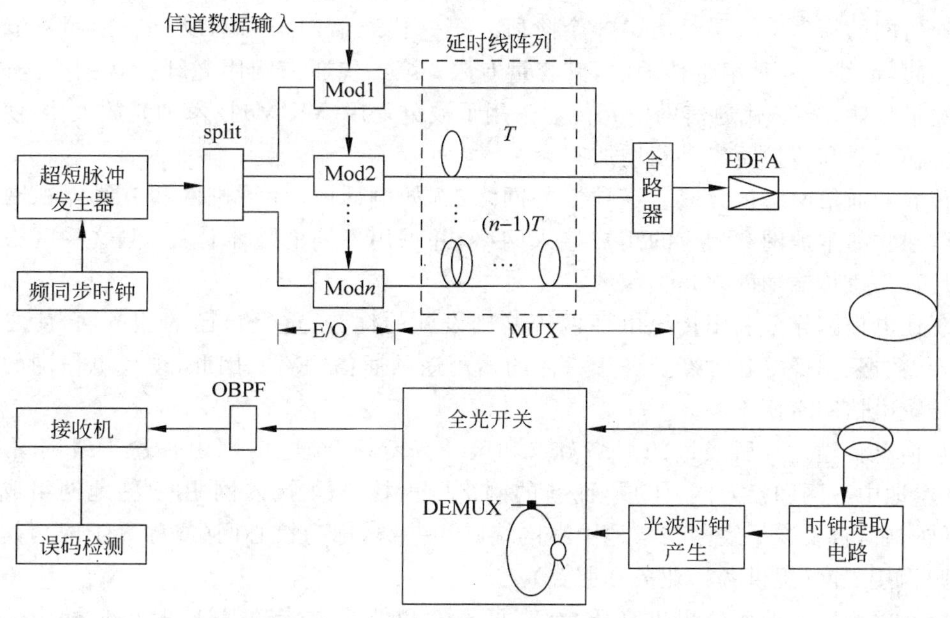

图7-12 OTDM系统的基本组成

2. OTDM和WDM混合传输

光波分复用(WDM)与光时分复用(OTDM)是构成全光网络的两类不同技术。

WDM已是提高通信速率的首选方案,该技术充分挖掘光纤可用带宽资源丰富、技术较成熟、成本较低廉,发展迅速。

OTDM技术采用单一波长,可以提高WDM单信道速率,降低WDM通信信道数量,从而在现有的EDFA放大带宽内即可实现超大容量通信,传输管理将更加方便,在组网方面比WDM有许多优势,但关键技术较复杂。

WDM和OTDM技术的适当结合(主要解决时分复用速度和波长数目之间达成最佳平衡的问题),将成为未来大容量、高速光传输系统的一种发展趋势。

7.5 光通信网络

光传输及其组网技术在适应多业务需求和宽带化方面具有独特的优势,光通信网络已成为通信(核心)网的主体和支柱。

7.5.1 基础传输网

电信传输网是由大量中继线路通过各种传输媒介,使用数字交叉连接系统连接而成的网络。在传输网的各种物理媒介中,以光纤为通信载体的、可提供高速信息通道的光纤传输网已成为目前电信传输网的主要部分。

1. 电信传输网

通信网的物理传输层经历了3个阶段。第一代通信网采用铜线(缆)把用户节点连接在一起,铜线是一种窄带传输线,其容量有限;第二代通信网用光纤代替铜线,实现了高速宽带传输;第三代通信网中光传输采用了波分复用(WDM)技术和光放大器,使点到点的传输容量和传输距离迅猛增加。

传统的通信网络被分成若干独立的网络(例如电话网、计算机网和有线电视网),有其各自独立的本地网和相应的用户接入网络,并采用不同的技术体制,但这些网络的长途或远程信息传输功能却是类似的。

现代电信网充分利用传统电话网等基础设施的优势,重组自己的业务网,使之成为集语音、数据、图像等各种新业务于一体的多用途的通信网络。因此,现代电信网的结构将与传统电信网有所不同。

从信息传输过程所经过的网络节点和区域来看,传统电信网由长途干线网-本地网(包括本地中继网和接入网)组成,而新的网络则由核心网-接入网-用户驻地网组成。在新的结构中,将长途干线网与本地中继网统归为一类,称为核心网(或称骨干网),其余部分则归为接入网(提供各种业务和服务)。

核心网为巨大业务量提供高质量、高可靠性和低成本传输保证,是电信网中信息传输的主体,是一个复杂的和分为若干层次的大系统,其基础层面即为电信传输网。

2. 光传送网

光传送网的业务量大、传输通道多,其基本要求如下:

① 传输速率高,即通信容量大。

② 中继段(指线路的两相邻再生中继器间)距离长。

③ 通信质量好,误码率低,可靠性高。

光传输及其组网技术在适应多业务需求和宽带化方面具有独特的优势,因此高速SDH系统(2.5 Gbit/s、10 Gbit/s)和波分复用(WDM)系统($N\times2.5$ Gbit/s、$N\times10$ Gbit/s)已成为核心网的主体和支柱。

SDH光传送系统提供信号传输的物理功能,以及对信号进行处理、监测和控制等功能;其利用分插复用设备(ADM)和交叉连接设备(DXC),改变了系统点对点传输的概念,而发展成SDH光传送网。

SDH系统可智能化完成电路调度、交叉连接、网络恢复等功能,增加了组网的灵活性和网络管理能力。但是,SDH系统是基于单波长(一根光纤只传输一个波长光路)的时分复用系统,当传输速率超过10 Gbit/s后,由于系统色散严重等因素将造成长距离传输的困难。

采用波分复用(WDM)光传输系统,可大大提高单根光纤的传输速率及其总容量。

目前,在全球范围内已大规模地铺设了光缆,而单模光纤具有几乎无限的可用带宽(达数十THz),具有巨大的容量潜力。在骨干网上采用WDM系统扩容,实现波长通道化,将有效地利用光纤的带宽潜力。例如,在32通路10 Gbit/s信号的DWDM系统中,单根光纤内的传输总速率为320 Gbit/s，而即将推出的商用系统速率可达Tbit/s数量级。

SDH和WDM系统都是建立在光纤这一物理媒介上的传输手段，但在本质上有所区别。

SDH系统是在电的通道层上进行复用、交叉连接、组网等，实施光同步传输网技术。WDM是在光域上进行复用和组网，是更接近光纤物理媒介的系统，具有按波长分配、同时承载多客户层(PDH、SDH、ATM、IP、DDN、FR等)信号的能力。

7.5.2 光通信网的发展

以互联网为代表的IP业务高速增长，引发了对传输带宽的无限需求，已成为促进未来通信网体系架构发展的推动力。目前，支持全光网络发展的WDM系统及其相关技术已全面展开。传统光网络正朝着适于传送IP业务的新一代光网络演进。

1. 传统光网络

由于光纤具有的优良的传输特性及环境兼容性，当今大多数通信网(如有线电视等专用网)都应用光传输技术。光纤最初都是直接替代电缆而配置到传输链路上的，但只是实现了节点之间链路的光纤化，实质上是一种点对点的光传输系统，而节点对信号的处理、交换等还是采用电子技术。

目前通信网基本上还是以上述的光电混合网络为主，如SDH(同步数字体系)和各类局域网(如光纤分布数据接口FDDI及千兆以太网等)。

当数据速率越来越高时，采用传统的电子技术对信号的处理和交换将无法适应。

由于光信号经过电交换节点时，需要进行光电变换为电信号，在提取下路信号后，再将直通信号和上路信号经过激光器调制到光域上。随着单信道信号速率的逐渐提高，电交换节点受到电子瓶颈的限制。电交换节点对信号不透明，使整个光层不再完整；信号经过电交换节点时必然要涉及电层；对每路信号需要接收再发送；信道数越多，交换节点的结构就越复杂，而且成本成倍地增加。

因此，用光电混合方式对信号进行处理和交换的电子技术，必将逐步被在光域中直接对信号进行处理和交换的光电子技术所代替。

2. 全光网络

下一代的光通信网将是全光网络，它可以满足不断增长的带宽要求，通过可重构选路节点建立端到端的“虚波长”通路，实现源和目的之间端到端的光网络连接，从而使通路之间的调配和转接简单易行。

从应用角度来看，光通信网正在面向IP互联网，将融入更多业务，能进行灵活的资源配置，且生存性更强。光通信技术在基本实现了超高速、长距离、大容量的传输功能的基础上，将朝着智能化的传送功能发展。

本章小结

光传输是以光波为载波,以光导纤维为传输媒介的信息传输过程或方式。

光纤的基本结构由纤芯和包层组成。若按折射率分布不同来分类,光纤可分为阶跃光纤和渐变光纤;根据传导模式数量的不同,光纤可分为单模光纤和多模光纤。光纤传输特性主要包括损耗、色散和非线性效应。

光传输过程为:先在发信端对光波进行电信号调制,然后在光纤中传输光信号,最后在收信端将光信号解调为电信号。数字光传输系统一般由PCM终端设备、数字复用设备、光端机、光纤和光中继设备,以及电端机、备用系统和辅助系统等组成。

光传输的特点包括:频带宽,通信容量大;损耗低,中继距离长;抗电磁干扰能力强;无串话干扰,保密性强;线径细,重量轻;节约有色金属,原材料资源丰富;耐腐蚀等。

传送网是指在不同地点的各点之间完成信息传递功能的一种网络。传送网的传输技术体制主要有准同步数字系列(PDH)和同步数字系列(SDH)。

SDH是一套可进行同步信息传输、复用、分插和交叉连接的标准化数字信号结构等级。SDH最为核心的三大特点是同步复用、强大的网络管理能力和统一的光接口及复用标准。

波分复用(WDM)是在一根光纤中可同时传输多波长光信号的技术。密集波分复用技术(DWDM)是理想的在网络扩容手段,也是引入宽带新业务的理想途径。

以光纤为通信载体的、可提供高速信息通道的光纤传输网是目前电信传输网的主要部分。高速SDH系统(2.5 Gbit/s、10 Gbit/s)和波分复用(WDM)系统($N\times2.5$ Gbit/s、$N\times10$ Gbit/s)已成为核心网的主体和支柱。

光通信技术在基本实现了超高速、长距离、大容量的传输功能的基础上,将朝着全光网络和智能化的传送功能发展。

习 题

7.1 简述光纤的结构和传输特性。

7.2 什么是光传输?简述光传输的特点。

7.3 简述光传输系统的组成及其各部分的作用。

7.4 简述光传输系统的主要性能指标。

7.5 传送与传输有何区别?

7.6 如何理解SDH的概念?SDH的帧结构由哪几部分组成?

7.7 SDH光传送网有哪些特点?

7.8 简述光波分复用的原理。

7.9 试比较WDM和SDH的应用特点。

7.10 什么是光交换?什么是全光网络?

7.11 试归纳总结光通信的特点及其与电通信的区别。

第8章

宽带网络通信

当今全球通信网络发展的总趋势是在数字化、综合化的基础上，向智能化、移动化、宽带化和个人化方向发展。诸多新技术的运用，为高速接入互联网提供了可能。日益普及的宽带网络通信正逐步走向普通家庭。作为数字化生存的社会的重要标志，宽带网络通信将给信息服务和通信产业的发展带来一场全新的革命，帮助人类实现宽带数字化的生活理想。

本章学习目标

- 了解宽带网络通信的发展。
- 了解接入网的结构功能。
- 了解有线接入网技术与业务应用。
- 了解固定无线宽带接入技术与业务应用。
- 了解网络融合的基本概念。
- 了解宽带核心网技术与宽带 IP 网络组网技术。
- 了解下一代网络(NGN)的发展。
- 了解信息通信网络技术的发展。

8.1 宽带网络通信概述

宽带通信目前主要是依托综合化、数字化、宽带化、智能化、多样化的光通信网，向用户提供语音、数据、图像、视频的交互式多媒体信息服务。宽带的通信质量和能力都远远超越了目前普遍使用的窄带通信系统，主要表现在数据通信能力、图像通信能力等方面。宽带网络通信技术主要分为宽带接入技术和宽带核心网络技术两部分。

8.1.1 宽带通信网的发展

1. 数据宽带网络的发展

自20世纪90年代起，互联网向全球计算机用户开放，促使数据通信的业务量呈爆炸性地增长，给传统的公用电话交换网(PSTN)带来巨大冲击。从业务角度看，互联网的发展呈现出以下的趋势和特征。

(1) 数据业务将超越语音业务

在电信网络中,数据通信的业务量年增长率呈指数级增长,而语音业务量的年增长率呈线性增长。许多电信运营商骨干网中数据的业务量已经超过了语音的业务量。随着IP电话技术的成熟和广泛应用,以及互联网上各种多媒体业务的广泛开展,传统的语音业务量增长速度将进一步降低。互联网用户的规模则不断增长,同时互联网上的主机数量、存储的信息量也在迅速增长。

(2) 宽带网络建设进入新阶段

我国的互联网市场正在迈入新阶段(即后带宽时代),其主要特征是主干网宽带化基本完成,用户终端具备了处理大容量、多媒体服务的能力,开始部署接入网宽带化。

(3) 业务种类的多样化和个性化

随着宽带IP网络的建设,各种形式的宽带接入技术得到大量应用,互联网基本接入业务的种类就越来越多。不同的接入手段提供不同的接入带宽,带宽已经成为一种商品,运营商根据不同带宽等级将收取不同的费用。

传统的窄带业务(如WWW、FTP、IP电话、IDC、电子商务、统一消息服务等)将继续存在和发展,在解决了带宽问题后,基于音频、视频的各种新型的宽带增值业务(如视频点播、交互数字电视、远程教育、远程医疗、会议电视、虚拟专用网等业务)将得到大规模的应用和发展。服务类型的进一步细分和服务内容的更加个性化,使得不同的业务种类和不同的服务质量将按照不同用户的需求而提供。

(4) 新一代网络技术

互联网是下一代网络(NGN)的主体。NGN是一个建立在IP技术基础上的新型公共通信网,能容纳各种形式的信息,在统一的管理平台下,实现音频、视频、数据信号的传输和管理,提供各种宽带应用和传统电信业务,是一个真正实现宽带窄带一体化、有线无线一体化、有源无源一体化、传输接入一体化的综合业务网络。

随着互联网技术的发展,以IP技术和全光传输网为基础,最终将实现电信网、广播电视网和互联网的融合。

目前,有关NGN并没有一个标准的定义。从互联网的领域来看,NGN指下一代互联网(NGI);对于移动网而言,NGN指第三代移动通信(3G)和后3G网络;从控制层面来看,NGN指软交换;从传送网层面来看,NGN则指下一代光网络。显然,广义的NGN包容了所有新一代网络技术。

2. 电信宽带网络的发展

(1) ISDN

各国的电信运营部门企望能有一种集语音、视频、数据于一体进行传输和交换的综合业务系统,从而产生了综合业务数字网(ISDN)。早期在程控交换机的基础上,发展了窄带综合业务数字网(N-ISDN),但多年以来未能大规模应用。随后提出了宽带综合业务数字网(B-ISDN)的概念,但一直未能实用化,其原因之一是由于B-ISDN太复杂,另一方面是在链路层交换的体制无法实现不同网络间的互连互通,甚至N-ISDN和B-ISDN之间也不能互连互通。

(2) ATM

ATM 技术是在 B-ISDN 的研究中提出的，并于 20 世纪 90 年代获得了发展。光纤分布式数据接口(FDDI)于 20 世纪 90 年代初问世后，在局域网、校园网、企业网中未突破 100 Mbit/s 的传输速率；20 世纪 90 年代中期，ATM 在该领域得到很快发展，并发展了 ATM 多协议传送(MPOA)、标记交换等在 ATM 上运行 IP 的新方法，称为 ATM/IP 平台用于多协议多业务环境。在 20 世纪 90 年代后期，随着快速以太网和吉比特以太网(GbE)的发展，价格昂贵的 ATM 网络逐渐退出该领域。

在广域网的核心网中，ATM 技术受到了电信运营商的重视。20 世纪 90 年代中期，在 SDH 上运行 ATM 网络的体制成为广域网中核心网的主流。其原因为：ATM 技术可将公共数据网的各种业务集中，可节省带宽且便于管理。ATM 网络还被用作互联网的骨干网，以解决当时路由器速度不够快的问题。我国也曾试验和发展 ATM 网络。

20 世纪 90 年代后期，随着互联网的快速普及和发展，IP 业务流量很快超过了语音业务流量，ATM 网络逐渐失去了主导地位。B-ISDN 的概念正在消失，而由宽带 IP 网络所取代。

(3) ATM/IP 平台

随着宽带 IP 技术的发展，在 IP 网上传输话音、视频等实时业务的服务质量(QoS)的保证问题逐步得到解决。目前正在开发多种算法和协议，将话音、视频业务，以及传统的数据通信业务逐步移到 IP 网上。IP 业务即将成为通信业务的主流，但传统电信传输网的基础网是基于 SDH 和 ATM 技术，而不是基于 IP 技术。近年来，发展了多种在电信网上传输 IP 的方法，如 IP over ATM、IP over SDH 等。ATM/IP 方案主要用于构成多协议多业务平台。

随着 IP 业务的发展，ATM/IP 平台将逐步过渡到纯 IP 平台。目前全球电信网已装备了大量 ATM 设备，传统数据通信业务仍有很大的市场，因此 ATM/IP 多协议多业务平台仍将在一个时期内继续存在。

通信体制变革的深入发展，使得 ATM 网络逐渐退出，将让位给宽带 IP 网络。但 ATM 发展的先进思想和技术已被宽带 IP 技术吸收。在某种意义上，宽带 IP 技术可认为是 IP 技术和 ATM 技术结合的产物。

(4) 宽带 IP 网络

我国由于数据通信业务发展较晚，对多协议多业务的要求不强烈。对于以 IP 业务为主的网络(如城域网和校园网)，采用吉比特路由交换机直接在光纤上运行吉比特以太网，从而构成宽带 IP 网络，将是最佳方案。

新一代吉比特路由交换机于 1997 年问世。其采用专用硬件 ASIC 进行分组处理和转发，速度可以达到 40 Mbit/s 以上，比传统路由器速度快几十倍，而结构变化不大，从而解决了互联网传输瓶颈问题。目前，分组转发速度达 Gbit/s 数量级的吉比特路由交换机也已进入商用试验阶段。

吉比特路由交换机的出现，向各种 IP over ATM 方案的使用成本提出了挑战。在因特网骨干网上，吉比特路由交换机取代了 ATM 交换机；在 SDH 传输网或直接在光纤(DWDM)上运行 IP 等措施，减少了内部开销，简化了设备，降低了成本，同时简化了网络管理。

3. 下一代网络

随着通信网数据业务量的上升,传统电话网将不可避免地过渡到以IP业务为中心的数据业务融合的下一代网络(NGN)。

传统的电路交换技术有其历史地位、内在的高质量及严格管理的优势,在一段时期内仍将是实时电话业务的基本技术手段,但其基本设计思想是以恒定、对称的话路量为中心,采用了复杂的分等级的时分复用方法,语音编码和交换速率为64 kbit/s。对于未来以突发性数据为主的业务,尽管传统电信网采取种种措施后也可传输该业务,但效率较低,传输成本和交换成本较高,网络资源浪费,且需采用复杂的信令、计费和网管系统。当网络的业务量以数据为主时,该低效率状态将阻碍通信业务的发展。以电话业务为基础的电路交换网从业务量设计、容量、组网方式或从交换方式上,都已无法适应新的发展趋势。

下一代网络(NGN)的基本思路为:具有统一的IP通信协议和巨大的传输容量,能以最经济的成本,灵活、可靠、持续地支持一切已有和将有的业务和信号。其上层联网协议将是TCP/IP,中间层是IP或ATM,基础物理层是波分复用(WDM)光传送网。该构架可提供巨大的网络带宽,保证可持续发展的网络结构、容量和性能,以及廉价的成本,支持当前和未来的任何业务和信号。上述分组网构架有着传统电路交换网难以具备的优势,其没有复杂的时分复用结构,仅在有信息时才占用网络资源,效率高,成本低,信令、计费和网管简单,可适应非对称的突发数据业务。

下一代网络(NGN)的出现标志着新一代通信网络时代的到来。NGN是以业务驱动为特征的网络,让电话、电视和数据业务灵活地构建在一个统一的开放平台上,构成可提供现有电信网、广播电视网和互联网互连互通的网络上的语音、数据、视频和各种业务的新一代网络解决方案。

以IP为基础的整个通信网络新框架的建立,将对通信产业结构产生重大的影响。

4. IPv6在我国的发展

中国下一代互联网示范工程(CNGI项目,China's Next Generation Internet)是国家级的战略项目,该项目的主要目的是搭建下一代互联网的试验平台,以IPv6为核心。以此项目的启动为标志,我国的IPv6进入了实质性发展阶段。

随着IPv4地址的逐渐耗尽以及移动互联网、传感器网络等技术和业务的发展,发展IPv6网络的市场驱动力已经逐渐显现,面向IPv6的网络演进也已经提上议事日程。在经过一个较长的与IPv4共存发展的时期后,IPv6最终将完全取代IPv4,在互联网上占据统治地位。

我国通信设备制造业在IPv6设备研发方面已推出了包括骨干网、城域网、接入网、安全防护等系列通信设备,并且在CNGI等国内外IPv6网络中得到了应用。随着IPv6网络的大规模建设,面对国内和国际两个巨大的市场,我国通信设备制造业将面临重大发展机遇。

此外,IPv6网络将会利用其具有庞大地址空间的优点,重点来解决机器和物品的上网问题,使得物理世界中的物体都成为网络世界中的可通信、可控制的实体。IPv6网络将成为我国重要的公共通信基础设施，基于该基础设施可开发多种具有中国特色的互联网应用，如M2M/M2C(机器到机器/机器到计算机)和传感器网络等，从而真正实现无处不在的网络和服务，实现信息化和工业化的深入融合。

8.1.2 网络融合

我国的网络融合("三网融合"或称"三网合一")主要是指国内电信网、广播电视网和互联网的互连互通。目前，网络融合主要指三网的高层业务应用的融合，表现为技术上趋向一致，网络层上可以实现互连互通，业务层上互相渗透和交叉，应用层上趋向统一的TCP/IP通信协议。

我国数据通信起步晚，传统的数据通信业务规模不大；与发达国家相比，多协议、多业务的包袱要小得多。因此，可以尽快转向以IP为基础的新体制，在光缆上采用IP优化光网络，建设宽带IP网，加速我国互联网的发展，使之与我国传统的通信网长期并存，既节省开支，又充分利用现有的网络资源。

国务院常务会议于2010年1月决定加快推进我国电信网、广播电视网和互联网的三网融合。"三网融合"是指电信网、广播电视网和计算机通信网的相互渗透、互相兼容，并逐步整合成为全世界统一的信息通信网络。"三网融合"是为了实现网络资源的共享，避免低水平的重复建设，形成适应性广、容易维护、费用低的高速带宽的多媒体基础平台。

1. 网络融合的内涵

三网融合，在概念上从不同角度和层次上分析，可以涉及技术融合、业务融合、行业融合、终端融合及网络融合。目前，更主要的是应用层次上互相使用统一的通信协议。IP优化光网络就是新一代电信网的基础，是通常所说的三网融合的结合点。

网络融合的概念可从多种不同的角度和层次去观察和分析，其中涉及技术融合、业务融合、市场融合、产业融合、终端融合、网络融合乃至行业监管和政策方面的融合等。

(1) 技术融合

语音通信技术、数据通信技术、移动通信技术、有线电视技术及计算机技术相互融合，将出现大量的混合各种技术的产品，如支持语音的路由器、提供分组接口的交换机等。

(2) 网络融合

传统独立的网络，如固定与移动网、语音和数据网开始融合，逐步形成一个统一的网络。

(3) 业务融合

未来的通信经营格局不是数据和语音的地位之争，而将是数据、语音两种业务的融合和促进，同时，图像业务也会成为未来通信业务的重要组成部分，从而形成语音、数据、图像这三种在传统意义上完全不同的业务模式的全面融合。网络电视(IPTV)、视频点播(VOD)、IP电话(VoIP)、IP智能网、Web呼叫中心等语音、数据、视频融合的业务将广泛开展,网络融合将使网络业务表现得更为丰富。

(4) 产业融合

网络融合和业务融合将导致传统的电信业、移动通信业、有线电视业、数据通信业和信息服务业的融合,数据通信厂商、计算机厂商开始进入电信制造业,传统电信运营商也将大量收购数据服务商。

随着信息化的发展,网络融合在国际范围已成为趋势。我国在信息通信领域改革步伐的加快,竞争环境的逐步形成,为我国实现网络融合提供了更大的可能性。

2. 网络融合的技术基础

根据ITU-T提出的网络分层分割概念,通信网从垂直方向可分为三层,自下而上为传送网、业务网和应用层;从水平方向也可分为三层,即用户驻地网、接入网与核心网。

(1) TCP/IP协议

统一的TCP/IP协议的普遍采用,将使各种以IP为基础的业务都能在不同的网上实现互通,为三网在业务层面的融合奠定了基础,也为目前尚未统一严格设计的传送网之间实现互通提供了有利条件。

(2) 数字化技术和光通信技术

数字信息处理技术的迅速发展和全面采用,使语音、数据和图像信号都可经编码成为数字信号后进行传输和交换。而光通信技术的发展,为综合传送各种业务信息提供了必要的带宽,保证了传输质量,也为实现传送网间的互连互通提供了可能性。光通信技术的应用使传输成本大幅度下降,使通信成本最终与传输距离几乎无关。

(3) 软件技术

软件技术的发展将使"三网"及其终端都能通过软件修改的措施,而最终支持各种用户所需的特性、功能和业务,现代信息网设备已成为高度智能化和软件化的产品。

(4) 接入技术

电信网、广播电视网和互联网形成了不同的网络形态,其差异集中体现在接入技术方面。采用不同技术的接入网在统一接口标准和规范方面还需要进一步协调,经过发展和完善后,接入技术已可实现支持多种业务的接入网。随着网络技术的进一步发展,接入网将日益趋向于宽带化。

3. 网络融合的关键技术

(1) 网络结构上的融合

从网络的分层结构上来看,融合指以下四个层次的融合。

① 传送层的融合。在统一的基于SDH、密集波分复用(DWDM)的光网络上借用多业务传输平台(MSTP)、自动交换光网络(ASON)等控制与接入机制实现大容量、多业务、多节点的统一接入和统一传送。

② 承载层的融合。在基于分组的承载网络上,通过IP、多协议标签交换(MPLS)、虚拟专用网(VPN)、综合服务/区分服务(InterServ/DiffServ)等技术和机制,实现QoS、流量工程和资源的有效利用等。

③ 业务的融合。业务核心控制的融合,在开放的业务平台上,能够实现业务的统一

开发和控制。

④ 运营支撑的融合。维护、管理、计费的统一和融合，实现基于业务、用户、服务质量等多重因素的统一的运营支撑系统。

(2) 不同网络间的融合

① 三网融合，即电信网、广播电视网和互联网等的逐步融合，并向具有功能分层、接口开放、结构扁平特征的 NGN 演进。

② 传输网络与数据网络的融合。网络发展导致传输网与业务网的关系越来越紧密，传输节点支撑多种业务的传送和处理已是必然趋势。

③ 基础数据网络与 IP 网络的融合。基础数据网(包括 ATM、DDN、FR 等)已提供以太网口，支持 IP 业务的提供；而 IP 网络设备也应提供 ATM 等的业务接口。

④ 3G 网络的全 IP 化与 IP 网络的融合。移动通信宽带 IP 化和 IP 通信无线移动化已经是大势所趋。

⑤ 3G 网络与固定网络的融合。IP 多媒体系统(IMS)目前被认为是实现未来固定/移动网络融合的重要技术基础。

(3) 新技术集成

① 电信技术、数据通信和移动通信技术、有线电视技术及计算机技术等高度集成。

② 建立在 IPv6 技术基础上的新型公共电信网络，将语音、数据、视频等多种业务集于一体。

③ IP 多媒体子系统(IMS)是 NGN 中核心的体系架构，作为主要的会话控制业务提供宽带、窄带、移动、固定等多种终端接入方式。一个统一的 IMS 将能避免重复工作及相互间产生冲突所带来的风险。

④ 软交换(softswitch)技术是 NGN 的核心技术，吸取了 IP、ATM、智能网(Intelligent Network，IN)和时分复用(Time Division Multiplexing，TDM)等众家之长，形成分层、全开放的体系架构。

全新的互联网是 NGN 的主体，新的 IP 将成为三网融合的粘接剂，在统一管理平台下，真正实现窄带宽带一体化，从而使 NGN 成为跨三方无所不能的新型网络。

计算机与无线通信的融合发展将实现个人移动计算，可随时、随地、随意通过各类信息终端产品与互联网络相连，实现无所不在的计算时代。宽带与无线化为满足业务的高速增长，增加网络带宽并支持多种业务奠定了良好基础。

网络接入方式实现多样化，无线接入网络将成为主要方式之一。计算机联网应用和资源的共享将使网络终端设备专用化并趋于功能综合化，也将成为网络产品的发展趋势之一。

8.2　宽带接入网技术

宽带网络是具备较高通信速率和吞吐量的通信网络，是指传输、交换和接入的宽带化、智能化。网络带宽越宽，数据传输速率就越高，由此宽带技术应运而生。宽带技术包括主干网技术和接入网技术。宽带接入网主要有光纤接入、铜线接入、混合光纤/铜线接入、无线接入等。宽带网络对接入技术的要求包括两个方面：网络的宽带化和业务的综合化。

8.2.1 接入网概述

接入是指将一个终端系统连接到一个网络系统的过程。接入网(access network，AN)是连接核心网与用户或用户驻地网的桥梁，是本地交换机到用户终端的实施系统。

核心网是国家信息基础设施中承载多种信息的主体部分，通常由传输网和交换网(业务网)组成。核心网频繁地更换新技术，以支持各类窄带和宽带、实时和非实时、恒定速率和可变速率，尤其是多媒体业务。

接入网作为语音、数据和活动图像等全业务综合的主要部分和必经之路，其速度直接决定了用户的上网速度。为了给用户提供端到端的宽带连接，保证宽带业务的开展，接入网的宽带化和数字化是前提和基础，同时也是宽带网络通信中的一大热点和高利润增长点。接入网技术发展给整个网络的发展带来了巨大影响，具有广阔的市场应用前景。

1. 接入网在电信网中的位置

国际电信联盟(ITU)基于电信网的发展趋势，提出了用户接入网(简称接入网，即AN)的概念，并阐述了接入网的结构、功能、接入类型和管理功能。目前流行的电信网划分形式如图8-1所示。

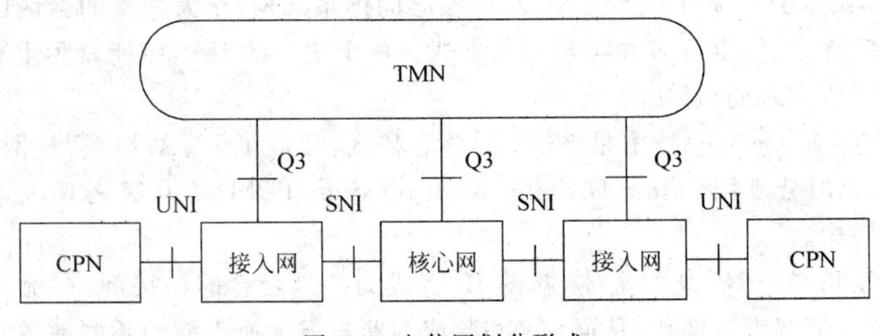

图8-1 电信网划分形式

(1) 电信管理网(TMN)

TMN是一个综合、智能、标准化的电信管理系统，其提供一个有组织的网络结构，以取得各种类型的操作系统之间、操作系统与电信设备之间互连。

(2) 核心网

核心网包含了交换网和传输网的功能。

(3) 接入网(AN)

接入网由核心网和用户驻地网之间的所有实施设备与线路组成，是为传送电信业务提供所需传送承载能力的实施系统，可经维护管理接口(Q3)由电信管理网进行配置和管理。

接入网依赖于各种接口，将各种类型的业务从用户端接入到各个电信业务网。在不同的配置下，接入网有不同的接口类型，主要接口包括用户网络接口(UNI)、业务节点接口(SNI)和维护管理接口(Q3)。

(4) 用户驻地网(CPN)

CPN 指用户终端到用户网络接口(UNI)之间所包含的线路与设备(属于用户自己的网络),其在规模、终端数量和业务需求方面差异很大。CPN 的组成可以大至企业网或校园网中的局域网所有设备,也可以小至普通住宅中的一部话机和一对双绞线。

(5) 维护管理接口(Q3)

Q3 是电信管理网与电信网其余部分相连的标准接口,在一个接入网中,与 V5 接口(本地数字交换机数字用户接口的国际标准)关联的功能可通过 Q3 管理接口进行灵活配置和操作。接入网通过 Q3 接口与 TMN 相连来实施 TMN 对接入网的管理与协调,从而提供用户所需的接入类型及承载能力。

(6) 用户网络接口(UNI)

UNI 是用户和网络之间的接口,位于接入网的用户侧,支持多种业务的接入,如模拟电话接入、N-ISDN 业务接入、B-ISDN 业务接入、数字或模拟的租用线业务的接入等。

(7) 业务节点接口(SNI)

SNI 是接入网和业务节点间的接口,位于接入网的业务侧。根据不同的用户业务需求,需要提供相对应的业务节点接口,使其能与交换机相连接。SNI 由交换机的用户接口演变而来,分为模拟接口(Z 接口)和数字接口(V5 接口)两大类。V5 接口能同时支持多种接入业务,可分为 V5.1 接口(由单个 2 Mbit/s 链路构成)、V5.2 接口(最多为 16 条并行 2 Mbit/s 链路构成),以及支持 B-ISDN 的 VB5.1 和 VB5.2 接口。

图 8-2 示出了接入网在电信网中的位置。

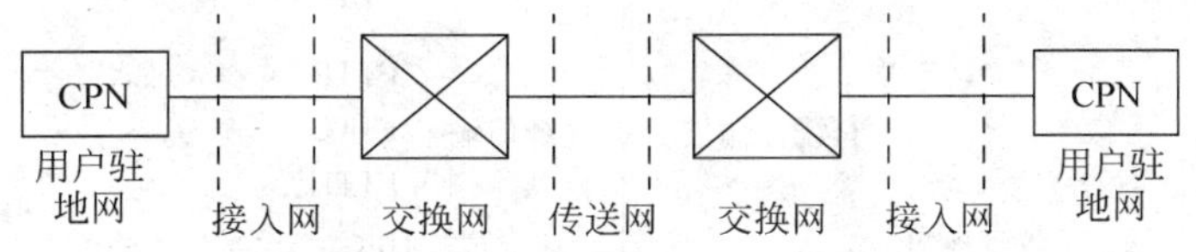

图 8-2　接入网在电信网中的位置

2. 接入网的功能

(1) 接入网的基本功能

接入网承载的接入业务类型主要有语音、数据、图像通信和多媒体等类型,包括本地交换业务、租用线业务、广播模拟或数字视音频业务等。接入网所能提供的业务类型与用户需求、传输技术和网络结构有着密切的关系,上述多种类型的业务接入到核心网需要相应接口类型的支持。接入网主要完成交叉连接、复用和传输功能,一般不含交换功能(且独立于交换机)。其功能结构包括用户口功能、业务口功能、核心功能、传送功能和接入网系统管理功能。

(2) 宽带接入网的功能

除保留窄带接入网的全部功能外,宽带接入网还包括以下功能。

① 将来自用户的业务流传输、寻径和多路复用至核心网。

② 依据 QoS 将来自用户的业务流分类,区别带宽有保证和尽力而为的业务流。

③ 执行 QoS。

④ 提供导航帮助和目录服务。

⑤ 内容提供者的缓冲服务器。

⑥ 执行媒介访问控制(MAC)协议。

⑦ 用户认证。

⑧ 提供用于调用的管理。

3. 接入网的特点

接入网与核心网有着明显的差别。接入网的主要特点如下：

① 具备复用、交叉连接和传输功能,一般不含交换功能,其提供开放的 V5 标准接口,可实现与任何种类的交换设备的连接。

② 接入业务种类多,业务量密度低。

③ 接入距离(网径)长短不一,成本与用户有关。

④ 线路施工难度大,设备运行环境恶劣。

⑤ 网络拓扑结构多样,组网能力强大。

4. 接入网的传输技术

网络的接入方式统称为网络的接入技术,应用于连接网络与用户的最后一段路程。网络的接入部分是目前最有希望大幅提高网络性能的环节。

接入网分为有线接入网和无线接入网,常用的传输技术如图 8-3 所示。

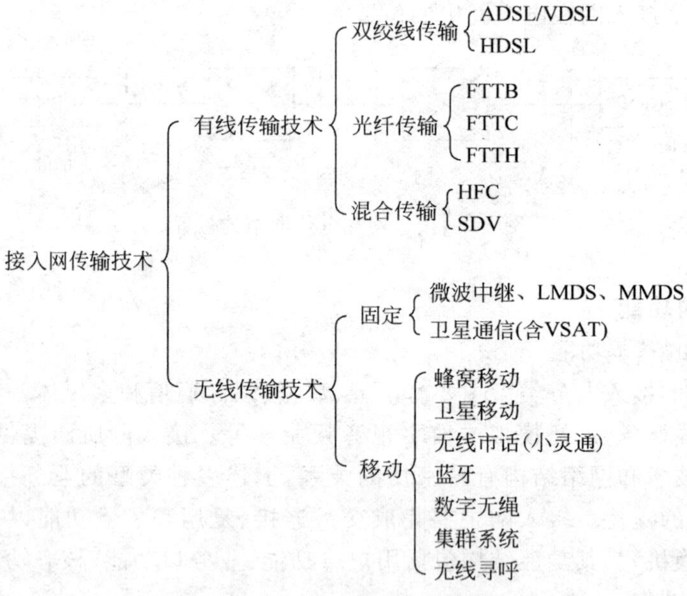

图 8-3　接入网常用的传输技术

有线接入网的主要技术措施如下：

① 铜线接入网：在原有铜质导线的基础上,通过采用先进的数字信号处理技术,来提高双绞铜线对的传输容量,提供多种业务的接入。

② 光纤接入网：以光纤为主,实现光纤到路边(FTTC)、光纤到大楼(FTTB)和光纤

到家庭(FTTH)等多种形式的接入。

③ 混合光纤/同轴电缆接入网：在原有有线电视网(CATV)的基础上，以光纤为主干传输，经同轴电缆分配给用户的光纤/同轴混合接入。

无线接入主要包括下列技术。

① 固定无线接入：如微波一点多址、本地多点分配业务(LMDS)、直播卫星等。

② 移动无线接入：如蜂窝移动通信、无线市话、卫星移动通信、集群调度、蓝牙等。

5. 接入网技术的发展

在网络通信初期，计算机是通过数据通信网络实现数据的通信和共享，基本上以电信网作为信息的载体。例如，国内互联网上的主机节点都是通过电信网络中的 X. 25 网、DDN、数据帧中继网等传输 IP 数据分组的。

目前，以 IP 技术为核心的信息通信网络已成为网络的主体，信息和数据传输将成为网络的主要业务，一些传统的电信业务也将在信息通信网络上开通，但其业务量只占信息业务的很小一部分。作为宽带综合信息业务的承载平台，电信网、广播电视网、互联网在接入方式、用户负担的成本、可以提供的服务内容等方面各不相同，适用范围也不同，因而其相应的接入网在技术上也存在着明显差别。

(1) 接入网技术的发展特点

随着光通信技术和高速调制技术的突破，以及用户对高速数据业务和多媒体业务需求的推动，接入网技术自 20 世纪 90 年代起飞速发展，其发展特点为：

① 设备的标准化程度更高，接口更开放。

② 用户接口速率更高。

③ 对不同业务的支持能力更强。

宽带与窄带的划分标准一般为用户网络接口上的速率。若用户网络接口上的最大接入速率超过 2 Mbit/s，则称为宽带接入。窄带接入系统是基于支持传统的 64 kbit/s 电路交换业务的，对以 IP 为主流的高速数据业务支持能力差。宽带接入系统则以分组传送方式为基础，具有统计复用功能。

宽带接入网适合用来解决高速数据业务接入，已成为电信运营商的建设重点。宽带接入技术在 IP 业务的驱动下将得到大发展。

(2) 宽带接入网的新发展

综合宽带接入平台的日趋成熟是宽带接入网发展的另一标志。新一代的综合接入设备基于纯 IP 内核，具有带宽扩展、新业务支持、新功能升级等优点，内置物理层适配、ONU、DSL 接入复用器、接入网关等功能。下行提供不同的物理接口、带宽及 QoS 能力，提供多种宽带接入方式。上行通过标准接口连接到不同的业务网络，包括传统电信网络、互联网及 NGN。该平台的成熟为多种业务接入及综合业务模式的实现提供了便利，使得全业务成为可能。综合接入平台将成为宽带接入网的重要组成部分。

8.2.2 数字用户线技术

铜线接入技术是利用电话网铜线实现宽带传输的技术，称为数字用户线技术

(DSL),而各种数字用户线技术(xDSL)则是这些传输技术的组合。xDSL采用先进的数字信号自适应均衡技术、回波技术和高效的编码调制技术,在不同程度上提高了双绞铜线对的传输能力。

1. 数字用户线技术概述

数字用户线(DSL)技术与其他接入方式相比,其优势如下:

① 充分利用了现有的双绞线铜缆网,无须对现有电信接入系统进行改造,即可方便地开通宽带业务。

② DSL已有部分标准,并被众多厂商支持和使用。

③ 新的衍生技术大大降低了DSL的推广成本。

DSL技术包括高比特率数字用户线(HDSL)、甚高速数字用户线(VDSL)、非对称数字用户线(ADSL)、速率自适应数字用户线(RADSL)等。其主要的差别体现在信号的传输速率与距离、上行速率和下行速率,以及对称性等方面。

xDSL技术比较如表8-1所示。

表8-1 xDSL技术比较

技术方式	ADSL	HDSL	SDSL	VDSL	RADSL
下行速率	1.5～8 Mbit/s	1.5～2 Mbit/s	768 kbit/s	13～52 Mbit/s	1.5～7 Mbit/s
上行速率	640 kbit/s～1.0 Mbit/s	1.5～2 Mbit/s	768 kbit/s	1.5～2.3 Mbit/s	16～640 kbit/s
传输距离	3.6 km	3～5 km	3 km	0.3～1.5 km	3.61 km

2. 非对称数字用户线(ADSL)

ADSL是在无中继的用户环路网上使用电话线提供高速数字接入的传输技术。ADSL中的“非对称”是指非双向平均传输高速信号,即上行信息传输速率和下行速率不一样。

ADSL系统示意图如图8-4所示。

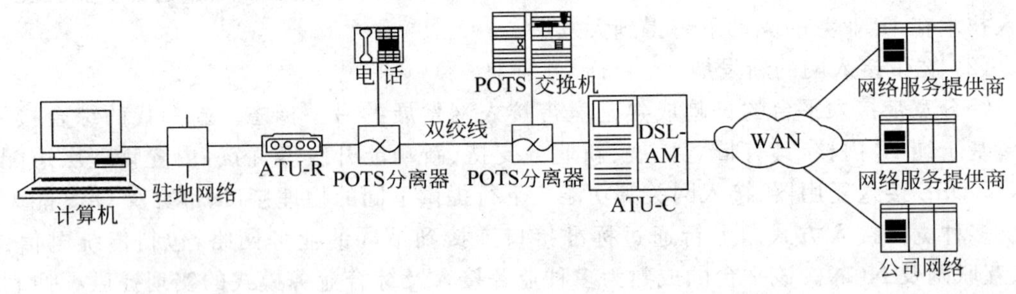

图8-4 ADSL系统示意图

(1) ADSL系统的基本组成

ADSL采用先进的信号调制方式(包括正交调幅QAM、无载波幅度相位调制CAP和离散多频DMT技术)、数字相位均衡技术和回波抑制技术,从而达到信道频谱充分利用和信道传输的高质量。

ADSL系统主要由局端收发机(ATU-C)和用户终端机(ATU-R)两部分组成。

收发机实际上是一种高速调制解调器。传统的调制解调器也使用电话线进行传输，但其使用0～4 kHz的低频段。而电话铜线在理论上最大带宽接近2 MHz，通过利用26 kHz以后的高频带，ADSL提供了高速率。

(2) ADSL的频谱划分

ADSL将用户的双绞线频谱分成低频、上行信道和下行信道三部分。由于采用频分复用(FDM)，因此3个信息通道可同时工作于一对电话线。ADSL的频谱划分如图8-5所示。

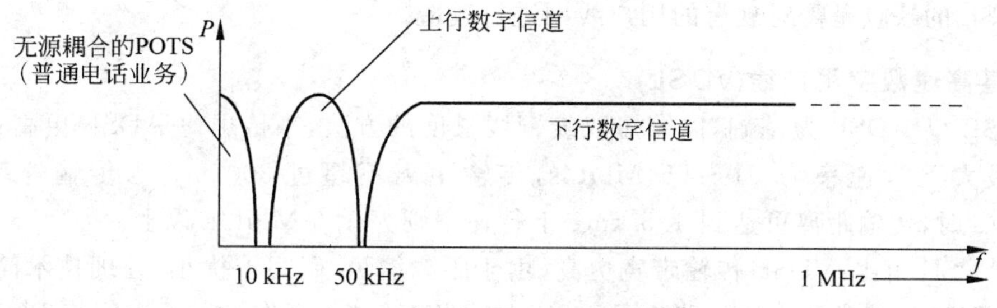

图8-5　ADSL的频谱划分

① 低频部分提供普通电话业务(POTS)信道，通过无源滤波器使其与数字信道(含上行信道和下行信道)分开。

② 上行信道是640 kbit/s～1 Mbit/s的中速传输通道(占据10～50 kHz的频带)，主要用于传送控制信息。

③ 下行信道是速率为1.5～9 Mbit/s的高速数字传输通道(占据50 kHz以上的频带)。

(3) ADSL的应用特点

ADSL的最大特点是不需改动现有铜缆网络设施，就能提供视频点播、远程教学、可视电话、多媒体检索、局域网互连、互联网接入等业务。

ADSL高速数据不占用话音交换机的任何资源，故增加用户不会对传统话音交换机造成任何附加负荷，不需要改造现有用户的铜线环路。

ADSL可在同一铜线上分别传送数据和语音信号，数据信号并不通过电话交换机设备，减轻了电话交换机的负载。其不需要拨号，属于专线上网方式，意味着使用ADSL上网并不需要缴付另外的电话费。

ADSL可以采用现有的双绞线从中心局连到用户端，也可以经过光缆到路边，再采用ADSL设备经适配电缆连接到用户。

ADSL作为由窄带接入网到宽带接入网过渡的主流技术，且潜在用户数量巨大，从而得到迅速发展。

3. 高比特率数字用户线(HDSL)

HDSL技术是在两对或多对铜线上实现E1速率(2 Mbit/s)全双工通信的技术。

HDSL由两台分别安装在交换机和用户处的HDSL设备、2对(或3对)双绞线组成。利用无冗余的四电平脉冲幅度码(2B1Q)等编码技术,高速自适应数字信号处理器可均衡全部频段上的线路损耗,消除杂音及串话;借助于每对线上的回波消除器和混合线圈设备,将2对(或3对)全双工铜线并用,而得到基群速率(2 Mbit/s)的宽带电路。

HDSL技术可提高传输速率和延长通信距离,其无中继传输距离比传统的PCM技术要长1倍以上,而对线对的要求则没有传统的传输技术严格,所以安装方便快捷,一般不用中继器。

HDSL可广泛用于无线寻呼中继、DDN(数字数据网)、ISDN(综合业务数字网)、基站接入、帧中继、移动通信基站中继和计算机LAN互连业务。

HDSL的缺点是需对现有的用户线网进行改造。

4. 甚高速数字用户线(VDSL)

VDSL以ADSL为基础,以缩短双绞铜线长度的方法,来传送比ADSL更高速的数据。其最大下行速率为51~55 Mbit/s,传输距离不超过300 m;当传输速率低于13 Mbit/s时,传输距离可达到1.5 km;上行速率则为1.6 Mbit/s以上。

和ADSL相比,VDSL传输带宽更高,由于距离缩短,码间干扰小,处理技术简化,成本降低。VDSL技术和光纤到路边(FTTC)技术相互结合,可作为无源光网络PON的补充,以实现宽带综合接入。VDSL规范的制定工作正在进行中。

5. xDSL技术的发展

(1) 第二代ADSL技术

国际电信联盟(ITU)于2002年和2003年分别公布了ADSL的两个新标准,即ADSL2和ADSL2+,均属于第二代的ADSL技术。

与第一代ADSL相比,ADSL2和ADSL2+增强了传输能力,拓展了应用范围,提高了线路诊断能力,优化了节能特性,互通性得到进一步改善,并已成为ADSL的主流技术。

在下行方面,ADSL2+在1.524 km(5000英尺)的距离上达到了20 Mbit/s的速率,是ADSL下行速率8 Mbit/s的2.5倍。在存在窄带干扰的情况下,ADSL2+可以提高速率,在长距离上达到比ADSL更优的性能。ADSL2+解决方案传输距离可达6 km,能满足宽带智能化小区的需要,突破了以前ADSL技术接入距离只有3.5 km的缺陷,可覆盖90%以上的现有用户。此外,ADSL2+系统采用频分复用技术,通话、传真和上网同时进行,不会互相干扰。用户不需要拨号上网,开机即在线,非常方便。

ADSL2+还可提供其他业务。ADSL2+信道化的业务特性,使ADSL2+线路除了承载普通的电话与数据业务外,还可根据需要在划定的信道上承载其他业务。

ADSL2+在功能上的改进如下:

① 强大的诊断功能。通过线路上训练序列的收发,不用进入同步阶段即可确定线路噪声、环路衰减、SNR等参数,对提高网络维护质量具有重大意义。

② 能量多级管理。传统ADSL加电后,其功耗始终处于满负荷状态。ADSL2+可根据不同的应用情况,引入不同的能量状态,且不同能量状态间可快速切换。

③ 无缝速率适应。传统的ADSL线路上突发干扰时,会导致ADSL的同步丢失;而

ADSL2＋则可在同步不丢失的情况下进行速率调制。

④ 线对捆绑。ADSL2＋可在线路上实现多线对捆绑，以提供更高的接入速率。

(2) xDSL 技术的发展趋势

近年来，xDSL 技术仍在不断向着高速率、远距离和多样化的趋势发展。

① 以 ADSL 技术为主，并积极推动更高速率的 VDSL 技术。

② ADSL2/ADSL2＋/ADSL2＋＋系列技术对现有 ADSL 设备具有兼容性，可执行 ADSL 和 ADSL2 两种工作模式。ADSL 的发展趋势将是以 ADSL2/ADSL2＋取代 ADSL1。从技术成熟度、互通性以及成本等综合因素考虑，ADSL1 与 ADSL2/ADSL2＋将在一段时期内共存。

③ VDSL 主要适用于一些对下行带宽有很高需求(超过 12 Mbit/s)或需要双向对称带宽(如双向需要超过 6 Mbit/s)的用户，并以 FTTx＋VDSL 形式出现。

④ 各种 xDSL 技术也在融合，xDSL 技术的最终发展将采用统一的调制方式和频谱方案，根据线路的衰减、噪声等情况，灵活地提供目前 ADSL 和 VDSL 所具有的能力，从而实现各种 xDSL 技术的能力综合——通用 xDSL。

8.2.3 光纤接入

光纤具有频带宽、容量大、损耗小、不易受电磁干扰等突出优点，光纤化是接入网的发展方向。光纤接入网(OAN)是采用光纤技术的接入网，泛指本地交换机(或远端模块)与用户之间采用光纤通信的系统。

1. 光纤接入网的组成

光纤接入网通常指采用基带数字传输技术并以传输双向交互式业务为目的的接入传输系统。

采用光纤接入网的基本目标为减少铜缆网的维护运行费用和故障率，支持开发新业务(尤其是多媒体和宽带业务)。

国际电信联盟(ITU-T)提出的与业务和应用无关的无源光纤接入网功能参考配置如图 8-6 所示。

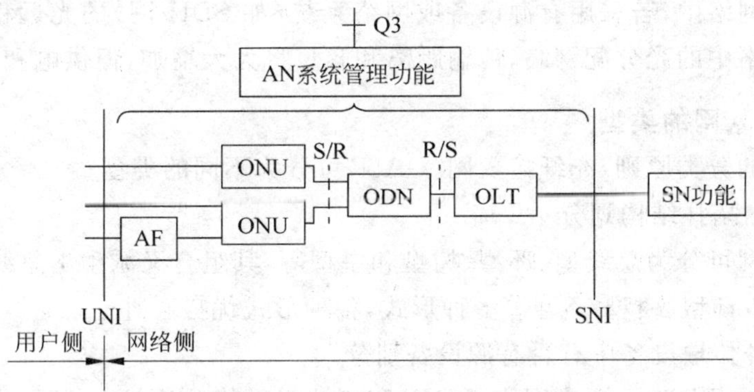

图 8-6 光纤接入网功能参考配置

从图中可以看出,光接入网由光线路终端(OLT)、光分配网络(ODN)、光网络单元(ONU)及适配功能(AF)组成,与同一光线路终端相连的光分配网络可能有若干个。

(1) 光线路终端(OLT)

OLT是为光纤接入网提供网络侧与本地交换机之间连接的接口,并经光配线网(ODN)与用户侧的光网络单元(ONU)通信。

OLT的任务是分离交换和非交换业务,管理来自ONU的信令和监控信息,为ONU和自身提供维护和指配功能。其功能可分为三部分。

① 核心部分:包括数字交叉连接、传输复用、ODN接口等功能。

② 业务部分:主要指业务端口功能。

③ 公共部分:提供供电和操作管理维护功能。

(2) 光分配网络(ODN)

ODN为OLT与ONU之间提供光传输手段,主要完成光信号的传输和功率分配,同时提供光路监控等功能。ODN采用树型分支结构。

ODN是由无源光元件组成的无源分配网,是OAN的关键部分,其中的无源元件有单模光纤和光缆、无源光衰减器、光纤带和带状光缆、光纤接头、光连接器和光分路器。

(3) 光网络单元(ONU)

ONU位于ODN和用户设备之间,为光纤接入网提供直接的或远端的用户侧的电接口。其功能也分为三部分。

① 核心部分:提供用户和业务复用、传输复用、ODN接口等功能。

② 业务部分:为用户端口配置和信令转换。

③ 公共部分:包括供电和操作管理维护功能。

(4) 适配功能(AF)

AF为ONU和用户设备提供适配功能。

综上所述,光纤接入网在逻辑上可看作是由光接入传输系统支持的、共享相同网络侧接口的一系列接入链路而组成。在物理实现上,光纤接入网由光线路终端(OLT)、光分配网络(ODN)、光网络单元(ONU)、适配功能(AF)及操作管理维护(OAM)组成,其中OLT与ONU之间的传输连接可为一点对一点方式,也可为一点对多点方式。

在有源光网络中,若采用有源设备或网络系统(如SDH网)的光远程终端(ODT)来代替无源光网络中的光分配网络,传输距离和容量将大大增加,但供电和维护较困难。

2. 光纤接入网的类型

按照不同的分类原则,光纤接入网(OAN)可分为不同的类型。

(1) 按网络拓扑结构划分

光纤接入网可分为总线型、环型、树型和星型等,其组合又派生出总线-星型、双星型、总线-总线型、双环型、树型-环型等多种形式,各种形式优势互补。

(2) 按室外传输设备中有否有源设备划分

光纤接入网可分为无源光网络(PON)和有源光网络(AON)。其区别为:PON采用无源光分路器进行分路,AON采用有源电复用器进行分路。其中,PON具有成本低、对业务透明、易于升级和管理等优势，商用系统已投入网络运行。

(3) 按承载的业务带宽情况划分

光纤接入网可划分为窄带 OAN 和宽带 OAN 两种。其划分常以 2 Mbit/s 速率为界限，低于该速率的业务称为窄带业务(如电话业务)，高于该速率的业务称为宽带业务(如视频点播 VOD 业务)。

(4) 按照光网络单元(ONU)的不同位置划分

光纤接入网可划分为光纤到路边(FTTC)、光纤到大楼(FTTB)、光纤到小区(FTTZ)、光纤到家(FTTH)或光纤到办公室(FTTO)等类型。

图 8-7 示出了光纤接入网的典型应用类型。

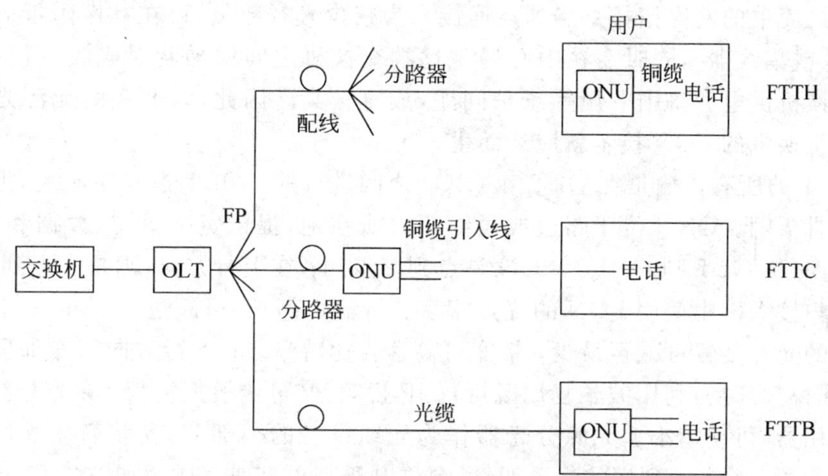

图 8-7　光纤接入网的典型应用类型

FTTC 主要适用于要求高服务质量的多媒体分配型业务。FTTC 结构中，ONU 一般放置在路边的分线盒或交接箱处，从 ONU 到用户之间仍然采用双绞铜线对。

FTTB 是 FTTC 的一种变形，其光纤线路更接近用户，因此更适用于高密度小区及商用办公楼。在 FTTB 结构中，ONU 放置在用户大楼内部，ONU 和用户之间通过楼内的垂直和水平布线系统相连。

FTTH 是一种全光纤网，即从本地交换机和用户之间全部为光连接，中间没有任何铜缆和有源电子设备，是真正全透明的网络，因而对传输制式(例如 PDH 或 SDH、数字或模拟等)、带宽、波长和传输技术无任何限制，适于引入新业务。由于本地交换机与用户之间无任何有源电子设备，ONU 安装在住户处，因而其环境条件比户外的不可控条件大为改善，可以采用低成本元器件；ONU 可以本地供电，供电成本比网络远供方式大大降低，而故障率也大大减少；与此同时，简化了维护安装测试工作，降低了维护成本。FTTH 可为用户提供最大可用带宽，是用户接入网发展的目标。

3. 基于 PON 的光接入网

(1) 无源光网络(PON)

无源光网络(Passive Optical Network，PON)主要采用无源光功率分配器(耦合器)

将信息送至各用户。由于采用了光功率分配器,使功率降低,因此较适合于短距离使用,是实现 FTTH 的关键技术之一。

PON 是指 ODN(光配线网)中不含有任何电子器件及电子电源,ODN 全部由光分路器(Splitter)等无源器件组成,不需贵重的有源电子设备。PON 是点到多点的光网,在源到宿的信号通路上全是无源光器件,如光纤、接头和分光器等,可最大限度地减少光收发信机、中心局终端和光纤的数量。基于单纤 PON 的接入网只需要 $N+1$ 个收发信机和数千米光纤。一个无源光网络包括一个安装于中心控制站的光线路终端(OLT),以及配套的安装于用户场所的光网络单元(ONU)。在 OLT 与 ONU 之间的光配线网(ODN)包含了光纤以及无源分光器或者耦合器。

目前最简单的网络拓扑是点到点连接。为减少光纤数量,可在社区附近放置一个远端交换机(或集线器),同时需在中心局与远端交换机之间增加两对光收发信机,并需解决远端交换机供电和备用电源等维护问题,成本很高。因此,以低廉的无源光器件代替有源远端交换机的 PON 技术就应运而生。

PON 上的所有传输是在 OLT 和 ONU 之间进行的。OLT 设在中心局,把光接入网接至城域骨干网。ONU 位于路边或最终用户所在地,提供宽带语音、数据和视频服务。在下行方向(从 OLT 到 ONU),PON 是点到多点网;在上行方向,则是多点到点网。

在用户接入网中使用 PON 的优点很多:传输距离长(可超过 20 km);中心局和用户环路中的光纤装置可减至最少;带宽可高达吉比特量级;下行方向工作如同一个宽带网,允许作视频广播,利用波长复用既可传 IP 视频,又可传模拟视频;在光分路处不需安装有源复用器,可使用小型无源分光器作为光缆设备的一部分,安装简便并避免了电力远程供应问题;具有端到端的光透明性,允许升级到更高速率或增加波长。

(2) ATM 无源光网络(APON)

APON(ATM PON)使用 ATM 传输协议作为链路层协议,故称 ATM 无源光网络。APON 标准在加强后成为宽带的 PON(又称为 BPON,Broadband PON)。由于绝大多数的局域网使用以太网,而 ATM 不是连接以太网的最佳选择,故 APON 已停止发展。

(3) 以太网无源光网络(EPON)

EPON(Ethernet PON)是一种新型的光纤接入网技术,其将全部数据通过以太网传送。EPON 采用点到多点结构,无源光纤传输,在以太网之上提供多种业务。其在物理层采用了 PON 技术,在链路层使用以太网协议,利用 PON 的拓扑结构实现了以太网的接入。

EPON 的特点为:低成本;高带宽;扩展性强,灵活快速的服务重组;与现有以太网的兼容性;便于管理等。

(4) 吉比特无源光网络(GPON)

GPON(Gigabit-capable PON)综合和兼顾了 ATM/Ethernet/TDM 分组传送技术,新采纳的 QoS 技术(全双工支持、优先等级化和虚拟局域网标记)使以太网能够支持语音、数据和视频。与 EPON 力求简单的原则相比,GPON 更注重多业务和 QoS 保证,受到运营商的重视。

8.2.4 混合光纤/同轴电缆接入

有线电视网(CATV)目前大多采用由光缆和同轴电缆共同组成的树型分支结构,向众多用户提供广播式模拟电视业务,具有频带宽、覆盖面广等特点,但信号的传送为单向。混合光纤/同轴电缆(Hybrid Fiber-Coaxial,HFC)接入技术利用现有的CATV网,采用频分复用方式传输多种信号,是解决电视、电话和数据业务的综合接入的宽带接入技术。

1. HFC的结构与频谱分配

HFC接入网实际上是将现有光纤/同轴电缆混合组成的单向模拟有线电视网(CATV)改造为双向网络。HFC接入网是一种综合应用模拟和数字技术、同轴电缆和光缆技术,以及射频技术的高分布式接入网络,是电信网和有线电视网相结合的产物。

除提供原有的模拟广播电视业务外,HFC接入网利用频分复用技术和电缆调制解调器(Cable Modem)实现语音、数据和交互式视频等宽带双向业务的接入和应用。

HFC系统的典型结构如图8-8所示。

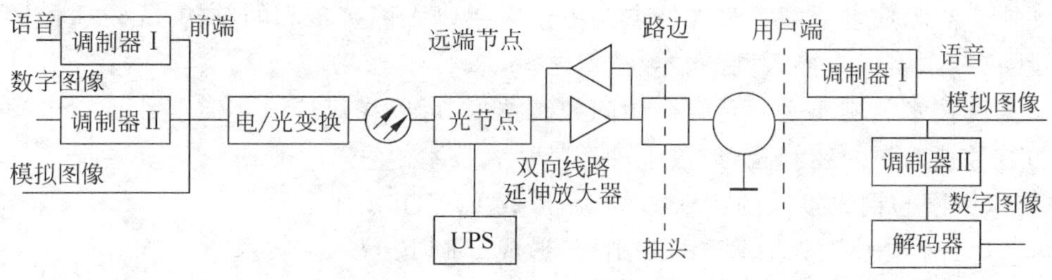

图8-8 HFC系统的典型结构

在HFC系统中,电话(数据)信号经远端模块从射频上解调出来,再经解码和解复用,恢复为单路的语音(数据)信号,以较短的双绞线(或同轴电缆)送至用户。

HFC上、下行频谱的分配为:5～30 MHz是前端与用户间的上行信道,传输语音、数据和信令;40～750 MHz为下行信道,最多可提供约110个模拟电视频道,其中550～750 MHz也可传送电话、数据、VOD和数字电视广播。

2. HFC的技术特点

HFC是从传统的有线电视网发展起来的,与当前的用户设备兼容性好,且频带宽、成本低,可支持各类数字和模拟业务。

HFC存在的主要问题如下:

① 上行信道频带窄,树型结构导致上行信道噪声严重,难以保证数据业务的安全性。

② 现有CATV网络中同轴电缆的带宽仅为450 MHz,与HFC所需求的750 MHz带宽差距较大,改造费用高。

③ HFC的模拟传输方式落后于网络数字化趋势,需加以改进和升级。

8.2.5 以太网接入

以太网是目前使用最广泛的局域网技术。由于其简单、成本低、可扩展性强、与IP网能够很好结合等特点,以太网技术的应用正从企业内部网络向电信网领域迈进。以太网接入是指将以太网技术与综合布线相结合,作为电信网的接入网,直接向用户提供基于IP的多种业务的传送通道。

1. 以太网接入概述

以太网由于具有使用简便、价格低、速率高等优点,已成为局域网的主流。随着吉比特以太网(GbE)的成熟和太比特以太网(10GbE)的出现,以及低成本地在光纤上直接架构GbE和10GbE技术的成熟,以太网开始进入城域网和广域网领域。

若接入网也采用以太网,将形成从局域网、接入网、城域网到广域网全部是以太网的结构,采用与IP一致的统一的以太网帧结构,各网之间无缝连接,中间不需要任何格式转换,将可以提高运行效率、方便管理、降低成本。

传统的以太网技术属于用户驻地网(CPN)领域,并不属于接入网的范畴。随着互联网的迅猛发展,IP协议成为网络层的主导协议。在IP业务的传送方面,以太网技术具有应用支持广泛和成本低廉等显著特点。由于采用以太网接口和帧结构,无须适配即可与现有设备兼容,将成为接入网的主导技术之一。

以太网技术的实质是一种媒介访问控制技术,可以在双绞线上(5类线或以上)传送,也可与其他接入媒介相结合,形成多种宽带接入技术。

① 以太网与铜线接入的VDSL结合,形成EoVDSL技术。

② 以太网与光纤接入的FTTB结合,形成FTTB+LAN技术。

③ 以太网与无源光网络相结合,产生EPON技术。

④ 以太网在无线环境中,则发展为WLAN技术。

2. 以太网接入的系统结构

用于接入网中的以太网技术与传统的以太网技术是有区别的,其仅借用了以太网的帧结构和接口的概念,网络结构和工作原理完全不同。

传统以太网技术主要是为局域网(私有网络环境)设计的,与接入网(公用网络环境)的特性要求有很大区别,主要反映在用户管理、业务管理、安全管理和计费管理等方面,因而传统以太网技术必须经过改进才能应用于公用电信网。

基于以太网技术的宽带接入网由局侧设备和用户侧设备组成。

局侧设备一般位于小区内或商业大楼内,局侧设备提供与IP骨干网的接口。局侧设备与路由器不同,路由器维护的是端口-网络地址映射表,而局侧设备维护的是端口-主机地址映射表。局侧设备支持对用户的认证、授权和计费,以及用户IP地址的动态分配,还具有汇聚用户侧设备网管信息的功能。

用户侧设备一般位于住宅楼(或办公楼)内,提供与用户终端计算机相接的10/100Base-T接口。用户侧设备与以太网交换机不同,以太网交换机隔离单播数据帧,不隔离广播地址的数据帧，而用户侧设备的功能仅仅是以太网帧的复用和解复用。用户侧设备只有链路层功能，工作在复用器方式下，各用户之间在物理层和链路层相互隔离，从而保证用户数据的安全性。

图 8-9 给出了一种基于以太网技术的典型接入网系统结构，其由局侧设备和用户侧设备组成。

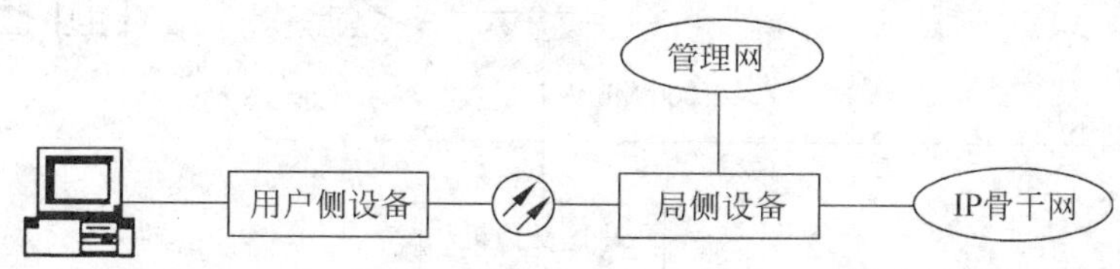

图 8-9 基于以太网技术的接入网系统结构

局侧设备与 IP 骨干网相连，支持用户认证、授权、计费、IP 地址动态分配及服务质量(QoS)保证等功能，并提供业务控制功能和对用户侧设备网管信息的汇聚功能。

用户侧设备通常与用户终端的计算机相连，采用以太网接口系列，工作于链路层，各用户间在物理层和链路层相互隔离，通过复用方式共享设备和线路，从而保证数据的安全性。

3. 通过以太网接入互联网

光纤接入与以太网结合(FTTx＋LAN)，将在保证用户接入带宽的前提下，使以太网的传输距离大为扩展。具体应用的连接方式如图 8-10 所示。

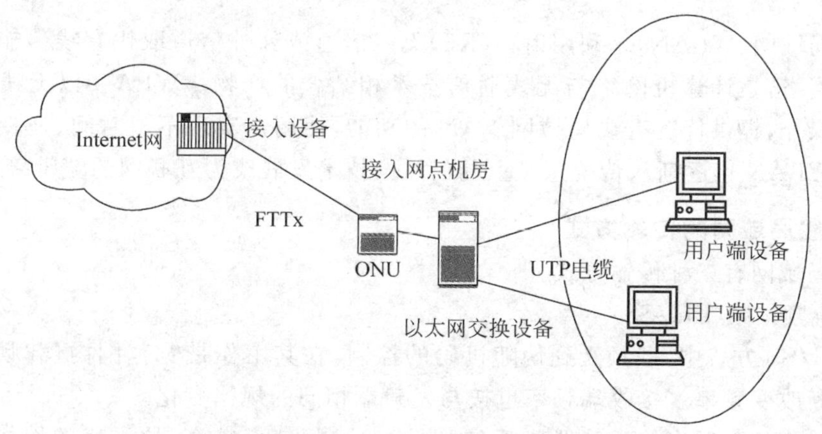

图 8-10 FTTx＋LAN 连接方式

4. 住宅小区以太网接入宽带 IP 城域网

在宽带小区(或智能大厦)中，宽带网络接入平台位于整个宽带网中接入网部分的配线层和引入线层。

宽带网络接入平台主要解决通信网中最后一段的接入瓶颈问题，使宽带小区(或智能大楼)内的每个用户可通过高速信息接入方式接入到互联网中。

住宅小区以太网接入宽带IP城域网的模型如图8-11所示。

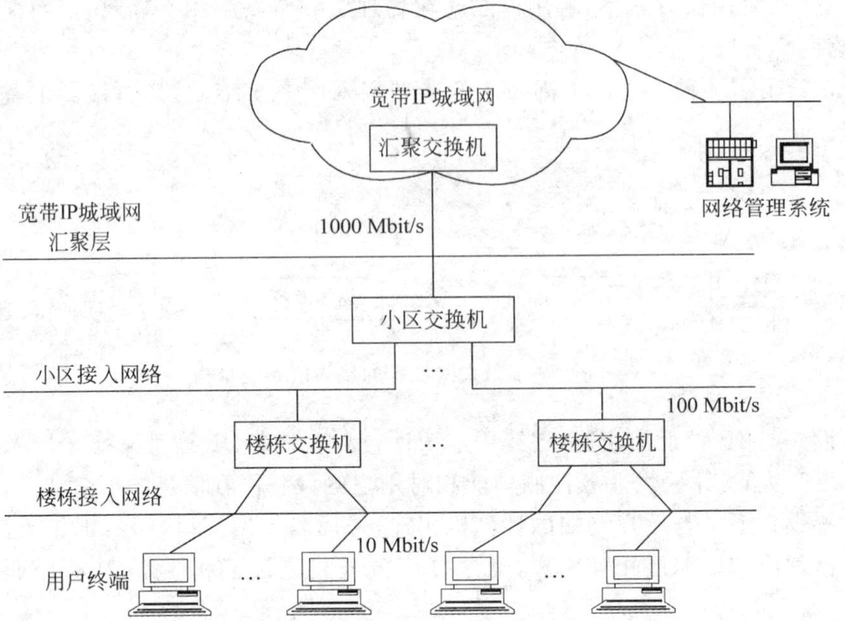

图8-11 住宅小区以太网接入宽带IP城域网的模型

8.2.6 无线局域网

无线局域网(WLAN)是利用射频(RF)无线信道或红外信道取代有线传输媒介而构成的局域网络,是计算机网络与无线通信技术相结合的产物。WLAN以无线多址信道作为传输媒介,提供传统有线局域网LAN的功能,使用户实现不限时间、地点的宽带网络接入。WLAN正逐渐从传统意义上的局域网技术发展成为互联网的宽带接入手段。

1. 无线局域网的传输方式

无线局域网有三种传输方式。

(1) 跳频扩频(FH/SS)

在FH/SS方式中,载频受到伪随机码的控制,在其工作带宽范围内,载频频率按随机规律不断改变频率。接收端频率也按与发射端相同的规律变化。

跳频速率的高低直接反映跳频系统的性能,跳频速率越高,抗干扰的性能越好。出于成本的考虑,商用跳频系统跳速都较慢,一般在50跳/s以下。

WLAN共有22组跳频图案,包括79个信道;采用2～4电平GMSK(高斯最小频移键控)技术;支持1 Mbit/s数据速率。

(2) 直接序列扩频(DS/SS)

在DS/SS方式中,使用具有高码率的扩频序列,将数据基带信号的频谱扩展至数倍至数十倍后,再被搬移至射频发射出去。在发射端扩展用户信号的频谱,而在接收端用相同的扩频码序列进行解扩,把展开的扩频信号还原成原来的信号。

该方式提高了频谱的利用率，加强了通信系统的抗干扰能力和安全性，且由于单位频带内的功率降低，也减小了对其他电子设备的干扰。

DS/SS采用BPSK(相移键控)和OQPSK(参差正交相移调制)技术，支持1 Mbit/s或2 Mbit/s数据速率。

(3) 正交频分复用(OFDM)方式

OFDM方式采用BPSK或OQPSK调制技术，支持10 Mbit/s以上高速数据速率。

WLAN节点的发射功率一般不超过100 mW，实际发射功率约60～70 mW。在开放环境中，WLAN的覆盖范围约为250～300 m；而在有间隔的半开放性空间，WLAN的覆盖范围仅为35～50 m。

2. 无线局域网的工作方式

无线局域网(WLAN)有两种工作方式。

(1) 中心节点控制功能(PCF)方式

WLAN需架设一个无线访问节点(AP)以协调整个网络的操作。在该方式下，WLAN主机只能通过无线接口向AP发送和接收数据，再通过AP实现数据转发。一般情况下，AP具有到外部网络(如互联网)的接口，使得WLAN的节点能够通过AP访问互联网。

(2) 分布式控制功能(DCF)方式

WLAN不需用专门的无线访问节点(AP)，节点之间通过无线信道可实现点到点的直接通信。当两个节点的距离超过无线信号传输范围时，两节点还可通过多跳转发方式进行通信。若WLAN中某个节点具有互联网接口，网络中的其他节点即可先把数据包转发到具有该接口的节点，再由后者发送到互联网。

3. 无线局域网标准

无线局域网最常用的标准是IEEE 802标准化委员会推出的WLAN系列标准。

(1) IEEE 802.11a

该标准的工作频段是5.15～8.825 GHz，数据传输速率达到54～72 Mbit/s，传输距离控制在10～100 m。采用正交频分复用(OFDM)技术、QFSK调制方式，支持多种业务(如语音、数据和图像等)；一个扇区可以接入多个用户，每个用户可带多个用户终端。

(2) IEEE 802.11b

该标准的工作频段是2.4～2.4835 GHz，数据传输速率达到11 Mbit/s，传输距离控制在300 m。该标准采用补偿编码键控(CCK)调制方式，采用点对点模式和基本模式，在数据传输速率方面，可在11 Mbit/s、5.5 Mbit/s、2 Mbit/s、1 Mbit/s的不同速率之间根据实际情况自动切换。

(3) IEEE 802.11g

该标准拥有IEEE 802.11a的传输速率，安全性优于IEEE 802.11b，采用两种调制方式(含802.11a中采用的OFDM与802.11b中采用的CCK)，与802.11a和802.11b兼容。

(4) IEEE 802.11n

该标准为下一代的无线局域网标准，采用智能天线技术，其传播范围更广，且能以不低于108 Mbit/s的传输速率保持通信。IEEE 802.11n可作为蜂窝移动通信的宽带接入部分,与无线广域网更紧密地结合,为用户提供高数据率的通信服务和更好的移动性。

8.2.7 宽带无线接入

1. 固定无线接入技术

无线接入技术可分为移动接入和固定接入两大类。

移动接入一般以蜂窝系统(如GSM接入技术、CDMA接入技术等)、卫星移动通信系统以及集群系统等为主。

固定无线接入是指接入到PSTN网,提供电话、传真、语音带数据业务及一些补充业务等。固定无线接入从交换节点到固定用户终端部分或全部采用了无线方式,其终端不含(或仅含有限的)移动性,是有线接入的有效补充手段之一。

固定无线接入技术的特点主要体现在多址方式、调制方式、双工方式、对电路交换与分组交换支持、动态带宽分配、空中无线协议、OFDM等方面。使用较多的技术主要有微波点到点系统、微波点到多点系统、固定蜂窝系统、固定无绳系统、MMDS、LMDS和VSAT等。

2. 本地多点分配业务

作为宽带固定无线接入的主流技术,本地多点分配业务(LMDS)在近年来得到较快发展。目前的LMDS为第二代数字系统,使用ATM传送协议,具有标准化的网络侧接口和网管协议,能够在本地环路中向用户提供宽带的双向互动传输服务,并能满足不同用户对不同业务种类和业务带宽的要求。LMDS的主要问题为存在来自其他小区的同信道干扰和覆盖区范围限制。

LMDS的含义为:

L(本地):指信号传播是在由其频率范围限定的一个小区的覆盖区域内;

M(多点):指由基站到用户的信号以点到多点或广播方式发送,而用户到基站的信号回传以点到点方式传送;

D(分配):指信号的分配方式,可同时包括语音、数据、IP和视频等业务,将不同的业务信号分配到不同的用户站;

S(业务):指网络运营者与用户之间在业务上是提供与使用关系。

(1) LMDS的系统结构

LMDS由一系列蜂窝无线发射枢纽组成,每个蜂窝由点对多点的基站和用户站构成。LMDS的系统结构如图8-12所示。

LMDS采用蜂窝单元,利用地面转接站转发数据。通过射频频带,LMDS可提供10 Mbit/s的数据流量,向用户提供会议电视、视频家庭购物等宽带业务。LMDS接入系统主要由带扇形天线的收发信机组成,其典型蜂窝半径为4~10 km,在每个扇区传输交互式的数字信号,信号到达用户室外单元后,毫米波信号转换至中频,在室内用同轴电缆将数字信号送至机顶盒(STB)。LMDS可为某些布线施工困难的地区提供类似的宽带接入和双向能力。

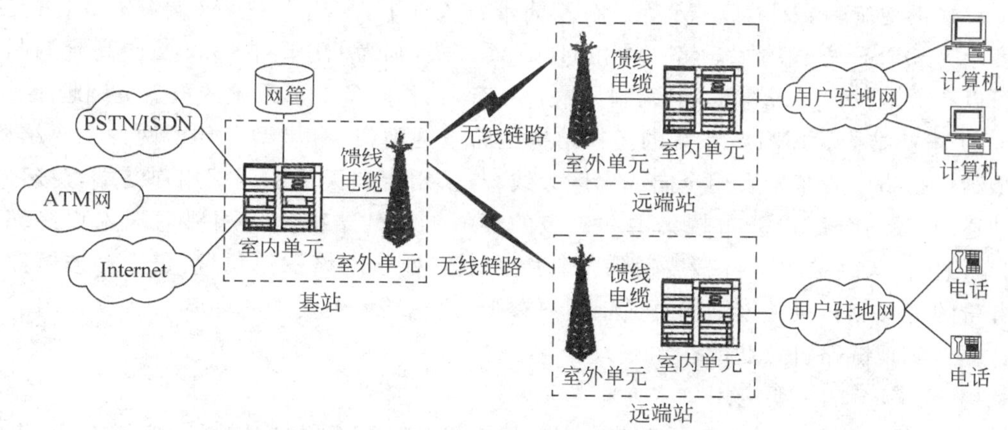

图 8-12 LMDS 的系统结构

(2) LMDS 系统组成

LMDS 系统通常由多个小区组成，每个小区由一个中心站和众多用户站组成，各中心站通过带自愈功能的高速光纤线路相连。

中心站由网络节点设备与射频设备组成。网络节点设备主要包括与 ATM 和 CATV 网络相连的接口、信号的编码/解码、压缩、纠错、复接/分接、路由、调制/解调、合路/分路等。射频设备主要包括集成的射频收发信机与天线，射频部分将来自网络节点设备的中频信号变频至相应频段，通过天线发射出去，同时将天线收到的信号变频至中频送入网络节点设备处理。

用户站由网络接口单元和射频部分组成，其结构与中心站基本相同。但网络接口单元比中心站的网络节点设备要简单得多，可向用户提供多种业务接口。

中心站一般采用全向天线或扇形天线，用户站则采用方向性极强的高增益天线。每个小区通常可以提供的下行带宽为 1 GHz，上行带宽为 300 MHz。若在小区内划分扇区，并在相邻扇区内采用交叉极化的方式，还可以成倍地扩大带宽。

(3) LMDS 的主要技术特点

① 工作频段。LMDS 系统工作在 24～38 GHz 频率范围，其中以 27.5～29.5 GHz 的工作频段最为集中。LMDS 系统的可用频带宽度高达 1 GHz 以上，可提供高质量的宽带电信业务。

② 多址方式。LMDS 系统传输分上、下行两个方向，一般多址方式是指上行传输(用户终端到基站方向)的接入方式。系统上行采用时分多址(TDMA)和频分多址(FDMA)两种方式。若采用 TDMA 方式，不同的远端站可在相同频段的不同时间片内向基站发送信号，该方式适合于支持突发型的数据业务(如互联网接入)应用；若采用 FDMA 方式，则相同扇区中不同的远端站在不同频段上向基站发送信号，彼此互不干扰，该方式适合于租用线业务。系统下行主要采用时分复用(TDM)方式向相应扇区发送广播信号，每个用户终端在特定的频段内接收属于自己的信号。

③ 调制方式。目前 LMDS 系统中应用较多的调制方式为 QPSK(四相相移键控)、

16QAM(正交调幅)及64QAM等。在相同带宽条件下,采用16QAM调制方式,可支持的容量为QPSK方式的2.3倍;采用64QAM方式,则为QPSK的3.5倍。高阶调制方式可以有效地扩大系统容量,但调制技术越复杂,在相同条件下系统的覆盖范围越小。

④ 拓扑结构。LMDS系统的拓扑结构与局域网类似,有星型和环型两种主要结构。星型结构是指中心基站采用全向或扇区天线,与采用定向天线的远端用户终端直接进行微波通信,较适合用户分布较集中和确定的环境。环型结构是指相邻远端用户终端之间,采用定向天线彼此进行微波通信。其中央节点处于网络枢纽位置,负责微波链路上业务量的汇聚和转接。该结构更适于用户较少、地理环境较复杂的环境。环型LMDS可以方便地实现链路自愈功能。

(4) LMDS的主要应用

① 租用线业务。应用于用户自动交换机连接、基于专线的广域网连接等。

② 突发数据业务。应用于互联网、企业网,以及局域网互连等。

③ 交换语音业务。为传统的语音和ISDN提供接入。

④ 数字视频业务。应用于视频点播(VOD)、数字视频广播业务等。

3. WiMax

WiMax(World Interoperability for Microwave Access,全球微波接入互操作性)是一种可用于城域网的宽带无线接入技术。WiMax是针对微波和毫米波段提出的一种新的空中接口标准,主要作用是可提供无线"最后一千米"接入,覆盖范围可达50 km,最大数据速率达75 Mbit/s,频段范围为2～11 GHz。

WiMax提供固定、移动、便携形式的无线宽带连接,能同时满足支持数百使用T1连接速度的商业用户或数千使用DSL连接速度的家庭用户的需求,并提供足够的带宽。

作为宽带接入技术的WiMax具有高带宽、大容量、多业务、快速组网,以及低成本投资等特点,正处于迅速发展阶段。

(1) WiMax标准

WiMax系列标准目前分别为IEEE 802.16a(针对固定宽带无线接入)、IEEE 802.16d(增强了对室内客户端设备CPE的支持)、IEEE 802.16e(面向移动终端设备)、IEEE 802.16f(支持漫游以及无线保真Wi-Fi和WiMax之间的切换)。

WiMax标准中加入了自适应调制方案,从而可根据基站的距离、信道噪声、多径时延等信道状况自动调整调制方法。可选的调制方法有BPSK、QPSK(主要面向较长距离),16QAM、64QAM(主要面向较短距离)。WiMax的基本接入模式为256点的正交频分复用OFDM。OFDM技术可以减小早期微波接入技术中存在的多径和视距传输问题,且用户可使用室内天线或简单的室外天线。WiMax的最大传输范围约为50 km,基站和用户设备两端均可以进行功率控制,优化每个用户的信号质量。系统也兼容更新的扇区化、自适应波束成型天线。

(2) WiMax的技术特点

① 设备的良好互用性,运营商可从多个设备制造商处购买WiMax相应设备。

② 在更远的距离下(最远可达50 km)提供优质的频谱效率。

③ 系统容量可升级，新增扇区简易，灵活的信道规划可使容量达最大化，且允许运营商可根据用户的发展需求逐渐升级扩大网络。

④ 较高的系统增益可提供更强的远距离穿透能力。

(3) WiMax 无线接入的网络结构

WiMax 无线接入网络结构由基站(BS)、中继站(RS)、用户站(SS)、用户驻地网(CPN)设备或用户终端设备(TE)等组成。

基站采用无线方式通过 WiMax 业务接入节点 SAP(也是一种基站)接入城域网，SAP 接入城域网既可以采用宽带有线接入，也可采用宽带无线接入。

中继站的作用是扩大 WiMax 无线接入网的无线覆盖范围。

用户站是用户侧无线接入设备，提供与 BS 上连的无线接口，并提供与用户终端设备或用户驻地网设备相连的接口(如以太网接口、E1 接口等)。

用户驻地网设备可采用用户路由器、交换机、集线器，或是另一种无线接入节点以组成用户专用网络。

若用户欲直接接入 WiMax 网络，必须配置符合 WiMax 接口标准的用户单元(SU)，用户单元一般为无线网卡或无线模块。

8.3 宽带核心网技术

宽带核心网络技术通常是指 ATM 网络、IP 网络、MPLS 网络、汇聚网络和吉比特以太网等，利用宽带核心网可进行高速的数据传输和路由选择等。

8.3.1 宽带 IP 网络组网技术

由于互联网用户数的急剧膨胀和网络业务的广泛应用，导致网络信息流量的持续增加，由路由器专线技术构成的传统网络结构问题日益突出。例如，现有路由器寻址速度低，吞吐量不够，用户接入速率低；传统 IP 网络不能保证服务质量(QoS)，特别是多媒体业务的 QoS 问题；网络规模扩大导致路由器寻址时跳数(HOP)过多，传输时延增大，网络性能下降；路由协议对跳数限制的同时，也限制了网络的规模和路由器端口数量；传统的 IP 网所使用的 IPv4 协议对实时、灵活的路由器机制、流量控制和安全性能的支持不够，地址资源短缺等。

为解决上述问题，IP 网络需与 ATM、SDH、WDM 技术结合，以实现 IP 网络的高速化及宽带业务应用；同时，通过在路由器之间引入 ATM 交换设备，减少以往过多的路由器跳数所产生的花费，降低网络的复杂性，解决传统路由器骨干网的拥塞，大幅度提高网络性能，保证服务质量。

根据所采用的传输技术以及核心节点设备的不同，宽带 IP 网络的组网技术目前主要有以下 3 种。

① IP over ATM：异步传输模式上传输 IP。

② IP over SDH：光同步传送模式上传输IP。

③ IP over WDM：波分复用传输IP。

1. 基于ATM的IP传输(IP over ATM)

IP over ATM是把面向连接的ATM的能力引入到无连接的IP中去，利用ATM优良的服务质量(QoS)保证、对多业务的支持，以及高稳定性，为IP网络提供高质量的稳定的具有兼容性的核心平台。若已建设完善的ATM网，即可在ATM网上传送IP业务。

ATM以网络的形式支持IP(即IP over ATM)，不但提高了传输效率，同时也缩短了传输时延，从而大大提高IP网的性能。

IP over ATM需解决的问题如下：

① ATM是面向连接的，而IP是无连接的，在一个面向连接的网络上承载一个面向无连接的业务，将面临许多需要解决的问题。

② IP协议有其相应的寻址方式、选路功能和地址结构，而ATM也有相应的信令、选路规程和地址结构，存在IP地址和ATM地址之间映射的难题。

IP over ATM存在的主要问题为：若IP业务繁忙时或出现大量不均衡、突发性业务时，会发生ATM承载能力下降，主干网路由器负荷过大也会引起整个系统停机；IP over ATM还存在网络体系结构比较复杂、传输效率低、开销损失大的缺点。

IP over ATM的组网技术如下：

(1) LANE技术

LANE(ATM局域网)是指以ATM结构为基本框架的专用网络，其以ATM交换机作为网络中的交换点，通过ATM接入设备把各种业务接入到ATM网络，实现相互间的通信。其性能优于传统共享媒介的局域网。

(2) CLIP技术

CLIP又称为传统的IPOA(IP over ATM)，是ATM网上传输数据分组的早期协议和解决方案，其基本思想是在传输IP数据分组时把ATM网络视为另一种异型网络，即类似于以太网以及X.25网上传输IP数据分组的情况。CLIP只支持IP协议，适于互联网及使用IP协议的局域网。

(3) MPOA技术

MPOA技术是基于ATM的多协议传输，是在LANE和IPOA之后的以ATM网络支持传统局域网的方案，可提供高性能、低延时的能承载多种高层协议的另一种互连方式，其进一步利用了ATM提供的各种服务性能。

(4) IP交换

IP交换是IP与ATM技术的结合，其核心思想是对业务数据流进行分类，对持续期长的用户数据流提供快速直通路径，对持续期短的用户数据流利用默认路径转发。IP交换机本质上是连接到ATM交换机上的路由器。IP交换的目的是在快速交换硬件(标准的ATM交换加上IP交换软件控制器)上获得最有效的IP实现，实现非连接的IP和面向连接的ATM的优势互补。

(5) 标记交换

标记交换是基于传统路由器的ATM承载IP技术。标记交换将交换技术和选路技术相结合,但并未脱离路由器技术,而是在一定程度上将数据传递从路由变为交换,用标记替换IP地址可使长度缩短,从而提高了传输的效率。标记的创建和分发与特定业务流的到达无关,而是依据反映网络拓扑变化的选路控制协议的更新信息。标记交换技术可以在不同的低层协议上使用,不受限于使用ATM技术;其支持多种上层协议,也不受限于转发IP业务。

(6) 多协议标记交换(MPLS)

MPLS是一种在开放的通信网上利用标记引导数据高速、高效传输的新技术。MPLS是一种交换和路由的综合体,其基本思想是采用标记交换。MPLS技术在网络时代发展迅速,并且已经成为宽带骨干网中的重要技术。MPLS标准化工作正在进行中。在已有的ATM与IP融合技术中,多协议标记交换(MPLS)是较佳的方案。

2. 基于SDH的IP传输(IP over SDH)

同步数字体系(SDH)是集复接、线路传输及交换功能为一体,并由统一网管系统操作的综合信息传送网络。

IP over SDH的基本思想是在高速路由器基础上并具有一定的服务质量(QoS)之后,用SDH光传送设备将这些高速路由器互连形成IP骨干网,而不必经过ATM环节。

以IP over SDH网络作为IP数据网络的物理传输网络,使用PPP协议(链路适配及成帧的点对点协议)对IP数据包进行封装,然后按字节同步的方式,把封装后的IP数据包映射到SDH的同步净负荷封装中,按其各次群相应的线速率进行连续传输。与SDH设备相连的路由器可根据所传的IP业务速率来选用,并保证路由器与SDH设备的互操作性。

IP over SDH实质上是路由器加专线的传统组网方式。相对于其他传输方式(如IP over ATM传输方式)具有更高的传输效率,更适合于组建专门承载IP业务的数据网络。

IP over SDH的主要优点为:

① 简化了IP网络体系结构,提高数据传输效率。

② 兼容各种不同的技术和标准,实现网络互连。

③ 利用SDH技术的各种优点(如自动保护切换),保证网络的可靠性。

④ 有利于实施IP多点广播技术,适用于IP骨干网。

IP over SDH技术存在的问题为:不适于集数据、语音、图像等为一体的多业务平台;尚不能像IP over ATM技术那样提供较好的QoS;对大规模网络需处理庞大复杂的路由表,路由信息占用较大的带宽;尚不支持虚拟专用网(VPN)和电路仿真;网络扩充性能较差,不如IP over ATM技术灵活。

3. 基于WDM的IP传输(IP over WDM)

光波分复用技术(WDM)是在一根光纤中同时传输多波长光信号的干线传输技术,用以改进传输效率,提高复用速率。

IP over WDM也称光互联网,也指IP over DWDM。其基本思想为:将IP直接放在光路上传输,省去了中间的ATM层和SDH层。该体系结构最简单直接,简化了层次,减少了网络设备和功能重叠,减轻了网络配置的复杂性,额外的开销最低,传输速率最高。

IP over WDM能够极大地拓展现有的网络带宽,最大限度地提高线路利用率,并能实现与吉比特以太网的无缝接入。

IP over WDM和IP over SDH的区别在于承载业务量的大小和适应不对称业务的灵活性上。IP over WDM的优势在于其巨大的带宽潜力,可以满足IP业务巨大的带宽要求,并解决IP业务的不对称性问题。WDM系统的业务透明性可以兼容不同协议的业务,实现业务会聚。依靠WDM的高带宽和简单的优先级方案,还可以基本解决服务质量QoS问题。

IP over WDM和IP over SDH可疏导高速率数据流,将成为宽带IP网络(尤其是大型IP高速骨干网)中的主要技术。

8.3.2 MPLS网络技术

MPLS是在开放的通信网上利用标记引导数据高速、高效传输的一种新技术。MPLS能在一个无连接的网络中引入连接模式的特性,其主要优点是减少了网络复杂性,兼容现有各种主流网络技术,能降低网络成本,在提供IP业务时能确保服务质量(QoS)和安全性,具有流量控制能力。此外,MPLS可以解决VPN(虚拟专用网)的扩展问题和维护成本问题。MPLS是下一代最具竞争力的宽带网络技术之一。

1. MPLS的基本概念

MPLS最初是用以提高路由器的转发速度而提出的一个协议。由于在流量控制和虚拟专用网(VPN)应用中的优异特性,MPLS已日益成为扩大IP网络规模的重要标准。

MPLS协议的关键是引入了标记(Label)的概念。标记是一种短的易于处理的、不包含拓扑信息、只具有局部意义的信息内容。其含义为:短的标记长度易于处理,通常可以用索引直接引用;只具有局部意义时便于分配。

ATM中的VPI/VCI(虚通道标识/虚通路标识)就是一种标记,ATM实际上是一种标记交换。

在MPLS网络中,IP分组在进入第1个MPLS设备时,MPLS边缘路由器(LSR)就用标记封装起来。MPLS边缘路由器分析IP分组的内容,并为该分组选择合适的标记。相对于传统的IP路由分析,MPLS不仅分析IP分组头中的目的地址信息,还分析IP分组头中的其他信息,如业务类型等。MPLS网络中的所有节点都依据该简短标记作为转发判决依据,当该IP分组最终离开MPLS网络时,标记被边缘路由器分离。

MPLS所涉及的基本概念如下:

(1) 转发等价类(FEC)

MPLS实际上是一种分类转发的技术。MPLS将具有相同转发处理方式(目的地相同、使用的转发路径相同、具有相同的服务等级等)的分组归为一类,这种类别就称为转发等价类。属于相同转发等价类的分组，在 MPLS 网络中将获得完全相同的处理。在标记分发协议(LDP)中，各种等价类对应于不同的标记；在 MPLS 网络中，各个节点将通过分组的标记来识别分组所属的转发等价类。

(2) 多协议标记交换

多协议：MPLS 位于传统的第 2 层和第 3 层协议之间，其上层协议与下层协议可以是当前网络中的各种协议，例如 IPX 等。

标记：一个长度固定，只具有本地含义的标志。其用于唯一地表示分组所属的转发等价类(FEC)，决定标记分组的转发方式。

交换：通过 FEC 的划分与标记的分配，MPLS 的标记在网络中进行交换，建立一条虚电路。

(3) 标记分组与标记栈

标记分组是包含了 MPLS 标记封装的分组。标记可以使用专用的封装格式，也可以利用现有的链路层封装，如 ATM 的 VPI/VCI(虚通道标识/虚通路标识)。标记栈是一组标记的级联。

(4) 标记交换路由器(LSR)

支持 MPLS 协议的路由器，是 MPLS 网络中的基本元素。一个分组由一个路由器发往另一个路由器时，发送方的路由器为上游 LSR，接收方为下游 LSR。

(5) 标记交换路径(LSP)

使用 MPLS 协议建立起来的分组转发路径，由标记分组源 LSR 与目的 LSR 之间的一系列 LSR 以及其间的链路构成，类似于 ATM 中的虚电路。

(6) 标记信息库(LIB)

标记信息库类似于路由表，包含各个标记所对应的各种转发信息。

(7) 标记分发协议(LDP)

标记分发协议是 MPLS 的控制协议，相当于传统网络的信令协议，负责 FEC 的分类、标记的分配、分配结果的传输，以及 LSP 的建立和维护等。

(8) 标记分发对等实体

进行标记分发协议(LDP)处理过程的标记交换路由器(LSR)为标记分发对等实体。

(9) 标记合并

对于某一相同 FEC(前向差错纠正)的标记分组，标记将不同的入标记替换为相同的一个出标记继续转发的过程，减少标记资源的消耗。

(10) 类型长度值(TLV)

MPLS 消息中的子结构，类似于其他协议中各种消息内的对象。

2. MPLS 结构与工作流程

MPLS 提供一种特殊的转发机制，为进入网络中的 IP 数据分组分配标记，并通过对标记的交换来实现 IP 数据分组的转发。

标记作为 IP 分组头在网络中的替代而存在，在网络内部 MPLS 在数据分组所经过的路径沿途通过交换标记(而不是 IP 分组头)来实现转发；当数据分组将退出 MPLS 网络时,数据分组被解开封装,继续按IP分组的路由方式到达目的地。

MPLS网络示意图如图8-13所示。

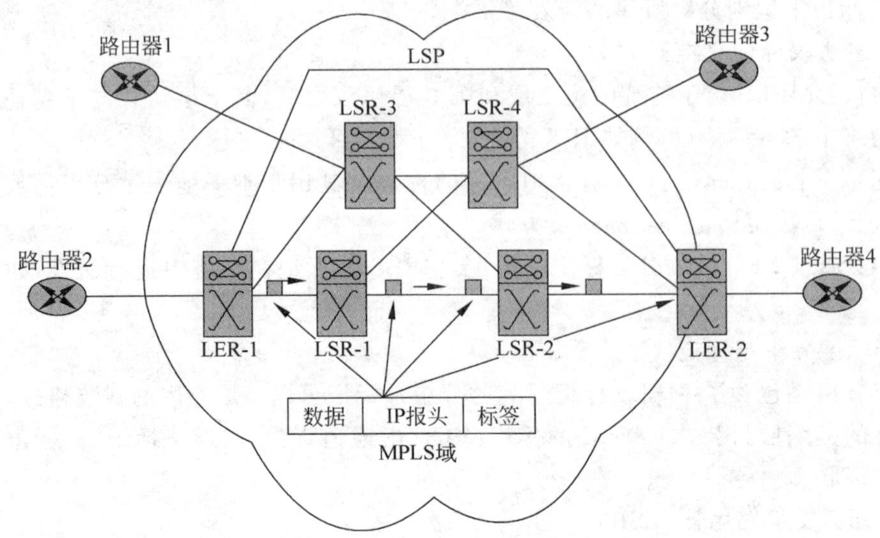

图8-13 多协议标记交换(MPLS)网络示意图

标记边缘路由器(LER):在网络边缘的节点,在MPLS网络中完成IP分组的进入和退出处理过程。

标记交换路由器(LSR):网络的核心节点,在网络中提供高速交换功能。

标记交换路径(LSP):在MPLS节点之间的路径,一条LSP可视为一条贯穿网络的单向隧道。

3. MPLS的应用特性

作为IP网络关键技术,MPLS首次允许运营商在单一网络上获得IP、ATM、FR的综合利润。由于MPLS可以提供IP的灵活连接和可扩展性,以及FR和ATM的专有性与服务质量,MPLS已成为被广泛接受的标准。

IP业务应用MPLS,可在具有选路和多业务的交换网络上通过以下过程进行传送。

① 网络决定包的选路和QoS需求。

② 标记被分配给每个数据分组,指示交换机或路由器去何处及如何发送该数据分组、每个数据分组的特定的服务属性、QoS、私有性等。

③ 在没有额外的选路的情况下,数据分组在骨干网上被交换。

MPLS标记的主要优点是能为单个数据流区别服务类。基于MPLS的解决方案使得新的网络业务(例如具有QoS的VPN)成为可能。

由于服务的决策在网络边缘决定,且不需要中间的再处理而进行交换,故MPLS可提供IP服务的高性能扩展。MPLS使得ATM网络能够实现端到端的三层智能和高性能。另外,MPLS消除了IP over ATM所需要的复杂的协议和地址解析。

运营商应用MPLS能快速有效地提供先进的IP服务,如IP VPN等。

4. MPLS VPN 技术

虚拟专用网(VPN)是一种利用公众网络资源来建立专用通信网络的技术。

VPN 可使企业利用公众网的资源将分散在各地的办事机构和客户等动态地连接起来，使得网络运营商、企业和最终客户三者都获利。VPN 对于网络运营商和企业都蕴含着极大的商机，已成为提供新一代电信业务的基石。

传统 IP 网络在实现 VPN 扩展性、安全性、管理性和 QoS 保证等方面具有先天缺陷而需要改造；传统的帧中继和 ATM 网络提供的 VPN 虽然安全性较好，但也存在扩展性差、管理和维护复杂等缺陷。

MPLS 技术的出现，使整个互联网的体系结构都发生了变化。采用 MPLS 技术实现 VPN 的技术方案将大大改善传统 IP 网络的缺陷，并可提供与帧中继或 ATM 网络相同的安全性保证，可以很好地适应 VPN 业务的需求。

(1) VPN 技术概述

VPN 是对企业内部网的扩展。VPN 被定义为通过一个公众网络(通常是互联网)建立一个临时的、安全的连接，是一条穿过公众网络的安全而稳定的隧道(数据封装)。

VPN 可以帮助远程用户、公司分支机构、商业伙伴及供应商同公司的内部网建立可靠的安全连接，并保证数据的安全传输。

通过将数据流转移到低成本的 IP 网络上，企业的 VPN 解决方案将大幅减少用户在城域网和远程网络连接上的费用，并简化网络设计和管理，加速连接新的用户和网站。此外，VPN 还可保护现有的网络投资。

企业的 VPN 解决方案可使用户将精力集中于自身业务上而非网络上。VPN 可用于不断增长的移动互联网接入，以实现安全连接；可用于实现企业网站之间安全通信的虚拟专用线路，用于经济、有效地连接到商业伙伴和用户的安全外联网。

(2) VPN 的业务功能

VPN 可提供的主要功能如下：

① 加密数据。以保证通过公网传输的信息即使被他人截获也不会泄露。

② 信息认证和身份认证。保证信息的完整性、合法性，并能鉴别用户的身份。

③ 提供访问控制。不同的用户有不同的访问权限。

(3) VPN 的分类

① 虚拟专用拨号网(VPDN)。在远程用户或移动雇员和公司内部网之间的 VPN，称为 VPDN。其实现过程如下：用户拨号 NSP(网络服务提供商)的 NAS(网络访问服务器)，发出 PPP 连接请求，NAS 收到呼叫后，在用户和 NAS 之间建立 PPP 链路，然后，NAS 对用户进行身份验证，如确定是合法用户，则启动 VPDN 功能，与公司总部内部连接，使用户访问其内部资源。

② 内联虚拟专用网(Intranet VPN)。在公司远程分支机构的局域网和公司总部局域网之间的 VPN。通过互联网将分支机构 LAN 连到公司总部的 LAN，以便公司内部的资源共享、文件传递等，可节省 DDN 等专线所带来的高额费用。

③ 外联虚拟专用网(Extranet VPN)。在供应商、商业合作伙伴的局域网和公司的

局域网之间的VPN。由于不同公司网络环境的差异性,该业务必须能兼容不同的操作平台和协议。由于用户的多样性,公司的网络管理员还应设置特定的访问控制表(ACL),根据访问者身份、网络地址等参数确定其相应的访问权限,开放部分资源(非全部资源)给外联网的用户。

(4) MPLS和VPN结合

MPLS VPN是指基于MPLS技术构建的VPN,即采用MPLS技术在公共IP网络上构建企业IP专用网络,实现数据、语音、图像等多业务。MPLS VPN能够在提供原有VPN所有功能的同时,提供强有力的QoS保证,具有可靠性高、安全性高、扩展能力强、控制策略灵活,以及管理能力强大等特点。

广域网技术的发展是一个带宽不断升级的过程。早期的X.25网只能提供64 kbit/s的带宽,DDN(数字数据网)和FR(帧中继)把带宽提高到2 Mbit/s,SDH和ATM又将带宽提升到2.5 Gbit/s。而MPLS作为目前业界最先进的技术,可把带宽提升到10 Gbit/s甚至更高。

从技术的角度来看,DDN、FR、SDH和ATM可视为"电路通信"时代的技术代表,其只能提供点对点的专线组网方式。当组建一个多点通信的网络时,企业需要投入很多人力、物力和财力来规划设计、管理维护企业专用的广域网络。

MPLS VPN与上述技术不同,其可视为"网络通信"时代的技术代表。尽管MPLS是在ATM的基础上发展起来的,但其融入了先进的"网络通信"的IP技术的思想,从而使广域网的带宽分配及管理更加灵活,带宽更容易升级,同时也使运营商的成本变得更低。"专网"概念的提出,改进了"专线"组网的缺点。

通过接入运营商提供的MPLS VPN,用户不再需要在路由器上进行每一条专线的设计、配置、管理和维护,只需类似接入互联网的方式即可简单地接入MPLS VPN,用户可简单方便地管理企业的远程内部网(如同管理局域网),而把广域网的运营管理工作全部交给专业的运营商。

8.3.3 宽带IP城域网

随着以IP为代表的数据通信技术的发展,以及计算机通信网与传统电信网的逐渐融合,城域网的概念已拓宽为IP分布式接入概念的延伸,即指城市内以数据多媒体业务为主体并能承载各种业务的新一代本地通信网。

1. 宽带IP城域网的概念

目前,IP业务的迅猛发展对网络带宽提出了越来越高的要求。同时,各大通信企业也都在加大宽带IP网络的建设投入和市场开发力度,以求尽快建设具有超前性、能够提供多媒体业务的宽带网络,以满足用户对宽带业务的需求。宽带IP城域网的建设和宽带接入业务已作为发展重点之一。

城域网产生于计算机通信网,用于局域网互连和数据新业务的发展,是覆盖城市范围的特定的数据业务传送网络。宽带IP城域网是基于TCP/IP的基础宽带网,是广域

IP网在城市范围内的延伸。

宽带IP城域网的主要功能是承载城域IP业务,可以为用户提供局域网互连、专线上网和拨号上网等业务,从而实现城域信息的高速交换和宽、窄带接入的汇集。

宽带IP城域网的业务包括非实时业务、实时业务、互连或组网型业务、带宽和专线出租业务等。

2. 宽带IP城域网的组建方案

宽带IP城域网的组建方案主要有两种。

(1) 采用高速路由器为核心组建的IP城域网

在IP业务量较大的城市,IP城域网骨干层将直接采用高速路由器为核心来组建,并以吉比特以太网(GbE)方式组网为主,PoS(PPP over SDH)连接为辅,中继采用市内光纤或其他传输媒介。

对于IP业务量大的城市,考虑到需要处理的IP数据包比较多,只有采用高速路由器才能有效处理;且当IP业务量较大时,IP层面的流量控制和服务级别划分(服务等级)等也是不可缺少的,而这些功能都只有高速路由器才能提供。对于业务量较大的城市,宜采用以高速路由器为核心、路由器或交换机为汇集层的IP城域网组建方案。

采用高速路由器为核心组建的IP城域网如图8-14所示。

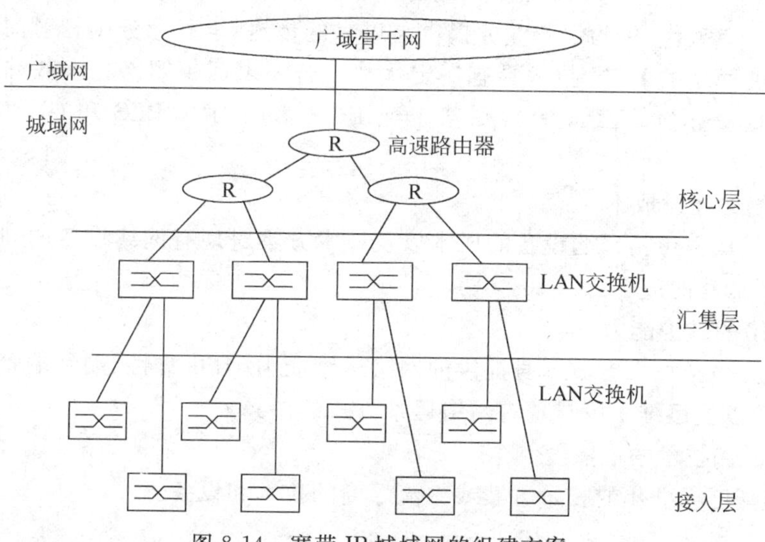

图8-14 宽带IP城域网的组建方案

(2) 采用高速LAN交换机为核心组建IP城域网

对于IP业务量中等以下的城市,可采用高速LAN交换机为核心的IP城域网组建方案,且全部以吉比特以太网方式组网,中继采用市内光纤或其他传输媒介。

8.3.4 IP RAN技术

随着网络全IP化的趋势不断深入和移动数据业务的不断增长,IP RAN(无线接入网IP化)技术已成为重要发展趋势。

1. IP RAN 的技术方案

IP RAN 包括核心网 IP 化和接入网 IP 化,其技术可选方案可归为两类。

(1) 基于传统传送网的设计理念

PTN(分组传送网)方案是基于传统传送网的设计理念,提供端到端的端口连接,主要采用静态配置;同时为了适应数据业务的要求不同程度地支持基于分组的物理接口、标签交换、统计复用性,并根据业务的特点提供不同的 QoS 级别,以实现传输资源的高效运用。

(2) 基于数据通信的设计理念

IP MPLS(多协议标记交换)和 CE(电信级以太网)的技术方案是基于数据通信的设计理念。其将移动数据业务最大限度地交传送网进行自动路由及传送;对于语音业务,则根据厂商设备的不同,灵活选择终结或者隧道技术(如电路仿真、分层服务提供程序 LSP 等),以提供较高等级的传送质量。数据通信方案能够最大限度地实现动态数据业务传输带宽的共享。

2. IP RAN 的技术选择

(1) IP RAN 承载的业务形式

IP RAN 承载的业务形式很大程度上决定了技术方案的选择。若 IP RAN 是对以往传送网络的简单替代,仅为语音业务提供高可靠的传送,承载业务则相对简单,从传统传送网技术演变而来的 PTN 技术具有一定优势。若要求回传网络在承载移动业务时,也承载用户数据业务(如 VPN 等),则基于纯 IP 技术的 IP MPLS 和 CE 方案更加能够胜任。

(2) 网络的建设成本

网络建设成本包括采购设备的成本以及技术方案对现有网络设备的利用能力(实现投资保护,降低建网成本)。

(3) 网络的维护能力

维护能力包括技术方案本身提供的网络运维能力(含可靠性、端到端管理能力、业务配置能力等)以及运维手段与现有网络运维方式的差异。

(4) 产品和技术的成熟度

优先选择已标准化的技术方案或主流厂商的技术和设备。

8.4 下一代网络

以互联网为代表的新技术正深刻影响着传统电信网的概念和体系,下一代网络(NGN)代表了信息通信网络的发展方向。NGN 是一个融合的网络结构,是一个电信级的可运营、可管理、可盈利的 IP 业务网络,可提供融合有线/无线/数据/语音/视频的开放业务。

8.4.1　NGN 概述

NGN 是一个综合性的开放网络，以分组交换技术为基础，以软交换为核心。NGN 的特点就是支持或提供多媒体宽带网的一系列灵活的业务，是业务驱动的网络。从运营商的角度来看，NGN 必须是可以同时提供语音、数据、多媒体等多种业务的综合性的、全开放的网络平台体系。

1. NGN 的概念

广义的 NGN 泛指大量采用新技术，不同于目前一代的支持语音、数据和多媒体业务的融合网络。

NGN 的概念在不同的领域有不同的含义。

下一代交换网：主要的特征是软交换。

下一代接入网：包括无线局域网（WLAN）等。

下一代传送网：包括新一代的多业务传送平台（MSTP）、自动交换光网络（ASON）。

下一代互联网：基于 MPLS 和 IPv6 的 NGN IP 网络。

下一代移动网：基于第三代移动通信 3G、后 3G 和 4G 的 NGN 无线网络。

下一代广播电视网（NGB）：以有线电视数字化和移动多媒体广播为基础，以高性能宽带信息网核心技术为支撑，有线和无线相结合、全程全网的 NGN 广电网。

狭义的 NGN 特指以软交换为核心、光传送网为基础，多网融合的开放体系架构。现阶段所述的 NGN 通常是指狭义的基于软交换的 NGN。

目前我国通信行业所研究的下一代网络，一般是指狭义概念的 NGN。

2. NGN 的特点

(1) 开放式的体系架构和标准接口

NGN 采用分层的全开放的网络，具有独立的模块化结构，其将传统交换机的功能模块分离成为独立的网络部件，各部件可以独立发展，部件间采用标准的接口进行通信。原有的电信网络逐步走向开放，运营商可根据业务需要组合功能部件来组建网络。而部件间协议接口的标准化可以实现各种异构网的互连互通。

(2) 分层的网络架构

各层之间通过明确的功能接口通信，使得每层功能在具体实现上相互独立，任何一层的设备的升级改造不会影响到其他各层设备的正常工作。其优点为：

① 接入与控制的分离提高了网络的兼容能力和扩展能力。

② 业务独立于网络，解决了传统网络中业务发展困难的问题。

③ 提供开放的协议和 API 接口，可灵活、快速地提供业务。

④ 支持第三方软件；运营商能够提供有特色的业务，以增强竞争力；基于标准的协议接口，承载层的硬件选择灵活。

⑤ 促进分组网络的演进，逐步实现电信网、计算机网和有线电视的融合。

(3) 业务驱动

NGN 实现了两种分离：业务与呼叫控制的分离和呼叫与承载的分离。其目标是使业务真正独立于网络。各种承载技术和接入手段对于业务都是透明的。用户可自行配置和定义业务特征，无须考虑承载业务的网络形式以及终端类型，从而具有强大的、灵活的业务提供能力。NGN 通过开放标准业务接口，利用应用服务器可快速提供新业务，并实现现有智能网业务的继承和融合。

(4) 基于分组的网络

NGN 是基于统一协议的分组网络，可实现语音和多媒体信息的分组化传送；使用网关设备可与现有的电路交换网络(如 PSTN)互通。

(5) 支持设备的综合接入

NGN 体系结构实现了不同通信网中各种设备的综合接入，并可满足各种新型业务终端的接入要求和用户多方面的需要。由于其开放性，不仅可以实现网络的低成本建设，还可以方便地构建新的信息通信产业价值链。通过开放的业务接口，业务提供商可构建更多的新业务；而用户的各种通信设备可通过不同手段接入该综合网络，享受网络提供的个性化服务。

8.4.2 基于软交换的下一代网络

软交换的设计思想符合下一代网络的基本特点，即开放式体系结构、业务驱动和分组化的网络。软交换吸取了 IP、ATM、智能网和时分多路复用(TDM)等技术的优点，完全形成分层的、全开放的体系结构，使得运营商在充分利用现有资源的同时，可根据需要而全部或部分利用软交换体系产品，形成适合本系统的网络解决方案。

1. 软交换的基本概念

软交换技术是在 IP 电话基础上产生的，其主要思想来源于分解的网关功能的概念，即把网关分解为媒体网关、信令网关、媒体网关控制器，其中媒体网关控制器就是软交换的前身。

软交换有广义和狭义两种概念。从广义上看，软交换泛指一种体系结构，即基于软交换的下一代网络(NGN)框架；从狭义上看，软交换是指软交换设备。

软交换设备是一个市场术语，其他类似名称包括呼叫服务器、呼叫代理、媒体网关控制器等。

软交换是一个基于软件的分布式交换/控制平台，其把呼叫控制功能从网关中分离出来，利用分组网代替交换矩阵，开放业务、控制、接入和交换间的协议，从而真正实现多厂商的网络运营环境，并可方便地在网上引入多种业务。

在电路交换网中，呼叫控制、业务提供以及交换网络均集中在一个交换系统中；而软交换的主要设计思想是业务/控制与传送/接入分离，各实体之间通过标准的协议进行连接和通信，以便在网上更加灵活地提供业务。

软交换系统体现的是通信网技术与 IP 技术两者的结合，着眼于整个通信网络，而不是以交换节点来研究未来网络的问题。

软交换可定义为：软交换是网络演进以及下一代分组网络的核心设备之一，其独立于传输网络，主要完成呼叫控制、资源分配、协议处理、路由、认证、带宽管理、计费等功能，同时可向用户提供现有电路交换机所能提供的所有业务，并向第三方提供可编程能力。

2. 基于软交换的下一代网络系统结构

下一代网络(NGN)是采用IP协议及其相关技术，电信网的商业模式、运行模式，电信业务的设计理念，集传统电信网和互联网之长，产生的新一代网络技术。

在下一代网络中，软交换设备将是针对语音业务、数据业务和视频业务完成呼叫、控制、业务提供的核心设备，也是电路交换网向分组交换网演进的重要设备。

基于软交换的下一代网络系统结构如图8-15所示。

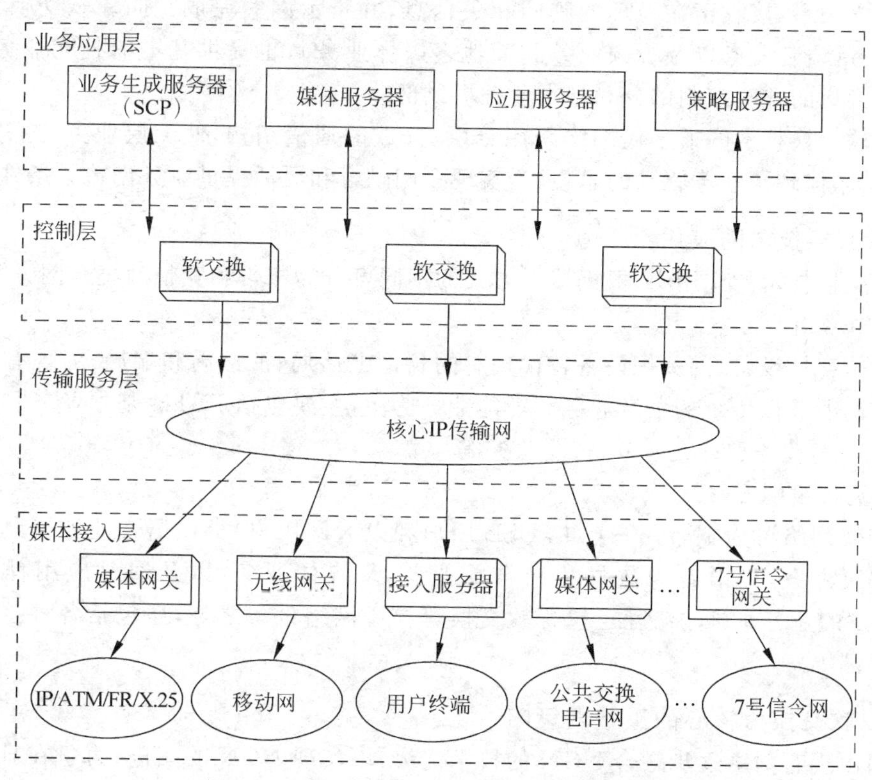

图8-15 基于软交换的下一代网络系统结构

(1) 媒体接入层

接入层指与现有网络相关的各种网关或终端设备，完成各种类型的网络或终端到核心层的接入，包括有线、无线等各种接入手段。

(2) 传输服务层

传输服务层是基于IP/ATM的分组交换网络，软交换体系网络通过不同种类的媒体网关，将不同种类业务媒体转换成统一格式的IP分组或ATM信元，利用IP路由器或ATM交换机等骨干传输设备，由分组交换网络实现传送。传输服务层包括IP网和ATM网。

(3) 控制层

控制层是整个网络架构的核心，主要指网络中的核心控制设备即软交换设备。控制层主要完成多媒体呼叫及业务控制，并负责相应业务处理信息的传送，具备开放接口的能力。控制层主要涉及软交换相关的功能，完成业务逻辑功能(含呼叫控制和路由等)操作，并控制低层网络元素对业务流进行处理。

(4) 业务应用层

业务层主要指面向用户提供各种应用和服务的设备，是一个开放的综合业务接入平台，提供各种增值服务、多媒体业务和第三方业务，主要负责业务逻辑功能的相关处理(如业务生成、业务逻辑定义和业务编程接口等)，以及业务相关的管理功能(如业务认证和业务计费等)，其需要相应的业务生成和维护环境。

在图 8-15 中，软交换位于网络分层中的控制层，与传输服务层的网关交互作用，在各点之间建立关系，接收正在处理的呼叫相关信息，并指示网关完成呼叫。软交换主要处理实时业务(语音业务以及视频业务和其他多媒体业务)，也提供基本的补充业务，相当于传统交换机的呼叫控制部分和基本业务提供部分。

基于软交换技术的下一代网络采用分层、开放的通信结构，使上层业务与底层的异构网络无关，体现了业务驱动的思想，为实现多网融合和灵活提供业务创造了条件。

3. 软交换技术的应用

在软交换技术的应用中，根据接入方式的不同可分为窄带和宽带两类组网方案。

(1) 窄带组网方案

利用软交换设备、网关等设备替代现有的长途电话局、汇接局和端局，为现有的窄带用户提供的业务以传统的语音业务和智能业务为主，主要包括 PSTN 基本业务和补充业务、ISDN 基本业务和补充业务、智能业务等。

(2) 宽带组网方案

软交换网络可为宽带用户(如 xDSL 用户和以太网用户)提供语音业务以及其他增值业务解决方案，如语音与数据相结合的业务、多媒体业务，以及通过应用程序接口(API)开发的业务。该网络除了包含软交换等核心网络设备之外，还包括各种接入设备和智能终端等。

4. 以软交换为核心的重叠网策略

如何由现有网络逐步融合 NGN 的技术优势，以实现 NGN 的演进，力争在日益激烈的业务市场中继续保持主导地位，是增强运营商竞争能力的技术关键问题之一。

目前，语音业务和数据业务分别由两个分开的网络来提供。传统的电话网 PSTN 在发达国家基本不再投入，但在中国发展潜力依然很大，且电话业务仍是电信公司的主要收入来源。因此，在向 NGN 演进的同时，应考虑如何保护现有电话网的资源和由其带来的经济效益。

以软交换为核心的重叠网策略的核心思想是保留现有电路交换网资源不变，使其独立发展，同时在交换电路网(SCN)与 IP 网间设置网关和软交换设备。网关完成 SCN 与 ATM 或 IP 的互通功能，软交换完成呼叫控制功能，从而建立 SCN 与 IP 网的呼叫关系。

重叠网策略着重于业务层的融合，便于对网络进行统一管理和快速部署新业务，可作为向 NGN 演进的长远解决方案。在演进次序上，可从长途局、汇接局到端局和接入网，从支持多媒体等新型业务到支持移动语音、高速移动数据，分步推进。

从网络角度看，通过软交换机结合媒体网关和信令网关，跨接互连电路交换网和分组交换网后，尽管两个网络仍基本独立，但业务层已实现基本融合，可统一提供管理和快速扩展部署业务。待数据业务逐渐成为网络的主要业务后，再考虑将电路交换网上的语音业务逐渐转移到分组化网上来，最终形成一个统一的融合网络。该方案的基点在于网络和业务的融合，而不在于结点的融合，允许不同的网按各自的最佳方向独立演进，不受限于结点结构。

5. 用软交换实施对核心网的改造

目前，在固定电信网方面采用的主流方案首先就是用软交换来改造 PSTN 网络，以克服传统 PSTN 在支持新业务方面的局限性，并从中心局向端局逐步替代。

以中国电信为例，自 2007 年起所实施的软交换对 PSTN 的改造内容包括：传统交换机的替换；核心网实施，包括软交换、中继网关、信令网关及应用服务器平台（部署在本地网的核心机房）的建设；接入部分实施，包括大容量网关、系列化接入网关、综合接入设备（IAD）、会话启动协议（SIP）软硬终端等（按需部署在接入局点）的建设；软交换运营支撑系统均与电信的后台系统（计费网关）实现互通等。

与固网相同，以 TDM 交换为主的移动通信网络也要从 PSTN 向 IP 网过渡，以满足宽带化、智能化的业务和运营要求。因而在移动核心网中引入了软交换的概念，促进了移动网络的演进及与固定网络的融合。2004 年，中国移动已选择移动软交换技术建设覆盖全国的移动长途汇接网；2007 年，中国移动积极推动软交换在 2G 网络中的引入，开始实施了能接纳 GSM/WCDMA/TD-SCDMA 等各种接入网制式的软交换网建设项目，标志着移动核心网也已步入软交换时代。

8.4.3 基于 IMS 的下一代网络

IP 多媒体子系统（IP Multimedia Subsystem，IMS）是在基于 IP 的网络上提供多媒体业务的通用网络架构，是对 IP 多媒体业务进行控制的网络核心层逻辑功能实体的总称。IMS 来源于移动通信标准领域，在基本原理上与软交换技术是一种继承和发展的关系，目前已经成为 NGN 发展的主要技术方向之一。

在 ITU-T 将 IMS 作为 NGN 的控制核心之后，IMS 已经成为了通信业的焦点。

1. IMS 的体系架构

（1）网络架构

IMS 技术和软交换技术都是支撑下一代网络的核心技术。在体系架构上，IMS 和软交换都采用了业务（应用）、控制和承载相互分离的分层架构思想，但各具特色。同样作为控制层技术，IMS 技术具有更加清晰开放的分层结构，可用于组建大型网，其业务能力更加强大，可以开发基于会话的下一代多媒体业务网。总体而言，软交换可视为 NGN 发展的初级阶段；而IMS是构造固定和移动融合网络架构的目标技术，可认为是NGN发展的中级阶段。

在NGN的体系结构中，IMS将作为控制层面的核心架构，用于控制层面的网络融合。IMS综合了以下技术。

① IMS最大限度地重用了互联网技术和协议。由于大部分网络接口采用的都是互联网协议，因此IMS不但支持3G用户之间基于IP网络的多媒体通信，而且也能较为容易地支持3G用户和互联网用户之间的通信。

② IMS继承了移动通信系统特有的网络技术。IMS在灵活提供IP多媒体业务的同时，仍然保持了移动通信的所有特点，体现了移动网络技术和互联网技术的结合。

③ IMS充分借鉴了软交换网络技术。在IP核心网络引入了会话控制层，其核心网元负责多媒体通信的呼叫控制，相当于软交换设备的地位。在业务层采用软交换网络的开放式业务提供架构，既支持第三方业务提供，也支持基于互联网技术的业务提供，同时还继续支持2G智能网业务。在与固定电话网互通方面，和软交换网络一样，也采用基于网关的互通方案，同样有信令网关、媒体网关、媒体网关控制器等网元。

IMS的分层体系与软交换网络相同，各层的功能也基本相同。自上而下可分为业务层(应用层)、控制层与用户层，用户层可以再细分为传输层与接入层。用户层负责将各种终端接入到IMS网络，并采用IP技术来透明地传递业务信息；控制层用于对呼叫的控制，是整个网络的核心；业务层的主要功能是提供各种业务逻辑。

(2) 业务特性

IMS通过IP网络来为用户提供实时或非实时的端到端的多媒体业务。其最初的设计思想是要求具有与接入方式无关的特性，即能够为可接入到IMS网络的任何类型的终端提供服务；而IMS的最终目标是使各种类型的终端都可建立起对等的IP连接，通过IP连接，终端之间可以相互传递各种信息(包括语音、图片、视频等)。IMS拥有与接入无关的特性，使其作为移动通信领域的一种体系架构之后，也已成为融合移动网络与固定网络的一种手段，这与NGN的目标相一致。

2. IMS的特点

(1) 接入无关性

IMS是一个独立于接入技术的基于IP的标准体系，与现存的语音和数据网络(无论是固定用户还是移动用户)都可以互通，即IMS网络的用户与网络是通过IP连通的。

IMS的体系使得各种类型的终端都可以建立起对等的IP通信，正是这种端到端的IP连通性，使得IMS真正与接入无关，不再承担媒体控制器的角色，不需要通过控制综合接入设备、接入网关等实现对不同类型终端的接入适配和媒体控制。

(2) 以SIP为基础

会话启动协议(Session Initiation Protocol，SIP)是一个应用层的信令控制协议，用于创建、修改和释放一个或多个参与者的会话(如互联网多媒体会议、IP电话或多媒体分发)。会话的参与者可以通过组播、网状单播或两者的混合体进行通信。SIP协议本身是一个端到端的应用协议，和接入方式无关。为了实现接入的独立性，IMS采用SIP作为唯一的会话控制协议。

(3) 提供丰富而动态的组合业务

IMS 实现了端到端的 IP 多媒体通信。同时,IMS 具有在多媒体会话和呼叫过程中增加、修改及删除会话和业务的能力,并具有对不同的业务进行区分和计费的能力。对用户而言,IMS 业务以高度个性化和可管理的方式支持个人与个人以及个人与信息内容之间的多媒体通信,包括语音、文本、图片和视频或这些媒体的组合。

(4) 网络融合的平台

IMS 的出现使得网络融合成为可能。除了与接入方式无关的特性外,IMS 还具有一个商用网络所必须拥有的一些能力,包括计费能力、QoS 控制、安全策略等。通过 IMS 的统一平台,运营商可以融合各种网络,为各种类型的终端用户提供丰富多彩的服务,而不必重新部署新业务,从而减少重复投资、简化网络结构、减少网络的运营成本。

3. IMS 与软交换的比较

(1) IMS 的体系结构更加分布化

软交换最大的特点和优势是体现了分离的思想,即承载、呼叫控制、业务接入的相互分离。IMS 继承了该特点且更彻底地加以实现。

① IMS 实际上比软交换更"软"。IMS 技术对控制层功能做了进一步分解,实现了会话控制实体和承载控制实体在功能上的分离,使网络架构更为开放、灵活。

② 业务与控制的严格分离。在软交换体系中,软交换设备是核心的呼叫控制设备,但也承担了提供基本电信业务的功能,只是把增值业务分离出来放到了业务层;而 IMS 把所有的业务全放于业务层的应用服务器中,IMS 的核心控制设备——呼叫会话控制功能服务器(S-CSCF)只负责对呼叫的控制。

③ 用户数据的分离集中。软交换中将用户数据放置在软交换设备中;而 IMS 将用户数据和与之关联的业务数据集中放置在归属用户服务器(HSS)中,这样可使用户数据的配置和更改更加灵活。

运营商的组网是希望网络趋于分布化,尤其是大型网的组建;而更加分布化的体系可以使组网更加灵活,从而使网络具有更好的扩展性。

(2) 呼叫控制协议的不同

在软交换体系中,软交换设备要支持多种协议;而在 IMS 体系中,SIP 是唯一的会话控制协议,省却了协议间相互转换的麻烦。IMS 的终端设备均采用 SIP 协议与 IMS 网络通信,由于 SIP 协议的简单性和可扩展性,终端将更加智能化。

(3) IMS 为移动通信环境做了更充分的考虑

相对于软交换,IMS 对移动通信环境做了更充分的考虑,主要体现于 IMS 提供对终端漫游的支持,在移动终端接入到 IMS 网络的注册过程中,IMS 网络会对终端进行严格的鉴权和认证,并进行信令压缩,以节省无线信道资源等。

(4) IMS 有更好的安全性和服务质量(QoS)保证

安全措施包括 IMS 对终端接入进行严格控制;用户在会话过程中可请求隐私保护;各 IMS 网络之间设置安全网关用于保证网络内部安全等。QoS 措施包括基于业务的本地策略机制等。

在体系设计上,IMS是先分析其业务需求,据此来设计可完成该功能的功能块,再用这些功能块来构成完整的业务网体系;而在软交换体系设计上,是先设计一个设备,再根据设备能力去构建体系。

软交换与IMS是现有网络向下一代网络演进的两个不同阶段,两者将以互通的方式长期共存,最终软交换网络会过渡到IMS网络。

4. 基于IMS的网络融合

随着通信网络的发展与演进,融合已经成为用户、运营商(特别是全业务运营商)自身发展的内在需求,IMS可以实现固定与移动、电信网和企业网的融合,且可以简化网络结构,支持更丰富的定制化业务,是当前实现融合的目标网络架构。目前,研究基于IMS网络融合的国际(或行业)标准组织已在网络框架、QoS、安全、计费以及和其他网络的互通方面制定了相关规范。

固定移动融合的一个重要特征是,用户的业务签约和享用的业务,将从不同的接入点和终端上分离开来,以允许用户从任何固定或移动的终端上,通过任何兼容的接入点访问完全相同的业务,包括在漫游时也能获得相同的业务。

单从技术发展以及技术经济分析的角度来看,网络融合较适合的方式为先由软交换替代PSTN,实现网络的IP化,为拓展增值业务领域和融合奠定基础;然后在软交换的基础上采用重叠网方式逐步引入IMS,以互通方式长期共存,最终实现融合。

由于IMS融合方案是基于一个新的NGN的解决方案,而不是基于现网的解决方案,尚需要相关标准的完善。基于现有网络适度改造和融合终端的固定移动融合无须等待IMS引入,但多媒体业务的融合最终还需依靠IMS;真正的全业务融合还需要主流语音业务从电路域迁移到分组域。

IMS融合方案的下列问题还有待完善:网络融合所带来的功能的复杂性、IMS技术的稳定性、产品开发的成熟性、商用需求的QoS保证和安全机制等。IMS体系离全面成熟以及全面商用尚有一段差距。

在未来的移动通信网和全IP网络中,IMS将是最为重要的部分。目前业界所看好的一些新业务都需要IMS的支持,且在IMS之上可开发丰富的IP多媒体应用。可以说,IMS是核心网的发展方向,是下一代网络部署新业务的基石。

信息通信产业正面临着一场变革,市场开放和竞争引入的进度明显加快,通信管制体制改革的力度明显加大,特别是以互联网为代表的新技术革命正在深刻地改变着传统的通信概念和体系。信息通信产业的发展速度在所有产业中领先,巨量投资集中于该领域,新概念和新技术不断涌现,信息通信网络也正处于前所未有的发展中。

8.5 信息通信网络技术的发展

信息通信网络发展的基本方向是开放、集成、融合、高性能、智能化和移动性。通信网络正逐步朝着高速、宽带、大容量、多媒体、数字化、多平台、多业务、多协议、无缝连接、安全可靠的保证质量的新一代网络演进，同时充分考虑固定与移动的融合。

8.5.1 信息通信网络的发展特点

1. 信息通信网络的发展需求

(1) 国家信息基础设施建设需求

统一、高效、先进、健壮的国家信息网络基础设施将为开展各类信息业务与应用提供强有力的支撑。信息通信网络在注重业务和应用需求的前提下，应向高速化、宽带化方向发展。

(2) 业务和使用需求

信息通信网络应有更高的灵活性、更大的容量、更快的速度、更强的生存力、更好的互通性、更强大的业务支撑能力，网络应更加易用、有效、价格低廉。

(3) 产业需求

网络运营商需要新的网络演进的关键技术及装备，并保持网络的可持续发展能力；服务提供商需要开放、竞争的网络环境，以引入新的商业模式参与竞争；设备制造商需要能够提升产业竞争力的核心技术，包括技术标准、专利等。

(4) 运营需求

网络新技术应能为各种业务提供有保证的服务质量，在与网络传送层及接入层分开的服务平台上提供服务与多种应用；同时，最大限度地增加资产回报、创造利润，具有开放性与灵活性的网络技术。

(5) 业界需求

信息通信网络应该是一个能够充分发挥容量潜力，保护运营商已有投资，能平滑演进，通过高速公共传输链路和路由器等节点，利用IP承载能够综合开放的多业务(如语音、数据、视像、所有比特流等)的网络。

(6) 技术需求

信息通信网络技术在可扩展性(如体系结构、地址、性能等)，对实时业务的支持(如服务质量)、网络的安全性和可信性，对移动性的支持、业务支撑能力等方面均面临着严峻的挑战，需要发展新的技术来应对这些挑战。

2. 信息通信网络的发展趋势

(1) 开放

开放的体系结构与开放的接口标准(标准化方向)使得各种异构系统便于互连和具有高度的互操作性。

(2) 集成

各种服务与多种媒体应用表现出高度集成。在同一个网络上，允许各种消息传递，能提供单点传输与多点投递；能提供尽力而为(无特殊服务质量要求)的信息传递，也能提供有一定时延和差错要求的确保服务质量的实时传递。

(3) 高性能

网络提供高速的传输、高效的协议处理和高品质的服务。具有可缩放功能，即能接纳增长的用户数目,而不降低网络的性能;能高速低延迟地传送用户信息;按照应用要求来分配资源;具有灵活的网络组织和管理。

(4) 融合

融合体现在话音与数据、传输与交换、电路与分组、有线与无线、移动与固定、管理与控制、电信与计算机、集中与分布、电域与光域等多方面。

(5) 智能化

网络在传输和处理上能向用户提供更为方便、友好的应用接口,在路由选择、拥塞控制和网络管理等方面显示出更强的主动性。尤其是主动网络(Active Network,AN)的研究,使得网络内执行的计算能动态地变化(该变化可以是“用户指定”或“应用指定”),且用户数据可以利用这些计算。

(6) 通用移动环境

移动通信技术从3G向4G,从单一移动环境向通用移动环境发展。3G能提供Mbit/s量级的传输速率,尚不能满足未来个人通信的要求。具有高数据率、高频谱利用率、低发射功率、灵活业务的4G可将无线通信的传输容量和速率提高十倍甚至数百倍。构建分层的无缝隙全覆盖整合系统,形成通用无线电环境,并实现各系统之间的互通,将是通往未来无线与移动通信系统的途径。

8.5.2 信息通信网络新技术

信息通信网络新技术的内容非常广泛,包括传送网新技术、接入网新技术、交换网新技术、互联网新技术、无线网络新技术、移动网新技术等。

1. 传送网新技术

传送网新技术主要是以光纤传输为基础的传送网技术,包括光传输网、全光网络和智能光网络(含自动交换传送网和自动交换光网络)。光网络凭借其接近无线的带宽潜力和卓越的传送性能而备受关注。

目前,大量商用的波分复用(WDM)系统需有灵活的网络节点才能实现高效、灵活的组网能力(普通的点到点WDM系统仅提供原始的传输带宽)。随着网络业务量继续向动态的网际协议(IP)业务量的加速汇聚,自动交换光网络(ASON)从静态连接的电路向动态连接的电路的转化,导致网络管理向自动化、智能化、综合化的方向发展,将成为今后传送网发展的重要方向。

2. 接入网新技术

接入网新技术是指多元化的无缝宽带接入网技术,包括基于公众交换电话网(PSTN)的接入、宽带以太网接入、下一代光接入、下一代无线接入和综合接入等。

随着高速宽带骨干网的升级,接入网已成为全网宽带化的最后瓶颈,而宽带化则成为接入网发展的主要趋势,宽带接入已成为网络建设的重点。

3. 交换网新技术

交换网新技术是指网络的控制层面采用软交换或IP多媒体子系统(IMS)作为核心

架构。

软交换首先打破了传统的封闭交换结构，将网络进行分层，使得业务、控制、接入和承载相互分离，从而使网络更加开放，建网灵活，网络升级容易，新业务开发简捷快速。

IMS 体系同样将网络分层，各层之间采用标准的接口来连接。相对于软交换网络，其结构更加分布化，标准化程度更高，能够更好地支持移动终端的接入，可以提供实际运营所需要的各种能力。

软交换和 IMS 是传统电路交换网络下一代网络演进的两个阶段，两者将以互通的方式长期共存。

4. 互联网新技术

互联网新技术为基于分组的网络技术，内容包括下一代网络、家庭网络、主动网络、网络存储技术、宽带智能网、10 吉比特以太网、40/100 吉比特以太网、传感器网络、网络代理(智能代理和移动代理)等先进技术，以及 IPv6、下一代互联网、光互联网、宽带高速互联网、宽带移动互联网和网格技术等。

互联网新技术将以 IP 版本 6(IPv6)为基础。IPv6 的出现使网络摆脱了地址和空间的限制，成为三网(电信网、广播电视网、互联网)融合的粘接剂。

5. 无线网络新技术

无线网络是利用无线电波作为信息传输媒介构成的信息网络。主要的新技术包括具有分布式、自适应、自组织特性的无线自组织(Ad hoc)网络、无线网状网(无线 Mesh 网络)、无线传感器网络和无线上网等技术。

无线自组织网络因其无须固定设备支持，各节点和终端可自行组网，从而突破了传统无线蜂窝网络的地理局限性。无线 Mesh 网络是一种新型的无线网络架构，代表着无线网络技术的又一大跨越。

无线传感器网络则将传感器、嵌入式计算、分布式信息处理、无线通信技术和通信路径自组织能力融合在一起，将感知信息传输给用户。

6. 移动网新技术

移动网新技术是指以 3G、B3G 和 4G 为代表的移动网络，内容还涉及下一代移动网、宽带移动互联网和互联网络、移动代理(能在异构计算机网络中的主机之间自主迁移、自主计算的计算机程序)等。宽带移动互联网实现移动网和固定网络的融合，为固网运营商快速进入宽带移动数据市场提供机会。下一代移动网将开拓新的频谱资源，最大限度地实现全球统一频段、统一制式和无缝漫游，满足中高速数据和多媒体业务的市场需求，并进一步提高频谱效率，增加容量，降低成本。

7. 下一代广播电视网(NGB)

中国下一代广播电视网(NGB)是以有线电视数字化和移动多媒体广播(CMMB)的成果为基础，以自主创新的“高性能宽带信息网”核心技术为支撑，所构建“三网融合”的有线无线相结合的、全程全网的下一代广播电视网络。

NGB 的核心传输带宽将超过每秒 1000 千兆比特，保证每户接入带宽超过每秒 40 兆比特,可提供高清晰度电视、数字视音频节目、高速数据接入和语音等"三网融合"的"一站式"服务,使电视机成为最基本、最便捷的信息终端,使宽带互动数字信息消费遍及千家万户。

建设下一代广播电视网,可充分利用我国广播电视网宽带网络资源,以较低的代价建设国家高性能宽带信息网,使之成为国际领先的新一代国家信息基础设施;可提升改造传统媒体和发展新型媒体,加快我国信息服务业的发展;可在更高的技术层面上实现"三网融合"的目标。

8. 信息通信网络技术的演变

信息通信网络的先进技术层出不穷,其演变可归纳如下:

电路交换—报文交换—分组交换;

各种通信控制规程—国际标准;

单一的数据通信网—综合业务数字通信网;

微机—主机—对等通信—客户/服务器—网站/浏览器;

IPv4—IPv6;

低速网络—高速网络—超高速网络;

窄带网络—宽带网络—新型宽带网络;

专用网—公用网—下一代网络;

面向终端的网—资源共享网;

固定、有线互连网络—宽带固定、有线/无线互连网络;

接入技术—10 Gbit/s 以太网接入、下一代光接入和多种宽带接入方式融合;

移动通信—3G(第三代移动通信)—4G(第四代移动通信);

以太网—10 吉比特以太网—100 吉比特以太网;

大型组网—网格计算组网和三网(电话网、广播电视网、互联网)融合;

信息存储—网络存储—基于 IPv6 的融合网络存储;

现代网络模式—宽带智能网、智能代理、主动网络、传感器网络—下一代融合网络;

光网络—全光网络—智能光网络和自动交换光网络。

8.5.3 信息通信新技术的应用

本节以 2010 年上海世博会为例,介绍国内主要电信运营商推出的信息通信新技术应用。

1. TD-LTE

具有我国自主知识产权的 TD-LTE(TD-SCDMA Long Term Evolution,TD-SCDMA 的长期演进)由中国企业倡导,并得到国际主流厂商的支持;包括 TD-LTD-Advanced 技术方案在内的 LTE-Advanced 标准,以及由欧美发达国家倡导的 802.16m 标准,已同时被列为第四代移动通信(4G)国际标准候选技术。

上海世博园区开通了全球首个"TD-LTE 演示网",其拥有很高的宽带接入速度(理论峰值传输速率可达到下行 100 Mbit/s 和上行 50 Mbit/s，远高于目前 3G 的传输速率）。世博会上提供了基于 TD-LTE 演示网的移动高清会议、移动高清视频监控、移动高清视频点播、便携视传业务（便携视频传输，其设备由摄像机、视频编解码器、TD-LTE 终端和电池等组成，产生的画面可通过编解码器变成数据，利用空中接口传到 TD-LTE 网络上，把画面传到视频监控平台，再由 TD-LTE 网络下行观看画面）、三维实景技术（结合 360°图像采集、定位、处理、传输和播放等技术，还原真实世界实景）及高清影像采集系统（提供多个无线影像采集点，保障世博会日常安全）等应用，展示了 TD-LTE 的产业发展和超强业务性能，并将推动 TD-LTE 技术和产业链的成长。

2. 城市光网

世博园区全面部署以光纤通信技术为基础的"城市光网"，构建"百兆进户、千兆进楼、T 级出口"的网络能力。城市光网摆脱了铜缆接入的带宽瓶颈，以满足多业务高带宽承载要求，可承载高速上网、IPTV、VoIP、会议电视、视频监控、"网上世博"等业务，为物联网提供网络支持，为世博会信息化应用提供超高速信息公路，并为建设"三网融合"宽带光网络提供了实验平台。

3. 移动极速宽带网

移动极速宽带网以高速移动体验为核心，具有高数据速率、高频谱效率、低延迟的特性，峰值速率下行可达 100 Mbit/s，上行可达 50 Mbit/s。世博园区网络覆盖了整个园区及周边道路，并展示高清 IPTV、高清视频监控、未来概念汽车等移动应用。

4. 下一代互联网

以 IPv6 为核心的下一代互联网，实现百亿地址全覆盖，打造双核上网科技，为世博网络应用提供更高的技术支撑。通过世博会 IPv6 宽带综合业务网络试商用项目，将提供 IPv6/IPv4 双栈宽带上网、基于 IPv6 的蓝光超高清 IPTV、高清视频监控、环境动力监控等多个特色业务应用。

5. 手机云计算

云计算（Cloud Computing）属分布式计算技术，其透过网络将庞大的计算处理程序自动分拆成无数个较小的子程序，再交由多部服务器所组成的庞大系统经搜寻、计算分析之后将处理结果回传给用户。通过这项技术，网络服务提供者可以在数秒之内达成处理数以千万计甚至亿计的信息，达到和超级计算机同样强大效能的网络服务。

作为专为世博会推出的基于云计算技术的高性价比互联网手机产品"e 云手机"，在不扩充手机性能的基础上，内置了世博百事通、世博搜索等，并可为客户提供"世博服务"和"数字对讲"两大云服务。"e 云手机"与普通手机不同点在于，若干应用软件无须下载到手机中，而是将互联网应用的计算与存储部署在远端服务器，以减少对用户手机终端的要求。

6. 物联网

物联网（Internet of Things）将各种信息传感设备，如射频识别（RFID）装置、红外感应器、全球定位系统、激光扫描器等种种装置与互联网结合起来而形成一个巨大网络。

物联网利用无所不在的网络技术建立起来，其目的是让所有的物品都与网络连接在一起，方便识别和管理。物联网中的主要技术为电子标签技术，以此为基础结合已有的网络技术、数据库技术、中间件技术等，构筑一个由大量联网的阅读器和无数移动的标签组成的庞大的物联网。在物联网中，系统可以自动、实时地对物体进行识别、定位、追踪、监控并触发相应事件。

为上海世博会建设的物联网公共统一接入管理平台和信息服务平台，实现了公交车、邮政车、机动通信车的无线视频监控以及世博新能源VIP用车的车况实时监控，可为世博会提供更高水平的智能信息联网服务、管理和控制。

本章小结

宽带网络通信目前主要是依托综合化、数字化、宽带化、智能化、多样化的光通信网，向用户提供语音、数据、图像、视频的交互式多媒体信息服务。

我国的网络融合(“三网融合”，或称“三网合一”)主要是指国内电信网、广播电视网、互联网的互连互通。网络融合主要指三网的高层业务应用的融合，表现为技术上趋向一致，网络层上可以实现互连互通，业务层上互相渗透和交叉，应用层上趋向统一的TCP/IP通信协议。宽带网络通信“最后一千米”的接入技术称为宽带接入网技术。宽带接入技术包括有线接入和无线接入，其主要接入方式有非对称数字用户线(ADSL)、电缆调制解调器(Cable Modem)、光纤/同轴电缆混合网(HFC)、以太网等有线接入；还可利用无线接入，如无线局域网(WLAN)、第三代移动通信系统(3G)等传送信息。

宽带核心网络技术通常是指ATM网络、IP网络、MPLS网络、汇聚网络和吉比特以太网等，利用宽带核心网可进行高速的数据传输和路由选择等。

MPLS VPN是指基于MPLS技术构建的虚拟专用网(VPN)，即采用MPLS技术在公共IP网络上构建企业IP专用网络，实现数据、语音、图像等多业务。

宽带IP城域网是基于TCP/IP的基础宽带网，用于局域网互连和数据多媒体新业务的发展，是广域IP网在城市范围内的延伸。

下一代网络(NGN)是一个综合性的开放网络，以分组交换技术为基础，以软交换为核心。NGN的特点就是支持或提供多媒体宽带网的一系列灵活的业务，是业务驱动的网络，是可同时提供语音、数据、多媒体等多种业务的综合性的、全开放的网络平台体系。

广义的NGN泛指大量采用新技术，不同于目前一代的支持语音、数据和多媒体业务的融合网络。狭义的NGN特指以软交换为核心、光传送网为基础，多网融合的开放体系架构。现阶段所述的NGN通常是指狭义的基于软交换的NGN。

软交换的设计思想符合下一代网络的基本特点，即开放式体系结构、业务驱动和分组化的网络。软交换技术是在IP电话基础上产生的，其主要思想来源于分解的网关功能的概念，即将IP电话网关分解为媒体网关、信令网关、媒体网关控制器。基于软交换的下一代网络体系结构包括业务应用层、控制层、传输服务层和媒体接入层。

IP多媒体子系统(IMS)是在基于IP的网络上提供多媒体业务的通用网络架构。IMS来源于移动通信标准领域，在基本原理上与软交换技术是一种继承和发展的关系，目前已成为NGN发展的主要技术方向之一。

信息通信网络发展的基本方向是开放、集成、融合、高性能、智能化和移动性。通信网络正逐步朝着高速、宽带、大容量、多媒体、数字化、多平台、多业务、多协议、无缝连接、安全可靠的保证质量的新一代网络演进,同时充分考虑固定与移动的融合。

习 题

8.1 简述宽带网络通信的基本概念。

8.2 试述网络融合的主要含义。

8.3 简述接入网的概念及其特点。

8.4 接入网主要有哪些接口类型?

8.5 分析非对称数字用户线(ADSL)技术的工作过程。

8.6 简述OAN的定义以及OAN参考配置中各基本功能块的作用。

8.7 试说明光纤接入网的分类。

8.8 简述HFC的频谱分配情况。

8.9 什么是以太网接入?简述以太网接入的基本结构。

8.10 试比较宽带组网技术中IP over SDH和IP over WDM的区别。

8.11 试述MPLS的基本概念。

8.12 简述MPLS VPN技术原理及业务功能。

8.13 何谓IP宽带城域网?其主要功能是什么?

8.14 简述下一代网络的基本概念。

8.15 什么是软交换?试对基于软交换的NGN的功能模型进行分析。

8.16 在接入网的界定中,其通过__________接口连接到电信管理网(TMN)。

A. UNI　　B. SNI　　C. Q3　　D. VB5

8.17 在OAN的双向传输方式中,采用半双工方式的是__________。

A. 空分复用　　B. 时间压缩复用　　C. 波分复用　　D. 副载波复用

8.18 LMDS一般工作在__________的波段附近。

A. 毫米波　　B. 厘米波　　C. 分米波

8.19 网络融合有何意义?其融合涉及哪些方面?

8.20 试述宽带网络通信的发展过程及其特点。

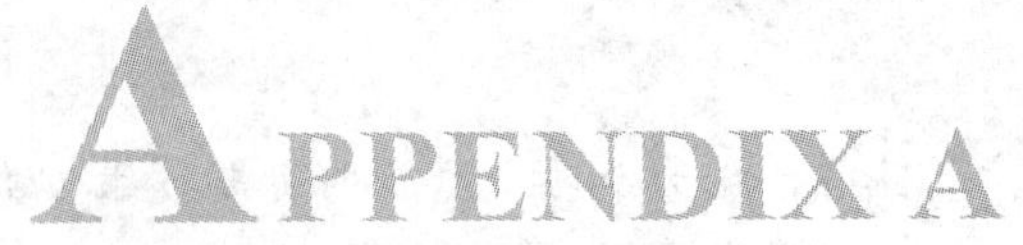

附录 A

通信工程师职业资格考试大纲

（基础知识部分）

通信工程公共基础知识

1. 职业道德

（1）职业道德基本知识

（2）职业守则

2. 通信法规

（1）电信条例

（2）国家无线电频率管理

（3）安全保密相关知识

3. 通信网概述及发展

（1）通信网技术基础

（2）通信网的分类和构成

（3）各类通信网络的技术术语

（4）网络间互连的基本概念

（5）通信网络的发展

4. 计算机通信基础

（1）计算机组成及接口

（2）常用操作系统知识

（3）计算机网络及应用

（4）办公用计算机应用软件

（5）计算机网络安全的基础知识

5. 其他知识

（1）通信电源与通信安全及防护技术基础

（2）安全生产知识

专业基础知识

一、无线通信专业基础知识

职业功能：无线传输系统、微波传输系统、卫星传输系统、无线接入

1. 无线通信原理

(1) 无线收发信设备知识
(2) 无线信道的特性
(3) 调制技术
(4) 编码技术
(5) 天线基本原理及相关参数
(6) 跳频技术

2. 无线通信系统基础知识

(1) 无线通信传输系统的组成及工作原理
(2) 无线通信系统的制式、性能及分布状况、系统联网常识
(3) 无线接口信令
(4) 各种传输方式
(5) 无线通信系统工作原理
(6) 无线通信系统网络结构

3. 无线通信业务知识

(1) 移动交换机的组成及电路结构
(2) 移动交换机的工作原理
(3) 移动交换机的维护常识
(4) 相关仪器、仪表的使用和基本知识

4. 各种传输方式、工作原理、网络结构

5. 其他知识

本专业维护规程

二、移动通信专业基础知识

职业功能：GSM/GPRS 移动通信系统、CDMA 数字移动通信系统、移动数据通信、第三代移动通信系统、其他移动通信系统

1. 移动通信概述

(1) 移动通信的定义和分类

(2) 移动通信的特点
(3) 蜂窝移动通信系统
(4) 当前主要移动通信体制、发展历史和地域特点
(5) 第三代移动通信系统概述
(6) 移动通信发展趋势

2. 移动通信组网

(1) 移动通信网络结构
(2) 蜂窝网技术
(3) 移动通信网的频率配置
(4) 信令方式
(5) 路由计划与接续要求

3. 电波传播与抗衰落技术

(1) 移动信道的特性
(2) 移动信道中的电波传播
(3) 抗衰落技术

4. 移动通信中的调制与编码

(1) 调制技术
(2) 编码技术

5. 多址技术

(1) 多址的概念和类型
(2) 频分多址(FDMA)
(3) 时分多址(TDMA)
(4) 码分多址(CDMA)
(5) 空分多址(SDMA)

6. CDMA基本原理与扩频技术

(1) CDMA基本原理
(2) 扩频技术
(3) 地址码与扩频码
(4) CDMA同步

7. 交换基础理论

(1) 电信交换基础知识
(2) 移动交换基本技术
(3) 移动交换系统

8. 话务量基本知识

(1) 话务量基本概念

(2) 呼叫处理能力
(3) 信道配置

9. 其他知识

本专业维护规程

三、有线传输专业基础知识

职业功能：传输网、接入网、有线电视网

1. 传送网概述

(1) 传送网基本概念
(2) 传送网特点、SDH 和 WDM 传送网的关系
(3) 传送网物理拓扑结构
(4) 传送网发展趋势

2. 传输系统基础知识

(1) 数字传输常用码型
(2) 数字复接技术
(3) 准同步和同步数字体系
(4) 均衡技术
(5) 再生中继
(6) 同步技术
(7) 网同步技术

3. 传输线路

(1) 电缆线路
(2) 光缆线路

4. 光传输系统

(1) 光源与光发送机
(2) 光电检测器与光接收机
(3) PDH 光缆传输系统
(4) SDH 光缆传输系统
(5) WDM 传输系统
(6) 视频光纤传输系统
(7) 光传输系统性能指标
(8) 光通信网络管理系统

5. 接入网概述

(1) 接入网定义
(2) 接入网接口

(3) 接入网特点
(4) V5 接口接入技术概述
(5) 宽带接入技术概述
(6) 接入网应用与发展

6. 其他知识

(1) 本专业维护规程
(2) 电磁兼容和三防知识

四、电信交换专业基础知识

职业功能：电话交换系统

1. 电话交换工程概述

(1) 电信网络结构
(2) 电信网络发展历程
(3) 电信业务

2. 电话交换技术

(1) 交换技术基础
(2) 电路交换技术
(3) 包交换及相关技术
(4) 语音处理技术基础

3. N-ISDN 技术

(1) ISDN 的主要特点
(2) ISDN 的局限性

4. 信令系统

(1) 用户线信令
(2) 局间信令

5. 智能网技术

(1) 智能网的概念模型
(2) 智能网系统结构

6. 话务量

(1) 话务量描述
(2) 呼损
(3) 话务流量流向分析

7. 交换技术发展

(1) NGN 概述

(2) 一层交换：光交换技术
(3) 二层交换：MPLS 技术
(4) NGN 的控制核心：软交换技术

8. 其他知识

本专业维护规程

五、数据通信专业基础知识

职业功能：数据通信网络

1. 数据通信概述

(1) 数据通信的定义和分类
(2) 数据通信的特点
(3) 数据通信发展趋势

2. 数据传输技术

(1) 数据通信模型
(2) 数据的信源编码和差错控制
(3) 数据通信过程
(4) 数据通信主要指标
(5) 数据通信方式
(6) 数据传输方式

3. 数据通信网络技术

(1) 数据网络体系结构
(2) 媒介接入控制层
(3) 数据链路层功能和方法
(4) 网络层功能与服务
(5) 传输层协议
(6) 高层协议
(7) 网络的流量控制、优化及管理
(8) 数据交换技术
(9) 局域网技术
(10) 数据网络和 IP 技术

4. DDN 技术

(1) DDN 的基本原理
(2) DDN 的用途

5. 分组交换网

(1) 分组交换网的相关协议

(2) 分组交换网的基本业务
(3) 分组交换网的基本原理

6. B-ISDN & ATM 技术

(1) B-ISDN 概述
(2) ATM 基本原理
(3) ATM 技术的应用

7. FR 网络技术

(1) FR 相关协议
(2) FR 基本原理
(3) FR 基本业务

8. IP 网技术

(1) TCP/IP 协议
(2) IP 地址
(3) IP 路由原理
(4) IP 综合业务

9. 数据通信新技术

(1) IPv6 及 IP over X
(2) 光交换技术
(3) MPLS 技术
(4) NGN 概述
(5) 软交换技术

10. 计算机基础

(1) 数据库技术
(2) 编程语言
(3) 各类操作系统的常用命令

11. 其他知识

(1) 网络安全知识
(2) 网络测试基础
(3) 本专业维护规程

六、计算机通信专业基础知识

职业功能：信息服务系统维护(Internet 应用服务、视频服务、电子商务)、信息服务应用系统开发、信息与网络安全

1. 计算机网络专业知识

(1) 计算机通信网络原理

(2) 局域网、广域网、Internet原理和技术
(3) 网络通信体系结构和协议、网络操作系统及网络计算环境
(4) 计算机网络运行评价体系及应用知识

2. Internet应用服务系统知识

(1) E-mail服务的相关协议和工作原理
(2) WWW服务的相关协议和工作原理
(3) FTP服务的相关协议和工作原理
(4) 虚拟专用网VPN的相关协议和工作原理
(5) DNS服务的相关协议和工作原理

3. 其他信息服务系统知识

(1) 电视会议系统的相关协议和工作原理
(2) 音频和视频媒体信息技术的相关协议和工作原理
(3) 电子商务系统的相关协议和工作原理
(4) 计算机网络增值业务

4. 网络安全和信息安全知识

(1) 网络安全和信息安全的基本原理及技术
(2) 常用的认证方式和相关协议
(3) 加密技术
(4) 防火墙技术
(5) 入侵检测和病毒防范方法

5. 其他知识

相关的设备维护规程

七、电信网络专业基础知识

职业功能：电信网络运行维护管理、电信运营支撑系统

1. 网络管理专业知识

(1) 通信网网络组织、管理和运行知识
(2) 通信管理网组织、管理和应用知识
(3) 通信网支撑体系
(4) eTOM理论及相关概念
(5) 互连互通的有关网络组织的规定、协议
(6) 网络运行评价体系及应用知识

2. 通信业务基础知识

(1) 通信网络工程师工作的性质、任务、特点
(2) 通信业务的分类、使用、资费标准

3. 企业经营管理和网络运行维护管理知识

(1) 通信企业的生产流程
(2) 网络运行维护的工作要点
(3) 网络运行维护指挥调度内容及处理程序

八、通信电源专业基础知识

职业功能:电源、空调设备维护和电源、空调系统设计

1. 通信电源工程师基础知识

(1) 电工原理知识
(2) 电子电路基础知识
(3) 热力学基础知识
(4) 流体力学基础知识

2. 通信电源工程师专业知识

(1) 交流供电系统知识
(2) 直流供电系统知识
(3) 高频开关电源知识
(4) 油机发电机组知识
(5) 蓄电池知识
(6) 机房空调知识
(7) UPS 知识
(8) 传感器基本工作原理
(9) 分散供电集中监控知识
(10) 动力环境集中监控系统的拓扑结构和系统配置标准

3. 动力设备运行,维护管理知识

(1) 企业经营方针,经营目标和发展战略
(2) 动力环境系统运行维护、指挥调度内容及处理流程

4. 安全生产知识

(1) 变(配)电所接地装置的标准
(2) 通信接地装置的安装和维护要求
(3) 局站接地电阻(标准)及测试方法
(4) 雷电常识及防雷击措施
(5) 防雷装置的工作原理及特性
(6) 通信局站产生过电压的类型和特性
(7) 机房防火建设规范
(8) 无人值守机房标准

(9) 特殊场所作业安全措施
(10) 触电、创伤急救办法

5. 其他知识

(1) 微机硬件知识
(2) 微机接口功能开发应用知识
(3) 数据传输知识
(4) 计算机网络知识

九、电信营销专业基础知识

职业功能：市场营销、服务管理

1. 职业规范知识

(1) 营销职业规则
(2) 社交礼仪知识
(3) 电信业务服务规范及服务用语
(4) 企业及客户的权利、义务、责任

2. 企业经营管理知识

(1) 企业经营方针、经营目标和发展战略
(2) 企业市场经营计划、市场营销组织结构
(3) 电信客户关系管理
(4) 电信业务管理规定、受理程序

3. 电信技术业务知识

(1) 电信业务的分类、资费标准、处理流程
(2) 电信产品的基本原理、技术特点和业务提供能力
(3) 电信产品重要接口和协议
(4) 用户终端设备种类、功能及入网规定

4. 其他知识

(1) 营销文案写作一般要求
(2) 财务基础知识
(3) 税务基础知识
(4) 国际经贸及 WTO 基本知识

附录B

APPENDIX B

通信行业国家职业标准

一、通信行业主要职业(工种)的工作内容

1. 电信机务员

(1) 维护通信网络中的传输设备,进行规程规定的年、季、月、日维护工作;
(2) 开通测试传输链路、电路;
(3) 判明障碍段落,修复障碍,抢通链、电路;
(4) 定期测试传输线路;
(5) 定期测试各类接口;
(6) 维护及运用监控系统;
(7) 汇接、测试、使用会议电话;
(8) 统计、分析传输质量;
(9) 维护管理传输无人站、移动基站;
(10) 巡查链、电路;
(11) 分析忙时对接通率、可用率、计费准确率、障碍率、障碍历时、机台利用率;
(12) 进行全网电路管理;
(13) 进行局数据修改;
(14) 管理计费磁带;
(15) 进行电路组巡活动;
(16) 电信设备综合维护。

2. 线务员

(1) 进行年、季、月和日常维护工作;
(2) 定期对天、馈线进行性能测试;
(3) 进行线路大修、改道工程;
(4) 掌握光、电缆线路路由、程式,进行路面巡视,遇有线路异常情况及时处理;
(5) 做好护线宣传,与市政施工协作配合;
(6) 按照线路割接、抢修操作程序和要求,排除线路障碍;
(7) 掌握充气网络情况,定时记录充气气压,并查找漏气点;
(8) 进行节假日前和台、汛、雷雨季节前设备检查;
(9) 进行杆线线路施工与维护;
(10) 进行管道线路施工与维护;

(11) 进行宽带接入；

(12) 进行综合布线。

3. 用户通信终端维修员

(1) 维修电话机、移动手机、用户传真机、寻呼机等用户终端设备；

(2) 测试、调整终端设备主要技术指标；

(3) 测试终端设备性能运用状况；

(4) 进行公用电话机日常维护、保养及安装、开通；

(5) 进行寻呼机频率校正、改音、编程；

(6) 进行移动手机编程、读号取相；

(7) 调测、安装用户传真机。

4. 通信电力机务员

(1) 按周期进行设备检修、维修；

(2) 定时记录设备电压和电流数值，发现异常查找原因；

(3) 进行设备倒换使用、开机、关机及工作状态转换；

(4) 值班时发现设备异常、红色事故告警，采取应急措施，确保供电正常；

(5) 定期维护、检查高、低压配电和接地系统、蓄电池、油机；

(6) 定时巡视机房及设备使用点电源、空调使用情况；

(7) 对空调设备进行安装及定期进行维护和检修；

(8) 对机房供电设备进行安装及定期大修。

5. 市话测量员

(1) 受理用户对电话通信障碍的申报，按局、区范围通告相关测量室，对本局区范围的申报障碍，进行机、线设备的检查、测试，判断障碍性质、部位；

(2) 按维修规程和生产组织进行派修，并配合维修；

(3) 在装、拆、移机和调整改线工程中配合工程要求，进行跳线的布放、割接、测试；

(4) 对测量和告警设备、仪器仪表进行周期维护；

(5) 进行相关工作的记录、统计和报表工作。

6. 通信网络管理员

(1) 使用网管系统进行数据查询和统计；

(2) 对网络进行性能分析、质量评估，数据采集汇总、处理，并形成数据库；

(3) 使用网管系统对告警进行监视，收集故障信息；

(4) 对网络设备进行日常维护、测试，查找、判断和排除故障。

7. 其他电信通信传输业务人员

8. 电信业务营业员

(1) 受理市内电话用户的安装、迁移、过户、拆迁及账务处理等业务；

(2) 受理国内、国际及港、澳、台地区电报、船舶无线电报、鲜花礼仪电报及账务处理业务；

(3) 受理国际长途业务(IDD)、国内长途业务(DDD)，并按规定进行现金结算；

(4) 受理用户国际长途业务(IDD)、国内长途业务(DDD)申请;
(5) 受理用户移动通信业务申请及账务处理业务;
(6) 受理用户通信终端设备及电话卡营业销售业务;
(7) 受理电信业务咨询工作。

9. 话务员

(1) 按呼叫顺序依次应答,受理用户使用电信业务,填写记录单;
(2) 接续、处理用户业务需要;
(3) 接续和处理受付业务电话;
(4) 国外交换局拨叫中国时提供语言辅助、拨打辅助等服务,承担国际来话查询业务;
(5) 控制业务流量及电路质量;
(6) 按规程处理更改用户电话号码;
(7) 受理专线用户的各类特别业务;
(8) 接续处理去话、来话、转话、销号、退号及注销业务;
(9) 接续和处理改接、改叫、串联电话、传呼电话、电话会议业务;
(10) 受理信息服务业务;
(11) 受理用户交换机业务;
(12) 受理机上咨询业务。

10. 电报业务员

(1) 使用电传收发电报;
(2) 按规程和规定监控、修正、拦截、查询电报;
(3) 对来报进行分发、理订;
(4) 译电、缮封;
(5) 进行国际会晤;
(6) 进行质量检验;
(7) 按来报名址及时限规定,向用户投送电报。

11. 电信业务员

(1) 进行市场调研和开发,预测市场需求,确定营销策略,选择目标市场;
(2) 进行业务宣传推广,开展业务促销;
(3) 拜访与接待客户,提供咨询服务;
(4) 进行业务演示,指导客户合理使用各类电信业务;
(5) 进行业务揽收及受理。

12. 其他电信业务人员

二、电信机务员国家职业标准

1. 职业概况

1.1 职业名称

电信机务员。

1.2 职业定义

从事通信设备的维护、值机、调测、检修、障碍处理及工程施工的人员。

1.3 职业等级

本职业共设四个等级：国家职业资格四级（中级）、国家职业资格三级（高级）、国家职业资格二级（技师）、国家职业资格一级（高级技师）。

1.4 职业环境

室内。

1.5 职业能力特征

身体健康，心理素质良好，具有一定的分析、判断、理解、表达和人际交往能力。

1.6 基本文化程度

高中毕业（或同等学历）。

1.7 培训要求

1.7.1 培训期限：全日制职业学校教育，根据其培养目标和教学计划确定。晋级培训期限：中级不少于180标准学时，高级不少于150标准学时，技师、高级技师不少于120标准学时。

1.7.2 培训教师：担任电信机务员理论知识培训的教师应具备较高的通信理论知识和专业知识，具备本专业讲师（或同等职称）以上专业技术职务任职资格，持有教师资格证书。

(1) 担任培训中级人员技能操作的教师可以是持有本职业高级资格证书后，在本职业连续工作2年以上或具有相应专业中级专业技术职务任职资格；

(2) 担任培训高级人员技能操作的教师可以是持有本职业技师资格证书后，在本职业连续工作2年以上或具有相应专业高级专业技术职务任职资格；

(3) 对技师、高级技师的培训，一般应由省级以上通信教育培训机构负责。

1.7.3 培训场地设备和工具：应有可容纳20名以上学员的教室和相应的教学设备、教具和教学软件，具有学习专业技能的模拟机房和常用的仪器仪表、电工工具、消防器材等。

1.8 鉴定要求

1.8.1 适应对象：从事或准备从事通信设备的维护、值机、调测、检修、障碍处理及工程施工工作的人员。

1.8.2 申报条件：

——国家职业资格四级/中级（具备下述条件之一者）

(1) 连续从事本职业工作3年以上，经本职业中级正规培训达到规定标准学时数，并取得毕（结）业证书；

(2) 连续从事本职业工作满5年；

(3) 取得经劳动保障行政部门审核认定的，以中级技能为培养目标的中等以上职业学校本职业（专业）毕业生。

——国家职业资格三级/高级（具备下述条件之一者）

(1) 取得本职业中级职业资格证书后，连续从事本职业工作4年以上，经本职业高级

正规培训达到规定标准学时数,并取得毕(结)业证书;

(2) 取得本职业中级职业资格证书后,在本职业连续工作满7年;

(3) 取得高级技工学校或经劳动行政部门审核认定的,以高级技能为培养目标的高等职业学校本职业(专业)毕业生;

(4) 取得本职业中级职业资格证书的大专以上相近专业毕业生,在本职业连续工作2年以上或经本职业高级正规培训达到规定标准学时数,并取得毕(结)业证书。

——国家职业资格二级/技师(具备下述条件之一者)

(1) 取得本职业高级职业资格证书后,在本职业连续工作5年以上,经本职业技师正规培训达到规定标准学时数,并取得毕(结)业证书;

(2) 取得本职业高级职业资格证书的高级技工学校本职业(专业)毕业生,在本职业连续工作满5年;

(3) 取得本职业高级职业资格证书后,在本职业连续工作满8年。

——国家职业资格一级/高级技师(具备下述条件之一者)

(1) 取得本职业技师职业资格证书后,在本职业连续工作3年以上,经本职业高级技师正规培训达到规定标准学时数,并取得毕(结)业证书;

(2) 取得本职业技师职业资格证书后,在本职业连续工作满5年。

1.8.3 鉴定方式:本职业鉴定分为理论知识考试和技能操作考核。理论知识考试采取闭卷笔试方式。技能操作考核根据实际需要,采取操作、笔试、口试相结合的方式。理论知识考试和技能操作考核均采取百分制,成绩皆达到60分以上者为合格。

技师和高级技师尚须通过综合评审。

1.8.4 考评人员与考生的配比:理论知识考试按20～25名考生配1名考评员,并且每个考场不少于2名;技能操作考核按5～8名考生配1名考评员,并且每个考场不少于3名。

1.8.5 鉴定时间:各等级的理论知识考试时间为120～180分钟;各等级的技能操作考核时间为60～120分钟。

1.8.6 鉴定场所设备:理论知识考试在标准教室内进行;技能操作考核根据考核项目,在配备有相应的通信设备及相关工具、材料,能模拟通信设备维护和施工的场所。

2. 基本要求

2.1 职业道德

2.1.1 职业道德基本知识

2.1.2 职业守则

(1) 爱岗敬业,恪尽职守;

(2) 精通技术,确保畅通;

(3) 吃苦耐劳,文明生产;

(4) 尊重用户,热情服务;

(5) 遵纪守法,严守秘密;

(6) 廉洁奉公,不谋私利。

2.2 基础知识

2.2.1 法规及企业规章制度

(1) 电信法规；

(2) 通信设备维护规程；

(3) 劳动法相关知识；

(4) 企业相关规章制度。

2.2.2 职业规范知识

(1) 岗位规范；

(2) 服务规范。

2.2.3 通信技术基础知识

(1) 通信基本原理；

(2) 无线通信原理；

(3) 电子电路原理；

(4) 数字通信原理；

(5) 光纤通信原理；

(6) 通信传输原理。

2.2.4 通信技术专业知识

(1) 电话交换知识；

(2) 微波通信知识；

(3) 数据通信知识；

(4) 光纤通信知识；

(5) 移动通信知识；

(6) 卫星通信知识；

(7) 载波通信知识。

2.2.5 安全生产知识

(1) 安全生产操作规程；

(2) 安全用电常识；

(3) 防火防爆知识；

(4) 有毒气体预防知识；

(5) 机房安全保密知识。

2.2.6 其他知识

(1) 通信专业英语基础知识；

(2) 计算机基础知识。

3. 工作要求

本标准对中级、高级、技师和高级技师的技能要求及相关知识依次递进，高级别包括低级别的要求。

3.1 国家职业资格四级/中级

职业功能	工作内容	技能要求	相关知识
通信设备工程施工安装测试维护	交换技能模块	1. 能够完成日常负责的维护工作，并按规定完成周期测试和定期检测 2. 能够使用日常维护指令，能独立处理所维护设备及电路的一般障碍 3. 能够掌握微机的一般操作 4. 能够掌握所维护设备的基本性能 5. 能够正确填写各种记录 6. 能够了解现有局间信令方式 7. 掌握交换设备工作原理 8. 掌握测试仪表、工具和消防设备的基本使用方法	1. 掌握电工学基础知识和常用仪器、仪表的基本使用方法 2. 了解电子电路的基本原理，晶体管的构成、类型、性能，集成电路的一般原理 3. 了解交换机的基本工作原理，交换设备的用途和各种信令方式 4. 了解通信原理和交换网的构成 5. 掌握交换设备的电气性能、技术规范、维护规程、安全规程和各项规章制度 6. 掌握微机的基本原理和简单应用知识 7. 熟悉维护周期、安全操作规程和机房内紧急处理规程
	光纤通信技能模块	一、光传输设备维护技能 1. 能够在DDF、ODF上进行电缆和软光纤的跳接，根据要求能够完成所维护的光传输终端和用户终端的安装及电路调试工作 2. 能够进行常用光传输类工具、仪表一般性操作，能够与相关人员配合利用仪表进行中继电路及用户电路的测试工作 3. 能够利用仪表测试，对一般性电路和设备故障进行判断，能够与相关人员配合处理电路和设备的一般性故障 4. 能够根据维护作业计划对所维护设备及附属设备进行一般的周期性维护，正确填写维护测试记录 5. 能够在DDF和ODF上正确执行电路应急调度预案，进行业务恢复 二、光传输网络系统维护技能 1. 能够利用本地维护终端或网络管理系统所反馈的告警信息对网络的一般性故障进行判断和处理 2. 能够按照维护作业计划利用本地维护终端或网络管理系统进行一般的网络周期性维护，正确填写维护监测记录 3. 能够利用本地维护终端或网络管理系统正确执行电路应急调度预案，进行业务恢复 4. 能够在指导下利用本地维护终端或网络管理系统，对电路进行连接和性能监测配置	1. 掌握电工学基础知识和常用仪器、仪表的基本使用方法 2. 了解电子电路的基本原理，晶体管的构成、类型、性能，集成电路的一般原理 3. 数字通信基础知识 4. 了解所开放的业务电路，掌握业务电路开放全过程 5. 电缆和软光线布放方式 6. 光传输设备维护规程 7. 常用工具、仪表使用 8. 掌握微机的基本原理和简单应用知识 9. 传输设备网络管理系统的基本操作

续表

职业功能	工作内容	技能要求	相关知识
通信设备工程施工安装测试维护	数据通信技能模块	一、网络设备管理 1. 能够使用范围内所有数据通信设备 2. 能够在指导下对设备进行机械安装、布线 3. 会使用各种数据传输类仪器、仪表,能够利用仪器、仪表对设备性能进行简单测试 4. 能对数据通信设备及附属设备进行一般性的周期维护及测试 二、网络故障管理 1. 能够使用维护范围内所有数据通信设备的网络管理系统进行告警察看 2. 能够根据网管及设备反馈信息对数据通信设备一般性障碍进行判断,并进行处理解决 3. 能够利用仪器、仪表对设备故障进行简单判断 4. 能正确填写各种维护原始记录和工作日志 三、网络电路管理 1. 能够在紧急情况下正确执行电路应急预案 2. 能够根据电路调度单进行业务调度	1. 分组交换、DDN、ATM、帧中继、IP 网的基本原理及相关协议 2. 分组交换、DDN、ATM、帧中继、IP 网的网络组织和管理规定 3. 数据设备维护规程 4. OSI 7 层协议的体系结构 5. 各种数据仪器、仪表的使用方法 6. 计算机应用知识 7. 交换、传输、线路的有关知识 8. 资源管理与电路调度 9. 安全生产、消防知识 10. 专业英语 11. 写作知识
	无线通信技能模块	1. 能够掌握设备的整体结构和工作原理 2. 能够更换设备备用机盘 3. 能够识别波道器件、充气机、各种电缆的适用范围和作用 4. 能够焊接各种电缆头、电路板,并符合工艺要求 5. 能够独立完成对设备的定期维护和检修,正确填写维护记录 6. 能够完成电路、设备的状态监测 7. 能够看懂设备的告警信息 8. 能够处理电路和设备的一般故障 9. 能够按要求正确交叉、环接电路 10. 能够正确使用系统内的各种倒换开关,熟练完成人工倒换操作 11. 能够对微波、卫星电路运行质量有一定的了解 12. 能够从网管上看懂电路设备的状态改变等信息,并对其分析处理 13. 能够掌握微波功率、频率的测试方法和步骤 14. 能够掌握功率计、频率计、衰耗器和移动通信的数字万用表、天馈测试仪表、时钟校准仪的使用方法 15. 能够按照安全生产规定进行操作,并能正确使用消防器材 16. 能够进行微机的一般操作	1. 无线设备基本工作原理和实现功能 2. 所维护的设备结构、组成和机线连接方式 3. 无线通信网络的构成 4. 设备维护周期、操作规程和电路紧急处理方案 5. 移动通信的各种信令方式 6. 本专业维护规程 7. 常用维护仪表的使用方法 8. 通信原理 9. 微机的基本原理和简单应用知识 10. 电工学基础知识 11. 安全生产知识 12. 消防知识

3.2 国家职业资格三级/高级

<table>
<tr><th>职业功能</th><th>工作内容</th><th>技能要求</th><th>相关知识</th></tr>
<tr><td rowspan="2">通信设备工程施工安装测试维护</td><td>交换技能模块</td><td>1. 能够制作计费带和后备带
2. 能够对局部电路进行初始化
3. 能够独立完成交换设备的测试和维护
4. 能够迅速判断和处理交换设备的各种障碍
5. 能够使用日常维护指令检查和修改常用数据
6. 能够根据信号技术标准进行信号传送分析
7. 能够熟练使用微机
8. 能够进行各种话务统计,并能准确分析统计结果
9. 能够进行基础资料管理和汇总
10. 能够制订日常维修作业计划和检查维修作业计划的完成情况
11. 能够掌握交换设备的软件版本功能</td><td>1. 掌握通信基本原理、交换网的构成、电话接续的基本概念和原理
2. 掌握交换设备的基本原理、交换设备的维护标准及相关的电气性能要求
3. 掌握交换设备局间信令种类、传送方式及其标准
4. 熟练掌握各种仪器、仪表的使用方法
5. 掌握维护周期、安全操作规程及紧急故障处理流程
6. 掌握本专业外语知识和微机基础知识及英文打字
7. 掌握交换设备各个组成部分的结构、功能和工作原理
8. 掌握各种电信新业务</td></tr>
<tr><td>光传输技能模块</td><td>一、光传输设备维护技能
1. 能够利用仪表对设备各项性能进行简单测试
2. 掌握所开放的业务电路及开放流程,能够对电路开放资料进行管理
3. 能够利用仪表对设备较复杂障碍进行判断,并配合相关人员进行处理
4. 能够掌握设备维护规程,掌握电路的技术指标和测试方法,按照测试结果判断电路质量
5. 能够制订维护作业计划并执行,正确填写测试记录和维护报表
6. 能够对突发事件进行简单的应急处理
二、光传输网络维护技能
1. 能够利用本地维护终端或网络管理系统所反馈的检测结果,分析、判断、处理网络和系统运行中出现的一般性故障
2. 能够在指导下利用本地维护终端或网络管理系统,对网络的各项数据进行配置、修改和维护
3. 能够利用本地维护终端或网络管理系统进行应急业务恢复
4. 能够对网络管理系统的硬件故障进行判断</td><td>1. PCM/PDH/SDH/WDM 基础知识
2. 了解传输网络构成和网络通路组织图
3. 掌握微机的基本原理和简单应用知识
4. 计算机软、硬件知识
5. 传输设备网管系统操作知识</td></tr>
</table>

续表

职业功能	工作内容	技能要求	相关知识
通信设备工程施工安装测试维护	数据通信技能模块	一、网络设备管理 1. 能够使用和维护至少4种数据通信设备 2. 能对设备进行机械安装、布线 3. 能够配合实施数据通信设备更新改造及大修整治项目 4. 能够掌握各种数据仪器、仪表的使用方法,能够利用仪器、仪表对设备性能进行测试 5. 能够按照维护的各项技术规范,完成维护作业计划的各项工作内容 二、网络故障管理 1. 能掌握维护范围内各种网络的网络拓扑结构及网络组织情况 2. 熟悉维护范围内至少3种数据通信网络网管系统的软、硬件结构,熟悉OSI 7层协议的体系结构 3. 能够使用维护范围内所有数据通信设备的网络管理系统进行告警察看 4. 能够根据网管及设备反馈信息对数据通信网络障碍进行判断和处理 5. 正确填写各种维护原始记录和工作日志 三、网络电路管理 1. 能够正确执行电路应急预案 2. 能够利用仪器、仪表判断电路开放过程中出现的各种问题并处理解决 四、新技术 能跟踪主流厂家的最新设备性能和组网方案	1. 分组交换、DDN、ATM、帧中继、IP网的基本原理及相关协议 2. 分组交换、DDN、ATM、帧中继、IP网的网路组织和管理规定 3. 分组交换、DDN、ATM、帧中继、IP网的业务组织和管理规定 4. 数据设备维护规程 5. OSI 7层协议的体系结构 6. 各种数据仪器、仪表的使用方法 7. 计算机应用知识 8. 交换、传输、线路的有关知识 9. 资源管理与电路调度 10. 安全生产、消防知识 11. 专业英语 12. 写作知识
	无线通信技能模块	1. 能够看懂设备的安装图,电缆走线、设备安装符合要求 2. 能够按工程要求,独立进行各种设备间的连接 3. 能够熟练掌握各种器件、电路板和附件的适用范围和作用 4. 能够熟练使用日常维护指令检查和修改常用数据 5. 能够识别常见的告警信息 6. 能够迅速判断和处理电路及设备的一般故障 7. 能够根据本站电路的安排和相关规定调度电路 8. 能够熟练掌握频谱分析仪、误码仪、综合测试仪的使用方法 9. 能够根据电路的应急抢通方案完成应急抢通工作	1. 无线通信技术基础知识 2. 本专业通信系统的组成和连接 3. 设备各部分的功能和构成 4. 本专业的网络构成 5. 本专业指标体系 6. 微波、卫星通信系统倒换原理 7. GSM 900/DCS 1800移动通信系统的结构特点和基本概念 8. 移动通信无线覆盖技术和天线的基本工作原理 9. 移动通信基站子系统结构特点,相关接口协议,基站内信号处理流程 10. BSC的基本工作原理

续表

职业功能	工作内容	技能要求	相关知识
通信设备工程施工安装测试维护	无线通信技能模块	10. 能够全面掌握所维护的电路运行质量 11. 能够从网络上看懂电路设备的各种信息,并对其分析处理 12. 根据信号技术标准进行信号传送分析 13. 熟悉移动通信的各种话务统计方法并能准确分析统计结果 14. 了解移动通信设备的软件版本功能 15. 能够进行简单的专业外语对话 16. 能够熟练使用微机	11. 了解电源、空调、传输等相关知识 12. 所维护设备的系统测试软件 13. 各种电信新业务 14. 微机基础知识及英文打字 15. 本专业外语知识 16. 安全生产知识 17. 消防知识

3.3 国家职业资格二级/技师

职业功能	工作内容	技能要求	相关知识
通信设备工程施工安装测试维护	交换技能模块	1. 能够对交换设备改造、扩容提出建议和方案 2. 能够独立处理紧急事故,提出改进维护的技术措施 3. 能够迅速判断及处理交换设备系统的各种紧急故障 4. 能够熟练使用各种指令,熟练阅读、分析交换设备再启动数据及局数据的检查、修改 5. 能够使用各种命令修改各种交换机数据 6. 能够配合交换设备扩容、更新改造的设计和施工,并掌握新设备的测试开通要点和割接验收标准 7. 能够对各种信号进行测试、分析,并提出改善通信质量的技术措施 8. 能够按话务统计,分析各局间的网络畅通、设备运行及设备配置情况	1. 掌握交换设备的所有配置、布线情况 2. 掌握交换设备的软、硬件构成及所使用的软件语言 3. 掌握支撑网、No. 7 信令网原理、规划等知识 4. 掌握 DDF、MDF 结构、用途、测量台的工作原理和操作方法 5. 具有中级英语水平 6. 了解传输设备的结构和工作原理 7. 熟悉 ISDN 网的性能和结构
	光传输技能模块	一、光传输设备维护技能 1. 根据工程要求,能够独立进行传输设备的安装、调试等技术工作,并掌握新设备的测试开通、交接验收的要点 2. 能够进行组网、建网和网络改造工作,并能根据用户的需求完成设计方案 3. 能够掌握常用光传输类工具、仪表操作方法,利用仪表对设备各项性能进行测试 4. 能够利用仪表对设备复杂障碍进行判断,并指挥相关人员进行处理	1. 掌握 PCM/PDH/SDH/WDM 技术的全部知识 2. 计算机软硬件知识 3. 网络组织设计知识 4. 质量考核规定 5. 故障处理流程 6. 专业英语 7. 写作知识

续表

职业功能	工作内容	技能要求	相关知识
通信设备工程施工安装测试维护	光传输技能模块	5. 能够掌握所维护设备的功能、工作原理、配置和测试方法,指导和培训客户正确操作客户端设备 6. 能够掌握设备维护规程和相关规定,制订不同设备的维护指标和维护流程 7. 能够组织实施设备更新改造及大修整治项目 8. 能够根据网络现状组织制订电路应急预案 9. 具有跟踪新技术的能力 二、光传输网络维护技能 1. 能够掌握全网网络节点拓扑结构及通路组织情况 2. 能够掌握光通信网络网管系统的软、硬件结构,对网络管理系统硬件故障进行判断并提出解决方案 3. 能够利用本地维护终端或网络管理系统所反馈的检测结果,分析、判断、处理网络和系统运行中出现的复杂故障 4. 能够应用网络管理系统的各种命令对网络进行全面数据配置和性能监测,并提出网络数据管理的新要求 5. 能够对中、高级维护人员进行技术培训	
	数据通信技能模块	一、网络设备管理 1. 能够熟练掌握至少4种主流数据设备的工作原理、使用、维护和检修 2. 能够组织数据通信设备的安装、调测 3. 能够按照维护的各项技术规范,组织并监督实施维护作业计划 4. 能够针对网络现状,组织制定全面的安全保障预案 5. 能够迅速地处理各种数据网络的复杂障碍 6. 能采取有效的安全防范措施防范网络攻击 7. 能够组织实施数据通信设备更新改造及人修整治项目 8. 能够利用仪器仪表对设备性能进行测试 二、网络管理和故障管理 能掌握全网网络拓扑结构及网络组织情况	1. 分组交换、DDN、ATM、帧中继、IP网的基本原理及相关协议 2. 分组交换、DDN、ATM、帧中继、IP网的网路组织和管理规定 3. 分组交换、DDN、ATM、帧中继、IP网的通信质量指标和技术要求 4. 分组交换、DDN、ATM、帧中继、IP网的业务组织和管理规定 5. 数据设备维护规程 6. 网络安全管理规定 7. OSI 7层协议的体系结构 8. 各种数据仪器、仪表的使用方法 9. 计算机应用知识 10. 交换、传输、线路的有关知识 11. 资源管理与电路调度 12. 安全生产、消防知识 13. 专业英语 14. 写作知识

续表

职业功能	工作内容	技能要求	相关知识
通信设备工程施工安装测试维护	无线通信技能模块	1. 能够组织中、高级人员按工程设计要求进行项目的施工和设备的安装 2. 能够掌握设备验收的各种测试内容和要求 3. 能够根据网络调整的需要,对移动通信基站组网结构进行调整 4. 能够掌握本岗位安全生产有关规定和施工、维护、排除障碍的安全操作方法 5. 能够掌握设备运行维护指标和维护管理办法 6. 能够对维护中发现的问题,提出改进意见 7. 能够了解天馈线系统的性能指标 8. 能够熟练完成电路、设备的状态监测,网管系统终端的操作和数据备份等 9. 能够处理电路及设备的复杂故障 10. 能够熟练掌握本岗位各类仪表、工具的使用方法,完成测试单机的全部指标并能够调整指标使之符合要求 11. 能够掌握系统的电路开放情况,并根据需要指挥电路调度 12. 能够制定电路的应急抢通方案,迅速完成应急抢通工作 13. 能够使用网管系统进行性能数据的统计和分析,并制定解决方案 14. 可对网络进行系统评估,具有技术革新的能力 15. 能够使用专业外语进行会话和文字翻译工作	1. 无线通信技术基础知识 2. 本专业通信系统的组成和连接 3. 设备各部分的功能和构成 4. 本专业的网络构成 5. 本专业指标体系 6. 微波、卫星通信系统倒换原理 7. GSM 900/DCS 1800 移动通信系统的结构特点和基本概念 8. 移动通信无线覆盖技术和天线的基本工作原理 9. 移动通信基站子系统结构特点,相关接口协议,基站内信号处理流程 10. BSC的基本工作原理 11. 了解电源、空调、传输等相关知识 12. 所维护设备的系统测试软件 13. 各种电信新业务 14. 无线设备的软件构成及所使用的语言 15. 微机基础知识及英文打字 16. 本专业外语知识 17. 安全生产知识 18. 消防知识

3.4 国家职业资格一级/高级技师

职业功能	工作内容	技能要求	相关知识
通信设备工程施工安装测试维护	交换技能模块	1. 能够熟练掌握交换设备的工作原理和结构 2. 能够熟练掌握交换设备软、硬件的结构和功能,并能够进行软件版本升级和打补丁工作 3. 能够迅速解决出现的各种疑难障碍 4. 能够针对交换设备在软、硬件方面存在的问题提出解决方案并加以解决 5. 能够组织进行交换设备的安装、调试、更新、改造,并有一定的设计能力 6. 能够组织进行交换设备的再启动和再装入工作 7. 能够制订全网网络调整方案	1. 具备较深的计算机知识,能够熟练地进行软件编写工作 2. 熟练掌握各种局间信令和用户信令的有关知识 3. 掌握工程建设方面的有关知识 4. 熟练掌握交换机的软件结构,能够独立完成交换机的软件测试和升级、打补丁工作 5. 熟练掌握交换机的硬件结构,能够独立完成交换机的硬件测试和交换机的扩容改造

续表

<table>
<tr><th>职业功能</th><th>工作内容</th><th>技能要求</th><th>相关知识</th></tr>
<tr><td rowspan="2">通信设备工程施工安装测试维护</td><td>光传输技能模块</td><td>1. 能够对传输网络的建设和发展进行规划设计，提出建设性意见
2. 能够对现有传输网络设备及组网方面存在的问题提出改进意见并组织实施
3. 能够对各种传输网络设备和网络管理系统出现的问题进行全面分析并进行处理
4. 能够及时组织处理各种突发性事件
5. 能够组织对网络设备资源进行全面管理和优化
6. 能够对网络管理系统的体系结构进行规划、设计
7. 随时跟踪技术发展，能够采用新技术、新设备、新仪表改善网络运行质量
8. 能够随着技术的发展，制订合理的维护作业计划和维护管理办法
9. 能够组织攻关，解决网络维护中遇到的各种疑难问题</td><td>1. 网络规划知识
2. 统计分析数学模型
3. 电信业务知识
4. 概率论知识
5. 电信网质量评估体系
6. 管理学基础知识
7. 专业英语
8. 公文写作知识</td></tr>
<tr><td>数据通信技能模块</td><td>一、网络设备管理
1. 能熟练掌握至少5种主流数据设备的工作原理、使用、维护和检修
2. 能够组织数据通信设备的安装、调测和工程项目验收
3. 能够按照设备维护的各项技术规范，编制维护作业计划
4. 能够针对网络现状，组织制订全面的安全保障预案
5. 能采取有效的安全防范措施防范网络攻击，能够对网络攻击者进行跟踪
6. 能够提出数据通信设备更新改造及大修整治计划，并组织项目实施
7. 能够解决设备维护中的难题，对设备安装的质量问题提出改进建议，并具有一定的设计能力
8. 能熟练掌握各种数据仪器、仪表的使用和维护方法，能够利用仪器、仪表对设备性能进行测试
二、网络管理和故障管理
1. 能熟练掌握维护范围内至少3种基础数据通信网络和2种IP通信网络网管系统的软硬件结构，熟悉OSI 7层协议的体系结构
2. 能够熟练操作使用维护范围内至少5种数据通信设备的网络管理系统
3. 能够对数据通信网络规划提出改进建议</td><td>1. 分组交换、DDN、ATM、帧中继、IP网的基本原理及相关协议
2. 分组交换、DDN、ATM、帧中继、IP网的网路组织和管理规定
3. 分组交换、DDN、ATM、帧中继、IP网的通信质量指标和技术要求
4. 分组交换、DDN、ATM、帧中继、IP网的业务组织和管理规定
5. 分组交换、DDN、ATM、帧中继、IP网的设备进网验收标准
6. 分组交换、DDN、ATM、帧中继、IP网的网络优化调整的评价指标及分析方法
7. 数据设备维护规程
8. 网络安全管理规定
9. OSI 7层协议的体系结构
10. 各种数据仪器、仪表的使用方法
11. 计算机应用知识
12. 交换、传输、线路的有关知识</td></tr>
</table>

续表

职业功能	工作内容	技能要求	相关知识
通信设备工程施工安装测试维护	数据通信技能模块	4. 能够组织数据网络的线路和协议的调测 5. 能够根据网管及设备反馈信息对数据通信网络重大障碍和疑难障碍进行分析、判断,并组织力量进行处理解决 6. 能够撰写网络运行质量和网络运行维护分析报告 三、网络电路管理 1. 根据网络现状制订电路应急预案 2. 能够利用仪器、仪表判断电路开放过程中出现的各种复杂问题并处理解决 四、新技术 1. 能够跟踪各种网络的发展趋势和采用的新技术 2. 能够掌握主流厂家的最新设备性能和组网方案 3. 能够跟踪网络安全的最新信息	13. 资源管理与电路调度 14. 安全生产、消防知识 15. 专业英语 16. 写作知识
	无线通信技能模块	1. 能够组织中、高级人员和技师进行工程施工和设备安装的技术培训 2. 能够熟练掌握设备验收的各种测试内容和要求 3. 能够熟练掌握移动通信无线设备软、硬件结构和功能,并能够进行软件版本升级和打补丁工作 4. 能够对无线网络进行网络规划,制订行之有效的网络调整方案 5. 能够正确执行移动通信网络优化工作及常见优化参数和工程调整、干扰排查 6. 掌握移动通信网上运行的BSS系统设备的结构特点 7. 能对信号传输通道进行质量分析,判断影响信号质量的原因 8. 能够掌握天馈线系统的性能指标,并能判断和处理天馈线系统存在的问题 9. 能够配合全程全网的故障查找工作 10. 能够熟练掌握设备维护的所有测试项目及方法,并能够按照测试结果判断设备的运行质量 11. 能够熟练运用外语进行会话和写作	1. 无线通信技术基础知识 2. 本专业通信系统的组成和连接 3. 设备各部分的功能和构成 4. 本专业的网络构成 5. 本专业指标体系 6. 微波、卫星通信系统倒换原理 7. BSS系统和GPRS系统结构特点,呼叫及数据的信令流程、相关接口协议,无线参数的相关含义 8. 网络统计指标的含义 9. MSC的工作原理 10. 了解直放站、分布系统等相关知识 11. 无线和交换测试仪表、MAPINFOR、网络规划软件等与优化相关的测试仪表和软件 12. 英语四级水平

4. 鉴定办法

本标准采取模块化考核体系,归并为四个技能操作模块,即交换技能模块、光传输技能模块、数据通信技能模块、无线通信技能模块。申请鉴定人根据自己所从事的专业,并按其所申报的职业等级参加相应模块的理论知识(包括相关知识)和技能操作模块考核,成绩皆达到60分以上者为合格。

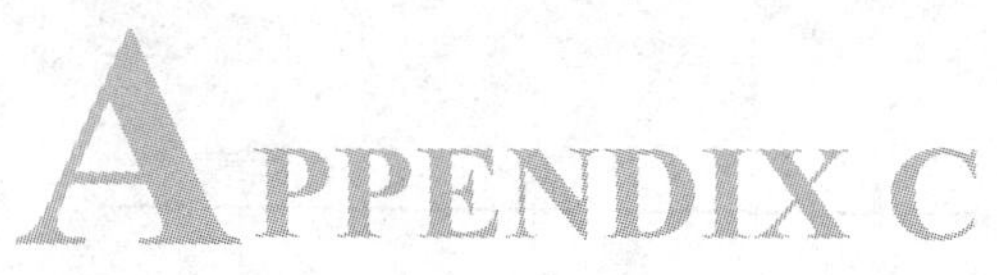

现代通信技术基础课程纲要

序号	项目(模块)名称	学习目标	工作任务	相关实践	相关理论知识	拓展知识	参考课时
1	通信概论	1. 理解通信的基本概念 2. 理解通信网的概念、分类、构成与组网结构 3. 了解通信信道分类及特性 4. 了解通信法规与通信标准的作用 5. 了解通信职业资格与职业规范知识	通信职业功能的公共基础知识	现代通信业务与通信技术应用调研	1. 通信系统模型 2. 通信网的组成 3. 通信信道特性	1. 通信系统的质量评价 2. 通信设备维护规程 3. 现代通信技术与网络的发展	4
2	通信网基础技术	1. 理解数字通信系统的基本概念 2. 理解信源编码中的信号处理过程 3. 了解信道编码中多路复用、复接与同步等技术应用 4. 了解数字信号传输的主要技术内容 5. 了解数字调制技术的基本类型及应用 6. 了解差错控制编码技术应用	通信职业功能的技术基础知识	1. 模拟信号的数字化处理 2. 图像编码与处理应用 3. 基带传输仿真 4. 数字调制技术应用 5. 纠错编码应用	1. 数字通信系统概念 2. 信源编码 3. 信道复用 4. 传输系统基础知识 5. 调制技术 6. 差错控制技术	1. 多媒体通信基础 2. 现代数字调制技术的应用	10
3	电信交换	1. 理解电信业务网的分类与电话通信网结构 2. 理解电路交换、分组交换的原理 3. 了解数字程控交换机的基本组成 4. 了解电话接续信令流程和信令类型 5. 了解综合业务数字网的主要特点	电话交换设备与网络工程施工、安装、测试与运行维护	1. 电话网业务分析 2. 电话网接入的实现 3. 电话接续基本信令流程	1. 电话交换工程概述 2. 交换技术基础 3. 数字程控交换 4. 综合业务数字网	1. No. 7 信令网 2. 智能网 3. 电信管理网	8

续表

序号	项目(模块)名称	学习目标	工作任务	相关实践	相关理论知识	拓展知识	参考课时
4	数据通信	1. 理解数据通信网的基本概念 2. 理解数据通信网络体系结构 3. 理解网络通信协议与服务以及信息安全的基本概念 4. 了解基础数据网中X.25、DDN、帧中继、ATM的技术特点及业务 5. 理解IP网络基本原理 6. 了解互联网的结构与接入方式	数据通信设备与网络工程施工、安装、测试与运行维护	1. 数据通信网络的运行维护指标 2. 数据传输应用 3. 局域网接入的实现	1. 数据通信概述 2. 网络通信技术基础 3. 基础数据网 4. IP网络	1. 以太网 2. IP电话	8
5	无线通信	1. 理解无线传播的基本特性 2. 了解天线及无线信道的基本知识 3. 了解无线通信中的关键技术应用特点 4. 了解微波通信技术及其应用特点 5. 了解卫星通信技术及其应用特点 6. 了解无线接入技术及其应用特点	无线通信设备与网络工程施工、安装、测试与运行维护	1. 无线通信频率资源分析 2. 无线组网配置 3. 无线接入应用	1. 无线通信概述 2. 无线通信的关键技术 3. 微波通信 4. 卫星通信 5. 无线接入	1. 扩频技术 2. 无线个域网	8
6	移动通信	1. 了解移动通信的分类与特点 2. 理解蜂窝通信的概念及移动通信管理的基本内容 3. 理解移动通信中的无线传输技术和码分多址技术 4. 了解GSM移动通信系统组成、通信过程以及GPRS业务 5. 了解第三代移动通信(3G)系统的基本概念 6. 了解TD-SCDMA、WCDMA、cdma 2000等3G系统的技术特点	移动通信设备与网络工程施工、安装、测试与运行维护	1. 移动通信终端设备性能分析 2. GSM接入 3. CDMA接入	1. 移动通信概述 2. 移动通信的关键技术 3. GSM移动通信系统 4. CDMA移动通信系统	1. 移动通信中的调制与编码 2. 移动交换系统 3. 第三代移动通信(3G)的网络结构、空中接口等关键技术	10

续表

序号	项目（模块）名称	学习目标	工作任务	相关实践	相关理论知识	拓展知识	参考课时
7	光通信网	1. 理解光传输原理 2. 了解光传输系统组成及其性能 3. 了解传输网概念及体系结构 4. 了解SDH设备与SDH光传送网技术 5. 了解光波分复用技术（WDM） 6. 了解光通信网的应用现状	光传输设备与光传输网络工程施工、安装、测试与维护	1. 光传输终端和用户终端性能分析 2. 常用光传输类测试仪表、器材、工具的使用	1. 光传输概述 2. 光传输系统 3. SDH光传送网技术 4. 光波分复用技术 5. 光通信网络	光信息网络的发展	8
8	宽带网络通信	1. 了解宽带网络通信的发展 2. 了解接入网的结构功能 3. 了解有线接入网技术与业务应用 4. 了解固定无线宽带接入技术与业务应用 5. 了解宽带核心网技术	有线接入网与固定无线接入工程施工、安装、测试与维护	1. 宽带接入网业务与技术应用调研 2. 综合布线系统现场	1. 宽带网络通信 2. 宽带接入网技术	1. 网络融合概念 2. 下一代网络（NGN） 3. 信息通信网络技术的发展	8

附录 D APPENDIX D

常用通信术语缩略语

缩略语	英文术语	中文术语
AAA	authentication, authorization, accounting	认证,授权,计费
ABD	abbreviated dialing	缩位拨号
ACD	automatic call distributor	自动呼叫分配器
ADM	add/drop multi-plexer	分插复用器
ADPCM	adaptive differential PCM	自适应差分脉码调制
ADSL	asymmetrical digital subscriber line	非对称数字用户线
AN	access network	接入网
AON	all optical network	全光网络
AP	access point	接入点
ASIC	application specific IC	专用集成电路
ASON	automatic switch optical network	自动交换光网络,智能光网络
ASP	application service provider	应用服务提供商
ATM	asynchronous transfer mode	异步传送模式,异步转移模式
BBS	bulletin board service	公告牌业务
BCU	basic communication unit	基本通信单元
BER	bit error rate	误码率,比特差错率
B3G	beyond 3G	后 3G 移动通信系统
BG	border gateway	边界网关
B-ISDN	broadband integrated services digital network	宽带综合业务数字网
BoD	bandwidth on demand	按需提供带宽
BPON	broadband passive optical network	宽带无源光网络
bps	bits per second	比特/秒 (bit/s)
BR	border router	边界路由器
BRAS	broadband remote access server	宽带远程接入服务器
BREW	binary runtime environment for wireless	无线终端二进制运行环境
BRI	basic rate interface	基本速率接口
BS	base station	基站
BSA	broadband satellite access	宽带卫星接入
BSC	base station controller	基站控制器
BWA	broadband wireless access	宽带无线接入
CAC	call admission control	呼叫接纳控制
CATV	common antenna television	共用天线电视,有线电视

续表

缩略语	英文术语	中文术语
CC	call center	呼叫中心,客户服务中心
CCD	charge coupled device	电荷耦合器件
CCS	common channel signaling	公共信道信令
CDMA	code division multiple access	码分多址
CDPD	cellular digital packet date	蜂窝数字分组数据
CENTREX	central exchange	集中式用户交换机
CFD	compact floppy disk	微型软磁盘
CLI	calling line identification	主叫线识别
CO	central office	中心局
COS	class of service	业务类别,服务等级
CPU	central processing unit	中央处理器
CRT	cathode ray tube	阴极射线管
CSCW	computer supported corporative work	计算机支持的协同工作
CTI	computer telephony integration	计算机电话集成
	computer telecommunication integration	计算机电信集成
CWDM	coarse wavelength division multiplexing	稀疏波分复用
DDD	direct distance dialing	长途直拨
DSL	digital subscriber line	数字用户线
DSP	digital signal procession	数字信号处理
DTE	data terminal equipment	数据终端设备
DTMF	dual tone multi-frequency	双音多频
DWDM	dense wavelength division multiplexing	密集波分复用
DXC	digital cross connect	数字交叉连接
EC	electronic commerce	电子商务
EDI	electronic data interchange	电子数据互换
EDFA	Er-doped fiber amplifier	掺铒光纤放大器
EDGE	enhanced data rates for GSM evolution	GSM 增强数据速率改进技术
EDP	electronic date processing	电子数据处理
E-mail	electronic-mail	电子邮件
EMC	electromagnetic compatibility	电磁兼容性
ENUM	electronic numbering	电子号码
EPON	Ethernet passive optical network	以太网无源光网络
ER	edge router	边缘路由器
ES	earth station	地球站
ETSI	European Telecommunications Standard Institute	欧洲电信标准学会
FAX	facsimile	传真
FCC	Federal Communication Commission	联邦通信委员会(美国)
FDD	frequency division duplex	频分双工
FDDI	fiber distributed data interface	光纤分布式数据接口
FDM	frequency division multiplexing	频分复用
FDMA	frequency division multiple access	频分多址

续表

缩 略 语	英 文 术 语	中 文 术 语
FEC	forward error correction	前向纠错
FH	frequency hopping	跳频
FITL	fiber in the loop	光纤环路,光纤用户环路
FMC	fixed-mobile convergence	固网与移动的融合
FPLMTS	future public land mobile telecommunications system	未来公用陆地移动电信系统
FR	frame relay	帧中继
FSK	frequency shift keying	频移键控,数字调频
FSN	full service network	全业务网
FSO	free space optical communication	自由空间光通信
FTTB	fiber to the building	光纤到大楼
FTTC	fiber to the curb	光纤到路边
FTTH	fiber to the home	光纤到家
FTTO	fiber to the office	光纤到办公室
FTTZ	fiber to the zone	光纤到小区
FW	fire wall	防火墙
FWA	fixed wireless access	固定无线接入
3G	third generation	第三代(移动通信)
GBS	globe broadcast system	全球广播系统
GEO	geostationary earth orbit	对地静止轨道(人造卫星)
GIG	globe information grid	全球信息网格
GII	globe information infrastructure	全球信息基础结构,全球信息高速公路
GK	gate keeper	网守
GMSC	gateway mobile services switching center	移动业务交换中心网关,移动关口局
GPRS	general packet radio service	通用分组无线电业务
GPS	global positioning system	全球定位系统
GSM	global system for mobile communications	全球移动通信系统
GSR	gigabit switching router	千兆级交换路由器
GW	gateway	网关
H-ARQ	hybrid automatic repeat request	混合自动重传请求
HDLC	high-level data link control	高级数据链路控制
HDML	handheld device markup language	手持设备标识语言
HDSL	high-bit-rate digital subscriber line	高速率数字用户线
HDTP	handheld device transport protocol	手持设备传输协议
HDTV	high definition television	高清晰度电视
HDX	half duplex	半双工
HFC	hybrid fiber/coax	混合光纤/同轴电缆(接入网)
HFT	hand free telephone	免提电话
HLR	home location register	本地(主叫用户)位置寄存器,(用户)归属位置寄存器

续表

缩　略　语	英 文 术 语	中 文 术 语
HO	hand over	切换
HPC	handheld personal computer	手持式个人计算机
HSCSD	high speed circuit switched data	高速电路交换数据
HSDPA	high speed downlink packet access	高速下行分组数据接入
HTML	hyper text markup language	超文本标识语言
HTTP	hyper text transfer protocol	超文本传输协议
IAB	Internet Architecture Board	互联网体系结构委员会
IAD	integrated access device	综合接入设备
IAF	interworking agent function	互通代理功能
IAP	Internet access provider	互联网接入(服务)提供商
IC	integrated circuit	集成电路
ICP	Internet contents provider	互联网内容提供商
IDA	Internet direct access	互联网直接接入
ICQ	"I seek you"	网络寻呼机(俗称 QQ)
IDD	international direct dialing	国际直拨
IDN	integrated digital network	综合数字网
IDT	integrated digital terminal	综合数字终端
IEC	International Electrotechnic Commission	国际电工技术委员会
IEEE	Institute of Electrical and Electrollics Engineers	电气和电子工程师协会
IE	Internet explorer	互联网浏览器
IETF	Internet Engineering Task Force	互联网工程任务特别组
IFOC	integrated fiber optic circuit	集成光纤电路
IIT	intelligent interface technology	智能接口技术
ILA	in-line amplifier	在线放大器
IEP	Internet equipment provider	互联网设备提供商
IM	instant massager	即时通信
IMA	inverse multiplexing over ATM	ATM 反向多路复用
IMS	interactive multimedia system	交互式多媒体系统
IMS	IP multimedia subsystem	IP 多媒体子系统
IMTC	International Multimedia Teleconferencing Consortium	国际多媒体远程会议集团
IN	intelligent network	智能网
INMARSAT	International Maritime Satellite Organization	国际海事卫星组织
INTELSAT	International Telecommunication Satellite Organization	国际通信卫星组织
ION	integrated on-demand network	集成请求式网络
ION	intelligent optical network	智能光网络
IP	Internet protocol	互联网协议,网际协议
IPng	IP next generation	下一代 IP
IPOA	IP over ATM	ATM 网络上的 IP 协议
IPoP	Internet point of presence	互联网入网点

续表

缩 略 语	英 文 术 语	中 文 术 语
IPSec	Internet security protocol	互联网安全协议
IPTV	Internet TV	网络电视,交互电视
IPv4	Internet protocol version 4	网际协议版本4
IPv6	Internet protocol version 6	网际协议版本6
IRTF	Internet Research Task Force	互联网研究任务特别组
ISC	International Soft-switch Consortium	国际软交换协会
ISDN	integrated service digital network	综合业务数字网
ISM	industrial/scientific/medical	ISM频段,工业/科学/医学频段
ISO	International Standards Organization	国际标准化组织
ISP	Internet service provider	互联网服务提供商
IT	information technology	信息技术
ITG	Internet telephony gateway	IP电话网关
ITS	intelligent transportation system	智能传输系统
ITSP	Internet telephony service provider	IP电话业务提供商
ITU	International Telecommunications Union	国际电信联盟,国际电联
ITU-R	Radio-communication Sector of ITU	国际电信联盟无线电通信部门(原国际无线电咨询委员会,CCIR)
ITU-T	Telecommunication Standardization Sector of ITU	国际电联电信标准化部门(原国际电报电话咨询委员会,CCITT)
IVPN	international virtual private network	国际虚拟专用网
IVR	interactive voice response	交互式语音应答
IWF	interworking function	互通功能
IXP	Internet exchange point	互联网交换点
JCEC	Join Communication Electronics Committee	通信电子(设备)联合委员会
JPEG	Join Photographic Experts Group	静止图像联合专家小组(静止图像压缩标准)
L2TP	layer 2 tunneling protocol	第二层隧道协议
LAN	local area network	局域网
LANE	local area network emulation	局域网仿真
LASER	light amplication by stimulation of emitted radiation	激光器(受激辐射光放大器)
LCD	liquid crystal display	液晶显示
LD	laser diode	激光二极管
LDP	label distribution protocol	标签分发协议
LEAF	large effective area fiber	大有效面积光纤
LEC	local exchange carrier	市内电话公司
LED	light emitting diode	发光二极管
LEO	low earth orbit	低地球轨道
LMDS	local multipoint distribution system	本地多点分配系统
LMS	land mobile service	陆地移动通信业务
LSR	label switching router	标签交换路由器

续表

缩略语	英文术语	中文术语
LV	laser vision	激光视盘
MAC	maintenance and administration center	维护管理中心
MAC	media access control	介质接入控制
MADT	meantime accumulated downtime	平均累计停机时间
MAI	multiple access interference	多址干扰
MAN	metropolitan area network	城域网
MANETs	mobile Ad-hoc networks	移动自组织网
MATV	master antenna television	主天线电视,共用天线电视
MBWA	mobile broadband wireless access	移动宽带无线接入
MCDN	micro cellular data network	微蜂窝数据网
MCHO	mobile controlled hand over	移动控制切换
MCLR	maximum cell loss ratio	最大信元丢失率
MCS	multimedia communication system	多媒体通信系统
MCTD	maximum cell transfer delay	最大信元传送迟延
MCU	multipoint control unit	多点控制设备
MDBS	mobile data base station	移动数据基站
MDF	main distribution frame	主配线架
MEMS	micro-electrollic mechanical system	微电子机械系统
MEN	metropolitan Ethernet	城域以太网
MES	mobile earth station	移动地球站
MGC	media gateway controller	媒体网关控制器
MHS	message handling system	消息处理系统
MI	mobile Internet	移动互联网
MIN	mobile intelligent network	移动智能网
MIMO	multiple input multiple output	多入多出天线系统
MIRS	multimedia information retrieval system	多媒体信息检索系统
MMC	multi-media card	多媒体卡
MMDS	mini-message distribution service	小报文分发业务
MMDS	multichannel multipoint distribution service	多路多点分配业务
MMS	multimedia message service	多媒体消息业务
MMN	multi-media network	多媒体网
MOD	movies on demand	电影点播
MODEM	modulator/demodulator	调制解调器
MONET	multiwavelength optical network	多波长光网络
MPEG	Moving Picture Experts Group	活动图像专家组 活动图像压缩编码标准
MPLS	multi protocol label switch	多协议标记交换
MPOA	multi protocol over ATM	ATM上的多协议
MPSR	multi path self routing	多通路自选路由
MSC	mobile switching center	移动交换中心
MSTP	multiple service transmit platform	多业务传送平台 多业务传送节点技术

续表

缩 略 语	英文术语	中文术语
MTBE	mean time between errors	平均差错间隔时间
MTBF	mean time between failures	平均故障间隔时间
MTBI	mean time between interruptions	平均中断间隔时间
MTBM	mean time between maintenance	平均维修间隔时间
MTBS	mean time between stops	平均停机间隔时间
MUX	multiplex,multiplexer	多路复用,多路复用器
MVO	mobile virtual operator	移动虚拟运营商
NA	network adapter	网络适配器,网卡
NAP	network access point	网络接入点
NAS	network access server	网络接入服务器
NAS	network attached storage	网络附加存储器
NAT	network address translate	网络地址转换技术
NB	notebook computer	笔记本电脑
NBS	National Bureau of Standards	国家标准局(美国)
NCP	network control point	网络控制点
NDF	negative dispersion fiber	负色散光纤
NEXT	near end cross talk	近端串话,近端串音
NFC	near field communication	近距通信
NFMC	near field magnetic communication	近距磁通信
NGI	next generation Internet	下一代互联网
NGN	next generation network	下一代网络
NIC	network information center	网络信息中心
NII	national information infrastructure	国家信息基础设施("信息高速公路"的正式名称)
NMS	network management system	网络管理系统
NNI	network node interface	网络节点接口
NP	number portability	可携带电话号码
NPCS	narrow band personal communication service	窄带个人通信业务
NPE	network protection equipment	网络保护设备
NSDI	national spatial data infrastructure	国家空间数据基础结构
NSP	network service provider	网络服务提供商
NSP	network services protocol	网络业务协议
NTIA	National Telecommunication and Information Administration	国家电信和信息管理局
NVOD	near video on-demand	准视频点播
OA	office automation	办公自动化
OADM	optical add and drop multiplexer	光分插复用器
OAN	optical access network	光纤接入网
OBS	optical burst switching	光突发交换(技术)
OCDMA	optical CDMA	光码分多址

续表

缩略语	英文术语	中文术语
OCS	optical circuit switching	光路交换,光纤空间交换
OFA	optical fiber amplifier	光纤放大器
OFDM	orthogonal frequency division multiplexing	正交频分复用
OFDMA	orthogonal FDMA	正交频分多址
OLT	optical line terminal	光线路终端
ONA	open network architecture	开放式网络体系结构
ONU	optical network unit	光网络单元
OS	optical switching	光交换,光子交换
OSDM	optical spatial division multiplexing	光空分复用
OSNR	optical signal to noise ratio	光信噪比
OSI	open systems interconnection	开放系统互连
OSPF	open shortest path first	开放式最短通路优先(协议)
OTA	over-the-air	空中下载
OTDM	optical time division multiplexing	光时分复用
OTDR	optical time domain reflect meter	光时域反射计
OTN	optical transport network	光传送网
OXC	optical cross connect	光交叉连接
PACS	personal access communication system	个人接入通信系统
PAD	packet assembler/disassembler	分组装/拆设备
PAM	pulse amplitude modulation	脉幅调制
PAN	personal area network	个人网络,个人局域网
PAS	personal access system	个人接入电话系统,无线市话(小灵通)
PBX	private branch exchange	专用小交换机
PC	personal computer	个人计算机
PCF	photonic crystal fiber	光子晶体光纤
PCN	personal communication number	个人通信号码
PCM	pulse code modulation	脉码调制
PCN	personal communication network	个人通信网
PCS	personal communication service	个人通信业务
PDA	personal digital assistant	个人数字助理
PDC	personal digital cellular system	个人数字蜂窝系统
PDH	plesiochronous digital hierarchy	准同步数字系列
PDN	public data network	公用数据网
Pel	pixel(picture element)	像素
PER	packet error rate	分组差错率
PHS	personal handy-phone system	个人手持电话系统
PIN	personal identification number	个人识别号码
PLC	power line communication	电力线通信
PLMN	public land mobile network	公用陆地移动通信网
PN	pseudo-noise	伪噪声(码),伪随机(码),PN(码)

续表

缩 略 语	英 文 术 语	中 文 术 语
PoC	push to talk over cellular	蜂窝网上的一键通,无线一键通
POF	plastic optical fiber	塑料光纤,聚合物光纤
PON	passive optical network	无源光纤网
POP	point of presence	入网点、显示点
POTS	plain ordinary telephone service	普通常规电话业务
POTS	plain old telephone service	普通老式电话业务,传统电话业务
POW	packet over wavelength	波长上的分组(包)传输
PPC	palm personal computer	掌上电脑
PPM	pulse position modulation	脉位调制
PPP	point to point protocol	点到点协议
PPS	precision positioning service	精密定位业务
PPTP	point to point tunneling protocol	点到点隧道协议
PRI	primary rate interface	基群速率接口
PS	packet switching	分组交换,包交换
PSPDN	packet switched public data network	分组交换公用数据网
PSTN	public switched telephone network	公用交换电话网
PTC	push to connect	按键接通
PTM	packet transfer mode	分组传送模式
PTM	point to multipoint	点到多点
PTN	personal telecommunication number	个人通信号码
P2P	peer to peer	对等联网
PTT	push to talk	按键讲话,即按即说
PVC	permanent virtual circuit	永久虚电路
PWLAN	public wireless LAN	公用无线局域网
PXC	photonic cross connect	光子交换,光子交叉连接
QAM	quadrative amplitude modulation	正交调幅
Q-CDMA	qualcomm CDMA	高通码分多址,窄带码分多址
QoS	quality of service	服务质量
QPSK	quadrature phase-shift keying	四相移相键控,正交移相键控
RADIUS	remote authentication dial in user service	远程拨入用户认证服务
RADSL	rate adaptive digital subscriber line	速率自适应数字用户线
RAM	random access memory	随机存取存储器
RAN	radio access network	无线接入网
RAS	remote access server	远端接入服务器,拨号服务器
RBS	radio base station	无线基站
RDS	radio data system	无线数据系统
RFID	radio frequency identification	无线射频识别
RDSS	radio determination satellite service	无线电定位卫星业务
RF	radio frequency	无线电频率,射频
RFI	radio frequency interference	射频干扰
RHC	regional holding company	地区经营公司

续表

缩 略 语	英 文 术 语	中 文 术 语
RLL	radio local loop	无线本地环路
ROM	read-only memory	只读存储器
RPR	resilient packet ring	弹性分组数据环,自愈弹性分组环
RSVP	resource reservation protocol	资源预留协议
RTCP	real-time transport control protocol	实时传输控制协议
RTP	real-time transport protocol	实时传输协议
RWA	routing and wavelength assignment	路由和波长分配技术
SAN	storage area network	存储区域网
SCDMA	synchronous code division multiple access	同步码分多址
SCP	service control point	业务控制点
SD	spatial diversity	空间分集(天线)
SDH	synchronous digital hierarchy	同步数字系列
SDMA	space division multiple access	空分多址
SDSL	single line(symmetrical) digital subscriber line	单线对(对称)数字用户线
SDV	switched digital video	交换式数字视频图像
SDVC	simple desktop video conference	简单桌面会议电视(系统)
SFAX	stimulated FAX	仿真传真机
SG	signaling gateway	信令网关
SGML	standard generalized markup language	标准通用标识语言
SHF	super high frequency	超高频,厘米波
SHR	self-healing ring	自愈环
SIB	service independent building block	与业务无关的构成块
SIP	session initiation protocol	会话发起协议,会话初始协议
SIM	subscriber identification module	用户识别卡
SLA	service level agreement	服务等级协定
SMDS	switched multi-megabit data service	交换多兆比特数据业务
SMF	single mode fiber	单模光纤
SMS	short message service	短消息业务,“短信”
SNI	standard network interface	标准网络接口
SNMP	simple network management protocol	简单网络管理协议
SNR	signal to noise ratio	信噪比
SOHO	small office/home office	小型办公室/家庭办公室
SONET	synchronous optical network	同步光纤网
SPC	stored program control	存储程序控制(交换),程控交换机的简称
SPVC	soft permanent virtual circuit	软永久虚电路
SS	spread spectrum	扩频(技术)
SS7	signaling system number 7	7号信令系统
SSP	service switching point	业务交换点
STB	set-top box	机顶盒
STDM	statistical time division multiplexing	统计时分复用

续表

缩 略 语	英 文 术 语	中 文 术 语
STK	SIM tool kit	SIM卡工具套件,SIM卡应用工具包
STM. n	synchronous transport module level n	同步传输模块n级
STP	signaling transfer point	信令转换点
SVC	switch virtual circuit	交换虚电路
SWAP	shared wireless access protocol	共享无线接入协议
TACS	total access communication system	全向入网通信系统
TCM	trellis coded modulation	网格编码调制
TCP/IP	transmission control protocal/Internet protocal	传输控制协议/网际协议
TD-SCDMA	time division-synchronous code division multiple access	时分同步码分多址
TDD	time division duplex	时分双工
TDM	time division multiplexing	时分多路复用
TDMA	time division multiple access	时分多址
Telco	telephone company	电话公司
Telnet		远程登录
TETRA	terrestrial truncked radio system	地面数字集群无线电系统
TE	traffic engineering	流量工程
TMN	telecommunication management network	电信管理网
TOM	telecommunication operation map	电信运营图
TP	tunneling protocol	隧道协议
TPC	tablet PC	平板计算机,手写板计算机
TRX	transceiver	收发信机
TSP	telecommunication service priority	优先电信服务
TTS	text to speech	文本转换为语音
UADSL	universal ADSL	通用型非对称数字用户线
UAWG	UADSL working group	通用ADSL工作组
UDP	universal datagram protocol	通用数据报协议
UDP	user datagram protocol	用户数据报协议
UDSL	ultra-high-speed DSL	超高速数字用户线
UHF	ultra-high frequency	特高频
ULSIC	ultra large scale integrated circuit	超大规模集成电路
UMS	unified messaging service	统一消息服务
UMTS	universal mobile telecommunication system	通用移动电信系统
UPS	uninterruptible power supply	不间断电源
UPT	universal personal telecommunication	通用个人电信
URL	universal resource locator	通用资源定位器
USB	universal serial bus	通用串行总线
UWB	ultra wideband	超宽带(技术)
UTRAN	UMTS terrestrial radio access network	通用移动电信系统(UMTS)陆地无线接入网(接口)

续表

缩 略 语	英文术语	中文术语
VAS	value added service	增值业务
VBR	variable bit rate	可变比特率
VC	virtual circuit	虚拟电路,虚电路
VC	virtual channel	虚通路,虚信道
VC	virtual concatenation	虚级联
VC	virtual container	虚容器
VC	voucher center	充值中心
VCD	video compact disc	视频压缩光盘(光盘机)
VCR	video cassette recorder	盒式磁带录像机
VDSL	very-high-bit-rate digital subscriber line	极高比特率数字用户线
	video digital subscriber line	视频数字用户线
VLAN	virtual local area network	虚拟局域网
VLL	virtual leased line	虚拟租用线
VLR	visitor location register	访问用户位置寄存器
VLSI	very large scale integration	超大规模集成电路
V-mail	video mail	视频邮件
VOA	voice over ATM	用ATM传送话音
VOD	video on demand	视频点播
VOIP	voice over Internet protocol	用IP传送的话音
VPLS	virtual private LAN service	虚拟专用局域网业务
VPN	virtual private network	虚拟专用网
VSAT	very small aperture terminal	甚小口径天线地球站
VTV	virtual television	虚拟现实电视
VTOA	voice and telephony over ATM	用ATM传送声音和电话
WATS	wide area information server	广域信息服务器系统
WAN	wide area network	广域网
WAP	wireless application protocol	无线应用协议
W3C	World Wide Web Consortium	万维网集团,万维网联盟
WCDMA	wideband code division multiple access	宽带码分多址
WDM	wavelength division multiplexing	波分复用
WEP	wired equivalent privacy	有线等效加密
Wi-Fi	符合IEEE 802.11b标准的代称	无线局域互连技术
WiMAX	符合IEEE 802.16a标准的代称	广域无线宽带接入技术
WiMedia	符合IEEE 802.15.3标准的技术	个人域网短距离无线技术
WIN	wireless intelligent network	无线智能网
WLAN	wireless local area network	无线局域网
WLL	wireless local loop	无线本地环路
WLS	wireless locating service	无线定位业务
WMAN	wireless metropolitan area network	无线城域网
W-ML	wireless markup language	无线标识语言
WPAN	wireless personal area network	无线个人域网

续表

缩　略　语	英文术语	中文术语
WRS	wavelength route switch	波长路由交换机
WWW	world wide web	万维网
WXC	wavelength cross connection	波长交叉连接
XML	extensible markup language	可扩展标识语言

参考文献

1 全国科学技术名词审定委员会. 通信科学技术名词. 北京：科学出版社，2007

2 中华人民共和国信息产业部. 中国电信业发展指导(2005). 北京：人民邮电出版社，2005

3 中国通信企业协会. 2009—2010 中国通信业发展分析报告. 北京：人民邮电出版社，2010

4 中华人民共和国信息产业部. 通信工程师职业资格考试大纲. 北京：人民邮电出版社，2003

5 信息产业部电信管理局. 电信服务规范释义. 北京：北京邮电大学出版社，2005

6 通信工程新技术实用手册编委会. 数字数据通信技术. 北京：北京邮电大学出版社，2002

7 Alberto Leon-Garcia. 王海涛等译. 通信网——基本概念与主体结构. 第 2 版. 北京：清华大学出版社，2005

8 樊昌信等. 通信原理. 第 5 版. 北京：国防工业出版社，2001

9 吴德本等. 新编电信技术概论. 北京：人民邮电出版社，2003

10 纪越峰等. 现代通信技术. 第 2 版. 北京：北京邮电大学出版社，2004

11 黄载禄等. 通信原理. 北京：科学出版社，2005

12 朱祥华等. 现代通信基础与技术. 北京：人民邮电出版社，2004

13 桑林等. 数字通信. 北京：北京邮电大学出版社，2003

14 叶敏. 程控数字交换与通信网. 北京：人民邮电出版社，1998

15 卞佳丽等. 现代交换原理与通信网技术. 北京：北京邮电大学出版社，2005

16 Roy Blake. 周金萍等译. 无线通信技术. 北京：科学出版社，2004

17 沈连丰等. 通信新技术及其实验. 北京：科学出版社，2003

18 曹达仲等. 移动通信原理、系统及技术. 北京：清华大学出版社，2004

19 廖晓滨等. 第三代移动通信网络系统技术与应用基础教程. 北京：电子工业出版社，2006

20 王华奎等. 移动通信原理与技术. 北京：清华大学出版社，2009

21 张宝富等. 现代光纤通信与网络教程. 北京：人民邮电出版社，2002

22 翟禹等. 宽带通信网与组网技术. 北京：人民邮电出版社，2004

23 秦国等. 现代通信网概论. 北京：人民邮电出版社，2004

24 孙友伟. 现代通信新技术新业务. 北京：北京邮电大学出版社，2004

25 陆学锋. 信息通信网络技术. 北京：清华大学出版社，北京交通大学出版社，2005

26 毛京丽等. 现代通信新技术. 北京：北京邮电大学出版社，2008

27 敖志刚. 现代网络新技术概论. 北京：人民邮电出版社，2009

28 严晓华等. 通信综合实训. 北京：清华大学出版社，2007

29 严晓华等. 现代通信技术基础学习指导. 北京：清华大学出版社，2008